Thomas Juli

Human Business

Leben und Arbeiten im digitalen Zeitalter

1. Auflage

Haufe Group
Freiburg · München · Stuttgart

Für Rea und Aiyana

Bibliografische Information der Deutschen Nationalbibliothek

Die Deutsche Nationalbibliothek verzeichnet diese Publikation in der Deutschen Nationalbibliografie; detaillierte bibliografische Daten sind im Internet über http://dnb.dnb.de/ abrufbar.

Print:	ISBN 978-3-648-14701-6	Bestell-Nr. 10587-0001
ePub:	ISBN 978-3-648-14702-3	Bestell-Nr. 10587-0100
ePDF:	ISBN 978-3-648-14703-0	Bestell-Nr. 10587-0150

Thomas Juli
Human Business
1. Auflage, November 2020

© 2020 Haufe-Lexware GmbH & Co. KG, Freiburg
www.haufe.de
info@haufe.de

Bildnachweis (Cover): © Igor, Adobe Stock

Produktmanagement: Dr. Bernhard Landkammer
Lektorat: Ursula Thum, Text+Design Jutta Cram, Augsburg

Stimmen zu »Human Business«

»›Human Business‹ ist ein Brückenschlag hin zu einer anderen Wirtschaftsordnung.«
Gerald Hüther, Neurobiologe und Autor

»Für alles Kommende wird es ungeheuer wichtig sein, wie weit wir den genuinen Humanismus mit der Wirtschaft, der Ökonomie synchronisieren können. Das ist das Zukunftsprojekt unseres Jahrhunderts.«
Matthias Horx, Trendforscher und Gründer des Zukunftsinstituts

»›Human Business‹ gibt für die Konzeption einer Gesellschaft und Politik in der digitalen Wirklichkeit ganz wesentliche Impulse.«
Dieter Althaus, Vice President Governmental Affairs Magna Europe, Ministerpräsident a. D.

»Das Buch ist noch mehr als ein Business- oder Lebensratgeber – es ist ein Leitstern, ein Kompass für ein neues, selbstgesteuertes, respekt- und liebevolles Menschsein. Mein tiefster Wunsch: Möge das Buch viele, viele Menschen tief berühren – denn dafür ist es geschrieben!«
Evelyn Oberleiter, Mitgründerin und Geschäftsführerin des Terra Institute

»In der Idee vom ›Human Business‹ bringen Führungskräfte die Interessen von Kunden, Mitarbeitern und Unternehmen in Balance – aber nicht als ›kleinsten‹ gemeinsamen Nenner, sondern als sich gegenseitig verstärkende Synergie. Ein faszinierender Leadership Approach, der in Zeiten von New-Work-Konfusion inspirierend-sinnstiftende Orientierung gibt.«
Erdwig Holste, Geschäftsführer Management Angels GmbH

»›Human Business‹ ist ein mutiges und einfühlsames Buch, das konsequent den Menschen in den Mittelpunkt des unternehmerischen Sinn und Zwecks rückt. Es gibt uns Gestaltungswerkzeuge für nachhaltiges, menschliches Leben und Arbeiten im digitalen Zeitalter in die Hand. Tun müssen wir es.«
Frank Schäfer, HR Transformation Leader Germany & Partner, Deloitte Consulting

»Dieser Ansatz bringt es auf den Punkt, dass der einzige Antrieb Menschlichkeit sein muss, um den Herausforderungen der neuen, digitalen und unplanbaren Welt erfolgreich zu begegnen.«
Lasse Rheingans, Autor von Die 5-Stunden-Revolution

»Dr. Thomas Juli legt plausibel dar, warum gerade im Menschsein der Schlüssel zum Erfolg in Zeiten digitaler Transformation liegt. Wunderbar!!«
Torsten Bittlingmaier, TalentManagers

»›Human Business‹ kommt genau zur richtigen Zeit. Hoffentlich inspiriert es viele Menschen – sowohl im privaten als auch im unternehmerischen Kontext – dazu, aktive Mitgestalter der Arbeits-, Lebens- und Lernkultur der Zukunft zu werden.«
Hansjörg Fetzer, Geschäftsführer der Haufe Akademie

»Human Business ist die Aufforderung, die Welt, in der unsere Kinder leben werden, jetzt und fortan überlebensfähig, lebenswert und menschenfreundlich zu gestalten. Thomas Juli zeigt darin, warum dies nötig ist und wie es gelingen kann – konkret, praxisnah und optimistisch.«
Marcell Heinrich, Future Education Experte, Pädagoge, Autor, Gründer der Hero Society

»Thomas Juli kenne ich seit über 15 Jahren: Er schreibt nicht nur über Human Business, er lebt es auch!«
Klaus Tumuscheit, Autor und Projektmanagement-Experte

»›Der Mensch steht im Mittelpunkt!‹ Wie oft durften und mussten wir dieses ja häufig nur floskelhaft gebrauchte Willensbekenntnis in den letzten Jahren hören und lesen. Dieses Buch zeigt gut verständlich auf, wie dieser Ausdruck zum Leben erweckt werden kann. Und muss. Ein wunderbares und wegweisendes Buch.«
Michael Streng, geschäftsführender Gesellschafter der Parameta Projektmanagement Beratung GmbH

»Human Business ist das inspirierende Fundament, auf dem wir die neue Wirtschaft aufbauen können. Zutiefst menschlich und potenzialentfaltend. Für die Menschen, die Natur, den Sinn und die nachhaltige Zukunft von Unternehmen gleichermaßen.«
Stefan Götz, Autor von Change Leader Inside & The Next Wave in Business

»In zehn Jahren werden sich die meisten Unternehmen darauf konzentrieren, einen nachhaltigen Mehrwert für ihre Kunden, ihre Mitarbeiter, die Unternehmen selbst und die Umwelt zu schaffen. Dr. Thomas Juli erklärt, warum die Vermenschlichung Ihres Unternehmens zu einer Wettbewerbsnotwendigkeit wird und wie Sie sich darauf vorbereiten können.«
Peter Stevens, Autor von Personal Agility

»Human Business hilft Entscheidern, ihr Unternehmen dahin zu entwickeln, wofür es eigentlich immer gedacht war: Von Menschen für Menschen.«
Michael Buttgereit, Positionierung-Designer und Gründer der Agentur Gute Botschafter

Inhaltsverzeichnis

Inhaltsverzeichnis

Vorwort

2020 war wie kaum ein anderes Jahr in den letzten Jahrzehnten ein Jahr des Wandels. Die Corona-Pandemie stellte unsere Welt geradezu auf den Kopf. Innerhalb weniger Wochen kam unser altes Leben zum Erliegen. Millionen von Menschen infizierten sich mit SARS-CoV-2, Hunderttausende starben, Abermillionen verloren infolge der Lockdowns ihre Arbeit, ihre Zukunftsaussichten und Orientierung. Die anfängliche Hoffnung, dass man nach kurzer Zeit wieder zur alten Normalität zurückkehren würde, stellte sich als Illusion heraus. Länder, die die Krise verharmlosten oder sie mit Lügen und Populismus versuchten in den Griff zu bekommen, mussten in der Konsequenz mit noch höheren Infektionszahlen und noch mehr Todesfällen zurechtkommen. Zu dem Zeitpunkt, zu dem ich dieses Vorwort schreibe, ist noch nicht abzusehen, wie die Welt nach Corona aussehen wird. Wie das »neue Normal« sein wird. Wie wir leben und arbeiten können und werden.

Dabei revolutionierte Corona von Anfang an unser Leben und Arbeiten. Seniorenheime und Bildungsinstitute mussten schließen. Die am meisten gefährdete Altersgruppe wurde über Nacht von der Gesellschaft, von ihren Familien und Freunden isoliert. Schulen schlossen und Millionen von Eltern waren mit der Herausforderung Homeschooling konfrontiert – zusätzlich zu ihrer eigenen Arbeit, die durch Corona ebenfalls schwieriger und/oder unsicherer wurde. Ganze Wirtschaftszweige kamen zum Erliegen und sehen jetzt in eine ungewisse Zukunft. Kulturschaffenden wie Soloselbstständige und vielen anderen Berufsgruppen wurde die Existenzgrundlage unter den Füßen weggezogen. Zwar gab es vom Staat Fördermaßnahmen. Ausgereicht haben sie aber nicht. Und so hat sich die gesamte Arbeitswelt in wenigen Wochen und Monaten nachhaltig verändert. Homeoffice zum Beispiel, das insbesondere von traditionelleren Unternehmen und Organisationen vor Corona skeptisch betrachtet worden war, wurde während der Pandemie für lange Zeit zum Standardarbeitssetting, zumindest für diejenigen, für deren Arbeit das möglich war, die die technische Ausstattung hatten und die nicht an der »Front« arbeiteten und dort täglich dem Corona-Virus ausgesetzt waren. Für Menschen, die im Homeoffice weiterarbeiteten, aber weder ausreichend Raum, Ruhe noch die technische Ausstattung hatten, wurde die Zeit mitunter zur Qual. Mehr Zeit mit und in der Familie zu haben konnte so schnell zum Segen und zugleich zum Fluch werden. Trotz Lockdown und Social Distancing war man dank Technik mit der Außenwelt verbunden. Videokonferenzen und Webinare schossen wie Pilze aus dem Boden.

Ich selbst leitete im Frühjahr über 20 Online-Dialoge an.[1] Ohne Corona hätte ich damit kaum angefangen. Entspannend dabei war, dass keiner erwartete, dass diese Webinare perfekt vorbereitet oder choreografiert sein würden. Damit standen die Teilnehmenden und die Inhalte im Mittelpunkt. Es ging um die Verbindung mit den Menschen, um das Teilen von Ideen und Informationen. Der Austausch war wichtig, weniger die äußere Form. Gleichzeitig wurde uns bewusst, wie wertvoll die tatsächliche zwischenmenschliche Begegnung und der Austausch sind. Als der Lockdown langsam gelockert wurde, genoss man die Zeit mit Freunden und Kollegen[2] umso mehr. Social Distancing brachte uns gewissermaßen näher. Auch die Zeit draußen in der Natur oder Freizeitaktivitäten bekamen eine ganz andere Qualität und wurden viel mehr geschätzt.

Waren wir in der Vergangenheit oft auch in der Freizeit noch online, entdeckten wir jetzt die Vorzüge der Offline-Zeit, nahmen ein Buch, gingen spazieren oder sprachen miteinander. Wir erkannten, dass das Leben durchaus zwischendrin auch mal ganz ohne Digitalisierung funktioniert. Und auch langsamer geht und so lebenswerter wird, weil man lernt, mehr in der Gegenwart zu leben und den Moment zu genießen.

Auch die Natur genoss diese ruhige Zeit. Die Umweltverschmutzung ging innerhalb weniger Wochen zurück und die Natur erholte sich. Der Neckar, der nur wenige hundert Meter von meiner Wohnung entfernt vorbeifließt, war so sauber, wie ich ihn nie zuvor gesehen hatte. Das Wasser war nicht wie sonst vom Sand getrübt – man konnte jetzt den Grund sehen. Glasklares Wasser auch in Venedig, wo sogar Delfine durch die Lagunen schwammen. Es war, als ob sich die Natur eine Ruhepause gönnte und sich dafür bedanken wollte.

Die Corona-Pandemie war eine Zeit, in der viele Probleme, mit denen wir uns vorher beschäftigten, insbesondere der Klimawandel weit entfernt zu sein schienen. Dabei hörten sie nicht auf zu existieren. Nur vergaßen wir sie für ein paar Monate oder verdrängten sie, weil andere Sorgen und Probleme unmittelbarer waren. Als die Corona-Krise länger als erwartet andauerte, traten sie langsam wieder in unser Bewusstsein. Zusammen mit Fragen, wie die Zeit nach Corona aussehen würde. Wie werden wir leben? Wie werden wir arbeiten? Wie sicher ist unsere Arbeit? Was wird aus uns? Welche Zukunft werden unsere Kinder und Enkel haben?

---

1   Die Online-Dialog-Serie hieß »Love, Life and Work in a Human World«. Ziel war es, sich über die Probleme, Fragen und Ideen, die die Corona-Krise zum Vorschein brachte, auszutauschen und konkrete Handlungsempfehlungen zu entwickeln. Eine Reihe der Dialoge ist auf YouTube verfügbar: https://tinyurl.com/motivate2b-youtube.

2   Bei Personenbezeichnungen und personenbezogenen Hauptwörtern in diesem Buch wird versucht, sowohl die weibliche als auch die männliche Form gleichverteilt zu verwenden. Entsprechende Begriffe gelten im Sinne der Gleichbehandlung grundsätzlich für alle Geschlechter. Die ggf. verkürzte Sprachform hat nur redaktionelle Gründe und beinhaltet keinerlei Wertung.

In der Corona-Zeit haben wir die Technik zu schätzen gelernt. Dank Internet waren wir weiterhin mit der Außenwelt verbunden, konnten, wenn auch nur virtuell, mit Freunden und Kollegen kommunizieren. Die Technologie half, unser Leben fast normal fortsetzen zu können. Vergessen wir aber nicht, dass die Technik und die digitale Transformation der letzten zwanzig bis dreißig Jahre viele Menschen, Unternehmen und Organisationen überfordert und Zukunftsängste schürt. Neue Entwicklungen in Technologie, Gesellschaft und Umwelt stoßen oft auf Misstrauen und Skepsis. Es scheint, dass die Digitalisierung unser Leben »übernimmt«. Aber was ist mit uns Menschen? Wo passen wir hin? Und wie können wir unsere Zukunft gestalten?

Seit mehr als 20 Jahren arbeite ich im digitalen Bereich, gestalte gewissermaßen die digitale Transformation mit. Ich begrüße diesen Wandel und sehe in ihm mehr Chancen als Risiken; aber immer vorausgesetzt, wir stellen die richtigen Fragen. Anstatt zu fragen »Wie wird die Zukunft aussehen?« stimme ich dem deutschen Philosophen Richard David Precht zu, der uns motiviert zu fragen »Wie wollen wir leben?«[3]. Die Frage nach der Gestaltung unserer Zukunft statt nach unserer Reaktion auf (künftige) Transformationen verändert unsere Perspektive und eröffnet neue Horizonte.

Die Fragen »Wie will ich leben?« oder »Was will ich wirklich?« beschäftigen mich schon seit langer Zeit. Ich behaupte nicht, dass ich alle Antworten auf sie gefunden habe. Für mich ist nur klar, dass wir in der Technologie keine Antworten auf diese Frage finden können. Wir müssen sie uns schon selbst stellen und Antworten in uns finden. Der norwegische Zukunftsforscher Anders Indset erklärt, dass »bei aller Faszination für die Technik und ihre hilfreichen Potenziale […] es gerade zum gegenwärtigen Zeitpunkt essentiell [ist], dass wir uns mit dem Thema ganzheitlich auseinandersetzen. Es kann nicht darum gehen, alles umzusetzen, was an Anwendungsmöglichkeiten in der Technologie [der künstlichen Intelligenz] steckt – vielmehr müssen wir immer das Ziel im Auge behalten: Wir Menschen und die Menschheit insgesamt bilden den Mittelpunkt«.[4]

Die Frage, wie wir im digitalen Zeitalter leben und arbeiten wollen, ist folglich drängender denn je. Nur, wo fangen wir an? Helfen dabei kann uns ein unveränderliches altes Prinzip, das in unserer Menschheitsgeschichte verwurzelt ist und uns alle vereint: die goldene Regel der Zusammenarbeit. Sie fordert uns auf, den Nächsten so zu behandeln, wie wir selbst behandelt werden wollen. Die goldene Regel ist das einzige Prinzip, das tatsächlich weltweit gilt. Es ist die Wurzel jeder Religion. Ergänzen wir die goldene Regel um unsere unmittelbare Umgebung, unserer Umwelt, können wir sie wie folgt formulieren: »Behandle andere und den Planeten so, wie du behandelt werden möchtest.«

---

3   Precht, R. D. (2018). Jäger, Hirten, Kritiker: Eine Utopie für die digitale Gesellschaft. Wilhelm Goldman.
4   Indset, A. (2019, 191). Quantenwirtschaft: Was kommt nach der Digitalisierung? Econ.

Wie ich in Kapitel 14 erklären werde, bietet uns die goldene Regel nicht nur eine Orientierung für die Gestaltung von Leben und Arbeiten. Sie ist ein Auftrag für individuelles und gemeinsames Verantwortungsbewusstsein. Skalieren wir die goldene Regel hin zur unternehmerischen Ebene, ist sie ein Aufruf zu menschlichem und ethischem Unternehmertum. Sie fordert zu einer von Vertrauen und Respekt geprägten Unternehmenskultur auf. Es geht um die Symbiose von Kunden, Mitarbeiterinnen und Unternehmen, die im Zusammenspiel und gegenseitiger Rücksichtnahme, Respekt und Unterstützung alle Nutznießer sind. Das ist Human Business.

Human Business stellt den Menschen in den Mittelpunkt; sei es Kundin, Mitarbeiter, Unternehmen oder gesellschaftliches Umfeld. Der Zweck des Human Business ist es nicht, Gewinne zu maximieren und alles erdenklich Mögliche für das Wohl der eigenen Aktionäre zu tun. Vielmehr ist der Zweck des Human Business, einen nachhaltigen Mehrwert für Kunden, Mitarbeiterinnen, Unternehmen und die Umwelt zu generieren. Unternehmerische Gewinne sind nicht Ziel des Wirtschaftens. Sie sind ein Ergebnis. Und dieses Ergebnis fällt sehr viel höher und nachhaltiger aus, wenn wir den Menschen und den Planeten in den Mittelpunkt stellen. Hierfür gibt uns der Ansatz des Human Business eine sehr gute Orientierungshilfe. Dass dies keine Illusion ist, sondern heute schon gelebt und praktiziert wird, zeige ich in diesem Buch. Ich hoffe, dass diese Praxis Nachahmerinnen und Nachahmer findet und dass das Buch dazu beiträgt. Meine Vision ist, dass Human Business innerhalb von zehn Jahren zur neuen, globalen Normalität geworden sein wird.

Das Buch wendet sich an alle, die wie ich selbst Wege erkunden wollen, wie wir unser Leben und Arbeiten im digitalen Zeitalter gestalten können. Das können sowohl Unternehmer, Managerinnen und Führungskräfte als auch Schüler, Studierende, Sozialarbeiter oder Künstlerinnen sein. Uns gemeinsam ist einmal das Interesse an und die Neugier auf die Zukunft – sei es aus Angst, Verantwortungsbewusstsein, Notwendigkeit oder Abenteuerlust. Gemeinsam ist uns auch die Frage, wie wir es schaffen, im digitalen Zeitalter nicht als passive Ressource behandelt zu werden, sondern als Mensch zu leben und zu arbeiten.

Dass diese Frage nicht neu ist, zeigen die vielen Referenzen im Text und das Literaturverzeichnis am Ende des Buches. Bei der Frage, wie unsere Zukunft aussehen wird bzw. wie wir leben wollen, finden sich hier sowohl Fachbücher über Wirtschaft und Führung als auch Publikationen zu Philosophie, Persönlichkeitsfindung, Selbstentwicklung und Spiritualität.

Es waren aber vor allem die persönlichen Erfahrungen und Begegnungen mit Menschen, die mich zum Schreiben dieses Buches inspiriert und nachhaltig geprägt haben. An allererster Stelle möchte ich mich deswegen bei meiner Familie bedanken. Meine Frau Tina, mein Sohn Rea und meine Tochter Aiyana waren eine riesengroße

Hilfe. In der Tat waren es Rea und Aiyana, die für mein Buchprojekt den Stein ins Rollen brachten, indem sie mich z. B. fragten, warum ich nicht mehr meinem Herzen folge und offener über meine Träume und Wünsche rede. Mein Kopf hielt mich lange davon ab, weil ich Angst hatte, mich eventuell zu blamieren oder meine verletzliche Seite zu zeigen. Meine Kinder sahen mir direkt ins Herz. Glücklicherweise erinnerten sie mich immer mehr daran, meinem Herzen zu folgen, es zu öffnen. Ohne sie hätte ich wahrscheinlich mit diesem Buch auf Jahre hin nicht angefangen. Deswegen bin ich unendlich dankbar für sie und ihre liebevollen Ermahnungen und widme ihnen dieses Buch. Ohne sie wäre es nicht geschrieben worden. Mit dem Buch wollte ich Rea und Aiyana auch etwas in die Hand geben, das ihnen vielleicht die ein oder andere Hilfestellung und Impulse für die eigene Gestaltung des Lebens und Arbeitens im digitalen Zeitalter gibt. Ich hoffe, es ist mir gelungen. Gestaltet eure Zukunft und lebt sie und vergesst nie, woher ihr kommt, vergesst nie eure Menschlichkeit. Ich liebe euch!

Ein ganz großes Dankeschön möchte ich meiner Frau Tina aussprechen. Sie war während des gesamten Buchprojekts eine mehr als wertvolle Stütze. Sie beriet mich, motivierte, reflektierte, gab Feedback, machte Verbesserungsvorschläge, inspirierte. Ohne ihre Hilfe wäre das Buch nicht zustande gekommen. Tina, ich liebe dich!

Weiter möchte ich mich bei Monika Renn sowie Jim und Elizabeth Bowman für die Ermutigung, Ratschläge und Tipps sowie ihr offenes Ohr und Herz über all die Jahre bedanken.

Für das Buch habe ich eine Vielzahl von Menschen interviewt, die schon heute verstehen, was es bedeutet, Mensch zu sein, und wie man seine Menschlichkeit in Leben und Arbeit integriert. Danke an Richard Sheridan, Malte Clavin, Dirk Gemein, Maestro Horacio Godoy, Maestra Cecilia Berra, Isabella Bayer, Kim Polman, Steve Denning und Julia von Winterfeldt.

Seit vielen Jahren arbeite ich als agiler Coach und Unternehmensberater. Immer wieder neue Impulse und Inspirationen bekomme ich von einer Gruppe von Kolleginnen und Kollegen – wir treffen uns einmal die Woche für einen sogenannten »Pizza Call« eine halbe Stunde lang virtuell. »Pizza Call« deswegen, weil es normalerweise eine halbe Stunde dauert, eine Pizza zu essen und sich dabei zu unterhalten. In unserem »Pizza Call« tauschen wir uns über unsere Erfahrungen in der agilen Welt aus, berichten über Erfolge, Misserfolge, Probleme, Risiken und Chancen, entwickeln neue Ideen. Über die Jahre sind Gemeinschaft und Freundschaft entstanden. Danke an Stephen Denning, Andrew Holm, Dawna Jones, Jay Goldstein, John Styffe, Nancy Van Schooenderwoert, Peter Stevens und Rod Collins.

Ein ganz großes Dankeschön an meine Mitstreiter von *Human Business Architects* Christopher Weber-Fürst und Sabine Schwind von Egelstein für die vielen inspirierenden Gespräche und unsere gemeinsamen Workshops und Auftritte beim World Economic Forum 2019 und 2020. Let's re-humanize digital!

Danke an Andreas Loroch, Mitgründer und Mitgeschäftsführer von VorsprungatWork in Weinheim, sowie Torsten Bittlingmaier, die den Kontakt zum Haufe-Verlag für mich herstellten. Hier fand ich mit Dr. Bernhard Landkammer einen Produktmanager, der von Anfang an meine Buchidee glaubte und seine Kolleginnen und Kollegen im Verlag davon überzeugte. Er fand mit Ursula Thum eine erstklassige Lektorin für mein Buch, die meiner Sprache den richtigen Schliff gab, mich auf Lücken hinwies und so das Buch zum Abschluss brachte. Vielen, vielen Dank!

Danke an meine ersten Tango-Lehrer Isabella Bayer und Jaro Cesnik von der Tango-Schule Tango Flores in Mannheim, die mich in die wunderbare Welt des Tango Argentino einführten. Ohne sie wäre Kapitel 10 »Das Leben tanzen« nicht möglich gewesen.

Danke an die Teilnehmenden meiner Online-Dialoge »Love, Life and Work in a Human World« im Frühjahr 2020. Ihre Beiträge, ihre Ideen und ihr Feedback bestärkten die Vision, Human Business zur normalen, globalen Normalität zu machen. Vielen, vielen Dank an meine Gäste und Interviewpartner Christopher Weber-Fürst, Dawna Jones, Jay Stanton Goldstein, Julia Christensen Hughes, Kim Polman, Richard Atherton, Richard Sheridan und Sue Bingham. Dankeschön an alle Teilnehmer: Carolin Güthenke, Bernd Frye, Christian Bader, Marianne Brittijin, Christopher Weber-Fürst, al Bower, Carly Obeng, Johna Vickers, Juan Brooks, Samran Samran, Joe Amrhein, Anastasia Zaharioudaki, Scott Gould, Naum Naumoski, Fuad Mesic, Didi Niki Shterevi, Kim Plyler, Christian Kugelmeier, Psychi Lizzie, Nuria Rojo, Brian Shoemaker, Denise Falbo, Joseph Timothy, Dawna Jones, Julia Christensen Hughes, Tim Brook, Uwe Berns, Richard Sheridan, Kim Polman, Jay Goldstein, Julia von Winterfeldt, Janke Behnen, Grzegorz Posyniak, Kate Cnatalska, Oliver Foitzik, Gudrun Seuster, Barbara Altherr, Andrea Kaul, Udo Bohdal-Spiegelhoff, Bettina Goldman, Michaela Biggs, Eva Haas, Cinzia Catani, Julia Stolba, Tanja Schättler, Nicole Weise, Laura Latka, Martin Lindhuber, Corola von Peinen, Frank Bescherer, Julia König, Tanja Nettekoven, Julia Heitland, Udo Bohdal-Spiegelhoff, Kirsten Korte, Albrecht Schwenk, Joachim Skura, Andreas Voigtländer, Thomas Walenta, Yurii Oleksiievych, Lothar Schmidt, Tatjana Korol, Vanessa Sautter, Denis Wittmaier, Tobias Clemens, Sandra Seitz, Priscilla Lavodrama, Marion Felbel, Christian Keller, Yanique Myrick, Robert Fuchs.

Danke an alle, die während der Buchentstehung ihr Feedback zu frühen Kapitelentwürfen gaben: Andreas Loroch, Aiyana Juli, Albrecht Schwenk, Anja Schleiernick, Annette Muser, Carolin Güthenke, Antje Welzandt, Christina Juli, Christopher Weber-Fürst, Dagmar Schuler, Gabriele Simon, Gero Niemann, Isabella Bayer, Julia von Winterfeldt, Michael Burkhardt, Monika Renn, Michael Liley, Peter Stevens, Robert Fuchs,

Robert Misch, Roland Ullmann, Sabine Schwind von Egelstein, Torsten Bittlingmaier, Thomas Arend, Ute Niepenberg, Werner Simon.

Danke an Dagmar Schuler von der Anders Agentur für die Neugestaltung meiner Internetseite, die das Buch und damit Human Business in den Fokus einer breiteren Öffentlichkeit brachte und bringt.

Last, but not least möchte ich noch etwas zur Leseransprache erklären. Als ich das Buch geschrieben habe, habe ich überlegt, ob ich die Leserinnen und Leser mit förmlichem »Sie« oder persönlichem »Du« ansprechen möchte. Letztlich entschied ich mich für das Du, denn ich will weniger den Leser als fiktive Rolle oder Funktion, sondern vielmehr den Menschen erreichen. Da ist das Du einfach naheliegender.

1 Einführung: eine Welt im Wandel

»Die aufregendsten Durchbrüche des 21. Jahrhunderts werden nicht aufgrund der Technologie stattfinden, sondern aufgrund eines sich erweiternden Konzepts dessen, was es bedeutet, Mensch zu sein.«
John Naisbitt, Zukunftsforscher

Kernpunkte !

- Human Business stellt den Menschen an die erste Stelle; nicht als Konsumenten oder Ressource, sondern als menschliches Wesen. An zweiter Stelle kommt das Business.
- Das Buch möchte helfen, dass wir unsere Menschlichkeit wiederentdecken und unsere menschliche Kreativität und unser Potenzial entfalten. Im Leben und Arbeiten. Zum Wohle von uns Menschen und unserem Planeten.
- Wir leben in einer VUKA-Welt, das heißt, dass unser digitales Zeitalter von **V**olatilität, **U**nsicherheit, **K**omplexität und **A**mbiguität/Mehrdeutigkeit geprägt ist.
- Viele Menschen sind mit dem Wandel der Zeit überfordert. Sie wollen schnelle und einfache Lösungen präsentiert bekommen, anstatt selbst nach ihnen zu suchen. Das ist Nährboden für Populisten und Traditionalisten.
- Traditionell geführte Unternehmen werden, wenn sie von der digitalen VUKA-Welle ergriffen werden, an ihre Grenzen kommen und an die Wand gedrückt. Alte Werkzeuge wie Prozessoptimierung oder Innovationsplanung bleiben stumpf und können allenfalls kurzfristig Linderung bieten. Nachhaltig zum Überleben und Erfolg im digitalen Zeitalter tragen sie nicht bei.
- Die Überforderung durch die VUKA-Welt birgt auch Chancen in sich. Nämlich Chancen, bisherige Annahmen in Wirtschaft und Gesellschaft zu hinterfragen, andere Fragen zu stellen, neue Wege zu gehen.
- Um die Digitalisierung als Werkzeug für die Gestaltung unserer Zukunft verwenden zu können, müssen wir erst wieder lernen, Mensch zu sein und Ideen zu entwickeln, wie wir leben wollen.
- Das Buch erklärt, wie wir aus der passiven Rolle der menschlichen Ressource den Weg hin zum Menschsein und somit zur aktiven Gestaltung unseres Lebens finden können – sei es in unserem persönlichen Umfeld oder in Beruf, Arbeit und Gesellschaft.

In diesem Buch geht es um uns Menschen und wie wir unsere Zukunft gestalten wollen. Im Leben wie in der Arbeit. Die Frage, die wir dabei beantworten müssen, ist: Welche Rollen wollen wir dabei spielen? Wollen wir Spielball der Technologie sein, sie vielleicht nutzen, aber doch nur auf sie reagieren, alles für den technologischen Wandel tun und so Unternehmen und die Wirtschaft unterstützen? Oder wollen wir diejenigen sein, die das digitale Zeitalter aktiv gestalten? Nicht für Technologie oder Unternehmen, sondern für uns Menschen? Bzw. können wir im digitalen Zeitalter überhaupt noch Mensch sein? Und wenn ja, was bedeutet das? Welche Gestaltungsräume könnte uns dieses digitale Zeitalter öffnen?

Heute müssen wir uns mehr denn je die Frage stellen, wie wir als Menschen leben wollen. Es ist eine Frage des Wollens und des Gestaltens. Um sie beantworten zu können, müssen wir allerdings erst wissen, was wir wirklich wollen – und wer wir eigentlich sind oder sein wollen. Werden wir weiterhin nur Ressourcen und Konsumenten im großen wirtschaftlichen Gebilde sein oder wollen wir als Menschen das Ruder übernehmen?

Das traditionelle Business des 20. Jahrhunderts misst uns Menschen in erster Linie die Funktion des Mittels zum Zweck zu. Über Jahrzehnte hat dies wunderbar funktioniert und sich ausgezahlt. Das Business kommt an erster Stelle, der Mensch allenfalls an zweiter. Sei es als Konsument oder als Ressource.

Human Business kehrt diese Reihenfolge um: An erster Stelle steht der Mensch, nicht als Konsument oder Ressource, sondern als menschliches Wesen. An zweiter Stelle kommt das Business.

Wie wir in diesem Buch sehen werden, hat diese einfache Umstellung weitreichende Auswirkungen auf die Gestaltung unserer Zukunft. Wir als Menschen sind es, die Leben und Arbeiten gestalten müssen. Business wird dabei zu Mittel und Zweck unseres Gestaltungsauftrags. Nur, mit dieser Gestaltungsfreiheit kommt Verantwortung. Und um ihr gerecht zu werden, müssen wir uns darüber bewusst sein, was wir wollen und wer wir wirklich sind.

Das Buch will hierzu einen Beitrag leisten. Nicht als Diktat, sondern als Impulsgeber. Es möchte helfen, dass wir unsere Menschlichkeit wiederentdecken und unsere Kreativität und unser Potenzial entfalten. Im Leben und Arbeiten. Zum Wohle von uns Menschen und unserem Planeten.

Die Zukunft ist wie eine Zitrone

Die Zukunft. Ja, wie wird sie aussehen? Und wie werden wir sie erleben? Ich möchte sie mal mit einem Zitronenschnitz vergleichen, in den wir herzhaft reinbeißen. Im ersten Moment dürften wir unseren Mund verziehen, so sauer ist die Zitrone. Manche von uns spucken sie gleich wieder aus; andere kauen und schlucken das Fruchtfleisch mehr oder weniger genüsslich hinunter. Ob und wie wir den Zitronenschnitz essen und genießen, liegt also ganz an unseren Vorlieben, an unserem Geschmack und an unserer Wahrnehmung. Aber auch an unseren Erfahrungen und Erkenntnissen. Denn unabhängig davon, ob wir eine rohe Zitrone essen wollen oder nicht, können wir sie auch anderweitig verwenden – zu Beispiel zum Kochen oder Backen. Sie kann also durchaus einen positiven Nutzen haben, selbst wenn wir sie pur nicht mögen.

Ähnlich verhält es sich mit der Zukunft, die an unsere Tür klopft. Mit der Zukunft meine ich hier vor allem das Informations- und Digitalzeitalter, oftmals auch als »vierte industrielle Revolution« bezeichnet. Vielleicht haben wir eine Idee, was die Digitalisierung alles mit sich bringen kann; ganz sicher müssen wir uns dabei nicht sein. Und sie mögen schon gar nicht.

Unter dem digitalen Zeitalter und der Digitalisierung verstehe ich mehr als nur die rasante und immer schneller werdende Entwicklung von Technologien in den letzten Jahren. Das digitale Zeitalter ist geprägt von einer immer stärkeren Vernetzung von Menschen, Unternehmen und Wirtschaft sowie Politik und Gesellschaft. Jeder ist mit jedem in irgendeiner Art und Weise verbunden und beeinflusst sich mal mehr, mal weniger gegenseitig. Das hat sowohl positive als auch negative Seiten. Technologien und wirtschaftliche Flüsse mögen uns näher zusammenbringen, sie machen uns aber auch anfälliger für mögliche negative Auswirkungen der komplexen Wechselbeziehungen. Der Klimawandel ist ein Beispiel hierfür.

Dabei sind die Digitalisierung bzw. die vierte industrielle Revolution aus Sicht der Geschichte nicht wirklich so außergewöhnlich. Letztlich beschreiben sie einen weiteren Schritt in der menschlichen Entwicklung. Die erste Industrialisierung begann mit der Entwicklung und Verbreitung von Dampfmaschinen Ende des 18. Jahrhunderts. Als ca. 1913 Henry Ford das Fließband einführte, hatte dies weitreichende Auswirkungen zunächst auf die Wirtschaft und dann auch auf die Gesellschaft. Mit dem Fließband begann die zweite industrielle Revolution. Die dritte Revolution brach mit der Entwicklung der Mikroelektronik Mitte der 70er-Jahre an. Auch hier waren die Auswirkungen auf Wirtschaft und Gesellschaft signifikant. Die technologische Entwicklung beschleunigte sich über die letzten Jahrzehnte und mit der Entwicklung moderner Fabriken begann die vierte industrielle Revolution, in der wir uns heute befinden. Dabei sind die vierte Revolution und das digitale Zeitalter weit mehr als intelligente Fabriken. Werfen wir einen kurzen Blick auf den Umfang der derzeitigen technologischen Revolution.

Technologien

Kaum etwas anderes ist schnelllebiger als die rasante Entwicklung neuer Technologien. Es fällt schwer, eine Liste neuer Technologien zu erstellen, wohl wissend, dass sie schon in kürzester Zeit obsolet sein kann und allenfalls ein Schmunzeln verursacht, weil sich so manche aufgelistete Technologie schon wieder überholt hat. Einen Versuch ist es trotzdem wert.

Rechnerleistung
Die Rechnerleistungen und Speichermöglichkeiten haben sich in den letzten Jahren dank neuer Prozesse, Materialien und Herstellungsverfahren vervielfacht. Neue System- und Datenarchitekturen ermöglichen eine schnellere, effizientere Datenverar-

beitung. Rechner werden schneller und kleiner und sind aus unserem täglichen Leben kaum noch wegzudenken. Auf der anderen Seite gibt es z. B. durch Cyberkriminalität neue Gefahren für uns Menschen und unsere Gesellschaft. Wo es Licht gibt, gibt es auch Schatten.

Internet der Dinge

Maschinen können heute miteinander kommunizieren – vor Jahren war das noch kaum vorstellbar. Sogenannte Smart Factories funktionieren heute ohne Menschen. Energienetze in Städten und Häusern sind miteinander verbunden, tauschen Daten aus und optimieren sich quasi von selbst.

Aber auch hier gibt es Schattenseiten des Fortschritts. Während die Daten der Maschinen immer mehr an Bedeutung zunehmen, wächst die Sorge um die Sicherheit der Daten und die Risiken des Datenmissbrauchs. Energienetze werden intelligenter, sind aber auch anfällig für Cyberangriffe, die über Stunden, Tagen, Wochen oder länger ein Energienetz lahmlegen können – mit fatalen Folgen für Mensch, Wirtschaft und Gesellschaft.[5]

Künstliche Intelligenz und Roboter

Wie beim Internet der Dinge ist auch die rasante Entwicklung im Bereich der künstlichen Intelligenz und bei Robotern bemerkenswert. Beispielsweise kann gehbehinderten Menschen geholfen werden, wieder zu laufen. Langweilige Routinetätigkeiten können von Maschinen übernommen und dadurch schneller und billiger durchgeführt werden. Menschen wird somit mehr Zeit für kreative und zwischenmenschliche Tätigkeiten geschenkt.

Dieser Trend ist nicht ohne Risiken. Menschen dürften ihre Arbeit in vielen Branchen an Roboter verlieren. Autonom fahrende Pkws und Lkws verändern nachhaltig die Mobilität in unserer Gesellschaft. Gleichzeitig dürften sie auch viele Tausend Arbeitsplätze vernichten. Und die Frage, was künstliche Intelligenz alles kann oder können wird, ist nicht ohne eine Diskussion über Werte und Ethik zu beantworten.[6]

Biotechnologie

In der Biotechnologie wenden wir Wissenschaft und Technik auf lebende Organismen an. Wir erfahren mehr über die Veränderung von lebender oder nichtlebender Materie und können dann die Erkenntnisse verwenden, um neue Güter und Dienstleistungen zu entwickeln.[7] »Ziele sind u. a. die Entwicklung neuer oder effizienterer Verfahren zur Her-

---

5   Marc Elsberg beschreibt genau so ein Szenario in seinem Roman »*BLACKOUT – Morgen ist es zu spät*« (Blanvalet, 2013).

6   Harari warnt in seinem Buch *Homo Deus: Eine Geschichte von Morgen* (2018) vor einem Technohumanismus, in dem Algorithmen immer mehr Macht gewinnen und der Mensch letztlich auf der Strecke bleibt.

7   http://biotechnologie.de/knowledge_base_articles/1-was-ist-biotechnologie

stellung chemischer Verbindungen und von Diagnosemethoden.«[8] Die Entwicklungen in der Biotechnologie können weg von Massenserien und hin zu personalisierten Behandlungen z. B. durch Medikamente führen. Wie weit die Biotechnologie dabei gehen kann, ist, wie bei vielen anderen technologischen Entwicklungen auch, eine ethische Frage.

Nanotechnologien

Unter dem Begriff der Nanotechnologien »werden [...] zahlreiche Prinzipien aus verschiedenen Natur- und Ingenieurwissenschaften zusammengefasst: aus der Quantenphysik und den Materialwissenschaften, aus der Elektronik und Informatik, aus der Chemie und Mikro-, Molekular- und Zellbiologie. Gemeinsam ist all diesen Technologien die Größenordnung, in der sich alles abspielt: die Dimension von einigen Nanometern«[9]. Nanotechnologien haben schon heute zu gravierenden Fortschritten in der Medizin, aber auch bei der Entwicklung neuer Materialien beigetragen. Den Fortschritten stehen allerdings befürchtete unkalkulierbare Risiken gegenüber. Und so stellt sich auch hier die Frage, wie weit man heute und in der Zukunft gehen darf. Das gilt insbesondere dann, wenn Nanotechnologie, wie bei der Gentechnik, bei Lebewesen eingesetzt wird.

Gentechnik

Bei kaum einer anderen Technologie liegen Fluch und Segen so nah beieinander. »Als Gentechnik bezeichnet man Methoden und Verfahren der Biotechnologie, die auf den Kenntnissen der Molekularbiologie und Genetik aufbauen und gezielte Eingriffe in das Erbgut und damit in die biochemischen Steuerungsvorgänge von Lebewesen bzw. viraler Genome ermöglichen.«[10]

Welche Auswirkungen genmanipuliertes Saatgut und Lebensmittel kurz- oder langfristig auf Menschen und Natur haben, wird kontrovers diskutiert. Dass es keine negativen Auswirkungen hat, kann heute ausgeschlossen werden. So ist es nicht verwunderlich, dass insbesondere in Europa gentechnisch verändertes Saatgut und gentechnisch veränderte Lebensmittel äußerst kritisch gesehen werden. Folglich wird gefordert, dass Forschung in der Gentechnik im höchsten Maße kontrolliert, wenn nicht gar verboten werden müsse.

Ein anderes Bild ergibt sich für Länder, die am stärksten vom Klimawandel und der daraus resultierenden Hitze und von Wassermangel betroffen sind. Schon wird Saatgut für trockene und heiße Klimazonen entwickelt, um dort – was vorher nicht möglich war – Getreide anzupflanzen. Millionen von Menschen kann so geholfen werden.

---

8   https://de.wikipedia.org/wiki/Biotechnologie
9   https://www.planet-wissen.de/natur/forschung/nanotechnologie/index.html
10   https://de.wikipedia.org/wiki/Gentechnik

Statt an Mangelernährung zu sterben oder gezwungenermaßen das eigene Land zu verlassen, können sie sich aus eigener Kraft ernähren.[11]

Neurotechnologie

Die Neurotechnologie hilft uns, unser Gehirn und damit unser Bewusstsein, unser Verhalten und unsere Stimmung immer besser zu verstehen. Krankheiten und Hirnschäden können effektiver behandelt werden und wir können herausfinden, wie wir die Leistung unseres Gehirns stärken können. Die Erkenntnisse können in vielen Feldern angewendet werden. Wir können z. B. Entscheidungsfindungen besser verstehen. Dies wiederum kann helfen, Wege für personalisiertes Lernen zu entwickeln. Erkenntnisse über die Vielschichtigkeit und komplexe Vernetzung im Gehirn lassen sich auch auf Bereiche wie Architektur, Computer oder Organisationsmodelle übertragen.

3D- und 4D-Drucker

3D-Drucker haben schon jetzt Einzug in die industrielle Fertigung gehalten, werden ständig verbessert und können dort zu einem disruptiven Wandel führen. Beim 4D-Druck handelt es sich um intelligente Werkstoffe, die sich »unter einem bestimmten sensorischen Auslöser wie zum Beispiel bei dem Kontakt mit Wasser, Wärme, Vibration oder Schall bewegen und/oder verändern. Der 4D-Druck befindet sich in einem frühen Entwicklungsstadium und verbindet mehrere Wissenschaften wie Bioengineering, Materialwissenschaft und Werkstofftechnik, Chemie und Informatik und Ingenieurwissenschaften«[12].

Während 3D- und 4D-Drucker vor allem in der Industrie Anwendung finden, ist es nur eine Frage der Zeit, bis sie auch für die breite Masse nutzbar werden. Beide Varianten erlauben es Konsumenten, Produkte zu Hause zu drucken und nicht mehr von anderen Quellen beziehen zu müssen. Die Auswirkungen auf Lieferketten und Handel dürften immens sein.

Virtual und Augmented Realty

Virtual Reality, die mittels speziell gefertigter Brillen erlebt werden kann, wie auch Augmented Reality helfen bei der Ideengenerierung, der Ausbildung, der Zusammenarbeit und dem Erfahrungsaustausch. Schon heute werden diese Technologien im Produktdesign und der Produktentwicklung eingesetzt, sparen so Zeit und Geld und eröffnen neue Kreativitätsräume. Simulatoren für Trainingszwecke werden bereits seit Jahren eingesetzt. Noch rasanter ist die Entwicklung in der Unterhaltungs- und

---

11   Siehe auch die Anmerkungen von Microsoft-Gründer Bill Gates in einem Interview mit der Zeitung *Die Welt*, in der er für die Gentechnik wirbt: »Der Kontinent, der am wenigsten zum Klimawandel beiträgt, spürt die Folgen als Erster«. https://www.welt.de/politik/ausland/plus200539810/Bill-Gates-Sorge-wegen-des-Klimawandels-Lob-fuer-Greta-Thunberg.html?wtrid=onsite.onsitesearch

12   https://de.wikipedia.org/wiki/4D-Druck

Spieleindustrie. In Filmen verschmelzen virtuelle und erweiterte Realitäten zunehmend und ermöglichen noch vor wenigen Jahren unvorstellbare Spezialeffekte in Kino und Fernsehen. Ähnliches gilt für die Gaming-Industrie, die weltweit geradezu explodiert. Waren um die Jahrtausendwende Computerspiele noch auf den eigenen Computer und vielleicht den nebenan ausgerichtet, füllen E-Sports-Veranstaltungen heute große Fußballstadien. Spieler weltweit finden und vernetzen sich und verabreden sich in der virtuellen Welt. In der Zwischenzeit denken immer mehr Schulen und Universitäten über die Einbindung von Gaming im weiteren Sinne – Stichwort »Gamification« – sowie virtuellen und erweiterten Realitäten in ihr Curriculum und ihren Betrieb nach bzw. haben sie schon integriert. Dabei entfallen nicht nur physische Grenzen, es ergeben sich vor allem Möglichkeiten, eine scheinbar unbegrenzte Anzahl an Menschen zu erreichen und einzubinden.

Die Schattenseite virtueller und erweiterter Realitäten liegt auf der Hand: Mit dem Leben in künstlichen Welten steigt das Risiko, den Bezug zur analogen Realität zu verlieren.

Alternative Energien

Erneuerbare Energien sind sauberer, effizienter und umweltverträglicher als traditionelle Energien. Es gibt Forschungen, die erkunden, ob sich Umweltschäden sogar rückgängig machen lassen. Dies setzt voraus, dass Forschung, Wirtschaft und Staat zusammenarbeiten, um die Potenziale hierfür zu entfalten. Nur, so groß die Versprechen und positiven Auswirkungen alternativer Energien sind, so fraglich ist es, wie schnell hier Fortschritte gemacht werden, bedenkt man, dass die Energieindustrie von wenigen Großunternehmen kontrolliert und reguliert wird. Fortschritte im Bereich alternativer Energien werden eher verlangsamt oder sogar verhindert, weil dies die Gewinne dieser Unternehmen gefährden könnte. Ob und wann sich dies ändern wird, ist eine offene Frage.

Vertrauenswürdige Transaktionen dank Blockchain

»Was das Internet für die Kommunikation getan hat, wird Blockchain für vertrauenswürdige Transaktionen tun. [...] kurz gesagt, es hat die Fähigkeit, Prozesse zu rationalisieren und Missbrauch zu beseitigen.«[13] Dabei geht es um weit mehr als nur um Prozesse, sondern um die Entwicklung eines dezentralen Buchführungssystems der Zukunft. Das dürfte weitreichende Auswirkungen auf unser wirtschaftliches Leben haben. Manche sprechen gar von einer Revolution für Geld, Wirtschaft und die ganze Welt.[14]

---

13   Shapiro (2019, 77). Eigene Übersetzung. Originalzitat: »What the internet did for communications, block-chain will do for trusted transactions. [...] in short, it has the power to streamline processes and eliminate abuse.«
14   Tapscott, D. und A. Tapscott (2016). Blockchain Revolution: How the Technology Behind Bitcoin Is Changing Money, Business and the World. Penguin Random House UK.

»Eine Blockchain ist eine kontinuierlich erweiterbare Liste von Datensätzen, ›Blöcke‹ genannt, die mittels kryptographischer Verfahren miteinander verkettet sind.« Dies wird insbesondere bei einer dezentralen Buchführung genutzt, in der »der jeweils richtige Zustand dokumentiert werden muss, weil viele Teilnehmer an der Buchführung beteiligt sind. Was dokumentiert werden soll, ist für den Begriff der Blockchain unerheblich. Entscheidend ist, dass spätere Transaktionen auf früheren Transaktionen aufbauen und diese als richtig bestätigen, indem sie die Kenntnis der früheren Transaktionen beweisen. Damit wird es unmöglich gemacht, Existenz oder Inhalt der früheren Transaktionen zu manipulieren oder zu tilgen, ohne gleichzeitig alle späteren Transaktionen ebenfalls zu zerstören. Andere Teilnehmer der dezentralen Buchführung, die noch Kenntnis der späteren Transaktionen haben, würden eine manipulierte Kopie der Blockchain daran erkennen, dass sie Inkonsistenzen in den Berechnungen aufweist.«[15] Kurz, Blockchain schafft sowohl Transparenz als auch Vertrauenswürdigkeit in fast allen geschäftlichen Transaktionen. Die Transaktionskosten werden signifikant reduziert.

Das Ganze hört sich kompliziert an, aber die Auswirkungen z. B. auf das Banken- und Versicherungswesen und somit auf die Kapitalmärkte und auch auf Lieferketten dürften gravierend sein. Bisherige Vermittler wie Banken und Versicherungsmakler fallen weg. Eine Datenmanipulation ist mit herkömmlichen Mitteln praktisch ausgeschlossen. Auf der anderen Seite kann keiner vorhersagen, ob dies auch in Zukunft so bleibt.

Geo-Engineering

Das Ziel von Geo-Engineering ist es, mittels Technik in (bio-)geochemische Kreisläufe der Erde einzugreifen. So wird zum Beispiel erforscht, wie Geo-Engineering helfen kann, die Erderwärmung oder die Versauerung der Meere wieder in den Griff zu bekommen.[16] Inwiefern dies tatsächlich möglich ist, ohne komplexe und nicht vorhersehbare oder nicht kontrollierbare Nebeneffekte zu riskieren, kann nicht mit Sicherheit gesagt werden. Das Risiko, dass mögliche Nebeneffekte zu noch größeren Problemen führen könnten, lässt Geo-Engineering heute in zweifelhaftem Licht erscheinen.

Raumfahrt

Last, but not least gibt das unendliche Potenzial von Technologien Anschub für den Traum vieler Menschen, neuen Lebensraum jenseits der Erde zu finden. Die Raumfahrt ist seit jeher faszinierend für uns Menschen. Die Forschung für unser Leben auf der Erde und die Suche nach neuen Lebensräumen ist nach wie vor sehr kostspielig. Auch kann sie durch Politiker und ihre militärischen Fantasien missbraucht werden. Mit der rasanten, ja exponentiellen Entwicklung der Technologie fallen immer mehr Grenzen. Es ist lediglich eine Frage der Zeit, wie lange es noch dauert, bis die ersten

---

15 https://de.wikipedia.org/wiki/Blockchain
16 https://de.wikipedia.org/wiki/Geoengineering

Touristen in Raumschiffen um die Erde kreisen oder zum Mond reisen – oder neue wertvolle Rohstoffe auf Meteoriten gefunden und zur Erde gebracht oder eines Tages wirklich neue Lebensräume im All entdeckt oder entwickelt werden.

Die vernetzte Welt

Die Digitalisierung hat dazu geführt, dass die Menschheit und die Wirtschaft heute vernetzter sind als je zuvor. Das gilt sowohl für das tägliche Leben im Privaten dank Social Media als auch für die Vernetzung von Waren- und Dienstleistungsströmen. Traditionelle Grenzen verschwinden. Die Welt wird zu einem einzigen Marktplatz und Wirtschaftsraum. Und wir sind alle miteinander verbunden und sozialer. Könnte man meinen. Nur, sind wir das wirklich? Es stimmt schon, dass wir technisch miteinander verbunden sind und uns austauschen. Das heißt aber nicht, dass wir auch sozialer geworden sind. Es gibt immer noch einen großen Unterschied zwischen dem Austausch von WhatsApp-Nachrichten und einem persönlichen Gespräch von Angesicht zu Angesicht. Mit anderen Worten: Eine zunehmende und bessere Vernetzung ist nicht gleichbedeutend mit zunehmenden und besseren sozialen Beziehungen und Austausch.

Grenzen des traditionellen Kapitalismus

Für die Wirtschaft, den Waren- und Dienstleistungsverkehr, hat die Vernetzung offensichtliche Vorteile. Märkte können sich fast ohne Eingrenzungen ausbreiten. Es gilt, effizienter und effektiver zu produzieren und die Waren an die Konsumenten zu bekommen. Die freie Marktentfaltung hilft, Wohlstand und Produktvielfalt zu vermehren. Unter dem Strich und rein statistisch gesehen profitiert die Weltbevölkerung von diesem Neo-Kapitalismus.

Auf der anderen Seite geht dieser Fortschritt immer mehr auf Kosten der Umwelt und eines sozialen Ausgleichs. »Der Kapitalismus ebnet alle traditionellen und emotionalen Werte ein, indem er alles zu einem einzigen, traditionellen Wert bemisst: dem Geld.«[17] Freilich gibt es zwischen den Regionen und Ländern dieser Welt unterschiedliche Ausprägungen des Kapitalismus. Wurde und wird z. B. in den USA eine Form des Neo-Kapitalismus propagiert, hat in Deutschland die soziale Marktwirtschaft eine lange Tradition.

Unabhängig davon ist der gemeinsame Nenner, dass das wirtschaftliche System dominiert und der Mensch nur eine untergeordnete Rolle spielt. Der US-Amerikaner Frederick Winslow Taylor schrieb 1911 dazu: »In der Vergangenheit war der Mensch der

---

17 Precht, R. D. (2018, 95). *Jäger, Hirten, Kritiker: Eine Utopie für die digitale Gesellschaft*. Wilhelm Goldman.

Erste. In Zukunft muss das System an erster Stelle stehen.«[18] Dieser Grundsatz hat sich über die Jahrzehnte in den meisten Industriezweigen und Organisationen durchgesetzt und ist auch noch heute allgegenwärtig. Unternehmen werden wie Maschinen geplant, entwickelt und gewartet. Menschen sind hierbei durchaus wichtig, aber in erster Linie als Ressource. Ausschlaggebend ist, dass man Unternehmen und somit Wirtschaften planbar machen kann. Das ging so lange gut, wie sich Prozesse im wirtschaftlichen Ablauf planen und vorhersehen ließen. Mit dem Anbruch der vierten industriellen Revolution hat sich das geändert. Der technische, wirtschaftliche und gesellschaftliche Wandel nimmt an Fahrt auf, ist nicht länger so leicht zu verstehen, geschweige denn vorherzusagen wie zuvor, er wird komplexer. Konsumentinnen und Konsumenten sind dank Internet besser informiert und haben immer größeren Einfluss auf Unternehmen.

Mit der Digitalisierung wandelt sich auch die Wirtschaft. Viele Unternehmen lernen, flexibler zu reagieren und zu agieren. Manche sind dabei schneller als andere. Ehemalige Start-ups wie Airbnb, Uber, Amazon, Facebook & Co. haben so manche Unternehmen in Reichweite und Einfluss binnen weniger Jahre abgehängt. Allerdings bedeutet dies noch keine Abkehr vom Taylorismus[19], bei dem es vornehmlich um Profitmaximierung geht und der Mensch weiterhin als Ressource behandelt wird.

Der traditionelle Kapitalismus löst die heutigen Probleme in Wirtschaft, Gesellschaft und Welt nicht. Er verschärft sie. Er belohnt diejenigen, die kurzfristige Gewinne anstreben und Gewinne maximieren, unabhängig davon, ob das Geschäft einen Wert für Kunden, Arbeitskräfte, Unternehmen oder die Gesellschaft generiert oder nicht. Dieser Kapitalismus behandelt Mensch und Umwelt als Ressourcen, Kostenfaktoren und Zahlen in Bilanzen. Er gedeiht in einer Atmosphäre des Misstrauens, der Spannung, des Halsabschneidens und des Siegens, der Selbstsucht und der Angst. Die Ausbeutung oder Verschmutzung der Umwelt gilt als Kollateralschaden. Die Spaltung und Vergrößerung der Kluft zwischen Arm und Reich wird als Ablenkung abgetan, die vom freien Markt behoben werden kann.

Befürworter des traditionellen Kapitalismus wie z. B. der amerikanische Präsident Donald Trump negieren zwar nicht die Tatsache, dass die Welt immer volatiler, unsi-

---

18 Original-Zitat: »In the past, man has been first. In future, the system must be first.« Taylor, F. W. (1911). *The Principles of Scientific Management*. Harper & Brothers.

19 »Als Taylorismus bezeichnet man das von dem US-Amerikaner Frederick Winslow Taylor (1856–1915) begründete Prinzip einer Prozesssteuerung von Arbeitsabläufen, die von einem auf Arbeitsstudien gestützten und arbeitsvorbereitenden Management detailliert vorgeschrieben werden und für die der Begriff Scientific Management geprägt wurde. [...] Mit dem Rückgang der Massenproduktion und der zunehmenden Schwierigkeit, flexible Fertigungsprozesse detailliert vorzuplanen, nimmt die Bedeutung des Taylorismus in vielen industriellen Branchen ab, während zahlreiche Dienstleistungstätigkeiten zum Beispiel in Callcentern, Banken, Systemgastronomie oder Pflegeberufen unter Reduzierung von Handlungsspielräumen und Verwendung neuer Steuerungsformen zunehmend tayloristisch durchstrukturiert und flexibilisiert werden.« – Quelle: https://de.wikipedia.org/wiki/Taylorismus

cherer, komplexer und mehrdeutiger wird. Wirklich besorgt darüber sind sie jedoch nicht, da sie die Ansicht vertreten, dass die etablierten Geschäftsprinzipien, -prozesse und -regeln auch diese Herausforderungen mittel- und langfristig bewältigen können. Und wenn es ein Problem gibt, liegt es wahrscheinlich daran, dass einige Menschen, Organisationen oder Regierungen diese etablierten Prinzipien missachtet haben.

Dies ist kein weiterer Angriff auf Trump. Eigentlich interessiert mich Trump nicht sonderlich. Was mich interessiert, sind die Auswirkungen seiner Politik, seiner Ideologie, seiner Weltanschauung, seiner Entscheidungen, seiner Stimmungen und manchmal seiner Tweets. Und doch geht es nicht um Trump als Person. So hat der frühere Präsident Obama zu Recht festgestellt, dass Trump nicht die Ursache, sondern ein Symptom für eine Vielzahl von Dingen ist, die heutzutage in der Wirtschaft, der Gesellschaft und der Welt in Aufruhr sind.[20] Und in der Tat ist Trump ein starkes Symptom und ein hervorragendes Symbol für den Kapitalismus der alten Zeiten. Das Problem ist, dass wir nicht mehr im 19. oder 20. Jahrhundert leben, das stark vom traditionellen Kapitalismus geprägt war, den Trump so sehr liebt.

Ich bin kein Kritiker des Kapitalismus an sich. Wie könnte ich, habe ich doch ein Studium in der neoklassischen Ökonomie genießen dürfen. Tatsache ist, dass der traditionelle Kapitalismus in eine Sackgasse führt. Er hat nur unzureichende oder gar keine Antworten für die heutige Herausforderungen, vergrößert die Kluft zwischen Arm und Reich, sorgt für die Ausbeutung und Zerstörung unserer Umwelt und damit unseres Planeten. Willkommen in der VUKA-Welt des digitalen Zeitalters.

Willkommen in der VUKA-Welt

Wenn ich von der digitalen Welt spreche, rede ich immer auch von der »VUKA-Welt«. VUKA ist ein Akronym und steht für **V**olatilität, **U**nsicherheit, **K**omplexität und **A**mbiguität/Mehrdeutigkeit.

»Der Begriff entstand in den 1990er-Jahren in einer amerikanischen Militärhochschule und diente zunächst dazu, die multilaterale Welt nach dem Ende des Kalten Krieges zu beschreiben.«[21] Ganz allgemein beschreibt VUKA schwierige Rahmenbedingungen, zum Beispiel die der digitalen Welt. Denn sie ist in der Tat volatil, unsicher, komplex und mehrdeutig. Will man die digitale Welt verstehen, kommen wir also um den VUKA-Begriff nicht herum. Schauen wir uns die einzelnen Teile des Begriffs mit Hinblick auf die digitale Welt etwas genauer an:

---

20   https://www.vox.com/policy-and-politics/2018/9/7/17832024/obama-speech-trump-illinois-transcript
21   https://de.wikipedia.org/wiki/VUCA

V = Volatilität

Die digitale Welt steht für einen dynamischen und rasanten Wandel. Was heute modern und der letzte Schrei ist, kann morgen von der Technik schon wieder eingeholt und überholt sein.

Ich erinnere mich an meinem ersten Laptop, den ich 1996 erwarb. Er hatte sage und schreibe eine Festplatte von 500 MB. Damals war dies riesig und es reichte aus, um meine Dissertation damit zu schreiben, zu recherchieren oder mittels eines separaten Modems im Internet zu surfen. Etwa ein halbes Jahr später kamen zwei Nachfolgemodelle des Laptops auf den Markt. Das eine hatte immer noch die mittelgroße Festplatte mit 500 MB, das andere und um einiges teurere Modell war schon mit 1 GB ausgestattet. Ich fragte mich damals, wer denn so viel Speicherplatz benötigte. Für mich nicht vorstellbar. Dass mein Rechner regelmäßig einfror, war nichts Besonderes. Es war nervig, aber man gewöhnte sich daran und akzeptierte die noch etwas unvollkommene Technik.

20 Jahre später sind die Rechner nicht nur schneller geworden, sie verfügen auch über größere Speicherkapazitäten, die dank Speicherung in der Cloud unbegrenzt sind und die man terrabyteweise dazumieten kann.

Die Entwicklung von Smart Phones verhält sich ähnlich und es gibt viele weitere Beispiele für die rasante und immer schnellere Geschwindigkeit des technologischen Wandels. Eine Grenze scheint nicht in Sicht zu sein.

U = Unsicherheit

Wohin sich der Wandel bewegt, ist nicht sicher. Was sicher ist, ist die Unsicherheit über die Dynamik des Wandels. Die tiefgreifenden Veränderungen in unseren Lebens- und Arbeitsbedingungen, mit denen wir Menschen uns in den letzten Jahren mehr und mehr konfrontiert sehen, bringen vor allem eines mit sich: Unsicherheit. Vorbei sind die Zeiten, in denen man technologische Entwicklungen in Jahren oder Jahrzehnten vorhersagen konnte oder glaubte zu können. Manchmal lag man ziemlich genau – wie bei dem Versprechen Kennedys zu Beginn der 1960er, bis zum Ende des Jahrzehnts einen Mann auf den Mond und wieder sicher zurück zu bringen –, bei anderen Entwicklungen wie beim MP3-Player überholte die Entwicklung die Vorhersagen. Was wir heute mit Sicherheit erwarten können, sind viele, viele Überraschungen – sei es in der technischen, sozialen und politischen Welt oder in der Umwelt. Ob wir das gut finden und darauf die richtigen Antworten haben werden, ist eine andere Frage. Fakt ist, dass die Unsicherheit in der digitalen Welt zunehmen wird.

K = Komplexität

Zur Volatilität und Unsicherheit gesellt sich die wachsende Komplexität der digitalen Welt. Dinge wie auch Menschen sind immer mehr miteinander vernetzt, eine einfache Verfolgung der Verflechtungen ist schier unmöglich, zumal die Vernetzung nicht steht bleibt. Einfache Ursache-Wirkungs-Ketten zu finden wird schwieriger. Stattdessen herrscht eher Verwirrung, wo man mit dem Versuch, die digitale Welt zu verstehen, anfangen, geschweige denn aufhören will.

Beispiele für Fragen und komplexe Probleme sind folgende:

- Wie können langfristige Ziele verfolgt werden, wenn wir in einer kurzfristig ausgerichteten Ökonomie leben?
- Wie können Loyalitäten und Verpflichtungen in Institutionen aufrechterhalten werden, die ständig zerbrechen oder immer wieder umstrukturiert werden?
- Wie bestimmen wir, was in uns von bleibendem Wert ist, wenn wir in einer ungeduldigen Gesellschaft leben, die sich nur auf den unmittelbaren Moment konzentriert?

Cynefin !

Im Zusammenhang mit dem Komplexitätsbegriff wird manchmal auch auf das Cynefin Framework (/kə'nɛvɪn/kuh-NEV-in) verwiesen.[22] Dieses von Dave Snowden 1999 entwickelte Konzept wird u. a. bei der Entscheidungsfindung verwendet. Es grenzt die Begriffe »einfach«, »kompliziert«, »komplex« und »chaotisch« voneinander ab und erklärt ihren Zusammenhang. **Einfach** ist ein Zusammenhang, wenn er klar und präzise beschrieben und somit verstanden werden kann, ohne dass es Interpretationsspielräume gibt. Die Beziehung zwischen Ursache und Wirkung ist für alle offensichtlich. Bewährte Praktiken oder Patentrezepte (Best Practice) sind aus vergleichbaren Fällen bekannt und können übertragen werden. Die Herangehensweise ist hier: Erkennen – Kategorisieren – Reagieren. Als Beispiel sei die Massenproduktion von Schrauben genannt.

Kompliziert ist ein Zusammenhang, wenn die Interpretationsspielräume größer werden. Es gibt viele Randbedingungen und Abhängigkeiten zu berücksichtigen. Um sie zu verstehen, bedarf es einer genauen, aber noch machbaren und oft logischen Analyse und Schlussfolgerung. Beziehungen zwischen Ursache und Wirkung existieren, allerdings benötigt man Experten- oder Fachwissen, um sie zu erkennen. Vorgehen sollte man dabei nach der Reihenfolge Erkennen – Analysieren – Reagieren. Das angestrebte Ergebnis sind naheliegende bzw. gute Praktiken (Good Practice) oder auch Expertenantworten, die aber immer Raum lassen für Überraschungen und Abweichungen. Ein Beispiel für eine komplizierte Tätigkeit ist die Arbeit von Fluglotsen oder die Montage eines Flugzeugtriebwerks.

In **komplexen** Zusammenhängen nehmen die Randbedingungen weiter zu, ändern sich aber ständig, sodass sich Verbindungen zwischen Zusammenhängen nur noch selten, wenn überhaupt, logisch und konsistent nachvollziehen lassen. Beziehungen zwischen Ursache und Wirkung bestehen, können aber nur im Nachhinein wahrgenommen werden. Analysen aus komplizierten Umgebungen werden ersetzt durch Erprobungen. Das große Unbekannte bleibt als Ganzes in allen Details nicht greifbar. Eine Orientierung an bewährten Praktiken, seien es Best oder Good Practices ist nicht länger möglich. Vielmehr entwickeln

---

22 https://de.wikipedia.org/wiki/Cynefin-Framework

sich experimentelle Strategien und Praktiken in der Tätigkeit selbst. Wir reden deswegen von emergenten, also von sich entwickelnden Praktiken. Funktionierende Handlungsanweisungen bilden sich durch Ausprobieren – Erkennen – Reagieren heraus.

Ein Beispiel für Komplexität ist die Herstellung von Mayonnaise. Aufgrund der chemischen Verbindungen und Reaktionen ist Mayonnaise mehr als die Summe der Einzelteile – im Gegensatz zum Beispiel zu ein Flugzeugtriebwerk, das in seine Einzelteile zerlegt werden kann und deswegen kompliziert, aber eben nicht komplex ist.

Am Ende des Spektrums steht das **Chaos**, das im Ganzen überhaupt nicht mehr mit gewöhnlichen Methoden begriffen werden kann. Probieren oder Versuche in Laborumgebungen reichen nicht aus. Es bleibt der Schritt ins Dunkle, ins Unbekannte mit ungewissem Ausgang. Beziehungen zwischen Ursache und Wirkung bestehen, lassen sich aber nicht identifizieren. Wer hier überleben will, muss den Mut haben, Neues zu wagen, unabhängig davon, ob es gelingt oder nicht. Eine Idee vom Ausgang hat man sowieso nicht. Eine Beziehung zwischen Ursache und Wirkung für das Ganze gibt es nicht, ebenso wenig wie die Orientierung an bewährten Praktiken. Die Handlungsempfehlung ist: Handeln – Erkennen – Reagieren. Das Ziel ist es, dabei innovative Praktiken (Novel Practice) zu entdecken. Gewissermaßen ist das ein Paradies für Harakiri-Pioniere, die sich in eine unbekannte Tiefe stürzen. Mut und Entschlossenheit kann belohnt werden, muss es aber nicht.

Eine fünfter Bereich wäre die **Unordnung**, wo man nicht weiß, ob überhaupt eine Art von Kausalität besteht. Hier werden Aufgaben und Probleme eingeordnet, über die man zu wenig weiß, um sie einem anderen Unterbereich zuzuordnen zu können.

Grafisch sieht das Cynefin Framework wie folgt aus:

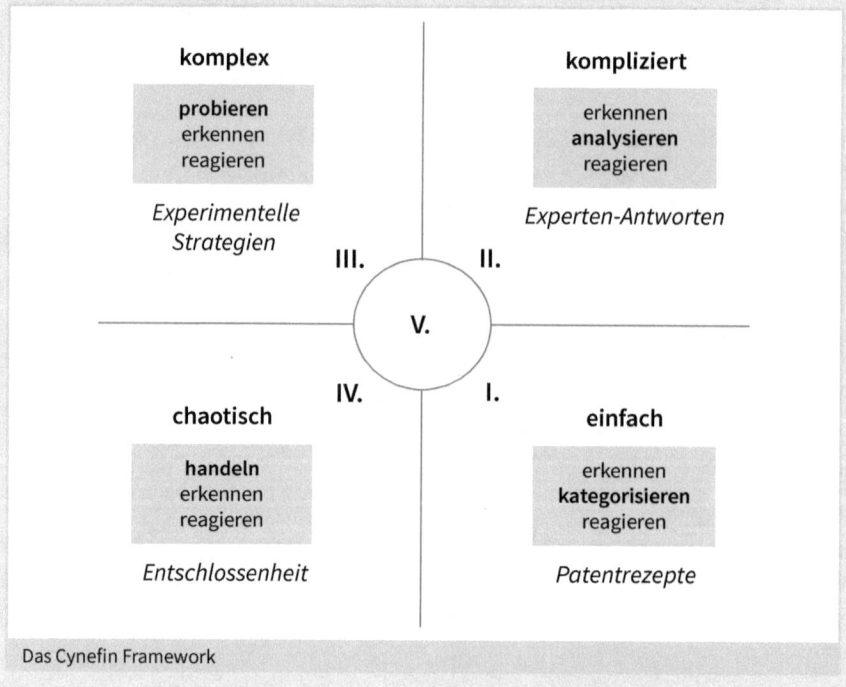

Das Cynefin Framework

Versucht man, komplexe oder gar chaotische Zusammenhänge mit einfachen Mitteln anzugehen, kann das nicht funktionieren. Die einfachen Mittel werden eher wie von einem schwarzen Loch geschluckt, ohne dass irgendwelche Rückstände blieben. Mit anderen Worten: Der Versuch, komplizierte, komplexe oder chaotische Zusammenhänge mit einfachen Ansätzen und Schablonen zu verstehen und zu bewältigen, ist zum Scheitern verurteilt.

A = Ambiguität/Mehrdeutigkeit

Das letzte Element des VUKA-Begriffs ist die Mehrdeutigkeit. Es ist nicht länger möglich, Situationen eindeutig zu klären oder zu interpretieren. Im Gegensatz zur Unsicherheit, bei der es keine ausreichende Information für Erklärungs- und Interpretationsmöglichkeiten gibt, liegen bei der Mehrdeutigkeit hinreichend relevante Informationen vor. Man kann aber keine eindeutige Erklärung auf der Basis dieser Informationen entwickeln. Die Folge davon können Fehlinterpretationen sein. Statt Ursachen und Wirkungen klar herausarbeiten zu können, herrschen Konfusion und Orientierungslosigkeit. Es ist, als ob ein stark kurzsichtiger Mensch ohne Brille durch die Welt gehen muss.

VUKA – Realitätscheck

VUKA ist nicht wirklich neu. Ganz ehrlich hatten wir es schon immer mit Veränderungen zu tun. Was heute anders ist, ist die Geschwindigkeit und die eigene Dynamik der Veränderung. Dabei dürfen wir nicht vergessen, dass wir Menschen selbst diese Veränderung mit der Technologie vorangetrieben haben. Es muss immer schneller, effizienter, besser werden. Wenn wir die Digitalisierung als Dämon bezeichnen – nun, wir selbst haben ihn geschaffen und nähren ihn fleißig weiter.

2007 kam das erste iPhone auf den Markt. Damals waren Smartphones noch etwas sehr Besonderes. Heute haben schon Grundschulkinder eigene Smartphones. Laut BKK Gesundheitsreport 2017 nutzt heute mehr als die Hälfte aller Beschäftigten permanent digitale Technik wie Smartphones oder Computer.[23] Fernseher mit Internetanschluss sind genauso wenig exotisch wie 3D-Drucker, wobei Letztere vielleicht noch eher selten in privaten Haushalten zu finden sind. In der Industrie gehören 3D-Drucker oft zum normalen Inventar. Die Digitalisierung, getrieben durch die Automatisierung, hat die produzierende Industrie nachhaltig verändert. Neben Robotern nehmen kognitive Technologien für die Spracherkennung und -verarbeitung und Maschinen mit künstlicher Intelligenz einen immer größeren Bereich ein.[24] Der Trend geht klar Rich-

---

23 Knieps, F. und Pfaff, H. (Hrsg.) (2017). *Digitale Arbeit – digitale Gesundheit*. Berlin: Medizinisch Wissenschaftliche Verlagsgesellschaft.

24 Siehe die Ergebnisse der Datenerhebung in Volini, E. et al. (2019). *From employee experience to human experience: Putting meaning back into work. 2019 Deloitte Global Human Capital Trends. Deloitte.Insights.*

tung weitere Automatisierung. Dadurch fallen Routinejobs den Maschinen zum Opfer. So ist es wenig verwunderlich, dass 38 % der Beschäftigten in Deutschland das Risiko für den Wegfall von Arbeitsplätzen durch die Automatisierung sehen. Nur 18 % sehen in der Digitalisierung einen Job-Generator.

Die rasante Entwicklung der Technologie hat signifikante Auswirkungen auf Unternehmen und somit die gesamte Wirtschaft. Die Lebenszyklen für Produkte und Dienstleistungen werden immer kürzer. Konsumentinnen und Konsumenten haben dank Internet mehr denn je Informationen über Produkte und Dienstleistungen. Ihr direkter Einfluss auf Unternehmen nimmt damit zu. Der Markt entwickelt sich zu einem Käufermarkt. Ähnliches gilt für den Arbeitsmarkt, auf dem es in Ländern mit hoher Beschäftigung einen Krieg um Talente gibt. Dass nicht jedes Unternehmen mit diesem Wandel zurechtkommt, zeigt sich in der fallenden Lebenserwartung von Unternehmen, die in den letzten Jahren von 15 auf 5 Jahre gesunken ist.[25]

Das heutige Wirtschaftsmodell ist stark vom sogenannten tayloristischen Ansatz geprägt. Dieser Ansatz beschreibt und behandelt Unternehmen als Maschinen, die man planen und lenken kann. Arbeiter spielen hier insofern eine wichtige Rolle, als dass sie wertvolle Ressourcen in dieser Maschinerie sind. Natürlich hat sich dieses Modell seit der Industrialisierung weiterentwickelt. Im Kern hatte es über die Jahre Bestand gehabt. Es geht um Effizienzsteigerung und Profitmaximierung.

Als gelernter Ökonom wäre ich der Letzte, der dies pauschal infrage stellen würde. Fakt ist, dass der tayloristische Ansatz signifikant zur wirtschaftlichen und unternehmerischen Entwicklung beigetragen hat. Zu behaupten, dass der Taylorismus falsch gewesen sei, ist nicht nur zu einfach, sondern schlichtweg falsch. Er ist ein Kind der Zeit und des damaligen Verständnisses des Wirtschaftens und der Stellung des Menschen in diesem Gefüge. In Zeiten, in denen der wirtschaftliche, gesellschaftliche und politische Wandel im Vergleich zu heute eher gemächlich und überschaubar war, ergab dieser Ansatz durchaus Sinn und erwies der Menschheit gute Dienste. Das ging so lange gut, wie der Wandel einigermaßen vorhersehbar und die Zusammenhänge noch begreifbar waren und von der Masse getragen wurden. Probleme gab und gibt es heute immer dann, wenn es unvorhergesehene Veränderungen gab und gibt. Waren sie noch von einfacher Natur, konnte man relativ schnell Antworten auf die neuen Herausforderungen finden und umsetzen.

Mit der Digitalisierung beobachten wir indes Veränderungen, die die alten Schemata sprengen. Der Markt hat sich geändert, ist vernetzter und damit gleichzeitig empfindlicher für Schwankungen geworden. Der Kunde von heute ist dank Internet besser

---

25   Hagel, J. et al. (2016). *2016 Shift Index: The Paradox of Flows: Can Hope Flow From Fear?*

informiert, als er es je war, ist nicht länger abhängig von einzelnen Angeboten, die ihm vor die Nase gehalten werden. Er hat eine unendliche Auswahl. Es sind weniger die Unternehmen, die lenken und das Angebot bestimmen, als die Kunden. Unternehmen, die das nicht verstehen, laufen die Kunden weg.

In den Unternehmen selbst gibt es einen Kampf um die besten Talente. Gleichzeitig erhöht sich der Krankheitsstand in Unternehmen in den letzten Jahren. Die menschliche Ressource lässt sich immer weniger einsetzen wie zuvor.

Last, but not least zeigt sich, dass der isolierte Fokus auf kurzfristige Gewinne (EBIT) tatsächlich zur Vernichtung statt zur Vermehrung von Kapital und somit Marktkraft führt.[26]

Kurz, traditionell geführte Unternehmen kommen, wenn sie von der digitalen VUKA-Welle ergriffen werden, an ihre Grenzen und werden an die Wand gedrückt. Alte Werkzeuge wie Prozessoptimierung oder Innovationsplanung bleiben stumpf und können allenfalls kurzfristig Linderung bieten. Nachhaltig zum Überleben und Erfolg im digitalen Zeitalter tragen sie nicht mehr bei.

Unser Dilemma ist, dass wir zu oft noch in der Vergangenheit gefangen sind und krampfhaft an Traditionen festhalten, die möglicherweise schon obsolet geworden und nicht länger zeitgemäß sind. Die ehemalige amerikanische Außenministerin Madeleine Albright bringt das Dilemma auf den Punkt, wenn sie sagt: »Wir stehen vor der Aufgabe, Technologien des 21. Jahrhunderts mit einer Mentalität des 20. Jahrhunderts und Institutionen des 19. Jahrhunderts zu begreifen und zu beherrschen.«[27]

Dies ist kein Aufruf, den Kapitalismus zu beenden – dies wäre zu einfach. Und es wäre schlichtweg dumm. Denn der Kapitalismus ist immer noch ein Kernelement des Wirtschaftens, das wir Menschen brauchen, um zu überleben und zu gedeihen. Was wir allerdings sehr wohl benötigen, ist eine neue Orientierung für eine nachhaltige Gestaltung unserer Welt – sei es in Unternehmen, im Leben oder beim Arbeiten. Es geht nicht partout darum, Altbewährtes über Bord zu werfen. Wir benötigen Leitfäden, um Lösungen für die heutigen Probleme zu finden und gleichzeitig nachhaltig im 21. Jahrhundert zu wirtschaften. Was wir brauchen, sind neue Grundsätze für die Geschäftstätigkeit im 21. Jahrhundert, die gleichzeitig Brücken bauen, die jedes Unternehmen

---

26 Steve Denning geht auf dieses Phänomen in seinem Buch *The Age of Agile: How Smart Companies Are Transforming the Way Work Gets Done* (2018) und vielen seiner Forbes-Beiträge (https://www.forbes.com/sites/stevedenning/#4953552b1b2d) näher ein .

27 Schwab, K. (2018, 15). *Shaping the Fourth Industrial Revolution*. Cologny: World Economic Forum. Deutsche Ausgabe: Schwab, K. (2019). *Die Zukunft der Vierten Industriellen Revolution: Wie wir den digitalen Wandel gemeinsam gestalten*. Deutsche Verlagsanstalt.

überqueren kann, um eine nachhaltige Zukunft zu gestalten. Ein solches Modell – Human Business – steht im Mittelpunkt dieses Buches.

Die Wiederentdeckung des Menschen

Im Mittelpunkt des Human Business steht im Gegensatz zum traditionellen Business nicht länger das Unternehmen, sondern wir als Menschen. Wir sind nicht länger Ressourcen oder willenlose Konsumentinnen und Konsumenten, sondern werden als menschliche Wesen gesehen und behandelt. Ziele des Human Business sind, Kunden zu begeistern und ein Arbeitsumfeld zu schaffen, das von Vertrauen und Respekt geprägt ist und so menschliche Höchstleistungen ermöglicht, ohne die Mitarbeitenden auszubeuten. Dabei hält ein Human Business immer die wirtschaftliche Grundlagen, das heißt die kurz-, mittel- und langfristige Wertschöpfung des Unternehmens, im Auge. Es gilt, nachhaltig zu wirtschaften und sich ständig weiterzuentwickeln und zu verbessern. Zum Wohle der Kunden, der Mitarbeiter, des Unternehmens selbst und der Umwelt, das heißt der Gesellschaft und der Natur.

Human Business verfolgt somit einen ganzheitlicheren Ansatz als traditionelles Business. Letzteres stellt das Unternehmen selbst in den Mittelpunkt: Menschen arbeiten für das Unternehmen. Sie sind Mittel zum Zweck. Im Gegensatz dazu arbeiten wir in einem Human Business sowohl im als auch außerhalb des Unternehmens für Menschen – sei es für Kunden, Mitarbeiter oder Gesellschaft. Human Business ist keine Maschine wie das traditionelle Unternehmen, sondern ein menschliches und wirtschaftliches Netzwerk.

Aber, so sehr sich traditionelle Unternehmen vom Human Business unterscheiden, ist nicht ausgeschlossen, dass sie sich wandeln können. Die Digitalisierung und die VUKA-Welt bringen traditionelle Unternehmen an den Rand ihrer Möglichkeiten. Wollen sie überleben, müssen sie sich zwangsweise einer Transformation öffnen und sie aktiv angehen. Das geht nicht von heute auf morgen und bedarf einiges an Anstrengung und Disziplin. Bildlich können wir dies mit der Metamorphose einer Raupe in einen Schmetterling beschreiben.

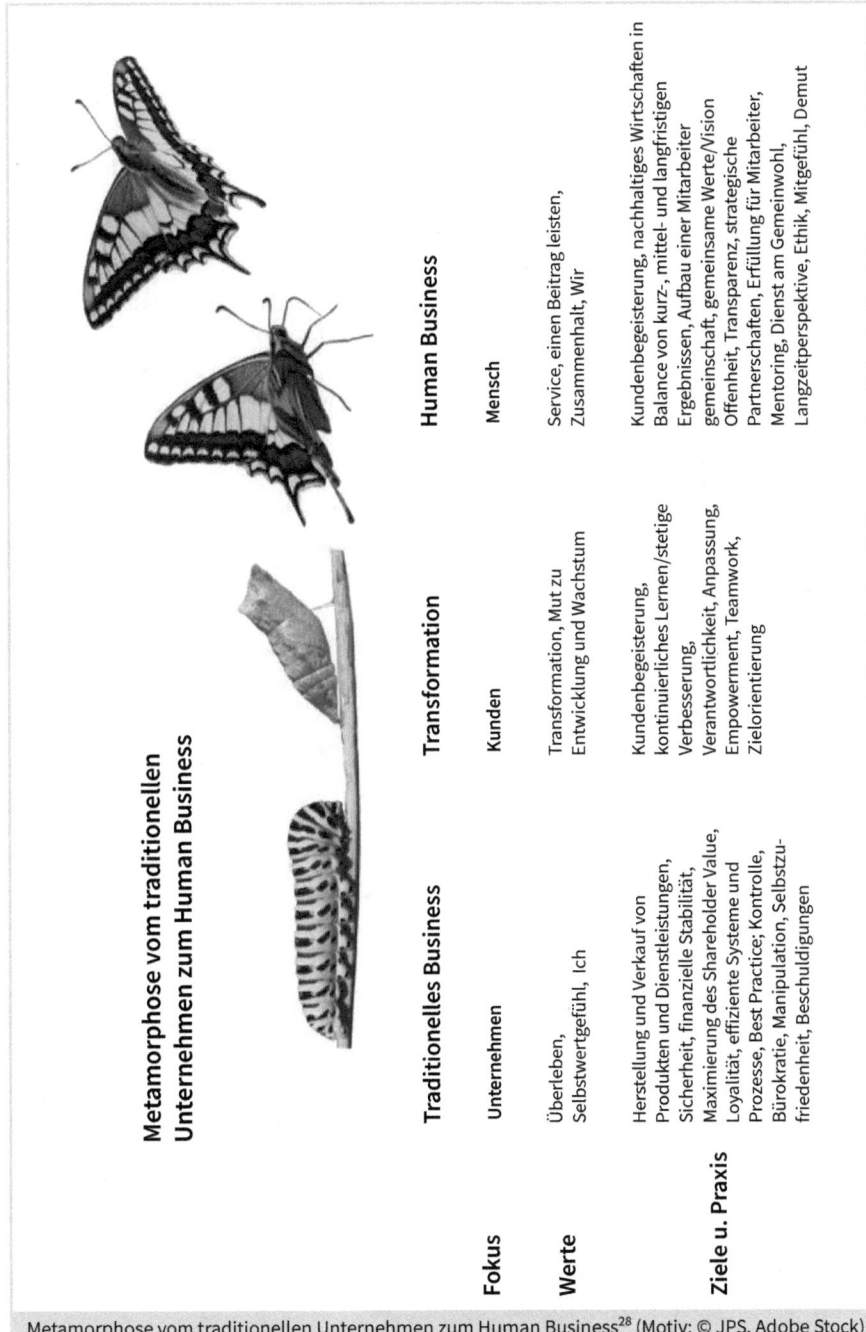

Metamorphose vom traditionellen Unternehmen zum Human Business

	Traditionelles Business	Transformation	Human Business
Fokus	Unternehmen	Kunden	Mensch
Werte	Überleben, Selbstwertgefühl, Ich	Transformation, Mut zu Entwicklung und Wachstum	Service, einen Beitrag leisten, Zusammenhalt, Wir
Ziele u. Praxis	Herstellung und Verkauf von Produkten und Dienstleistungen, Sicherheit, finanzielle Stabilität, Maximierung des Shareholder Value, Loyalität, effiziente Systeme und Prozesse, Best Practice; Kontrolle, Bürokratie, Manipulation, Selbstzufriedenheit, Beschuldigungen	Kundenbegeisterung, kontinuierliches Lernen/stetige Verbesserung, Verantwortlichkeit, Anpassung, Empowerment, Teamwork, Zielorientierung	Kundenbegeisterung, nachhaltiges Wirtschaften in Balance von kurz-, mittel- und langfristigen Ergebnissen, Aufbau einer Mitarbeiter gemeinschaft, gemeinsame Werte/Vision Offenheit, Transparenz, strategische Partnerschaften, Erfüllung für Mitarbeiter, Mentoring, Dienst am Gemeinwohl, Langzeitperspektive, Ethik, Mitgefühl, Demut

Metamorphose vom traditionellen Unternehmen zum Human Business[28] (Motiv: © JPS, Adobe Stock)

---

28   Werte, Ziele und Praxis sind abgeleitet von Barretts siebenstufigem Bewusstseinsmodell (https://www. valuescentre.com/barrett-model/).

Dieses Buch enthält, was dazu notwendig ist, diese Metamorphose zu ermöglichen und zu gestalten. Dabei werden wir sowohl auf die Werte und Ziele des Human Business als auch auf die Praxis und die Transformation hin zum Human Business eingehen und sie erörtern.

Was will das Buch?

Das Buch stellt Human Business als ein Gestaltungswerkzeug für Leben und Arbeiten im digitalen Zeitalter vor. Dabei stellt es durchgehend den Menschen in den Mittelpunkt. Von Anfang an wirst du als Leser an das Ruder für den digitalen Wandel gelassen – du musst dich dann nicht von der Digitalisierung herumschubsen lassen und wirst nicht nur zum Reagieren gezwungen.

Das Buch zeigt auf, wie wichtig es ist, die richtigen Fragen für die Gestaltung von heute und morgen zu stellen. Statt zu fragen, wie die Zukunft aussehen wird, nutzen wir die Fragen »Wie wollen wir leben?« und »Was macht unser Leben lebenswerter?« für unseren Gestaltungsauftrag. Es ist somit ein Wandel vom passiven und ängstlichen Reagieren auf den Wandel im digitalen Zeitalter hin zur aktiven, verantwortungsvollen und optimistischen Gestaltung. Es sind Fragen, die den Optimismus des Wollens und Gestaltens ausdrücken.[29]

Das Buch erklärt, wie wir aus der passiven Rolle der menschlichen Ressource den Weg hin zur Wiederentdeckung der Menschlichkeit und somit zur aktiven Gestaltung unserer Zukunft finden können. Dies ermöglicht uns, sowohl individuell unser Leben zu bereichern als auch unser Umfeld nachhaltig zu gestalten – sei es in unserem Leben oder Arbeiten.

So ist das Buch dann auch aufgebaut: Die Wesensmerkmale des Human Business betrachten wir in Teil 1. In Teil 2 lernen wir, wie wir unser menschliches Wesen und kreatives Potenzial wiederentdecken und so unser Leben gestalten können. Die Erkenntnisse dieser beiden Teile bringen wir in Teil 3 zusammen, in dem es um die Gestaltung des Arbeitens geht. Schließlich betrachten wir in Teil 4, was uns bei der Metamorphose vom traditionellen hin zum Human Business helfen kann.

Interviews
Im ganzen Buch lasse ich mehrere Mitmenschen zu Wort kommen, die schon heute aktiv die Zukunft gestalten und damit andere inspirieren.

---

29   Precht, R. D. (2018, 41 f). *Jäger, Hirten, Kritiker: Eine Utopie für die digitale Gesellschaft.* Wilhelm Goldman.

Im Kapitel 3 »Human Business in der Praxis« lasse ich den Mitgründer und Geschäftsführer eines Human Business zu Wort kommen. Bestsellerautor Richard Sheridan beschreibt, wie er und sein Team das Unternehmen Menlo Innovation zu einem Ort voller Freude gemacht haben.

Im Kapitel 7 »Spielen« spricht der Abenteuerjournalist und -fotograf Malte Clavin über die Magie des Augenblicks und wie Neugier und Offenheit seinen Beruf prägen und nachhaltig zum Lernerfolg beitragen.

Im Kapitel 9 »Schlüssel zum Menschsein: Dankbarkeit« erklärt der Achtsamkeitscoach und Glückslehrer Dirk Gemein, welchen Zusammenhang es zwischen Veränderungen, Glück und Dankbarkeit gibt.

Im Kapitel 10 »Das Leben tanzen« kommen Tango-Maestro Horacio Godoy und Maestra Cecilia Berra sowie die Tanzlehrerin Isabella Bayer zu Wort. Sie verdeutlichen, was wir von Tango über das Leben lernen können.

Im Kapitel 14 »Die goldene Regel für das digitale Zeitalter« erörtert die Mitgründerin der Stiftung »Reboot the Future«, Kim Polman, wie die goldene Regel uns helfen kann, im Miteinander die Zukunft zu gestalten.

Management-Vordenker Steve Denning teilt im Kapitel 15 »Agile Türöffner« seine Beobachtung, dass im aufstrebenden agilen Zeitalter sich die Dynamik auf Menschen konzentriert, die anderen Menschen Freude bereiten.

Schließlich erklärt Führungscoach Julia von Winterfeldt im Kapitel 16 »Führung für den Wandel«, welchen Unterschied sinngetriebene Führung für den Menschen wie auch für das Unternehmen macht.

Was das Buch ist und was es nicht ist

Human Business. Leben und Arbeiten im digitalen Zeitalter will nicht belehren. Es provoziert, alte Gedankengänge und Praktiken kritisch zu hinterfragen. Gleichzeitig ermutigt es, sich auf den eigenen menschlichen Kern zu besinnen, das eigene Kreativitäts- und Innovationspotenzial zu entdecken und spielerisch und doch fokussiert einzusetzen, um die Zukunft zu gestalten.

Das Buch referenziert viele Quellen von Vordenkern. Es ist aber keine theoretische Abhandlung des Themas. Es basiert auf praktischen Lebenserfahrungen und Einsichten und bietet pragmatische Vorschläge zur persönlichen Vertiefung und Anwendung der Inhalte.

Last, but not least ist *Human Business* keine Manöverkritik des technischen Wandels oder des Kapitalismus. Es verteufelt weder das eine noch das andere. Das Buch greift die Risiken, aber eben auch die Chancen der Digitalisierung auf. Die Diskussion, was schwerer wiegt, ist nicht Bestandteil des Buches. Zunächst müssen wir Antworten auf die Frage suchen, wie wir denn leben wollen. Antworten auf diese Frage werden wir aber nicht in der Digitalisierung finden. Stattdessen müssen wir selbst die Suche angehen und die Frage für uns allein beantworten. Die Digitalisierung kann uns dabei helfen. Aber nicht als Diktat oder Orientierung, sondern als Werkzeug. Um die Digitalisierung als Werkzeug verwenden zu können, müssen wir aber erst wieder lernen, Mensch zu sein, und Ideen entwickeln, wie wir leben wollen. Dann und nur dann stehen uns alle Tore offen.

Teil 1: Wesensmerkmale des Human Business

In Teil 1 schauen wir uns an, welche Weichen wir stellen können, um Unternehmen für das digitale Zeitalter zu gestalten. Im Allgemeinen geht es darum herauszufinden, wie wir die menschlichen Potenziale in den Unternehmen entfalten können. Zum Wohle und Mehrwert der Kunden, der Mitarbeiter und des Unternehmens selbst wie auch seiner Umwelt.

Kapitel 2 stellt traditionelle Unternehmen dem Human Business gegenüber und zeigt die signifikanten Unterschiede auf. Gleichwohl gibt es auch Gemeinsamkeiten, die helfen, Brücken für die Zukunft zu bauen, über die traditionelle Unternehmen gehen können. Wenn sie denn wollen.

In Kapitel 3 lernen wir, wo die Werte und Prinzipien des Human Business bereits gelebt werden. Wir beginnen mit einem Interview mit Richard Sheridan, dem Mitgründer und Geschäftsführer von Menlo Innovations, einer Softwarefirma in den USA. Das Besondere an diesem Human Business ist, dass es Freude, Vertrauen und Menschlichkeit zu Treibern des eigenen unternehmerischen Handelns gemacht hat. Jedes Jahr besuchen mehrere Tausend Menschen aus der ganzen Welt dieses Unternehmen, um dessen besondere Arbeitsatmosphäre und -geist zu beobachten und inspiriert zu werden. Nach diesem Interview werfen wir einen Blick auf Umgebungen, in denen Human Business gedeihen kann bzw. schon heute gelebt wird. Dies ist der deutsche Mittelstand und Sozialunternehmen, sogenannte Social Business. Auch betrachten wir die Konzepte der unternehmerischen Sozialverantwortung, der Corporate Social Responsibility, sowie den Social-Enterprise-Ansatz von Deloitte.

2 Tradition trifft Moderne

*»In der Geschichte der Menschheit diente die Kultur dem Leben und
die Technik dem Überleben. Heute bestimmt die Technik unser Leben,
aber welche Kultur sichert unser Überleben?«*
Richard David Precht, Philosoph und Zukunftsforscher

Kernpunkte !

- Der traditionelle Kapitalismus löst nicht die heutigen Probleme in Wirtschaft, Gesellschaft und Welt. Unternehmen, die primär kurzfristige Ziele verfolgen und langfristige Perspektiven außer Acht lassen, riskieren ihre eigene Zukunft.
  Was wir brauchen, sind neue Grundsätze für die Geschäftstätigkeit im 21. Jahrhundert. Die Grundsätze des Human Business füllen diese Lücke. Es unterscheidet sich erheblich vom klassischen Geschäftsparadigma. Gleichzeitig baut es Brücken, die jedes Unternehmen überqueren kann, um eine nachhaltige Zukunft aufzubauen.
- Human Business fokussiert sich darauf,
  a) seine Kunden zu begeistern,
  b) seinen eigenen Mitarbeitern ein menschliches und somit kreatives Arbeits- und Gestaltungsumfeld anzubieten,
  c) die nachhaltige Wertschöpfung des Unternehmens sicherzustellen und
  d) sich ständig weiterzuentwickeln und zu verbessern.
- Ein Human Business lässt sich nicht generalstabsmäßig planen. Es bedarf der Offenheit, Neugier und eines Dialogs in der gesamten Organisation.

Die traditionelle Unternehmenswelt und Wirtschaft

Wesensmerkmale des traditionellen Unternehmens

Das Wesensmerkmal des traditionellen Unternehmens des 20. Jahrhunderts ist, dass es wie eine Maschine geplant und gemanagt werden kann. Es ist quasi eine große Ingenieursleistung, wobei ich das alles andere als abfällig meine. Im Mittelpunkt steht das Unternehmen. Der Zweck ist es, die besten Produkte und Dienstleistungen herzustellen und auf den Markt zu bringen. Was hergestellt wird, ist in erster Linie eine Entscheidung des Unternehmens, des Verkäufers. Deswegen reden wir auch von einem »Verkäufermarkt«.

Die Struktur und Organisation des traditionellen Unternehmens sind geprägt von Effizienz. Ziel ist es, die Abläufe im Unternehmen so elegant wie möglich zu gestalten. Dies kann man am besten durch gut geplante lineare Organigramme und klare Hierarchien. Auch sogenannte Matrix-Organisationen sind denkbar. Unsicherheiten oder Risiken im unternehmerischen Ablauf oder auf dem Markt werden durch eine detaillierte Planung kontrolliert, sodass das Management klare, vorhersehbare und richtige Entscheidungen zum Wohle des Unternehmens treffen kann. Kommuniziert wird von oben nach unten, sodass alle Mitarbeitenden das nötige Wissen haben, um produktiv arbeiten zu können. Dass sich nicht alle Mitarbeitenden vollkommen mit dem Unternehmen identifizieren können, wird akzeptiert. Ausschlaggebend ist, eine optimale Ressourcenallokation sicherzustellen und die besten Mitarbeitenden für die Unternehmensziele zu finden.

Innovation ist ein treibender Faktor für den Erfolg des Unternehmens. Hierbei liegt der Fokus auf schnellen, inkrementellen Produkt- und Prozessinnovationen, die helfen, die Kosten zu senken und die Profite des Unternehmens zu maximieren. Dies belohnt vor allem die Geldgeber des Unternehmens, die Aktionäre, die ein großes Interesse an positiven Quartalsergebnissen zeigen, weil sich dies in der Regel positiv auf die Aktienkurse auswirkt.

Die folgende Tabelle fasst die leitenden Führungs- und Managementprinzipien des 20. Jahrhunderts zusammen[30]:

	20. Jahrhundert – das Unternehmen als Maschine
Mittelpunkt	Unternehmen
Zweck	• Herstellung und Verkauf von **Produkten und Dienstleistungen** • Funktionalitäten- und Produktorientierung
Arbeitsplatz, Organisation	**Unternehmen als Maschine (tayloristischer Ansatz)** Lineare Organigramme, Top-down- und/oder Matrixorganisation, Mensch als Ressource, Maschine ist wichtiger/wertvoller als Mensch • **Arbeitsstruktur:** Bürokratie und Hierarchie • **Organisation:** Planung und Kontrolle • **Transparenz:** das, was nötig ist, um Arbeit zu verrichten • **Kommunikation:** top-down, Mikromanagement • **Auswirkung auf MA:** Bis zu 30 % und mehr haben innerlich bereits gekündigt und arbeiten aktiv gegen ihr Unternehmen und ihre Kollegen.
Innovation	Planung für und Fokus auf schnelle, inkrementelle Produkt- und Prozessinnovationen, getrieben von Kostensenkung und Profitmaximierung
Ergebnisse	**Fokus auf kurzfristige Gewinne**, steigende Aktienkurse und Börsenwert

Wesensmerkmale eines traditionellen Unternehmens

---

30 Die Struktur dieser Übersicht ist angelehnt an eine ähnliche Darstellung in Denning, S. (2010). *The Leader's Guide to Radical Management: Re-inventing the Workplace for the 21st Century*. Jossey-Bass.

Ausprägungen der traditionellen Welt

Die Darstellung eines traditionellen Unternehmens mag in Teilen überspitzt oder vereinfacht sein. Und doch ist es eine treffende Beschreibung vieler Unternehmen gerade auf dem US-amerikanischen Markt, der wie kaum ein anderer vom traditionellen Kapitalismus geprägt ist. Dies hat sich unter der Präsidentschaft Trumps verstärkt. Trumps Wirtschaftspolitik unterschied sich grundlegend von seinen Vorgängern und wich vom Mainstream der Wirtschaft und des politischen Denkens ab. Nehmen wir zum Beispiel seine massiven Steuersenkungen für die Unternehmenswelt oder seine eingeleiteten Handelskriege. Wenn man die Wirtschaftszahlen und den boomenden Aktienmarkt kurze Zeit nach der Steuerreform betrachtet, schien sich seine Politik auszuzahlen und eine neue Ära des wirtschaftlichen Wohlstands einzuleiten. Aber war dem wirklich so?

Langfristige Marktleistungsindizes und Prognosen erzählen eine andere Geschichte. Rückkäufe von Aktien tragen nicht dazu bei, eine solide Grundlage für den zukünftigen Geschäftserfolg zu bauen. Sie bringen kurzfristige Vorteile. Aber für wie lange? Wohin führt das? Hat das große Geld gesiegt und progressives wirtschaftliches und politisches Denken überholt? Wie nachhaltig ist dieses kurzfristige Wachstum? Wer profitiert, wer verliert? Und zu guter Letzt: Welche Antworten gibt es auf die globalen Herausforderungen von heute, die immer volatiler, unsicherer, komplexer und mehrdeutiger werden? Was ist, wenn Trumps bevorzugte Form des Kapitalismus in eine Sackgasse führt?

Maximierung des Shareholder Value: Motor für Wachstum?

> *»Es gibt nur eine einzige Verantwortung des Unternehmens:*
> *seine Ressourcen zu nutzen und sich an Aktivitäten zu beteiligen, die darauf abzielen,*
> *seinen Gewinn zu steigern, solange die Spielregeln eingehalten werden.«*
> Milton Friedman, Wirtschaftsnobelpreisträger

Zweifellos hat Milton Friedman und die Shareholder-Value-Theorie das westliche Geschäft seit den 1970er-Jahren geprägt. Dies hat zu einem enormen Wohlstand von Unternehmen und Gesellschaften geführt, auch wenn die Früchte dieses Wachstums nicht gleichmäßig verteilt wurden.

Und Milton ist, wie Steve Denning in einem Forbes-Artikel[31] betont, immer noch sehr lebendig. Er erklärt: »1990 gab ein Artikel in HBR[32] von Michael Jensen und Kevin Mur-

---

31 https://www.forbes.com/sites/stevedenning/2018/05/30/peter-druckers-virtuous-firm-vs-the-worlds-dumbest-idea/#50edf44e556e
32 https://hbr.org/1990/05/ceo-incentives-its-not-how-much-you-pay-but-how

phy dem Shareholder-Value-Gedanken einen neuen Schub. In dem Artikel ›*Anreize für CEOs – Es geht nicht darum, wie viel Sie bezahlen, sondern wie*‹ heißt es, dass CEOs wie Bürokraten bezahlt werden. Stattdessen sollten sie mit erheblichen Beträgen an Aktien kompensiert werden, damit ihre Interessen mit den Aktionären in Einklang gebracht werden. Danach explodierte die Verwendung des Ausdrucks ›Shareholder Value maximieren‹, und die CEOs wurden sehr unternehmerisch – aber nicht unbedingt aus eigenem Anlass, sondern aus dem Anlass ihres Unternehmens.«

Denning erklärt weiter: »Bis 2017 war Shareholder-Value-Denken allgegenwärtig. Joseph Bower und Lynn S. Paine berichteten im Harvard Business Review[33], dass das Shareholder-Value-Denken ›in der Finanzwelt und in weiten Teilen der Geschäftswelt allgegenwärtig ist‹. Von der Messung der Leistung über die Vergütung von Führungskräften bis hin zu den Rechten der Aktionäre, der Rolle der Direktoren und der unternehmerischen Verantwortung.«

Das Anerkennen des Shareholder-Value-Denkens ist in der heutigen Geschäftswelt und einem boomenden Börsenmarkt weit verbreitet. Was ist daran so falsch? Warum eine Gewinnformel ändern?

Jack Welch, ehemaliger Geschäftsführer von General Electric, wurde als einer *der* Befürworter der Maximierung des Shareholder Value bezeichnet. Seit er GE verlassen hat, predigt er allerdings genau das Gegenteil: »Shareholder Value [ist] die dümmste Idee der Welt.« Welch wies auch mehrmals darauf hin, dass Shareholder Value ein Ergebnis, aber kein Ziel sei.

So weit, so gut. Aber wie steht es mit der Geschäftsentwicklung auf dem Markt?

Laut Shift-Index 2016[34] des *Deloitte Center for the Edge* gibt es einen schlüssigen Beweis für das Versagen des traditionellen Managements:
- Die Kapitalrendite von Unternehmen in den USA ist seit 1965 um 75 % gesunken, von 4,7 % im Jahr 1965 auf 1,3 % im Jahr 2015.
- Die Lebenserwartung von Fortune-500-Unternehmen ist auf 15 Jahre gesunken und bewegt sich mittelfristig auf eine Lebenserwartung von nur 5 Jahren hin.
- Nur jeder dritte Arbeitnehmer ist wirklich engagiert in der Arbeit.

Es kann lobenswert sein, die Leistung eines Status quo zu erhalten. Das sichert jedoch kein dauerhaftes, nachhaltiges Geschäft. Das Gegenteil ist der Fall. Die renommierte

---

33 https://hbr.org/2017/05/managing-for-the-long-term#the-error-at-the-heart-of-corporate-leadership
34 Hagel, J. et al. (2016). *2016 Shift Index. The paradox of flows: Can hope flow from fear?* (Deloitte Center for the Edge) online verfügbar unter: https://www2.deloitte.com/us/en/insights/topics/strategy/shift-index. html?icid=dcom_promo_featured%7Cus;en

Ökonomin Mariana Mazzucato[35] erklärt, dass die »Shareholder-Value-Theorie – die zerstörerische Idee, dass Unternehmen ausschließlich zum Nutzen der Aktionäre geführt werden sollten – zu finanzierten Unternehmen geführt hat, die nicht in die Bereiche investieren, die zukünftiges Wachstum oder die Erfindung nützlicher neuer Produkte zur Folge haben«.

Kurz gesagt, traditionelle Unternehmen, die von der Shareholder-Value-Theorie infiltriert sind, ignorieren nicht nur langfristige Perspektiven, sondern riskieren auch ihre eigene zukünftige Existenz. Das ist nichts anderes als kurzsichtiges Wirtschaften.

Feststecken in der Vergangenheit

Warum halten dann aber nach wie vor so viele Unternehmen an einem Geschäftsparadigma der Vergangenheit fest? Nun, es gibt mindestens zwei Gründe dafür:

1. Es ist bequem

Die Unternehmensführung in den meisten Unternehmen basiert immer noch auf dem alten Geschäftsparadigma, zusammen mit einem komplizierten Anreizsystem für die Leistung von Einzelpersonen und Unternehmen an der Börse. Das Ändern dieser Prozesse und Kulturen dauert ewig. Warum sollte es geändert werden, zumal diejenigen, die sich persönlich um eine Änderung bemühen müssten, vom alten System profitieren?

Die Verknüpfung der Maximierung des Shareholder Value mit der persönlichen Vergütung macht Manager aus der realen Welt blind – und die meisten von ihnen bemerken dies nicht einmal, weil sie in ihrer frühen Kindheit (oder Ausbildung) blind geboren wurden oder mit der Zeit ihr Augenlicht verloren haben. Aus dieser Perspektive leben sie ihre DNA aus. Ich denke, man kann ihnen noch nicht einmal die Schuld für ihre Ausbildung geben, die ihr Glaubenssystem geprägt hat. Sie wurden indoktriniert.

Solange sich dieses Anreizsystems nicht ändert, dürfen wir keinen grundlegenden Wandel in Führung und Management von traditionellen Unternehmen erwarten. Daran ändert sich auch nichts, wenn der einflussreiche Business Roundtable in den USA im August 2019 eine Abkehr vom Prinzip der Maximierung des Shareholder Value verkündete.[36] Reden ist das eine – den Worten auch Taten folgen zu lassen, ist etwas anderes.

---

35 https://en.wikipedia.org/wiki/Mariana_Mazzucato
36 Siehe z. B. https://www.spiegel.de/wirtschaft/unternehmen/usa-abschied-vom-shareholder-value-was-steckt-hinter-dem-vorstoss-a-1282746.html oder https://www.manager-magazin.de/unternehmen/artikel/business-roundtable-us-ceos-bekennen-sich-zu-stakeholder-value-a-1282762.html.

2. Es werden keine Alternativen gesehen

Ein zweiter Grund für die Bevorzugung bestehender Glaubenssysteme ist, dass Befürworter des Status quo einfach keine wirkliche Alternative sehen. Nur in Prozessen zu denken führt nur dazu, neue, möglicherweise noch kompliziertere Prozesse zu generieren. Es ist einfach keine Zeit, sich mit neuen Ideen zu befassen, die bestehende Prozesse verbessern.

> **!**
>
> **Organisatorische Pathologie des Lernens**
>
> Organisationsforscher Otto Scharmer (2009)[37] listet sechs Merkmale von Organisationen auf, die in der Vergangenheit gefangen sind und sich aktivem Lernen und Wandel verschließen:
> 1. **Institutionelle oder organisatorische Unwissenheit:** nicht sehen, was passiert
> 2. **Institutionelle Arroganz:** keine Fähigkeit zur Wahrnehmung, Reflexion oder zum Dialog
> 3. **Institutionelle Hybris/Abwesenheit:** ihr authentisches Selbst nicht kennen; aufgeblähtes Selbstbild; Bild nicht synchron mit der Realität, was zu einer tief verwurzelten Unfähigkeit führt, zu erkennen, was vor sich geht
> 4. **Institutionelle Desinformation und Anomie:** nicht dem Ganzen dienen; selbst absorbiert
> 5. **Institutionelle Sklerose:** Mangel an Experimentier- und Erneuerungskapazitäten – strategische Verschiebungen und bedeutende Innovationen nicht verfügbar
> 6. **Mangel an Infrastruktur/Unternehmenszusammenbruch:** keine Konzentration auf die tatsächliche Leistung; Zerstörung der Struktur

Solange diese etablierten Überlegungen Bestand haben, ist es schwierig, irgendetwas zu ändern – bis es irgendwann zu spät ist. Dabei ist ein Wandel gar nicht so kompliziert. Betrachten wir deswegen das Gegenteil des traditionellen Geschäftsparadigmas von kurzfristigen Gewinnen und Shareholder-Value-Theorie. Es ist das sinnorientierte Wirtschaften des Human Business.

Human Business: eine neue Unternehmens- und Wirtschaftskultur

Wesensmerkmale

Im Gegensatz zur traditionellen Unternehmenswelt steht nicht das Unternehmen als solches, sondern der Mensch im Mittelpunkt: sei es der Kunde, der begeistert werden will, die Mitarbeiterin, der Vertrauen und Respekt entgegengebracht wird, oder die Umwelt – das heißt sowohl die Gesellschaft als auch die Natur, die vom nachhaltigen Wirtschaften eines Human Business profitiert. Das spiegelt sich auch im Zweck eines Human Business wider: Es ist die ganzheitliche Wertschöpfung für Kunden, Mitarbeiter, Unternehmen und ihre Umwelt.

---

37 Scharmer, C. O. (2009, 314). *Theory U: Leading from the Future as It Emerges.* Berrett-Koehler.

Das mag sich illusorisch oder fantastisch anhören, ist es aber in keiner Weise. Einen Mehrwert für den Kunden zu generieren bedeutet, ihn nicht nur zufriedenzustellen, sondern zu begeistern – zum Beispiel durch die Lieferung höchster Qualität bei Produkten und Dienstleistungen oder durch eine schnelle »Time to Market«. »Time to Market« ist ja nichts anderes als die Geschwindigkeit, mit der Unternehmen Produkte und Dienstleistungen auf den Markt bringen können, um die Nachfrage zu befriedigen.

Einen Mehrwert für die Mitarbeiterinnen und Mitarbeiter zu generieren bedeutet, sie mit Vertrauen und Respekt zu behandeln und ein Umfeld zu schaffen, in dem sie ihre Potenziale entfalten können. Dies wird belohnt durch außerordentliche Teamleistungen, allerdings nicht zum Zweck der Ausbeutung der Mitarbeiter, sondern als Ergebnis gemeinsamen, sinnorientierten Handelns. Im Gegensatz zum traditionellen Business, dessen Arbeitsorganisation durch Hierarchie und Bürokratie gekennzeichnet sind, finden wir im Human Business kleine, fachübergreifende Teams, die sich selbst organisieren und gar autonom sein können. Sie passen sich den Anforderungen des Unternehmens oder des Marktes an, vernetzen sich untereinander, um möglichst große Synergieeffekte innerhalb und zwischen den Teams zu ermöglichen. Die Arbeit orientiert sich gleichsam an der Wertschöpfung für Kunden, Mitarbeiter, Unternehmen und Umwelt. Man folgt nicht einem »großen« Plan, sondern liefert den Kunden iterativ und inkrementell Mehrwert.

Deswegen ist eine offene und transparente Kommunikation im Unternehmen erforderlich. Sie erfolgt nicht von oben nach unten, sondern im interaktiven Dialog. Dass sich Mitarbeiterinnen und Mitarbeiter in einem solchen Arbeitsumfeld, das wir ohne Weiteres als »Happy Workplace« bezeichnen dürfen, wohler fühlen als in einem traditionellen Umfeld, liegt auf der Hand. Das wiederum hat positive Auswirkungen auf die Produktivität der Mitarbeiter und die gelieferte Qualität. Mit anderen Worten: Auch Kunden und Unternehmen profitieren von einem »Happy Workplace«.

Deswegen liegt es auch im Interesse eines Human Business, kontinuierlich in die Mitarbeiter- und Führungsentwicklung zu investieren. Diese Investition ist nicht weniger wichtig als die Innovation bei Produkten und Prozessen. Ein Human Business versteht, dass Produkte und Prozesse allein nicht »innovieren« – es sind die Mitarbeiter, die innovativ sind. Wir sprechen hier von »People Innovation«. So verfolgt ein Human Business einen ganzheitlichen Innovationsansatz von Menschen, Produkten und Prozessen.

Last, but not least bedeutet »Wertschöpfung« für ein Human Business, dass es in der Lage ist, kurz-, mittel- und langfristige Ergebnisse im Einklang mit und in Verantwortung für seine Umwelt zu erzielen. Nicht nur das Unternehmen selbst profitiert dabei, sondern auch seine Umgebung – sei es die Gesellschaft oder die Natur. Das bedeutet keine Schmälerung von Unternehmensgewinnen, sondern eine nachhaltige Sicherung des Wirtschaftens, die sich im Übrigen auch positiv für Kapitalgeber auswirkt. Allerdings ist die Maximierung von Aktionärsinteressen, dem Shareholder Value, nicht der Treiber eines Human Business, sondern ein Ergebnis menschenorientierten, sinngetriebenen, weitsichtigen Handelns.

Die folgende Tabelle fasst die Wesensmerkmale eines Human Business zusammen:

	21. Jahrhundert – Unternehmen als menschliches Netzwerk
Mittelpunkt	Mensch
Zweck	ganzheitliche Wertschöpfung für Kunden, Mitarbeiter, Unternehmen und Umwelt
Arbeitsplatz, Organisation	menschlicher Gestaltungs- und Arbeitsraum, geprägt von Vertrauen und Respekt (»Happy Workplace«) • kleine, fachübergreifende Teams; ideal: autonome, sich selbst organisierende Teams; organisch gewachsene Strukturen, dynamisch, fließend Charakteristika: • **Arbeitsstruktur**: autonome Teams • **Organisation**: kundengetriebene Iterationen • **Transparenz**: radikale Transparenz, offene Kommunikation • **Kommunikation**: interaktiver Dialog • **Auswirkung auf Mitarbeiter**: hohe Produktivität, kontinuierliche Innovation konkrete Auswirkungen: • Mitarbeiterzufriedenheit • freundliches, gesundes und sichereres Arbeitsumfeld • Investition in Mitarbeiter- und Führungsentwicklung
Innovation	**kontinuierliche und ganzheitliche Verbesserung** von Produkten, Prozessen und Mitarbeitern
Ergebnisse	**Wertschöpfung**: ganzheitlicher, nachhaltiger wirtschaftlicher Nutzen Sicherung eines Gleichgewichts von kurz-, mittel- und langfristigen Ergebnissen und Gewinnen

Wesensmerkmale des Human Business

Werteversprechen des Human Business

Trotz der zunehmenden Herausforderungen in unserer VUKA-Welt begrüßt Human Business die heutigen Anforderungen. Es konzentriert sich darauf, seinen Kunden, Mitarbeitern, Unternehmen und der Gesellschaft zu dienen und sie zu begeistern. Dabei stellt das Human Business uns als Menschen in den Mittelpunkt. Das heißt, es wird ständig nach Wegen und Mitteln gesucht, um Kunden, Mitarbeitern, Unternehmen und ihrer Umwelt einen nachhaltigen Mehrwert zu bieten. Aus dieser Perspektive folgt Human Business vier Werteversprechen:

Die vier Werteversprechen des Human Business   !

1. Wir wollen unsere Kunden begeistern.
2. Wir vertrauen, respektieren und kümmern uns um unsere Mitarbeiter.
3. Wir entwickeln und sichern einen nachhaltigen Geschäftswert.
4. Wir verbessern uns ständig weiter.

Dazu etwas genauer:

1. Wir wollen unsere Kunden begeistern

Kundenorientierung ist nicht neu. Peter Drucker, der größte Managementvordenker aller Zeiten, erklärt das wie folgt: »Es gibt nur eine gültige Definition eines Geschäftszwecks: die Generierung eines Kunden.«[38]

Einen Kunden zu begeistern geht weit über die Generierung eines Kunden und die Befriedigung seiner Bedürfnisse hinaus. Einen Kunden zu begeistern bedeutet, dass ein Unternehmen dessen Bedürfnisse, Erwartungen und Wünsche genau kennt und danach strebt, diese zu erfüllen und zu übertreffen. Der Kunde wird nicht nur als Konsument, sondern als menschliches Wesen mit Bedürfnissen wahrgenommen. Das Ziel ist es, Kunden fürs Leben zu gewinnen. Das Unternehmen spricht seine Kunden an, kommuniziert mit ihnen, »geht in ihren Schuhen« und zeigt aufrichtiges Interesse an ihnen. Für diesen Ansatz gibt es keine schnellen Lösungen. Es ist ein Haltungs- und Glaubenssystem.

2. Wir vertrauen, respektieren und kümmern uns um unsere Mitarbeiter

Mitarbeiterinnen und Mitarbeiter sind keine Ressourcen wie Produkte. Sie sind Menschen und wollen als solche behandelt werden. Peter Drucker fordert, dass ein Unternehmen seine Mitarbeiter wie Freiwillige behandelt. Ein Human Business versteht dies und handelt entsprechend – unabhängig von Geschlecht, Glauben oder Herkunft. Es zeigt ein aufrichtiges Interesse an den Bedürfnissen der Mitarbeiter. Dies beginnt mit einem sicheren und umweltfreundlichen Arbeitsumfeld. Damit Mitarbeiter der Vision und den Zielen des Unternehmens folgen, werden diese mit ihnen geteilt und sie sind bei der Entwicklung und Gestaltung eingebunden. So werden sie ein Teil davon.

Seidman (2011) schreibt: »Mit Leidenschaft zu arbeiten ist ein Motor, der unglaublich ist. Eine Person mit Tatendrang und Leidenschaft erledigt dreimal so viel wie eine andere Person. Aber es ist nicht so sehr die Quantität des Jobs; das ist nicht der Punkt. Der Punkt ist, dass sie Massen anziehen; sie haben Anhänger; sie treiben und führen und erreichen so viel mehr.«[39]

---

38 Drucker, P. F. (1974). *Management*. Harper & Row und: Drucker, P. F. (2009). *Management*. Campus.
39 Eigene Übersetzung. Originalzitat: »... working with passion is an engine that is unbelievable. A person with drive and passion does three times the job of another person. But it is not so much the quantity of the job; that is not the point. The point is that they draw crowds; they have followers; they push, and lead, and so achieve much more.« (Seidman, D. (2011, 295). *How: Why How We Do Anything Means Everything*, John Wiley & Sons).

3. Wir entwickeln und sichern einen nachhaltigen Geschäftswert

Der Shareholder Value ist nicht identisch mit der Wertschöpfung eines Unternehmens, dem Business Value. Die Wertschöpfung eines Unternehmens umfasst sowohl kurz-, mittel- als auch langfristige Geschäftspraktiken, -interessen und -investitionen. Der Unternehmenswert setzt sich aus einer Reihe von Faktoren zusammen: der allgemeinen Geschäftsentwicklung und den Geschäftsaussichten, der Kundenzufriedenheit, der Marktposition, der Innovationsleistung, der Qualifikation und Fluktuation der Belegschaft, der Attraktivität des Unternehmens als Arbeitgeber der Wahl und vielen anderen Faktoren.

Während der tägliche Aktienkurs stark von den Quartalsergebnissen, Tagesereignissen und einem relativ kurzen Zeithorizont in die Zukunft abhängt, umfasst der Geschäftswert mehr als nur die Quartalsergebnisse. Jeff Bezos, Gründer und CEO von Amazon, erklärt, warum es so wichtig ist, eine langfristige Perspektive zu haben:

> »Wenn alles, was Sie tun, auf einen Zeithorizont von drei Jahren ausgelegt ist, konkurrieren Sie mit vielen Menschen. Wenn Sie jedoch bereit sind, in einem Zeithorizont von sieben Jahren zu investieren, treten Sie jetzt gegen einen Bruchteil dieser Leute an, da nur sehr wenige Unternehmen bereit sind, dies zu tun. Wenn Sie nur den Zeithorizont verlängern, können Sie sich an Unternehmungen beteiligen, die Sie sonst niemals verfolgen könnten. Wir bei Amazon möchten, dass die Dinge in fünf bis sieben Jahren funktionieren. Wir sind bereit, Samen zu pflanzen, sie wachsen zu lassen – und wir sind sehr hartnäckig. Wir sagen, wir sind stur im Sehen und flexibel im Detail.«[40]

Zu guter Letzt berücksichtigt der Unternehmenswert nicht nur die Geschäftszahlen, sondern auch die soziale Verantwortung eines Unternehmens. Klaus Schwab, Gründer und Leiter des Weltwirtschaftsforums, erklärt im Davos Manifest 2020:

> »Es ist die Aufgabe eines Unternehmens, alle Interessengruppen in die gemeinsame und nachhaltige Wertschöpfung einzubeziehen. Dabei dient ein Unternehmen nicht nur seinen Aktionären, sondern allen Interessengruppen – Mitarbeitern, Kunden, Lieferanten, dem lokalen Gemeinwesen und der Gesellschaft als Ganzem. ... Ein Unternehmen ist mehr als eine Wirtschaftseinheit, die Wohlstand schafft. Es erfüllt menschliche und gesellschaftliche Bestrebungen als Teil des weiter gefassten Sozialsystems.«[41]

---

40   »Jeff Bezos Owns the Web in More Ways Than You Think«, Interview mit Steven Levy, www.wired.com, 13. November 2011.
41   Schwab, K. (2020). Das Davos Manifest 2020: Die universelle Aufgabe eines Unternehmens in der Vierten Industriellen Revolution, online verfügbar unter: https://es.weforum.org/agenda/2020/01/das-davos-manifest-2020-die-universelle-aufgabe-eines-unternehmens-in-der-vierten-industriellen-revolution/

Klaus Schwabs umfassende Sicht auf den Unternehmenswert fasst zusammen, was es bedeutet, wenn wir sagen, dass Human Business ganzheitlich und menschenzentriert ist und sich darauf konzentriert, seinen Kunden, Mitarbeitern, Unternehmen und der Gesellschaft nachhaltigen Wert zu verschaffen, zu sichern und auszubauen. Es dient als Business-Kompass, der zur Optimierung des täglichen Betriebs[42] und zum Aufbau und Erhalt organisatorischer Exzellenz[43] beiträgt. Damit ist Human Business sowohl visionär als auch pragmatisch.

4. Wir lernen und entwickeln uns ständig weiter

Ein Werteversprechen ist keine einmalige Angelegenheit. Es ist ein Credo täglichen Tuns. In der VUKA-Welt haben wir es mit ständigen Veränderungen von außen und von innen zu tun. Feste Voraussagen, wie die Zukunft sich entwickeln wird, gibt es nicht. So ist es unerlässlich, dass wir eine aktive Lernkultur, Offenheit und Neugier pflegen. Nur wer Mut und die Leichtigkeit des menschlichen Spielgeistes lebt, kann sich in einer solch dynamischen Welt langfristig beweisen. Konkret bedeutet dies, dass wir unsere Leistungen wie auch Rückschläge reflektieren, aus ihnen lernen und versuchen, uns selbst zu verbessern und weiterentwickeln. Das müssen nicht immer riesige Weiterentwicklungen oder Innovationen sein. Auch kleinere, inkrementelle Veränderungen können von großem Nutzen sein. Wichtig ist, dass wird immer bereit sind zu lernen, dies zu fördern und zu fordern.

Aus diesem vierten Werteversprechen folgt, dass ein Human Business eine lernende Organisation ist. Dies ist nach Peter Senge (1990)[44] eine Organisation, in der

- Menschen ihre Kapazität kontinuierlich erweitern, um die Ergebnisse zu erzielen, die sie wirklich wünschen,
- neue und expansive Denkmuster gepflegt werden,
- kollektives Streben freigesetzt wird und
- Menschen lernen, zusammen das Ganze zu sehen.

Gestaltungsprinzipien für ein Human Business

Von den Werteversprechen lassen sich folgende Prinzipien für die Gestaltung eines Human Business ableiten:

---

42 http://motivate2b.com/in-search-for-the-ideal-company/
43 http://motivate2b.com/heart-organizational-excellence/
44 Senge, P. M. (1990). *The Fifth Discipline: The Art and Practice of the Learning Organization.* Currency Double-day. Deutsche Ausgabe: Senge, P. M. (2017). *Die fünfte Disziplin: Kunst und Praxis der lernenden Organisation.* Stuttgart: Schäffer-Poeschl.

! **Zehn Prinzipien für die Gestaltung eines Human Business**

Zweck des Unternehmens

1. Human Business stellt den **Menschen in den Mittelpunkt**; sei es Kunde, Mitarbeiter, Unternehmen oder gesellschaftliches Umfeld.

2. Der Zweck des Human Business ist es, einen **nachhaltigen Mehrwert** für Kunden, Mitarbeiter, Unternehmen und ihre Umwelt zu generieren.

Zusammenarbeit

3. Human Business fördert **Vielfalt, die Gleichberechtigung von Mann und Frau, Offenheit und Inklusion** in der Belegschaft.

4. Human Business befürwortet und fördert **interdisziplinäre** und sich **selbst organisierende Teams.**

Leistung

5. Human Business **vertraut, respektiert und behandelt Mitarbeiter als menschliche Wesen,** deren Kreativität und Potenziale entfaltet werden können. Es fördert Mitarbeiter- und Führungsentwicklung und praktiziert Mitarbeiter-Empowerment.

6. Human Business versteht **Freude als Treiber täglichen Arbeitens.**

Lernen und Innovation

7. Human Business kultiviert **offene und lernende Organisationen**, die Veränderungen begrüßen und sich für die kontinuierliche Verbesserung von Produkten und Dienstleistungen, Prozessen und Mitarbeitern einsetzen.

8. Human Business bietet und **teilt Leitlinien** für Antworten auf rasche Veränderungen in Unternehmen und Gesellschaft.

Ergebnisse

9. Human Business versteht **Gewinne als Mittel zur Erfüllung seiner Geschäftszwecke**; das menschliche Unternehmen ist sinn- und nicht gewinnorientiert.

10. Human Business befürwortet eine **Kreislaufwirtschaft**, in der man Ressourcen so lange wie möglich im Einsatz hält, während ihres Einsatzes den größtmöglichen Wert daraus zieht und am Ende jeder Lebensdauer Produkte und Materialien zurückgewinnt und regeneriert.[45]

Gemeinsam mit den vier Werteversprechen des Human Business dienen diese zehn Prinzipien als Leitfaden für nachhaltiges und menschliches Wirtschaften im 21. Jahrhundert.

Im Laufe des Buches werden wir immer wieder auf diese Gestaltungsprinzipien zurückkommen und sie weiter erörtern. Dabei gilt es, Altbewährtes und immer noch Wertvolles nicht über Bord zu werfen, sondern Brücken in eine Zukunft zu bauen. Das digitale Zeitalter bietet uns die einzigartige Chance, das Unternehmen nicht länger als Maschine zu verstehen, zu führen und zu managen, sondern als ein menschliches, das

---

45 Eine Einführung zur Kreislaufwirtschaft geben Braungart, M. und McDonough, W. (2014). *Cradle to Cradle: Einfach intelligent produzieren*. Piper.

heißt dynamisches, sich wandelndes und komplexes Netzwerk. Dabei ist dies weniger ein neues Konstrukt als eine Anerkennung der Realität und die Anpassung von Unternehmenskonzepten an die neuen Gegebenheiten.

Vergleich zweier Welten

Stellen wir die Wesensmerkmale der alten und neuen Welt noch einmal gegenüber:

	20. Jahrhundert – Unternehmen als Maschine	21. Jahrhundert – Unternehmen als menschliches Netzwerk
Mittelpunkt	Unternehmen	Mensch
Zweck	Herstellung und Verkauf von **Produkten und Dienstleistungen** Features, Produktorientierung	**ganzheitliche Wertschöpfung für Kunden, Mitarbeiter, Unternehmen und Umwelt**
Arbeitsplatz, Organisation	lineare Organigramme, Top-down- und/oder Matrix-Organisation, Mensch als Ressource, Maschine – Mensch, **Unternehmen als Maschine (tayloristischer Ansatz)**	**menschlicher Gestaltungs- und Arbeitsraum, geprägt von Vertrauen und Respekt (»Happy Workplace«)** kleine, fachübergreifende Teams; ideal: autonome, sich selbst organisierende Teams; organisch gewachsene Strukturen, dynamisch, fließend
Innovation	**Planung,** Fokus auf **schnelle, inkrementelle Produkt- und Prozessinnovationen,** getrieben von Kostensenkung und Profitmaximierung	**kontinuierliche und ganzheitliche Verbesserung** von Produkten, Prozessen und Mitarbeitern
Ergebnisse	**Fokus auf kurzfristige Gewinne,** steigende Aktienkurse und Börsenwert	**ganzheitliche und nachhaltige Wertschöpfung** und Nutzen für Kunden, Mitarbeiter, Unternehmen und Gesellschaft; Gleichgewicht von kurz-, mittel- und langfristigen Zielen

Unternehmen als Mensch vs. Unternehmen als menschliches Netzwerk

Es wäre vermessen zu behaupten, dass alle traditionellen Führungs- und Managementprinzipien ausgedient hätten. Es gibt immer noch Unternehmen und Branchen, die nicht dem rapiden Wandel der VUKA-Welt ausgesetzt sind und noch in einem relativ stabilen Markt operieren können. Immer dann aber, wenn die VUKA-Welt überhandnimmt, stoßen sie an ihre Grenzen.

Wirtschaften im 21. Jahrhundert benötigt eine neue Orientierung, um mit den neuen Herausforderungen und den großen Unbekannten zurechtzukommen und sie zu meistern. Nicht alle bewährten Führungs- und Managementprinzipien und -praktiken des letzten Jahrhunderts (mittlere Tabellenspalte) müssen deshalb über Bord geworfen werden. Sofern sie helfen, die Herausforderungen der VUKA-Welt zu meistern, spricht nicht viel gegen ihre Anwendung. Ob sie allerdings im Hinblick auf die Zukunft als Orientierung in einer VUKA-Welt dienen können, darf bezweifelt werden – insbesondere dann, wenn sie uns Menschen ausklammern oder allenfalls als eine von vielen Ressourcen behandeln. Wenn sie die Potenzialentfaltung und Kreativität der Mitarbeiterinnen und Mitarbeiter ausbremsen, ist es eher so, als ob man einen Ferrari im dritten Gang und mit angezogener Handbremse fahren würde. Weder kommt man schnell genug voran, noch macht es sonderlich viel Spaß. Warum also nicht die Handbremse lösen? Was kann man verlieren?

Gewinner und Verlierer

In der Tat ist die Frage, ob es bei der Entwicklung von Human Business Gewinner oder Verlierer gibt, legitim. Im Human Business »gewinnen« in erster Linie die Menschen. Seien es die Kunden, die Mitarbeiter oder die Gesellschaft. Die Unternehmen gewinnen insofern, als sie einer nachhaltigen Wertschöpfung nachgehen und somit ihre Existenz sichern. Vom nachhaltigen Wirtschaften profitieren deswegen nicht nur die Unternehmen, sondern auch unsere Umwelt und somit wiederum wir Menschen. Der Kreis schließt sich.

Wo es Gewinner gibt, gibt es auch Verlierer, wobei die Liste der Verlierer relativ kurz ist. Sie beinhaltet die Anhänger kurzfristiger Gewinne, die Zocker an den Börsen und die Manager, die Macht ausüben und ausweiten wollen, egal, ob sie dabei ggf. Mitarbeiter unterdrücken und demotivieren. Aber ganz ehrlich: Unterm Strich ist das mehr als vertretbar, zumal im Human-Business-Modell der »Netto-Nutzen« etwaige Nachteile mehr als wettmacht.

! **Das Global Peter Drucker Forum**

Das jährliche »Global Peter Drucker Forum«[46] hat sich binnen weniger Jahre zu einer der wichtigsten Managementkonferenzen weltweit entwickelt. Gerne wird es auch als das »Davos des Managements« bezeichnet. Einmal im Jahr treffen sich renommierte Managementvordenker in Wien, um über die neuesten Entwicklungen im Management zu diskutieren und sich auszutauschen. Wie schon der Name der Konferenz sagt, steht dabei insbesondere die Lehre des Managementvordenkers Peter Drucker im Vordergrund.

Und auch wenn die Lehre Druckers mehr als 50 Jahre alt ist, ist sie heute brandaktueller denn je. In den Diskussionsbeiträgen in Wien wird in den letzten Jahren immer deutlicher, dass das traditionelle Managementdenken ausgedient hat und man sich neuen Strömungen öffnen muss. Die Lehre Druckers ist ein guter Einstieg – sie endet aber nicht dort. 2018 war

---

46   https://www.druckerforum.org/home/

das Motto der Konferenz »Management. Die menschliche Dimension«. 2019 hieß das Motto »Die Macht von Ökosystemen: Managing in einer vernetzten Welt«. 2020 heißt es »Führung überall. Eine frische Perspektive auf das Management«.

Eine andere Frage ist freilich, wie lange es dauern wird, bis sich diese Öffnung für modernes Managementdenken auch an den Universitäten und schließlich in den Unternehmen etabliert.[47] Solange an den Universitäten noch die alte Doktrin des tayloristischen Unternehmens gelehrt wird, könnte dies noch ein langer Weg sein. Auf der anderen Seite glaube ich, dass die VUKA-Welt Unternehmen zum Umdenken zwingen wird, wenn sie nicht bankrottgehen wollen. Die Zeit wird es zeigen.

Neuorientierung für Politik, Staat und Gesellschaft

Auch wenn wir uns im Buch auf das Human Business fokussieren, kann ein Blick auf die Neuorientierung in Politik, Staat und Gesellschaft interessant sein. Insbesondere unter der Fragestellung, ob sich die Merkmale eines Human Business ggf. hierauf anwenden lassen.

Die Digitalisierung und die von uns Menschen selbst entwickelte VUKA-Welt haben ebenso wie auf die Wirtschaft signifikante Auswirkungen auf das politische und gesellschaftliche Leben. Mithilfe der Technologie rückt die Welt immer näher zusammen, wird vernetzter und transparenter. Auf der einen Seite hat dies positive Auswirkungen, lässt gleichzeitig aber das Risiko von kleinen, lokalen bis hin zu globalen Kettenreaktionen anwachsen.

Die VUKA-Welt überfordert Menschen, Organisationen und Länder gleichermaßen. Man versucht, bekannte Herausforderungen zu meistern und/oder zu kontrollieren, indem man in der Regel auf alte, bekannte Mittel, Werkzeuge und Prozesse zurückgreift. Dabei wird außer Acht gelassen, dass es gerade diese Mittel, Werkzeuge und Prozesse waren und sind, die mitverantwortlich für die heutigen Probleme sind.

Notwendigkeit der Orientierung

Was erforderlich ist, um sich in der VUKA-Welt zu orientieren und sie zu gestalten, ist ein Denken in neuen Feldern sowie Mut, das Alte hinter sich zu lassen und Neuland zu begehen. Gemeinsam, neugierig und unvoreingenommen.

Analog zum Human Business ergibt sich auch in der Politik auf den lokalen, regionalen, nationalen und internationalen Ebenen die Chance, den Menschen und seine soziale Umwelt und Lebensumgebung in den Mittelpunkt zu stellen.

---

47 Siehe auch Scharmer, O. C. (2018). »Education is the kindling of a flame: How to reinvent the 21st-century university«. *Huffington Post*, online verfügbar unter https://www.huffpost.com/entry/education-is-the-kindling-of-a-flame-how-to-reinvent_b_5a4ffec5e4b0ee59d41c0a9f.

Gewissermaßen ist dies ein Aufruf, zu den Wurzeln der sozialen Marktwirtschaft zurückzukehren. So schrieb Ludwig Erhard 1954:

> »Ich habe es immer wieder zum Ausdruck gebracht, dass es in meinem Bild der Sozialen Marktwirtschaft nur einen Maßstab gibt, und das ist der Verbraucher [...] Denn welchen anderen Zweck sollte eine Wirtschaft haben als den, der Gesamtheit des Volkes zu immer besseren und freieren Lebensbedingungen zu verhelfen, Sorgen zu überwinden und den Segen der Freiheit [...] allen teilhaftig werden zu lassen?«[48]

In seinem Buch »Wohlstand für alle« (1957)[49] erklärte Erhard:

> »Das mir vorschwebende Ideal beruht auf der Stärke, dass der Einzelne sagen kann: ›Ich will mich aus eigener Kraft bewähren, ich will das Risiko des Lebens selbst tragen, will für mein Schicksal selbstverantwortlich sein. Sorge du, Staat, dafür, dass ich dazu in der Lage bin. [...] Kümmere du, Staat, dich nicht um meine Angelegenheiten, sondern gib mir so viel Freiheit und lass mir von dem Ertrag meiner Arbeit so viel, dass ich meine Existenz, mein Schicksal und dasjenige meiner Familie selbst zu gestalten in der Lage bin‹«.

Die Aktivitäten des Staates folgen somit dem Subsidiaritätsprinzip. Das heißt, er fokussiert sich nur auf die Aufgaben, die nicht auf niedrigerer Ebene (individuell, lokal, regional) erfüllbar sind.

Ein Vergleich der alten mit der neuen Welt ergibt folgendes Bild:

	20. Jahrhundert – Staat als Ordnung für Gesellschaft, eingreifende Ordnungspolitik	21. Jahrhundert – Staat als ein fördernder Teil eines Netzwerks, befähigende »Ordnungspolitik Plus«
Mittelpunkt	Staat und Bürokratie als Ordnungsmächte	Bürger und Menschen als Orientierung
Zweck	Ordnungskraft; innere und äußere Sicherheit	Dienen an Bürgern und Menschen im Staat

---

48   Erhard, L. (1954) »Die Prinzipien der deutschen Wirtschaftspolitik«, Vortrag vom 31. Mai 1954, gehalten in Antwerpen, online verfügbar unter: https://www.ludwig-erhard.de/erhard-aktuell/standpunkt/die-prinzipien-der-deutschen-wirtschaftspolitik/.
49   Erhard, L. (2009 [1957]: 250–251). *Wohlstand für alle*. Anaconda.

	20. Jahrhundert – Staat als Ordnung für Gesellschaft, eingreifende Ordnungspolitik	21. Jahrhundert – Staat als ein fördernder Teil eines Netzwerks, befähigende »Ordnungspolitik Plus«
Arbeitsplatz, Organisation	• lineare Organisationen, Gremien, Foren, Konferenzen, top-down, Bürokratie/Wille zu Planung und Sicherheit • formelle, auf Dauer angelegte Parteien, repräsentative Demokratie/Parteienpolitik • Staaten als primäre Akteure (national und international) • Arbeitsplatz fürs Leben; Angestelltenverhältnisse • traditionelle, lineare Ordnungspolitik (top-down), Staat als Ordner	• organische Organisationsformen, offene Foren, Networking • Bürgerinitiativen, spontane, sich selbst formende Organisationen/Ansammlungen, zeitlich und inhaltlich begrenzt; Wille nach mehr direkter Demokratie oder Selbstbestimmung • offene, dynamische, organische Netzwerke von Interessen; Staat nur ein Teil von Netzwerken (nicht zwingend länger dominierend) • flexiblere Arbeitsplätze und Arbeitsplatzgestaltung, Work-Life-Balance bzw. Work-Life-Blending • moderne, offene, befähigende »Ordnungs«-Politik; Staat als Gestalter und Förderer der Infrastruktur, welche die Gestaltung des Wandels durch Menschen und Wirtschaft ermöglicht und fördert
Innovation	generalstabsmäßige Technologie- und Innovationspolitik; Streben nach Perfektion	• offene Innovationskultur; Streben nach Neuem/Ausprobieren/Erleben • technischer, wirtschaftlicher und sozialer Wandel als Chance, Zukunft zum Wohle der Allgemeinheit nachhaltig zu gestalten
Ergebnisse	begrenzter Planungshorizont (Wahl-Zyklus); Wunsch nach schnellen Lösungen	Gleichgewicht aus kurz-, mittel- und langfristigen/nachhaltigen Ergebnissen; Ökoeffektivität[50]

Alter und neuer Staat

Neuorientierung in der Wirtschaft auf globaler Ebene

Das Weltwirtschaftsforum (World Economic Forum, kurz WEF)[51] und insbesondere seine Jahrestreffen in Davos gelten seit Jahren für Kritiker als das Symbol des neoliberalen Kapitalismus. Dabei sieht Klaus Schwab, Gründer und Präsident des WEF, den neoliberalen Kapitalismus durchaus kritisch und fordert ein Umdenken für Staat

---

50   https://de.wikipedia.org/wiki/%C3%96koeffektivit%C3%A4t
51   https://de.wikipedia.org/wiki/Weltwirtschaftsforum

und Verwaltung, Wirtschaft und den Menschen. In seinem 2016 erschienenen Buch *Die Vierte Industrielle Revolution*[52] stellt er einen Forderungskatalog auf, der bereits einige Wesensmerkmale des Human Business enthält:

Staat und Verwaltung
1. Der Staat und seine Verwaltung müssen agiler werden, die Bürger als Kunden verstehen und sie zu einer gemeinsamen Zukunftsgestaltung einladen und einbinden. Einen großen Plan hierfür kann es allein aufgrund der unbekannten Zukunft nicht geben. Deswegen muss die Gestaltung in kleinen und stetigen Schritten vorangehen.
2. Die alte Trennung von Staat und Verwaltung, Wirtschaft und Bürger hat ausgedient. Wichtig ist es, neue Wege der Organisationsformen zu finden, um die Zukunft gemeinsam zu gestalten.

Wirtschaft
1. Die Wirtschaft muss in Menschen investieren, allerdings nicht als Ressourcen, sondern als Menschen mit Riesenpotenzialen.
2. Unternehmen müssen sich agilen, menschenzentrierten Managementansätzen öffnen und diese praktizieren. Sinn und Ethik dürfen nicht nur Floskeln sein, sondern müssen mit Leben gefüllt werden. Kurzfristiges Gewinnstreben darf nicht länger der wichtigste Treiber sein, sondern die langfristige und nachhaltige Wertschöpfung.
3. Unternehmen müssen neue Technologien verstehen, sie einsetzen und weiterentwickeln. Risiken neuer Technologien müssen erkannt werden, aber vor allem müssen die Chancen genutzt werden.

Mensch
1. Die Menschen müssen sich die Frage stellen, wie sie leben wollen. Dafür gilt es, Neues zu erkunden, zu experimentieren und Visionen zu entwickeln.
2. Die Herausforderungen unserer Zeit können nicht im Klein-Klein gelöst werden. Schwab fordert die Menschen deswegen auf, sich politisch zu engagieren und so den Wandel in der Gesellschaft gemeinsam zu gestalten.

Die Covid-19-Pandemie veranlasste das WEF, eine neue globale Initiative ins Leben zu rufen: The Great Reset[53]. Es weist darauf hin, dass es gerade jetzt in Zeiten der globalen Pandemie dringend erforderlich sei, dass globale Interessengruppen zusammenarbeiten, um gleichzeitig die direkten Folgen der Covid-19-Krise zu bewältigen und den Zustand der Welt zu verbessern. Wie weit diese Initiativen gehen und wel-

---

52   Schwab, K. (2016). *Die Vierte Industrielle Revolution*. Pantheon.
53   https://www.weforum.org/great-reset

che Erfolge sie erzielen können, werden die nächsten Jahre zeigen. Die WEF-Initiative ist ein Beweis, dass ein Umdenken vom kurzfristigen zum nachhaltigen Wirtschaften längst begonnen hat.

Nun ist es aber nun einmal so, dass nicht jeder wie das WEF und seine Mitglieder auf der globalen Makroebene unterwegs ist. Human Business wird insofern greifbarer, als es auch Ansätze für die Mikroebene des Lebens und Arbeitens bietet. Wie das konkret aussieht, lernen wir im nächsten Kapitel anhand mehrerer Beispiele kennen.

3 Human Business in der Praxis

»Es geht nicht um Ideen. Es geht darum, sie möglich zu machen.«
Scott Belsky

Kernpunkte

- Das Software-Unternehmen Menlo Innovations zeigt, dass Freude sehr wohl als Treiber wirtschaftlichen Handelns funktioniert und sich lohnt.
- Wenn Unternehmen Veränderungen bewirken wollen, müssen sie sich dafür aktiv entscheiden und entsprechend handeln – auch wenn diese Veränderungen zunächst nur auf Projektebene stattfinden.
- Beim kontinuierlichen Lernen geht es darum, wie ein Unternehmen sich an eine sich verändernde Welt anpasst und wie es bei dieser Anpassung führend sein kann. Das ist der Teil, bei dem wir am menschlichsten sein müssen.
- Wenn wir wirklich auf dem Weg der Steigerung der Menschlichkeit am Arbeitsplatz bleiben wollen, müssen wir erkennen, dass die Mitarbeiter zu 100 % Menschen und eben keine Ressourcen sind.
- Human Business wird bereits heute praktiziert. Beispiele sind einzelne Unternehmen des deutschen Mittelstands, Sozialunternehmen sowie Prinzipien unternehmerischer Sozialverantwortung.
- Viele Mittelständler haben mehrere Merkmale von Human Business: sei es die klare Ausrichtung an ihren Kunden, die Wertschätzung der Mitarbeiter oder die Annahme gesellschaftlicher Verantwortung.
- Social Business ist auch Human Business. Allerdings muss nicht jedes Human Business auch ein Social Business sein. Im Social Business steht der soziale Aspekt im Mittelpunkt. Im Human Business kann ein sozialer Aspekt im Mittelpunkt stehen, muss es aber nicht. Außerdem müssen beim Human Business – im Gegensatz zum Social Business – Investoren nicht auf spekulative Gewinne verzichten. Das Konzept des Human Business ist somit weiter gefasst als das des Social Business.
- Die Umsetzung des Unternehmenskonzepts der Corporate Social Responsibility (CSR) kann ein Beispiel für die Praxis eines Human Business sein – aber nur dann, wenn CSR und Unternehmenszweck miteinander einhergehen und CSR nicht als Ablenkung vom eigentlichen Kerngeschäft verstanden wird, das womöglich alles andere als nachhaltig und sozialverantwortlich ist.
- Das Konzept des Human Business ist so ausgelegt, dass es sowohl für etablierte Unternehmen als auch Neugründungen geeignet ist.
- Unternehmenscredos können darauf hinweisen, ob und inwieweit ein Unternehmen dem traditionellen Businessmodell anhängt oder sich der Realität angepasst hat. Inwiefern Unternehmen ihr Credo wirklich leben, ist freilich eine andere Frage und müsste jeweils untersucht werden.

Theorie vs. Praxis

Das Konzept des Human Business ist kein abstraktes oder akademisches Hirngespinst. Es gibt eine Vielzahl von Unternehmen, die man heute schon als Human Business bezeichnen kann oder deren Umfeld hierfür geeignet ist. Fakt ist aber auch, dass die Mehrheit von Unternehmen und auch Organisationen nach wie vor tayloristisch geprägt ist. Das heißt, sie werden eher wie Maschinen entwickelt und geführt – mit Hierarchieebenen, Führung von oben nach unten und mit kurzfristigen Zielen und Profitmaximierung. Verteufeln sollte man sie indes nicht, zumal sie sich ja auch noch wandeln können. Hierfür helfen positive Beispiele als Orientierung. Schauen wir uns ein paar von ihnen an.

Im Inneren eines Human Business – Interview mit Richard Sheridan, CEO of Menlo Innovations

Richard Sheridan ist Mitbegründer und CEO von Menlo Innovations in Ann Arbor, Michigan, USA. Bildquelle: Menlo Innovations

Menlo Innovations ist ein Softwareentwicklungsunternehmen in Ann Arbor, Michigan, USA. Es unterscheidet sich signifikant von anderen IT-Unternehmen. Denn jedes Jahr besuchen mehr als 3.000 Menschen Menlo, um zu sehen, wie es arbeitet. Sie sind inspiriert von den Menschen, der Umwelt und der Arbeitsweise von Menlo. Mitbegründer, CEO und Chief Storyteller Richard Sheridan schreibt über diesen einzigartigen Ort in seinen Bestsellern *Joy, Inc.: How We Built a Workplace People Love* (2015) und *Chief Joy Officer: How Great Leaders Elevate Human Energy and Eliminate Fear* (2018).

Ich traf Richard zum ersten Mal im Jahr 2015, als wir beide am *Learning Consortium for the Creative Economy* teilnahmen. Wir tauschten Ideen und Geschichten aus, wie viel Positives Freude, Glück und Menschlichkeit in unserer Arbeitswelt bewirken können.

In einem Interview für dieses Buch bat ich Richard, seine Erkenntnisse über die Menlo-Magie zu teilen, ihre Arbeitsweise und die Entwicklung eines Umfelds, in dem Freude und Arbeit Hand in Hand gehen.[54]

---

54   Das Interview erschien erstmals auf Medium unter https://medium.com/@Motivate2B/über-die-kunst-und-magie-freude-zum-treiben-wirtschaftlichen-handelns-zu-machen-3793441c83ac.

Menlos Antrieb

Thomas: Was ist der Treiber von Menlo Innovations?

Richard: Der Begriff »Freude« dringt immer wieder in unsere Welt bei Menlo ein. Wir sprechen davon, dass wir absichtlich eine Freude-Kultur geschaffen haben.

Begriffe wie »agil« oder »lean«, die man uns zuschreibt, betrachten wir durch die Linse einer einfachen Frage: Welches Problem versuchen wir zu lösen?

Anstatt Agil oder Lean als Ziel zu verfolgen, betrachten wir diese Konzepte anhand der Probleme, die wir zu lösen versuchen, und wie diese Konzepte dazu beitragen, menschliches Leiden in der Welt bzgl. Technologie zu beenden. Wir betrachten Tools wie Agil oder Lean als Hilfen, um dies zu erreichen.

Sicherlich können uns Leute, die uns gut kennen, leicht als agile Organisation bezeichnen. Linda Rising[55] nannte uns die agilste Organisation der Welt. Ich schätze Lindas Unterstützung, aber es ist nicht das, was wir verfolgen.

Wir verfolgen die Idee, dass wir eines Tages die Menschen erfreuen können, denen wir dienen wollen – und das ist unsere Definition von Freude – und wir tun es, indem wir menschliches Leiden beenden.

Menschliches Leiden

Thomas: Was meinst du mit der Beendigung menschlichen Leidens?

Richard: Ein Teil davon ist aus meiner persönlichen Geschichte geboren. Ich leite jetzt seit 18 Jahren Menlo mit meinem Mitgründer. Zwei Jahre zuvor kamen James und ich zusammen, um eine Aktiengesellschaft zu gründen, die heute wie Menlo aussieht. In den 20 Jahren zuvor war das überhaupt nicht so. Ich hatte gelitten. Ich hatte Projekte geleitet, bei denen wir Termine verpasst, Budgets überschritten, schlechte Qualität geliefert hatten. Die Teams haben sich fast zu Tode gearbeitet, die Leute haben die ganze Nacht durchgearbeitet und sind an Wochenenden geblieben, nur um dann Projekte kurz vor deren finaler Lieferung abzusagen. Oder wenn sie ausgeliefert wurden, schlugen die Benutzer die Hände über dem Kopf zusammen und fragten: »Warum funktioniert das nicht? Dies ist nicht das, was wir brauchen. Warum ...?« Und natürlich sagten die Ingenieurteams: »Nun, sie sind nur dumme Benutzer. Sie verstehen unsere schönen Designs nicht.«

---

55 https://en.wikipedia.org/wiki/Linda_Rising

Ich beobachtete all diese Schmerzen über eine lange Zeit meiner Karriere. Ich wollte das nicht mehr. Ich wollte, dass Leute, die für die Erstellung von Software bezahlen, das Gefühl haben, die Kontrolle zu haben, dass sie eine Stimme haben, dass sie eine gesunde Interaktion mit dem technischen Team haben, das sie erstellt. Das war also die erste Form des Leidens für die, wie ich es nenne, »Sponsoren« von Softwareprojekten.

Die zweite Art von Leidenden, die wir ins Auge gefasst haben, sind die Endverbraucher, die Menschen, denen wir letztendlich mit unserer Arbeit dienen wollen. Wenn wir tatsächlich eine andere Herangehensweise an die Benutzererfahrung wählen, können wir die Nutzer begeistern. Wir können Software so einsetzen, wie sie benötigt wird.

Zu oft könnten Softwareteams versucht sein zu sagen: »Wissen Sie, wenn Sie lernen, wie ich zu denken, ergibt die Software Sinn.« Die Frage ist, warum ein normaler, nichttechnologischer Mensch denken muss wie die Programmierer? Warum können wir den Computer und die Software nicht so arbeiten lassen wie die Menschen? Wir wollen diese Art von Leiden beenden – das heißt das Leiden der Menschen, die Software verwenden, die Teams wie wir jeden Tag entwickeln.

Und schließlich wollten wir das Leiden der Menschen beenden, die die Arbeit machen. Unsere Branche prägte den Begriff »Todesmarsch«. Das ist Arbeiten rund um die Uhr, Teams und Menschen, die sich in ihrer Arbeit selbst verbrennen – das führt zu Burn-out. Das Problem ist, dass müde Menschen schlechte Software herstellen. Wir wollen keine schlechte Software machen, ergo wollen wir auch keine müden Mitarbeiter haben.

Das sind also die drei Säulen des Leidens, die wir beenden wollten. Aber wir wollten es nicht nur als »Leiden« bezeichnen. Wir wollten es in Bezug auf ein edleres Ziel charakterisieren. Und diese Idee besteht darin, den Menschen, die die Arbeit erledigen, den Menschen, die für die Arbeit bezahlen, und den Menschen, die die Arbeit nutzen, wieder Freude an der Technologie zu bereiten.

Menlo-Magie

Thomas: Was macht die Menlo-Magie aus? Warum funktioniert Menlo so gut?

Richard: Ich denke, es gibt zwei grundlegende Gründe, warum Menlo so gut funktioniert.

Nummer eins, die Menschen, die hier arbeiten, verinnerlichen unsere Arbeitsphilosophie. Dies ist keine Art von Mantra oder Disziplin oder Methodik oder Prozess oder, wenn du willst, eine Religion, in der Software-Teams meiner Meinung nach häufig enden.

Und der zweite Teil ist – und das klingt ein bisschen seltsam: Die Leute, die hier arbeiten, wollen, dass Menlo den nächsten Tag überlebt. Sie wollen nicht in die andere, traditionelle Geschäftswelt zurückkehren. Sie wollen wirklich hier arbeiten.

Skalierung des Menlo-Modells

Thomas: Wäre es möglich, euer Modell zu skalieren?

Richard: Wir haben jetzt ungefähr 60 Mitarbeiter. Viele sagen: »Oh, ich sehe, es funktioniert für 60. Aber es kann nicht für 90, 200 oder 2.000 funktionieren.« Aber wir fanden in der Tat Beispiele von Unternehmen, die wie wir arbeiten, nur in viel größerem Maßstab – und doch immer noch dezentral und sehr sinn- und zweckorientiert.

Ich erinnere Unternehmen daran, dass sie, selbst wenn sie ein großes Unternehmen sind, in der Regel aus Teams mit 50 bis 100 Mitarbeitern bestehen. Unabhängig davon, wie groß das Unternehmen wirklich ist, müssen sie nicht die ganze Welt ändern, nur um so zu arbeiten wie wir bei Menlo. Sie müssen nicht ihre gesamte Organisation ändern. Sie können einfach den Teil um sich herum ändern.

Menlo ist in gewisser Weise viel, viel, viel größer als die 60 Mitarbeiter, die wir heute haben. Denn wir binden Menlo als Unternehmen in einige der größten Organisationen der Welt ein. Wir haben für Ford gearbeitet. Wir haben für General Motors gearbeitet. Wir haben für Pfizer gearbeitet. Alle diese riesigen Unternehmen nutzen unser Team. Sie mussten ihre Firma nicht ändern, nur um mit uns zu arbeiten. Und wir mussten nicht ändern, wie wir gearbeitet haben, nur um mit ihnen zu arbeiten.

In gewisser Weise beobachten wir, wie ein kleines, zusammenhängendes Team eine bestimmte Kultur schaffen und anderen dienen kann, die nicht unbedingt dieselben kulturellen Elemente wie sie schätzen. Das ist meiner Meinung nach, worum es bei der Skalierung geht.

Wir haben unser eigenes Umfeld geschaffen. Und es ist schon interessant, dass viele Menschen uns besuchen, um es zu sehen. Jährlich kommen rund 3.000 Menschen aus der ganzen Welt durch unsere Türen und wollen beobachten, wie wir arbeiten. Wir machen hier ungefähr eine bis drei Touren pro Tag. Und jedes Mal, wenn Leute hierherkommen und uns besuchen, nehmen sie ein Stück von uns mit zurück in ihre eigene Umgebung.

Wir sagen ihnen nicht, dass wir den einzig wahren Weg gefunden haben, dass sie wie Menlo arbeiten sollten, dass es sonst nicht funktionieren wird. Aber sie werden immer etwas mitnehmen und beginnen, ihr Leben, ihre Welt, ihre Arbeitswelt zu verbessern.

Stell dir vor, du wärst in einem großen Unternehmen … und dein Team arbeitet anders als alle anderen Teams im Unternehmen, sodass andere Mitarbeiter des Unternehmens euch besuchen, um zu sehen, wie ihr arbeitet. Wenn ihr mit ihnen teilt, was ihr gelernt habt, nehmen sie Teile mit zurück in ihre Organisation, um es auszuprobieren. Und es muss nicht genau so sein, wie sie es vorher in eurem Team gesehen haben.

Ich denke, dies ist eine der Herausforderungen bei der Skalierung. Die Menschen denken: »Oh, wir müssen es replizieren. Es muss an jedem Ort, an den du gehst, identisch sein.« Ich glaube einfach nicht, dass das wahr ist.

Menlo muss nicht bei jedem Kundenprojekt gleich sein, und wir müssen mit Sicherheit nicht immer die gleichen Arten von Kunden haben, mit denen wir arbeiten.

Ich möchte deine Leser hier nicht vom Haken lassen. Damit meine ich, dass sie vielleicht zu Menlo kommen, unser Interview oder vielleicht meine Bücher lesen und sagen: »Oh, Rich und sein Team, sie haben so viel Glück. Ich wünschte, ich könnte so sein wie sie. Aber das geht nicht, denn unsere Organisation ist zu groß, zu klein, zu alt, zu neu oder zu starr.« Ich kann diese Ausrede nicht akzeptieren. Denn ich habe so viele Beispiele großer Unternehmen gesehen, die ein Stück von dem, was sie von uns gelernt haben, mit nach Hause genommen haben, um es in ihre Teams zu integrieren und ihre Arbeitswelt zu verbessern. Meine Botschaft an deine Leser ist, dass sie ihr Unternehmen verändern können. Sie müssen sich nur dafür entscheiden.

Thomas: So wahr. Das ist auch meine Philosophie. Ich glaube zum Beispiel eher an die Magie kleinerer Projekte als an riesige Unternehmensprogramme, die leicht zu Todesmarschprojekten werden können, um die Welt oder die gesamte Organisation zu retten. Stattdessen schlage ich vor, einzelne Projekt durchzuführen. Ein Projekt ist gewissermaßen wie ein Mikrokosmos, den das Team steuern kann. Wir können es gestalten, wie es uns gefällt, und wir können es ändern, wenn wir müssen. Auf Unternehmensebene ist es mit all der Politik und Bürokratie viel komplizierter.

Die Bedeutung des Arbeitsraums

Thomas: Wie wirkt sich das Arbeitsumfeld auf die Teamproduktivität aus? Welche Auswirkungen hat es auf die Atmosphäre, die Leistung und die Ergebnisse?

Richard: Ich denke, es ist für uns, wie Dickens sagen würde, »a tale of two cities«. Unsere Firma ist in einem ehemaligen Einkaufszentrum. Eigentlich war der Raum hinter mir früher einmal ein Bereich mit vielen Restaurants und Imbissständen. Er befindet sich im Keller eines Parkhauses und es gibt keinerlei Sonnenlicht. Ich möchte deinen Lesern mitgeben, dass, wenn wir im fensterlosen Keller eines Parkhauses mit Freude arbeiten können, sie es auch dort tun können, wo sie gerade sind. Egal wo.

Viele Leute fragen uns: »Oh, ihr wolltet kein Sonnenlicht?« Nein, wir wollten Sonnenlicht, aber wir wollten drei weitere Dinge.

Blick in die Büros von Menlo. Bildquelle: Menlo Innovations

Erstens, wir wollten einen großen, offenen Raum.

Zweitens, wir wollten in der Innenstadt von Ann Arbor sein, weil die physische Umgebung unserer Meinung nach unseren Gedanken über die Arbeit verbessert. Es gibt nämlich viele Annehmlichkeiten in der Innenstadt. Die Menschen können das Gebäude verlassen, auf die Straße oder in Restaurants und Bars in der Umgebung gehen. Es gibt kleine Parks in der Nähe und so weiter.

Und drittens wollten wir es uns leisten können.

Dadurch haben wir natürliches Licht verloren.

Doch wenn Menschen zum ersten Mal durch unsere Tür treten, ist das erste Wort, das sie sagen: »Wow«. Denn sie können tatsächlich die menschliche Energie unseres Raums spüren. Ich finde das sehr wichtig. Sie können Lachen und Gespräche hören, sie können Leute sehen, die zusammenarbeiten.

Und plötzlich erkennen sie: »Oh mein Gott! Es gibt keine Wände, es gibt keine Büros, es gibt keine Würfel, es gibt keine Türen.« Und dann fragen sie nach, sie sagen: »Oh, das ist eine dieser offenen Büroumgebungen, nicht wahr? Es gibt Studien, die beweisen, dass diese Umgebungen nicht funktionieren.« Und doch sehen sie sich bei uns mit diesem Paradoxon konfrontiert. Sie fragen uns, »Rich, warum funktioniert es bei euch und anderswo nicht?« Und ich antworte: »Nun, es ist sehr einfach. Wir haben kein offenes Büro eingerichtet. Wir haben eine offene Kultur kreiert. Unser physischer Raum spiegelt einige unserer tief verwurzelten kulturellen Überzeugungen, wie wir großartige Teams schaffen, wider: Offenheit, Transparenz, Zusammenarbeit, Teamwork, Flexibilität und Skalierbarkeit.«

Alles, was wir hier getan haben, ist, den Teams zu sagen: »Gestaltet den Raum so, dass er für euch funktioniert.« Sie müssen nicht um Erlaubnis fragen. Sie gestalten einfach den Raum, in dem sie arbeiten.

So verändert sich unser Arbeitsraum jeden Tag in kleinen Schritten. Hin und wieder langweilt sich das Team mit dem Setup, reißt das Ganze ab und setzt es in einer völlig anderen Konfiguration wieder zusammen. Und ich kann bezeugen, dass diese kleinen und manchmal auch großen Veränderungen Energie freisetzen. Du weißt, dass wir mit der Zeit alle ein Produkt unseres physischen Raums werde. Ich glaube, dass Churchill sagte, dass wir zuerst unsere Räume formen und dann sie uns.

Und wenn wir all diese Wände und Korridore aufstellen und Türen schließen, dass wir sie nicht mehr bewegen können, bleibt deine Organisation eingefroren und die Kommunikation bricht zusammen. Wir möchten hingegen, dass die Menschen immer diese anpassungsfähige Denkweise haben und entsprechend agieren können. Was ist, wenn wir Möbel so oder so hinstellen? Wie fühlt sich das an und könnte es unsere Energie verändern?

Ich sitze mit allen anderen im Großraumbüro. Es gibt kein Eckbüro für mich. Ab und zu muss ich auch umziehen. Ich wähle nicht wirklich, wo ich sitze. Die Teams verschieben meinen Tisch irgendwo hin. Im Moment bin ich mehrere Monate am selben Tisch – was für mich schon etwas ungewöhnlich ist.

In der Regel gibt es einen Grund für einen Umzug. Es passiert nicht einfach zufällig. Dann komme ich am nächsten Morgen in mein Büro und stelle fest, dass mein

Tisch nicht mehr dort ist, wo er gestern war. Und dann muss ich ihn finden und mich in den nächsten Tagen daran gewöhnen. So etwas stößt buchstäblich mein Gehirn an. Es kreiert einen passiven Beta-Denkprozess, der sich in einen Alpha-Modus verwandelt. Ich bin mir jetzt meiner physischen Umgebung wieder viel bewusster und kann sie fühlen.

Es kann schon frustrierend sein, weil ich es gewohnt bin, an denselben Ort zu gehen und dort zu arbeiten. Gleichzeitig ist es anregend, weil ich anders denken muss. Ich kann nicht die gleichen Gedanken wie am Vortag denken, weil ich mich jetzt in einem neuen Raum befinde. Ich bin wahrscheinlich von neuen Leuten umgeben, von anderen Interaktionen, von anderen Gesprächen, die ich von verschiedenen Leuten mitbekomme, weil ich jetzt in der Nähe von anderen Leuten sitze. Und das weckt, finde ich, unsere Menschlichkeit, wenn wir solche Dinge tun.

Interaktion mit Kunden und Endnutzern

Thomas: Du sprichst davon, dass ihr eure Kunden begeistert. Wie identifiziert ihr die wahren Kundenbedürfnisse?

Richard: Es gibt zwei Arten von Gesprächen, die hier stattfinden. Ich unterscheide zwei Gruppen von Menschen, die oft zusammengeführt werden.

Eine Gruppe ist die der Kunden. Heute ist Menlo ein Unternehmen für kundenspezifisches Softwaredesign und -entwicklung. Die Kunden bringen viel Geld und eigene Ideen mit. Wir bilden Teams für ihre Ideen und entwerfen und entwickeln Software für unsere Kunden. Der Kunde ist derjenige, der uns für die Arbeit bezahlt.

Unser primärer Denkprozess ist jedoch nicht der des Kunden, obwohl wir uns natürlich damit beschäftigen müssen. Um wen wir uns kümmern möchten, sind Menschen, die wir nie treffen werden, Menschen, die uns nicht für das bezahlen, was wir tun, und Menschen, die nie wissen, wer wir sind. Es sind die Endnutzer der Software. Und das ist sehr wichtig.

In der Arbeitswelt gibt es häufig die Unterscheidung zwischen Kunden und Nutzern, insbesondere wenn Unternehmen mit anderen Unternehmen zusammenarbeiten. Und das müssen wir berücksichtigen, wenn wir an unseren Projekten arbeiten.

Ich möchte deine Frage auf zwei verschiedene Arten beantworten. Ein Kunde, d. h. derjenige, der uns bezahlt, kommt durch unsere Tür und sagt: »Hey. Wir haben großartige Dinge über euch gehört. Wir denken, ihr könntet uns beim

Erstellen einer App für ein iPhone helfen.« Wir schauen den Kunden an und sagen: »Großartig. Welches Problem versuchst du denn zu lösen?« Sie sind irritiert und erwidern: »Nun, das Problem ist, dass wir keine App haben.« Wir erklären dann: »Nein, eine App ist eine mögliche Lösung. Aber in der Geschichte der Menschheit ist morgens noch niemand aufgewacht und hat als Erstes gedacht: ›Weißt du, was ich heute mehr als alles andere brauche? Eine neue App.‹«

Also versuchen wir, mit ihnen herauszufinden, welches Problem sie lösen möchten. Dies ist eine wirklich merkwürdige kleine Reise, denn oft denken sie, dass das Problem nicht das Problem sei. Oftmals fragen wir unsere Kunden auch, ob wir einige potenzielle Nutzer der neuen Lösung besuchen können.

Wir hatten einmal eine große Logistikfirma, die uns bat, ein neues CRM-System für das Kundenbeziehungsmanagement zu entwickeln. Es wäre damals ein sehr großes Projekt für uns gewesen, vielleicht eines unserer größten. Wir fragten sie zunächst: »Welches Problem versuchen Sie zu lösen?« Und sie sagten: »Wir brauchen ein neues CRM-System.« Wir sagten: »Warum brauchen Sie ein neues CRM-System?« »Nun, wir sind durch Akquisition gewachsen. Wir sind jetzt eine landesweit arbeitende Firma. Früher waren wir nur ein regionales Unternehmen. Aufgrund all unserer Akquisitionen hat jedes einzelne Unternehmen ein eigenes CRM-System. Wir möchten jetzt ein einheitliches CRM-System für das gesamte Unternehmen schaffen, damit unsere Niederlassungen im ganzen Land alle Kundeninformationen miteinander austauschen können.«

Als Ingenieur war dies für mich vollkommen sinnvoll. Aber wir sagten: »Könnten wir zu Ihren Verkaufsbüros gehen?« Sie sahen uns komisch an und sagten: »Oh, wir wissen, dass Sie das gerne tun würden. Aber wir wissen, was das Problem ist, Sie müssen das nicht tun.« Wir erwiderten, »Nun, können wir zumindest zwei Büros anschauen? «Und sie sagten: »Sicher.« Also besuchten unsere Anthropologen zwei Büros dieser Firma. Sie begannen, die Arbeit dort zu beobachten, und stellten den Mitarbeitern Fragen. Sie erklärten: »Hey. Wir werden Ihnen bei der Arbeit zusehen. Denn Ihr Management in der Zentrale glaubt, dass Sie Probleme haben, Kundeninformationen zwischen den Büros auszutauschen. «Die Mitarbeiter im Büro lächelten uns höflich an und sagten: »Oh, wir tauschen niemals Informationen mit einem anderen Büro aus.« Wir: »Wie?! Sie arbeiten doch alle für dasselbe Unternehmen.« Sie sagten: »Ja, das tun wir. Aber unser jährlicher Bonus hängt davon ab, wie weit wir die anderen Büros übertreffen. Wenn wir von einem anderen Büro um Informationen gebeten werden, machen wir bewusst Fehler, z. B. geben wir eine falsche Telefonnummer, eine falsche Adresse oder einen falschen Namen an. Tatsächlich werden wir den anderen Büros keinen Vorteil verschaffen – und sie so dann übertreffen und für uns einen größeren Bonus sichern.«

Wir erkannten, dass das Problem dieser Firma nicht ein fehlendes CRM-System war. Es war das Anreiz-System, das nicht richtig war. Wir denken, dass wir Menschen vernünftige und logische Wesen sind. Tatsächlich aber erzeugen wir seltsame Verhaltensweisen, wenn wir die falschen Anreize setzen.

Wir gingen zurück zum Managementteam und sagten: »Führen Sie Ihr Projekt jetzt nicht durch. Noch nicht. Korrigieren Sie zunächst Ihr Vergütungssystem. Reparieren Sie zuerst Ihre Kultur und setzen Sie dann vielleicht ein einheitliches CRM-System auf.«

Kultivieren einer Lernlandschaft

Thomas: Wie pflegt ihr ein Umfeld des kontinuierlichen Lernens und der Innovation?

Richard: Ich denke, dass es ist für uns alle als Führungskräfte sehr wichtig ist, darüber nachzudenken, was uns eigentlich menschlich macht. Was sind die grundlegenden Merkmale der Menschheit? Und ich denke, sie drehen sich um den Teil unseres Gehirns, den präfrontalen Kortex, in dem sich unsere menschlichsten Dinge wie Kreativität, Erfindungen, Innovation und Lernen abspielen. All diese Dinge passieren im menschlichsten Teil unseres Gehirns.

Es gibt eine Gegenfrage zum Lernen: »Was dürfen wir als Führungskräfte **nicht** tun, wenn wir das Lernen fördern möchten?« Wir müssen bedenken, dass Angst in unserem Gehirn Menschlichkeit und Lernfähigkeit außer Kraft setzt. Sie setzt Chemikalien in unseren Blutkreislauf frei, Adrenalin und Cortisol. Und die schalten diesen großen Teil unseres Gehirns, den präfrontalen Kortex, aus, weil dieser Teil unseres Gehirns so viel Sauerstoff braucht.

»Was sollten wir als Führungskräfte tun, um das Lernen **nicht** zu fördern?« – mithilfe von Angst führen. Wenn wir mit Angst führen, denken unsere Teams nur noch mit dem Reptilienhirn und es wird überhaupt kein Lernen stattfinden. Außer vielleicht schmerzbasiertem Lernen, was wichtig ist, keine Frage. Denn wir können auch etwas aus dem Schmerz lernen. Wir alle haben zum Beispiel mindestens einmal in unserem Leben einen heißen Ofen berührt, und wir haben gelernt, das nie wieder zu tun.

Aber die Art des Lernens, die Unternehmen jetzt anstreben, ist meines Erachtens nicht, »den heißen Herd nicht zu berühren«. Es geht darum, wie wir unsere Konkurrenz übertreffen, wie wir uns an eine sich verändernde Welt anpassen und wie wir bei dieser Anpassung führend sind. Und das ist der Teil, in dem wir am menschlichsten sein müssen.

Also, Nummer eins, lerne, Angst als Instrument in Führung und Management so weit wie möglich zu eliminieren. ... Denn, wenn wir mit angstbasierten Taktiken führen und motivieren, verlieren wir den menschlichsten Teil unseres Teams.

Damit stellt sich noch eine andere Frage: »Wie schaffen wir die Umgebung, in der Lernen einfach passieren kann?« Für uns ist der physische Raum wichtig. Es ist nicht nur der offene Raum, es sind die Poster an der Wand, es sind die hellen Lichter. Es ist dieses Gefühl, dieses Wow-Gefühl, wenn Leute hereinkommen.

Und dann ist der andere Teil, wie wir die Menschen im Team organisieren. Niemand hier arbeitet isoliert. Wir arbeiten immer zu zweit.

Bei Menlo arbeiten alle Softwareentwickler immer zu zweit. »Paired Programming« nennt man das. Nicht nur arbeitet man so schneller, die Qualität der Software ist von Anfang signifikant höher. – Bild-Quelle: Menlo Innovations

Dieses einfache Konstrukt, Menschen zusammenzubringen, sie zusammenarbeiten zu lassen, ihnen die Erlaubnis zur Zusammenarbeit zu geben und das zu einem Standard unserer Arbeit zu machen, bedeutet, dass niemand jemals in der ängstlichen Isolation arbeitet von »Es liegt alles an mir, es lastet alles auf meinen Schultern. Ich muss alles allein tun und erreichen.«

Für uns schafft die Idee, Menschen zusammenzubringen, Sicherheit. Ich kann mich auf die Person neben mir stützen, und umgekehrt erwarte ich, dass sich die Person neben mir an mich anlehnen kann. Die Idee, deinen Partner gut aussehen zu lassen, der Person neben dir zum Erfolg zu verhelfen, schafft eine Art Sicherheit, in der Lernen und Kreativität gedeihen können und menschliche Energie freigesetzt werden kann.

Sicherstellen von Disziplin, Performance und Leistung

Thomas: Lernen ist eine Sache. Aber wie stellt ihr Disziplin, Performance und Leistung sicher?

Richard: Es gibt zwei grundlegende Komponenten, wie wir hier bei Menlo denken.

Die eine ist, dass wir ein sehr strukturiertes Umfeld haben.

Also, das ist kein Laissez-faire nach dem Motto: »Mach, was auch immer du willst, du bekommst eine zufällige Idee, geh in eine Ecke und fang an, allein daran zu arbeiten.« Wir haben hier eine sehr, sehr starke Struktur, aber eben auch eine sehr einfache Struktur. So weiß jeder, mit wem er diese Woche arbeitet. Es gibt ein kleines Display am Eingang, über das die Mitarbeiter am ersten Tag der Woche erfahren: »Oh, ich arbeite mit Thomas zusammen.« Eine Woche später wissen sie: »Oh, ich arbeite diese Woche mit Michael und Thomas mit Richard zusammen.«

Dieses Konstrukt beseitigt eine Menge Unklarheiten und schafft Transparenz. Dies ist in unserer Welt sehr wichtig, da wir uns zum Zeitpunkt der Bearbeitung der Aufgaben in einer sehr unklaren Umgebung befinden, in der es Erfindungen und Experimente geben muss. Wenn jeder weiß, woran er arbeiten soll, welche Ziele er hat und wie er bewertet wird, welchen Fortschritt er macht und was als Nächstes drankommt, ist dies eine hoch strukturierte Umgebung.

Und der andere Teil, der viel darüber aussagt, wie wir arbeiten, ist das systemische Denken. Systeme sind am besten, wenn es kurze Kommunikations- und Rückkopplungsschleifen gibt.

Und genau das schätzen wir so sehr an der agilen Arbeitsweise. Normalerweise arbeiten wir in unserer Welt mit einem fünftägigen iterativen Zyklus. Alle fünf Tage findet mit unserem Kunden etwas statt, das wir »Zeigen und Erklären« nennen. Aber nicht wir, sondern unsere Kunden zeigen uns die Arbeit, die wir in den letzten fünf Tagen geleistet haben, weil wir möchten, dass sie sie beurteilen, mit der Software in Kontakt treten und den Fortschritt spüren. Das Team, das daran gearbeitet hat, kann sehen, wie der Kunde auf das reagiert, was wir getan haben. Das ist sehr wertvolles Feedback.

Es geht also nicht darum, den perfekten Plan oder den perfekten Planungsprozess zu erstellen. Es geht darum anzuerkennen, dass wir Fehler machen werden. Wir sind menschlich. Der Weg, die Angst gering zu halten, ist es, schnell kleine Fehler zu machen und daraus zu lernen.

Wir haben ein System und eine Struktur geschaffen, die es uns ermöglichen, schnell kleine Fehler zu machen. Wir können sie korrigieren, noch während klein sind. Außerdem pflegen wir eine offene und ehrliche Kommunikation, was in dieser Art von Umfeld entscheidend ist. Wir können uns mit Dingen befassen, sobald sie auftauchen. Ich denke, das ist das Wesen eines agilen Unternehmens.

Wohlbefinden der Mitarbeiterinnen und Mitarbeiter

Thomas: In der Vergangenheit habt ihr Eltern ermöglicht, ihre Babys mitzubringen, wenn sie für diesen Tag keine Kinderbetreuung finden konnten. Gibt es diese Regel noch? Wie hat sie euer Arbeitsumfeld verändert?

Richard: Ja. In den letzten zwölf Jahren hatten wir schon 24 Babys.

Dies war ein großartiges Experiment für uns und es ist herrlich. Und ja, in den letzten zwölf Jahren haben wir die diesen Raum physisch kontinuierlich verbessert, damit es den Eltern leichter fällt, auf ihr Kind aufzupassen.

Aber ich möchte es ganz klar sagen, dies ist keine Menlo-Kindertagesstätte. Das Baby ist den ganzen Tag mit den Eltern zusammen oder, wenn die Eltern es wünschen, oft auch mit dem Team. Wenn du also dein Kind mitbringst, sagst du vielleicht zu Rich: »Hey, willst du die kleine Elsie eine Weile halten?« Und natürlich liebe ich es, kleine Kinder zu halten, damit ich auf einer Tour mit einem Baby erwischt werde. Aber das ist immer die Wahl der Eltern.

Wenn wir überlegen, wie wir Menschlichkeit an unseren Arbeitsplatz bringen können, nun, dann tun wir es, insbesondere durch kleine Menschen.

Ich meine, Babys haben so unglaubliche menschliche Energie. Sie sind wie kleine Schwämme. Sie wollen alle Geräusche hören und es macht wirklich Spaß. Wenn sie ein paar Monate hier sind, ahmen sie normalerweise nach, was sie hören. Ich erinnere mich, dass die kleine Maggie etwas gemacht hat, was wir liebevoll als »Delfinklänge« bezeichneten. Sie ahmte nur das Geräusch nach. Und es war so laut, dass das ganze Team es hörte und einfach nur lachen musste. Es war eine wundervolle Interaktion mit einem Baby.

Freude und Arbeit

Thomas: Wie passen Freude und Arbeit zusammen?

Richard: Ich denke, die Idee, Menschlichkeit zu leben und unser menschlichstes Selbst zur Arbeit zu bringen – und wir verwenden hier den Begriff »Freude« –

halte ich für sehr menschlich. Ich möchte aber auch betonen, dass dies echte Arbeit ist, die wir hier leisten. Freude ist eine schöne Sache und ich denke, wir kommen uns jeden Tag sehr nahe, aber wir sind hier nicht jeden Tag glücklich. Es ist harte Arbeit, die hier gemeinsam geleistet wird.

Unsere Kunden haben oft unterschiedliche Erwartungen an uns. Deshalb müssen wir immer sehen, wie die Dinge laufen und welche Bedürfnisse und Empfindungen die Kunden haben. Und sie fühlen sich nicht immer großartig. Das Gleiche gilt für uns.

Als Führungskräfte müssen wir, wenn wir die Menschlichkeit am Arbeitsplatz wirklich steigern wollen, uns daran erinnern, dass die Menschen, die hier arbeiten, zu 100 % Menschen sind. Wenn wir erkennen, dass sie auch außerhalb der Arbeit ein Leben haben, ist es einfacher, anderen in unserem Team Empathie zu zeigen. Jede Familie, jeder Mensch hat seine Erlebnisse aus seinem früheren Leben, Erziehung, Dinge, die auf der Welt passiert sind, Menschen und Sachen, um die er sich Sorgen macht.

Deshalb möchte ich deine Leser ermutigen, über etwas nachzudenken: Wenn es Konflikte mit jemand anderem in ihrem Team gibt, redet mit der anderen Person, statt sich erst mal aufzuregen oder sich zu ärgern. Schaut demjenigen in die Augen und fragt: »Geht es dir gut? Ist alles in Ordnung?«

Möglicherweise öffnet sich die Person und teilt es euch mit oder eben nicht. Das ist okay. Es geht nicht darum, jeden Tag alles zur Arbeit zu bringen. Aber ein einfaches »Hey, ich habe heute etwas Falsches bemerkt. Bist du in Ordnung? Ist bei dir alles in Ordnung?«, kann Wunder wirken.

Wenn die andere Person etwas zurückhält oder Sie sich nach wie vor über etwas aufregen, fragen Sie sich, ob diese Unruhe vielleicht von Ihnen selbst kommt. Seien Sie demütig genug, um sich selbst zu fragen: »Geht es mir gut? Bin ich okay mit dir? Gibt es irgendetwas, das ich getan habe, was dich evtl. verärgert hat?« Dann haben wir die Möglichkeit, tatsächlich eine Diskussion von Herz zu Herz darüber zu führen, was vor sich geht. Auch hier wird sich nicht jeder wohlfühlen. Und auch das ist in Ordnung.

Deutscher Mittelstand

Als Beispiele von Unternehmen, die prädestiniert für Human Business sind, möchte ich große Teile des deutschen Mittelstands nennen. Mögen viele mittelständische Unternehmen heute noch tayloristisch aufgebaut sein, zeigen sie doch in der Regel einige Merkmale von Human Business. Als Erstes sei ihre traditionell klare Ausrichtung an ihren Kunden erwähnt. Allein schon aufgrund ihrer Größe haben sie in der Regel einen kürzeren Weg zu ihnen. Folglich kennen sie die Kunden besser, verstehen ihre Bedürfnisse, wissen ihre Interessen zu befriedigen und können sie begeistern.

Die eigenen Mitarbeiterinnen und Mitarbeiter sind die Schätze des Mittelstands. Arbeitsschutz und Mitbestimmung sind so selbstverständlich wie die soziale Absicherung und Weiterentwicklung. Abstriche muss man dort machen, wo die Gleichberechtigung von Mann und Frau – insbesondere in Familienunternehmen – noch nicht flächendeckend gelebt wird. Der Anteil von Frauen in höheren Managementpositionen ist sehr gering und auch die Gehaltsschere von Männern und Frauen ist keine Seltenheit.

Profitabilität ist für jedes Unternehmen, also auch für Mittelständler, sehr wichtig. Mittelständler sehen sich aber auch als Teil der Gesellschaft, sind fest in der Region verwurzelt, identifizieren sich mit ihr. Mittel- und langfristige Ziele sind so wichtig wie kurzfristige Ziele. Ebenso das Streben, sich ständig weiterzuentwickeln und besser zu werden.

Aus dieser Perspektive sind Kleinunternehmen und Mittelständler prädestiniert für die Transformation hin zum Human Business. Der internationale Wettbewerb verändert dies insofern, als sie sich an die Gepflogenheiten des Marktes und des Wettbewerbs anpassen müssen. Ob sich hierdurch die DNA eines Mittelständlers verändert, ist eine andere Frage.

Auch für die Mittelständler heißt es, mit den Herausforderungen der VUKA-Welt zurechtzukommen. In der Vergangenheit etablierte Praktiken können auch hier an ihre Grenzen stoßen. Die Herausforderungen richtig zu verstehen, anzunehmen und sich anzupassen ist für jedes Unternehmen überlebenswichtig. Das ist aber nicht gleichbedeutend mit dem Aufgeben einer Unternehmenskultur, die auf menschlichen Werten und Prinzipien beruht.

Traditionell tayloristisch geführte Unternehmen haben es schwer, mit den Herausforderungen der heutigen Zeit zurechtzukommen. Insofern wäre der Appell, dass sich Mittelständler an tayloristischen Großunternehmen orientieren sollen, mit Vorsicht zu genießen, da er in die Irre führen kann. Besser ist es, sich seiner Wurzeln und Stärken bewusst zu sein, sie auszuspielen und das eigene Potenzial zu entfalten sowie gleichzeitig offen für neue Ansätze wie die agile Führung und Produktentwicklung zu sein, auf die wir in Kapitel 16 einen Blick werfen werden.

Social Business

»Social Business oder Sozialunternehmen ist ein wirtschaftliches Konzept, das oft auf den Friedensnobelpreisträger Muhammad Yunus zurückgeführt wird.«[56] Social Businesses verfolgen das Ziel, mithilfe ihrer unternehmerischen Tätigkeit soziale und ökologische Probleme zu lösen. Dabei unterscheiden sie sich durch zwei Merkmale von traditionellen Unternehmen:

1. Der Zweck des Social Business ist ausschließlich die Lösung wichtiger sozialer oder ökologischer Probleme.
2. Investoren von Social Businesses verzichten auf spekulative Gewinne.

> »Im Unterschied zu sozialen Projekten mit gleicher inhaltlicher Zielsetzung arbeiten Social Businesses wie herkömmliche Unternehmen. Der Gewinn verbleibt jedoch größtenteils im Unternehmen und die Dividende wird fallbegrenzt und dient der Ausweitung der Dienstleistung durch das Wachstum des Unternehmens.«[57]

Beispiele für Sozialunternehmen gibt es viele, hier seien nur einige erwähnt:[58]

- Die **Grameen Bank** ist ein 1983 gegründetes Mikrofinanz-Kreditinstitut, das Mikrokredite an Menschen ohne Einkommenssicherheiten in Bangladesch vergibt und damit versucht, die Armut der Bevölkerung zu lindern.[59]
- **Yunus Social Business** (YSB) ist ein Social Business Venture Capital Fonds und Beratungsunternehmen, das weltweit Entwicklungsprogramme für Social Businesses initiiert und managt. Das YSB unterstützt und finanziert die Entwicklung von Social Businesses durch lokale, nationale Inkubatoren-Fonds.[60]
- **Chemonics International, Inc.** ist ein Unternehmen und Think Tank für wirtschaftliche Zusammenarbeit in Entwicklungsländern mit Sitz in Washington, D. C. Das im Besitz der Mitarbeiter befindliche, gewinnorientierte Unternehmen bietet weltweit eine Vielzahl von Dienstleistungen an – von der Planung und Durchführung von technischen Projekten, z. B. in der Agrarwirtschaft oder in der Medizin, über Demokratieentwicklung, Supply Chain Management bis hin zu integrierten Lösungen in Forschung und Entwicklung oder Innovationsförderung . Das Beratungsunternehmen hat einige der größten Hilfsaufträge der US-Regierung erhalten wie z. B. für die Unterstützung der White Helmets in Syrien oder das Projekt

---

56 https://en.wikipedia.org/wiki/List_of_social_enterprises
  Siehe auch Yunus, Muhammad (2010). Social Business: Von der Vision zur Tat. Hanser.
57 https://en.wikipedia.org/wiki/List_of_social_enterprises
58 https://en.wikipedia.org/wiki/List_of_social_enterprises
59 https://de.wikipedia.org/wiki/Grameen_Bank
60 https://de.wikipedia.org/wiki/Yunus_Social_Business_-_Global_Initiatives

»Strengthening Advocacy and Civic Engagement Governance« in Nigeria. Chemonics wird häufig als »Beltway-Bandit« bezeichnet.[61]

- Ein gutes Beispiel für eine »soziale Rendite« ist die **PROJEKTFABRIK** mit Sitz in Witten: Junge Langzeitarbeitslose werden mit Theaterspielen und Bewerbungstraining wieder fit für den Arbeitsmarkt gemacht. Unter Anleitung von Pädagogen schreiben sie Theaterstücke und führen sie vor Publikum auf.[62]

- Das **Kindercafé Lalaland** in Wiesbaden wurde ins Leben gerufen, um gerade Familien und Kindern eine Begegnungsstätte zu geben. Es war über mehrere Jahre sehr beliebt, bis es 2017 leider geschlossen werden musste. Hier konnten Kinder ungestört toben und Eltern sich mit anderen Müttern und Vätern bei einer Tasse Kaffee oder Tee unterhalten.[63]

- **Kiva** ist eine US-amerikanische Non-Profit-Organisation, die es Individuen ermöglicht, über Mikrofinanz-Institutionen Mikrokredite online an Kleinbetriebe und Einzelpersonen vor allem in Entwicklungsländern zu geben.[64]

Manchmal werden Sozialunternehmer als Idealisten bezeichnet, weil sie vornehmlich soziale Probleme wie z.B. im Bereich Armut, Hunger, Analphabetismus oder Menschenrechte lösen wollen. Ich finde die Bezeichnung irreführend. Es ist richtig, dass Sozialunternehmer nicht die Profitmaximierung als Treiber wählen. Der Zweck und somit der Treiber von Sozialunternehmen ist es, auf soziale Fragen unternehmerische Antworten zu finden. Profite werden aber nicht verteufelt. Sie sind wichtig, sehr sogar. Aber eben nicht als Zweck, sondern als Mittel. Das ist ein wesentliches Unterscheidungsmerkmal von Sozialunternehmen und traditionellen Unternehmen, in denen Gewinne oft an erster Stelle stehen. Auch unterscheidet dies ein Social Business von karitativen Unternehmen und Organisationen, die eigentlich keine Gewinne erzielen wollen und allenfalls eine schwarze Null anstreben.

Halten wir also fest: Ein Social Business ist auch ein Human Business. Allerdings muss nicht jedes Human Business auch ein Social Business sein. Im Social Business steht der soziale Aspekt im Mittelpunkt. Im Human Business kann ein sozialer Aspekt im Mittelpunkt stehen, muss es aber nicht. Außerdem müssen Investoren beim Human Business im Gegensatz zum Social Business nicht auf spekulative Gewinne verzichten. Das Konzept des Human Business ist somit weiter gefasst als das des Social Business.

---

61   https://en.wikipedia.org/wiki/Chemonics, eigene Übersetzung.
62   https://www.planet-wissen.de/gesellschaft/wirtschaft/sozialunternehmen_die_weltverbesserer/index.html
63   https://merkurist.de/wiesbaden/verschwunden-was-wurde-aus-dem-kindercafe-lalaland_bUB
64   https://de.wikipedia.org/wiki/Kiva_(Organisation)

Unternehmerische Sozialverantwortung

Elemente des Human-Business-Konzepts finden sich auch im Begriff der unternehmerischen Gesellschafts- oder Sozialverantwortung, der Corporate Social Responsibility (CSR).

> CSR umfasst »den freiwilligen Beitrag der Wirtschaft zu einer nachhaltigen Entwicklung, der über die gesetzlichen Forderungen hinausgeht. CSR steht für verantwortliches unternehmerisches Handeln in der eigentlichen Geschäftstätigkeit (Markt), über ökologisch relevante Aspekte (Umwelt) bis hin zu den Beziehungen mit Mitarbeitern (Arbeitsplatz) und dem Austausch mit den relevanten Anspruchs- bzw. Interessengruppen (Stakeholdern).«[65]

Im modernen Verständnis wird CSR zunehmend als ein ganzheitliches, alle Nachhaltigkeitsdimensionen integrierendes Unternehmenskonzept aufgefasst, das alle »sozialen, ökologischen und ökonomischen Beiträge eines Unternehmens zur freiwilligen Übernahme gesellschaftlicher Verantwortung, die über die Einhaltung gesetzlicher Bestimmungen (Compliance) hinausgehen«, beinhaltet.[66]

Das Unternehmenskonzept der unternehmerischen Sozialverantwortung ist auf alle Unternehmensformen und -größen anwendbar. Die Frage ist nur, ob Unternehmen dieses Konzept als Sinn und Zweck verfolgen oder nur als Ergänzung wirtschaftlicher Treiber. Wenn die kurzfristige Profitmaximierung weiterhin im Vordergrund und an erster Stelle steht, ist es mit der unternehmerischen Sozialverantwortung nicht wirklich weit her. Insofern stellt sich hier schnell die Frage der Authentizität.

Somit gilt, dass die Umsetzung des Unternehmenskonzepts der Corporate Social Responsibility ein Beispiel für die Praxis eines Human Business sein kann – aber eben auch nur dann, wenn CSR und Unternehmenszweck miteinander einhergehen und CSR nicht als Ablenkung vom eigentlichen Kerngeschäft verstanden wird, das alles andere als nachhaltig und sozialverantwortlich ist.

Der Social-Enterprise-Design-Ansatz

Ein weiteres Beispiel für ein Human Business ist der Social-Enterprise-Design-Ansatz. Basierend auf einer globalen Studie über die wichtigsten Trends in der unternehmerischen Mitarbeiterwelt haben Volini, Schwartz, Roy, Hauptmann, Durme, Denny und

---

65 https://de.wikipedia.org/wiki/Corporate_Social_Responsibility
66 https://de.wikipedia.org/wiki/Corporate_Social_Responsibility

Bersin (2019) das Konzept eines Social Enterprise entworfen, das weit über die unternehmerische Sozialverantwortung (Corporate Social Responsibility) hinausgeht.[67] Demnach ist ein Social Enterprise eine Organisation, deren Mission es ist, Umsatzwachstum und Gewinn mit der Notwendigkeit zu verbinden, die eigenen Mitarbeiter, das Unternehmensumfeld und die Umwelt zu respektieren und zu schützen. Ein Social Enterprise will »ein guter Bürger« sowohl innerhalb als auch außerhalb der Organisation sein und ein hohes Maß an Zusammenarbeit auf allen Ebenen der Organisation fördern.

In ihrer Studie schlagen die Autoren fünf Prinzipien für das Design eines Social Enterprise vor:

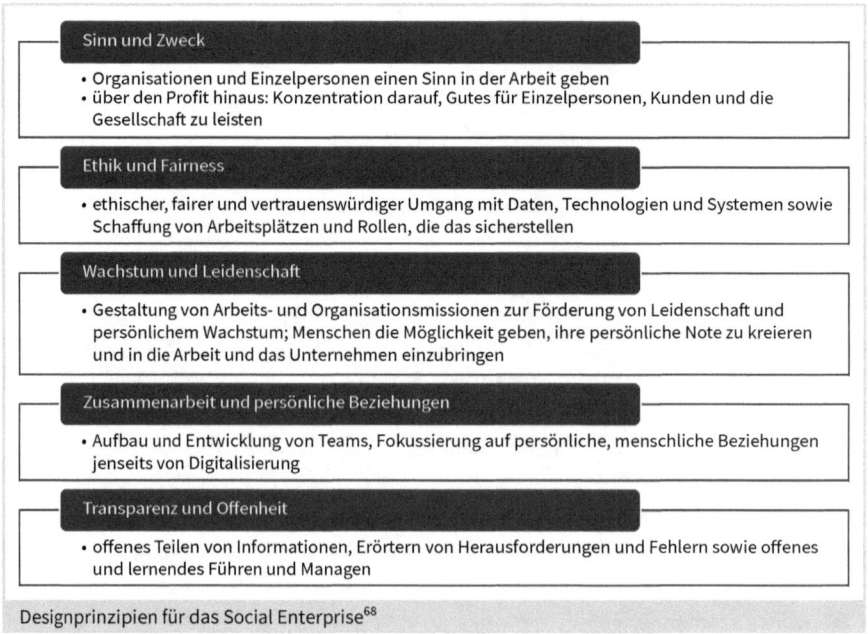

Sinn und Zweck
- Organisationen und Einzelpersonen einen Sinn in der Arbeit geben
- über den Profit hinaus: Konzentration darauf, Gutes für Einzelpersonen, Kunden und die Gesellschaft zu leisten

Ethik und Fairness
- ethischer, fairer und vertrauenswürdiger Umgang mit Daten, Technologien und Systemen sowie Schaffung von Arbeitsplätzen und Rollen, die das sicherstellen

Wachstum und Leidenschaft
- Gestaltung von Arbeits- und Organisationsmissionen zur Förderung von Leidenschaft und persönlichem Wachstum; Menschen die Möglichkeit geben, ihre persönliche Note zu kreieren und in die Arbeit und das Unternehmen einzubringen

Zusammenarbeit und persönliche Beziehungen
- Aufbau und Entwicklung von Teams, Fokussierung auf persönliche, menschliche Beziehungen jenseits von Digitalisierung

Transparenz und Offenheit
- offenes Teilen von Informationen, Erörtern von Herausforderungen und Fehlern sowie offenes und lernendes Führen und Managen

Designprinzipien für das Social Enterprise[68]

Dass der Social-Enterprise-Ansatz nicht nur eine akademische Übung ist, sondern gerade in Zeiten zunehmender Unsicherheit eine wertvolle Orientierung für nachhaltiges Wirtschaften bietet, zeigt Deloittes Global-Human-Trends-Studie aus dem Sommer 2020.[69] Ähnlich wie der Human-Business-Ansatz, den ich in diesem Buch vorstelle,

---

67 Volini, E. et al. (2019). *From employee experience to human experience: Putting meaning back into work. 2019 Deloitte Global Human Capital Trends. Deloitte.Insights.*
68 Übersetzung der Abbildung 4, S. 5 von Volini, E. et al. (2019). *From employee experience to human experience: Putting meaning back into work. 2019 Deloitte Global Human Capital Trends. Deloitte.Insights.*
69 Erica Volini, et al. (2020). *The Social Enterprise at Work: Paradox as a Path Forward 2020 Deloitte Global Human Capital Trends.*

schafft der Social-Enterprise-Ansatz von Deloitte, Wirtschaft und Mensch bzw. Gesellschaft zusammenzubringen – zum Wohle von uns allen.

Unternehmenscredos

Last, but not least können wir anhand von Unternehmenscredos erkennen, ob und inwieweit ein Unternehmen dem traditionellen Businessmodell anhängt oder sich an die neuen Herausforderungen und Unbekannten der heutigen Zeit angepasst hat. Inwiefern Unternehmen ihr Credo wirklich leben, ist freilich eine andere Frage und müsste jeweils untersucht werden – zum Beispiel mithilfe der zehn Gestaltungsprinzipien für ein Human Business. Schauen wir uns eine Reihe von Beispielen von vielversprechenden Unternehmenscredos an.

»Hier bin ich Mensch, hier kauf ich ein« ist das Unternehmenscredo des Drogeriehändlers dm-drogerie markt GmbH + Co. KG mit Unternehmenssitz in Karlsruhe.[70] Seit 1992 bringt dieses Credo die Haltung des Unternehmens zum Ausdruck, das sich in sämtlichen Beziehungen zu Kunden, Mitarbeiterinnen und Handelspartnern bis hin zur Umwelt konsequent dem Gedanken der »Mitmenschlichkeit und Partnerschaftlichkeit« verpflichtet fühlt.

»Wir entfalten Superkräfte!« ist das Motto der Hero Society in Leipzig.[71] Dieses Human Business begleitet junge Menschen und zeigt ihnen, was in ihnen steckt. Hero Society bietet ihnen die Möglichkeit zu erkennen, wie sie beschaffen sind, was sie auszeichnet und was für Menschen sie in dieser Welt sein wollen – nicht als Ressourcen, sondern als Menschen.

Unter dem Motto »Für eine Arbeitswelt mit mehr Sinn und Menschlichkeit!« hat der Geschäftsführer der Ferienanbieter Upstalsboom Hotel + Freizeit GmbH & Co. KG in Emden, Bodo Janssen, mit seinem Team über die letzten zehn Jahre ein wertorientiertes Unternehmen aufgebaut, das weit über die Grenzen bekannt ist und in der Dokumentation *Die Stille Revolution* von Kristian Gründling vorgestellt wird.[72]

Verantwortung für Mensch und Natur will der Outdoor Ausrüsters VAUDE aus Tettnang zeigen. Sein Leitbild lautet: »Als nachhaltig innovativer Outdoor-Ausrüster leisten wir

---

70   https://www.dm.de/unternehmen
71   https://hero-society.org
72   https://www.der-upstalsboom-weg.de
     Gründling, Kristian (2018). Die Stille Revolution.

unseren Beitrag zu einer lebenswerten Welt, damit auch die Menschen von morgen die Natur genießen können.«[73]

Das Unternehmenscredo von Johnson & Johnson ist am Eingang der Unternehmenszentrale in Granit eingraviert. Es erklärt, dass Kunden an erster Stelle, Mitarbeiter an zweiter und Aktionäre an letzter Stelle stehen.[74] Ein Human Business ist Johnson & Johnson damit noch nicht. Aber das Unternehmen erkennt zumindest an, dass Aktionärsinteressen und Shareholder Value nicht als primärer Treiber nachhaltigen Wirtschaftens geeignet sind.

Ein weiteres Beispiel ist Procter & Gamble, das in seinem »Mission Statement« erklärt: »Wir werden Markenprodukte und -dienstleistungen von höchster Qualität und Wert bereitstellen, die das Leben der Verbraucher der Welt jetzt und für kommende Generationen verbessern. Infolgedessen werden uns die Verbraucher mit Umsatz, Gewinn und Wertschöpfung belohnen, damit unsere Mitarbeiter, unsere Anteilseigner und die Gemeinden, in denen wir leben und arbeiten, florieren können.« In diesem Sinne schaufelt sich ein Unternehmen, das seine Motivation oder Vision vergessen oder vernachlässigt und für kurzfristige Gewinne wie die Maximierung der täglichen Aktienkurse eingetauscht hat, langfristig sein eigenes Grab. Es ist das Gegenteil eines sinngetriebenen Unternehmens und Wirtschaftens.

73   https://www.vaude.com/de-DE/Unternehmen/UEber-VAUDE/Leitbild/
74   https://www.forbes.com/sites/stevedenning/2011/11/28/maximizing-shareholder-value-the-dumbest-idea-in-the-world/#203a4ca82287

Teil 2: Leben im digitalen Zeitalter

Wenn wir von »Human Business« sprechen, müssen wir natürlich über den Menschen sprechen. »Human« steht nicht ohne Grund an erster Stelle und noch vor »Business«. Und es ist das wichtigste und bedeutendste Merkmal des Human Business. Teil 2 wirft ein Licht auf unser menschliches Wesen. Gleichwohl wäre es vermessen, das menschliche Wesen auf nur wenigen Seiten zu beschreiben. Es würde seiner Komplexität nicht gerecht. Vielmehr geht es darum, Impulse und Denkanstöße zu geben, die uns helfen, unsere Menschlichkeit und unser kreatives Potenzial wiederzuentdecken und diese in das Human Business und somit die Gestaltung des digitalen Zeitalters einzubringen. Dabei ist es nicht meine Intention, fertige Antworten auf die Fragen der Zeit zu geben. Vielmehr geht es darum, Hilfsmittel für die Reise der Zukunftsgestaltung zu identifizieren.

Kapitel 4 »Fragen als Antworten auf Fragen unserer Zeit« stellt einen ersten, wichtigen Wegbegleiter für die Gestaltung unserer Reise im digitalen Zeitalter vor: Fragen sowie deren Notwendigkeit und Mehrwert. So widersprüchlich dies – Fragen als Antworten auf Fragen – auf den ersten Blick erscheinen mag, so sehr öffnen Fragen die Türen zum Lernen und Wissen – zwei Grundvoraussetzungen zum Überleben in der heutigen Welt. Fragen helfen uns, von der Passivität des Nichtwissens heraus in die aktive Gestaltung unseres Lebens zu gehen. Das Problem ist nur, dass wir verlernt haben oder zu bequem geworden sind, Fragen zu stellen. Dieses Problem gilt es zu lösen, wenn wir uns in der digitalen Welt orientieren wollen. Dabei sind es die Fragen selbst, die wertvolle und unerlässliche Begleiter auf der Suche nach Orientierung für die Gestaltung unserer Reise im digitalen Zeitalter sein können.

Wie die Suche nach Orientierung, nach Sicherheit und Geborgenheit begonnen werden kann, wird in Kapitel 5 »Auf der Suche nach Orientierung« erörtert. Um Orientierung finden zu können, bedarf es Raum und Zeit für das Innehalten. Diesen Freiraum müssen wir uns selbst schaffen. In einer hektischen Welt kann dies mehr als schwierig sein, weil es mitunter genau das Gegenteil von dem ist, was wir gewohnt sind oder was von uns erwartet wird: zur Ruhe kommen, durchatmen, zu sich kommen – um dann womöglich festzustellen, dass man in einer Scheinwelt lebt. Dies kann sowohl Schock als auch Befreiung sein. Die Suche nach Orientierung nimmt uns nicht das Gefühl der Sicherheit, Geborgenheit und Unterstützung. Sie gibt sie uns. Insbesondere dann, wenn wir uns mit anderen daran beteiligen. Mit anderen Worten: Wenn wir uns gemeinsam auf die Suche nach Orientierung in der digitalen Welt aufmachen, liegt in diesem menschlichen Miteinander ein Riesenpotenzial für Entdeckungen, Erfahrungen und Innovationen. Vorausgesetzt, wir lassen uns darauf ein. Und vorausgesetzt, wir lassen uns nicht von überholten Gesellschafts- und Verhaltensnormen davon abhalten.

Wie wir in Kapitel 6 »Jungen weinen nicht – Männer schon!« lernen, können uns gesellschaftliche Verhaltensnormen Stabilität und Orientierung geben. Das gilt so lange, wie diese Normen zeitgemäß sind. Normen wie »Jungen weinen nicht!« sind hingegen nicht nur veraltet, sondern auch großer Humbug. Sie führen dazu, dass Emotionen aus dem Alltag verbannt werden. Wenn man aber seine Emotionen unterdrückt, täuscht man sich selbst und gibt ein wichtiges Element der eigenen Menschlichkeit auf. Wenn Männer weinen, passt dies oft nicht in unser Bild der heilen, kontrollierten Welt. Nur, was wäre, wenn dieses Bild längst überholt und eine Täuschung ist und Weinen und damit das Zeigen von menschlicher Verletzlichkeit sehr wohl in dieses Bild passt? Verletzlichkeit ist das Gegenteil von Planbarkeit und Kontrolle. In einer Welt, die sich immer schneller wandelt und in der die Zusammenhänge komplexer und weniger vorhersehbar sind, kommen Planbarkeit und der Wunsch nach Kontrolle an ihre Grenzen. Alte Werkzeuge wie Prozessoptimierung oder Innovationsplanung haben ausgedient. Sie bleiben stumpf und können allenfalls kurzfristig Linderung bieten. Auf der anderen Seite gibt dies Freiraum für neue Ideen und Ansätze.

Einer dieser Ansätze ist uns Menschen aus Kindheitstagen vertraut: Es ist das Spielen. In Kapitel 7 »Spielen« werfen wir einen Blick auf das Spielen von Kindern und Erwachsenen und schauen, wie uns das helfen kann, die Herausforderungen der Zeit zu meistern. Im Spielen stehen auf der einen Seite Spaß und Freude im Mittelpunkt. Auf der anderen Seite sind Erkunden und Lernen nicht weniger wichtig. Im Spielen und Lernen verbinden sich Offenheit, Neugier, Präsenz und Freude miteinander. Dies sind Elemente generativen Lernens – und das ist für die Gestaltung der VUKA-Welt unerlässlich. Unterdrücken wir in Kindern oder auch Erwachsenen das generative Lernen, den Einklang von Spiel- und Erkundungstrieb, verhindern wir Fortschritt.

Die Digitalisierung können wir als Spiel- und Werkzeug verstehen und behandeln – sowohl für die Erkundung als auch für die Gestaltung unserer eigenen Welt. So können wir die Herausforderungen der VUKA-Welt weniger als Probleme ansehen, sondern als Einladung, unseren angeborenen, generativen Lern- und Spieldrang wiederzuentdecken, weiterzuentwickeln und auszuleben. Voraussetzung hierfür ist, dass wir uns das selbst zutrauen und zulassen. Wie wir das erreichen können, versuche ich in Kapitel 8 »Wege zum Menschsein« zu beantworten.

Das Kapitel beinhaltet eine ganze Reihe einzelner Ideensplitter und Gedankenanstöße, die uns helfen können, ehrlicher mit uns selbst zu sein. Es geht darum, Wege zu erkunden, wie wir in der mechanischen, technologiegeprägten VUKA-Welt zu uns finden können, um wieder Mensch zu werden und zu sein. Die einzelnen Ideen in diesem Kapitel können dazu beitragen, dass wir Antworten auf die Fragen geben, wer wir wirklich sind und wohin wir gehen wollen. Diese Antworten sind Grundlage für die Gestaltung unserer Zukunft.

Einen Schlüssel, die Ideen in Taten umzusetzen und somit Mensch zu sein, können wir in der Dankbarkeit finden. Warum das so ist, ist in Kapitel 9 »Schlüssel zum Menschsein: Dankbarkeit« zu lesen. Wenn wir die VUKA-Welt als eine Krise der Menschheit bezeichnen, haben wir es sowohl mit Risiken als auch Chancen zu tun. Es gilt, die Risiken zu begreifen und so gut wie möglich zu kontrollieren. Die Chancen müssen wir nutzen. Insofern können wir sehr wohl dankbar für die Herausforderungen und unbeantworteten Fragen der digitalen Welt sein. Denn sie sind eine Gelegenheit, unsere bestehenden Stärken und unseren Einfallsreichtum zu beweisen, Neues auszuprobieren und zu lernen. Sie sind letztlich eine einmalige Chance, unsere Gegenwart und Zukunft zu gestalten. Sie sind ein Aufruf, Neues im Leben auszuprobieren – nicht immer ernst und kontrolliert, sondern auch einmal spielerisch und leicht. Es ist ein Aufruf zum Tanz des Lebens.

Die Metapher, das Leben als Tanz zu beschreiben, wird in Kapitel 10 »Das Leben tanzen« aufgenommen und erörtert. Dabei kann die Metapher mehrere Perspektiven haben: (1) Wir tanzen das Leben, (2) das Leben tanzt uns, (3) das Leben tanzt mit uns oder (4) wir tanzen mit dem Leben. Egal, für welche Perspektive wir uns entscheiden, ausschlaggebend ist, dass wir wissen, welche Rolle wir einnehmen sollen, müssen oder wollen. Diese Erkenntnis ist gleichsam der erste Schritt für die Tanzeröffnung und die Gestaltung des Lebens.

4 Fragen als Antworten auf Fragen unserer Zeit

»Das größte Geschenk ist es, keine Angst zu haben, Fragen zu stellen.«
Ruby Dee

Kernpunkte:

- Wir haben verlernt oder sind zu bequem geworden, Fragen zu stellen.
- Wir erkennen unsere eigene Wissbegierde nicht an, unterschätzen unseren Drang und die Notwendigkeit nach Orientierung sowohl im Hier und Jetzt als auch für morgen.
- Die Art und Weise, wie wir eine Frage stellen, hat großen Einfluss auf unsere Antworten und damit unseren eigenen Verständnishorizont.
- Reframing, das Umformulieren von Fragen und Herausforderungen, erweitert unseren Verständnishorizont.
- Fragen sind Türöffner zu Lernen und Wissen. Sie öffnen Räume für die Wissensansammlung und den Ideen- und Erfahrungsaustausch. Sie helfen uns, aus der Passivität des Nichtwissens in die Aktivität des Lernens zu gehen und das Leben so zu gestalten.
- Fragen sind erste wichtige Wegbegleiter für die Gestaltung unserer Reise im digitalen Zeitalter.

WEF Open Forum 2019

Januar 2019. Ich besuche ein Panel des Open Forum des World Economic Forum (WEF). Neben mir sitzt ein älteres Ehepaar. Wir kommen ins Gespräch. Wie sich herausstellt, kommen sie aus Davos, besuchen seit Jahren das öffentliche Open Forum und nehmen so am WEF teil.

In diesem Jahr ist der digitale Wandel eines der Hauptthemen des WEF. Ich frage sie, was sie davon halten. »Ganz ehrlich, wir machen uns Sorgen, ja, haben sogar Angst vor dem digitalen Wandel. Wo bleibt nur der Mensch, wo bleiben wir, was passiert mit uns, wenn immer mehr Maschinen und Technologien kommen, von denen wir nichts verstehen?«

Eine ehrliche Antwort und zugleich eine Frage von älteren Mitbürgern zu einem wichtigen Thema unserer Zeit. Ich erkläre, dass ich dem digitalen Wandel nicht ganz so skeptisch gegenüberstehe, mehr Chancen in ihm sehen würde. Sie fragen mich daraufhin, wieso. Ich zähle eine Reihe von Vorteilen auf, die der digitale Wandel bringen würde, angefangen vom autonomen Fahren, Fortschritte in der Medizinforschung und, und, und. Sie sind nicht überzeugt, wiederholen ihre Skepsis.

Da frage ich sie, ob sie denn wissen, wie sie leben wollten. Sie schauen mich ganz groß an. Natürlich hätten sie eine Idee, viele sogar und nicht nur das. Sie leben ihre Ideen.

Jetzt frage ich, ob und inwiefern denn Technologie helfen könnte, ihr Leben einfacher zu machen. Und auch hier nennen sie mir einige Beispiele, wie sie Technologie schon heute verwenden, und skizzieren eine Reihe von anderen Möglichkeiten, an die sie denken.

An dieser Stelle wiederhole ich meine Frage vom Beginn des Gesprächs, was sie denn vom digitalen Wandel halten. Sie überlegen für einen Moment, sehen mich an und sagen dann:»Ja, jetzt wo wir es genauer betrachten, sehe wir durchaus viele Chancen und Möglichkeiten im digitalen Wandel.«

Papa, warum?

Ich erinnere mich, als meine Kinder, Rea und Aiyana, im Kindergartenalter waren. Sie waren ganz gewöhnliche Kinder, spielten viel, tollten mit ihren Freunden herum und sprudelten vor Energie und Tatendrang. Und sie stellten viele Fragen über Gott und Welt. Ihre Lieblingsfrage war:»Warum?«

Welche Wonne war es anfangs, ihren Wissensdurst zu beobachten. Nur, wie es mit den Warum-Fragen nun einmal ist, schienen sie einfach nicht auszugehen. Spätestens nach der dritten oder vierten Warum-Frage auf eine Antwort, die ich gerade gegeben hatte, rollte ich im Inneren meine Augen, versuchte dem unendlichen Fragenwurm ein Ende zu bereiten. Das gelang sogar. Für ein paar Minuten. Kurz darauf gab es nämlich neue Phäno-mene, die ihre Aufmerksamkeit gewonnen hatten. Die Fragerunde begann von Neuem.

Irgendwann reagierte ich genervt und erschöpft und sagte nur noch »Fragt nicht!« oder versuchte, Rea und Aiyana mit anderen Dingen zu beschäftigen und so abzulen-ken. Nur bitte nicht noch einmal eine schier unendliche Warum-Frage-Runde.

(Große) Fragen unserer Zeit

Fragen begleiten uns von Kindheit an. Die berühmten Warum-Fragen im Vorschulal-ter werden ersetzt durch spezifischere Fragen wie »Wer, wie, was, warum, weshalb, wieso?«. Das ist gut so, denn schließlich gibt es eine Vielzahl von Fragen, mit denen wir uns beschäftigen. Seien es Fragen der Umwelt, des Klimawandels, der Politik, der inneren und äußeren Sicherheit, der Wirtschaft, der sozialen Gerechtigkeit, der Urlaubsplanung, und, und, und. Es ist nicht so, dass wir keinen Mangel an Fragen hätten. Es ist aber dann doch erstaunlich, dass wir viele Fragen unserer Zeit letztlich dann doch oft links liegen lassen. Entweder weil wir von ihnen überfordert sind oder weil wir hoffen, dass andere sie für uns beantworten.

Im Mai 2019 fragte ich bei einer Veranstaltung des Deutsch-Amerikanischen Instituts Heidelberg Prof. Dr. Tobias Kollmann, Inhaber des Lehrstuhls für E-Business und E-Entrepreneurship an der Universität Duisburg-Essen, mit welchen Fragen ihn denn seine Studierenden bombardierten. Er schaute mich konsterniert an und erklärte, dass dies nicht wirklich ein Problem sei. Das eigentliche Problem sei, dass seine Studierenden mitunter gar keine Fragen mehr stellten, sondern alles schluckten, was vorgetragen würde. Es wird fein säuberlich mitgeschrieben (oder mitgetippt), auswendig gelernt, um bei der nächsten Prüfung möglichst gut abzuschneiden. Fragen? Fehlanzeige.

Aber warum werden wir dann ausgebremst?

Was passiert hier gerade? Warum scheint es eine Abneigung gegen Fragen zu geben? Warum sind wir genervt, wenn uns unsere eigenen Kinder mit unendlichen Warum-Fragen kommen? Warum wird Schülern weniger kritisches Fragen beigebracht, dafür aber, wie wichtig es sei, den Schulstoff in der vorgegebenen Zeit durchzupauken? Warum ermutigen wir neue Mitarbeiter, neugierig und offen zu sein, nur um ihnen nach ein paar Tagen zu sagen, dass sie es mit ihren vielen Fragen und ihrem Hinterfragen dann doch mal sein lassen und sich stattdessen auf ihre Arbeit konzentrieren sollten? Warum wiegeln Politiker ab, wenn sie in Talkshows einfache Fragen der Zeit entweder nicht beantworten können oder nicht wollen, und reden dann um den heißen Brei herum?

Man muss den Eindruck bekommen, dass Fragen etwas Ekliges, Unerwünschtes, Unbequemes sind. Die Kunst ist es, ihnen aus dem Weg zu gehen und das Weite zu suchen. Wir wollen lieber einfach nur unsere Ruhe haben, anderen Dingen nachgehen und in Frieden gelassen werden.

Was passiert, wenn ich nicht frage?

Es ist ein Phänomen, dass wir auf der einen Seite an sich wissen, wie wichtig Fragen sind, und auf der anderen Seite wahre Künstler sind, wenn es darum geht, ihnen aus dem Weg zu gehen. Egal ob dies bei Kindern, in der Schule und in der Ausbildung, im Beruf, in der Gesellschaft oder in unserem Alltag passiert. Wir widersprechen uns selbst. Wir erkennen unsere eigene Wissbegierde nicht an, unterschätzen unseren Drang und die Notwendigkeit der Orientierung sowohl im Hier und Jetzt als auch für morgen. Wir geben uns so mit unserem gegenwärtigen Wissensstand zufrieden, bleiben so im sicheren Status quo. Womöglich merken wir später oder, im Fall des Klimawandels, zu spät oder, wie im Fall von Trump oder anderen Populisten, gar nicht, dass wir uns in einer Sackgasse befinden.

Der Status quo ist bequem und soll es auch bleiben und wir tun alles dafür, dass sich dies nicht ändert. Der Horizont ist wunderbar. Aber warum erkunden, wenn es hier doch so schön ist?!

Wer ist davon betroffen, wenn ich keine Fragen (mehr) stelle?

Auf den ersten Blick mag es nicht weiter schlimm sein, wenn ich keine Fragen (mehr) stelle. Denn schließlich, so magst du denken, gehörst du als Leser oder Leserin dieses Buches nicht zu dieser eben beschriebenen Kategorie von Menschen. Wirklich? Nehmen wir einmal an, dass auch du dich in der Beschreibung zumindest hier und dort wiederfindest – wer ist dann von diesem Dilemma der Fragen-Apathie betroffen?

Es sind nicht allein die anderen – wer immer »die anderen« sind. In erster Linie bestrafen wir uns selbst damit. Wir selbst sind davon betroffen – unsere Kinder, unser Bildungssystem, unsere Arbeit, unsere Gesellschaft oder unser Alltag. Damit ist unser eigenes unmittelbares Umfeld – unsere Familie und Freunde, unser Wohnort, unsere Region, unser Land – berührt sowie unsere Umwelt. Kurz, wir alle sind beteiligt – nur scheint es, dass wir dies nicht immer merken.

Dies erinnert mich an die Froschgeschichte und das heiße Wasser. Werfen wir einen Frosch in kochendes Wasser, wird er alles Erdenkliche tun, um gleich wieder aus dem Topf herauszukommen. Er erkennt die tödliche Gefahr und will ihr sofort entfliehen. In einem zweiten Fall setzen wir einen Frosch in ein Gefäß mit kaltem Wasser und erhitzen es langsam bis es schließlich kocht. Hier springt der Frosch nicht aus dem Wasser, weil er nicht merkt, wie die Temperatur langsam ansteigt. In dem Moment, in dem er fühlt, dass das Wasser zu heiß für ihn ist, ist es auch schon zu spät und er stirbt.

Mancher Wandel in der heutigen Welt ist rasant und wir werden schnell auf ihn aufmerksam, wollen darauf reagieren oder uns wegducken. Die Covid-19-Pandemie im Frühjahr 2020 ist ein gutes Beispiel. Binnen weniger Wochen war unsere gewohnte Welt auf dem Kopf gestellt. Es war nichts mehr wie vorher. Die alte Normalität nur noch eine Erinnerung. Quarantäne und Social Distancing prägten fortan unseren Alltag. Das öffentliche Leben und die Wirtschaft kamen zum Erliegen. Unternehmen, die jahrelang im Strom des schnellen Geldes mitschwammen und erfolgreich waren, stellten fest, dass ihre Rücklagen nicht reichten, Aufträge wegfielen und sie binnen weniger Wochen insolvent waren. Kleinunternehmen und Solo-Selbstständige konnten sich teilweise mit den staatlichen Soforthilfen über Wasser halten. Viele mussten aber das Handtuch werfen, ihre Unternehmen schließen oder die Selbstständigkeit aufgeben. Die Covid-19-Pandemie war eine Zäsur. Die alte Normalität war Geschichte, eine neue Normalität entwickelte entwickelte sich in nur wenigen Wochen und der Wandel geht weiter. Wie die Welt in einem Jahr aussehen wird, können wir nicht sagen. Was sicher ist, ist die Unsicherheit über die Zukunft.

Wandel kann sich aber auch langsam und kontinuierlich vollziehen. Nehmen wir den Klimawandel. Mag sein, dass wir ihn in manchen Regionen der Welt noch nicht wirklich wahrnehmen. Dass er sich vollzieht, steht außer Zweifel. Kommt der Klimawandel dann auch in gemäßigteren Regionen wie im westlichen Europa an, kann es schon zu spät sein, ihn aufzuhalten und abzuwenden.

Also ehrlich, sind wir dann wirklich so viel klüger wie der Frosch im Wassertopf, in dem das Wasser langsam erhitzt wird?

Warum stellen wir so selten Fragen?

Ich glaube, die Tatsache, dass wir so selten Fragen stellen, hat in erster Linie etwas mit unserer Bequemlichkeit zu tun. Dies möchte ich nicht als Abwertung verstanden wissen, vielmehr als eine Anerkennung der Realität. Ich selbst finde mich hier viel zu oft wieder. Und in einem gewissen Maß ist daran auch nicht so viel auszusetzen. Zumindest so lange, wie es keine negativen Auswirkungen auf mich oder andere hat.

Ein anderer Grund für unsere Unlust, Fragen zu stellen, liegt meiner Meinung nach darin, dass wir schlichtweg Angst haben, Fragen oder möglicherweise zu viele Fragen zu stellen. Es ist die Angst aufzufallen oder gehänselt zu werden, weil man eine Frage stellt und damit zeigt, dass man womöglich eine Wissenslücke hat. Es ist die Angst, sich eine Blöße zu geben. Und es ist vielleicht auch die Angst, mit Fragen unbequeme Dinge anzusprechen, die entweder den schönen, bequemen Status quo gefährden könnten oder meinen Mitmenschen, dem ich die Frage stelle, verletzt oder ihn oder sie bloßstellt, weil er oder sie die Antwort auf die Frage nicht weiß. Damit verbunden ist unsere Tendenz, dass wir Fragen ausweichen, weil wir vielleicht wirklich keine Antworten darauf haben und sie deswegen nicht angehen, geschweige denn stellen wollen.

Last, but not least stellen wir schlichtweg manche Fragen nicht, weil wir nicht wissen, welche Frage wir stellen sollten, oder nicht wissen, dass es wichtig wäre, Fragen zu stellen.

Wer nicht fragt, bleibt dumm

Es ist nicht so, dass wir von Kind auf nicht aufgefordert würden, Fragen zu stellen. Die Fernsehsendung »Sesamstraße« fängt an mit: »Wer, wie was? Wieso, weshalb, warum? Wer nicht fragt, bleibt dumm.« Noch heute sehe ich mich, meine Geschwister und Freunde vor dem Fernseher sitzen und das Lied mitsingen. Und meine Eltern haben fleißig mitgesungen. Die »Sesamstraße« selbst gibt dann viele gute Beispiele, wie man Fragen stellt, und erklärt, warum es so wichtig ist, offen und neugierig durch die Welt zu gehen.

Das Lied hat sich eingeprägt. Der Appell und Sinn dahinter wird aber von der Realität viel zu oft eingeholt und unterhöhlt. »Nein, stell nicht zu viele Fragen! Vertrau dem Lehrer, dem Vorgesetzten, der Firma, den Politikern, etc. Sie wissen Bescheid, sie geben uns Orientierung und helfen uns.« – Was für ein Blödsinn!

Es ist ein Jammer, dass das Motto der Sesamstraße »Wer, wie was? Wieso, weshalb, warum? Wer nicht fragt, bleibt dumm« nur als Erinnerung übrig geblieben ist. Dabei ist es ein wirklich guter Ratgeber – sowohl für die Schule als auch für das Leben. Nicht nur für Kinder, sondern für uns alle! Fragen sind gute Ratgeber – gerade in Zeiten von Unsicherheiten und gewaltigen Veränderungen und der Suche nach Orientierung. Fragen öffnen Räume für die Wissensansammlung und den Ideen- und Erfahrungsaustausch. Sie helfen uns, aus der Passivität des Nichtwissens in die Aktivität des Lernens zu gehen und so das Leben zu gestalten.

Fragen sind nicht dumm oder gar gefährlich. Gefährlich wird und ist es, wenn wir keine Fragen mehr stellen und im Dunkeln bleiben – gerade in unserer heutigen Zeit genau das Gegenteil von dem, was wir tun wollen.

Heute sind Fragen mehr denn je wichtig – nicht nur die einfachen Fragen des Alltags oder Fragen, auf die wir schnell eine Antwort finden, sondern auch unbequeme Fragen, auf die wir noch keine Antwort haben. Oder die Staub aufwirbeln und Leute bewegen – sei es positiv oder negativ. Oder es sind solche Fragen, die man sich lange nicht getraut hat zu fragen. Es sind Fragen, die einen in der einen oder anderen Form bewegen und jetzt langsam ans Licht kommen oder bei denen die Zeit reif ist, sie zu stellen. Unabhängig davon, ob es eine schnelle Antwort gibt oder eben nicht.

Wir dürfen nicht vergessen, dass Fragen in der Regel mehr Räume öffnen als schließen. Warum also im Dunkeln sitzen bleiben wollen, wenn Fragen Türen zu mehr Licht öffnen können?

Dann gibt es Situationen, in denen wir durchaus Antworten auf Fragen haben. Wie z. B. das ältere Ehepaar in Davos, das zunächst Angst vor dem digitalen Wandel hatte. Ihre

Begründung für ihre Skepsis gegenüber dem digitalen Wandel war schlüssig und nachvollziehbar. Damit war die Frage des digitalen Wandels für sie zunächst abgeschlossen. Erst die Umformulierung der Frage »Wie werden wir leben?« hin zu »Wie wollen wir leben?« änderte ihre Perspektive und öffnete den Horizont. Plötzlich erschienen Räume für andere Möglichkeiten und Ideen. Und die Perspektive des Ehepaar zum digitalen Wandel drehte sich um 180 Grad.

Kurz, die Art und Weise, wie wir eine Frage stellen, hat großen Einfluss auf unsere Antwort und damit unseren eigenen Verständnishorizont.

Was versteckt sich hinter »Reframing«?

Seit mehreren Jahren arbeite ich als Berater und Coach im innovativen Umfeld, sei es mit Großkonzernen, Mittelständlern oder Start-ups. Immer dann, wenn man scheinbar in eine Sackgasse gerät und nicht weiter weiß, hat sich die Technik der Frage-Umformulierung, das sogenannte Reframing, als hilfreich erwiesen. Zum Beispiel, wenn wir statt, »Welche Risiken ergeben sich mit einer bestimmten Situation?« fragen, »Welche Chancen und Möglichkeiten ergeben sich mit einer bestimmten Situation?«.

Mit dem Reframing stellen wir also Fragen gewissermaßen auf den Kopf und versuchen bewusst, eine andere Perspektive einzunehmen. Dabei ist es zunächst irrelevant, ob die neue Frage Sinn ergibt oder nicht.

Ausschlaggebend ist, dass die neue Fragestellung uns hilft, etwas aus einem anderen Blickwinkel zu betrachten. Dadurch eröffnen sich neue Horizonte und nicht selten ergeben sich neue Antworten, Ideen, Lösungen – oder auch neue Fragen, die man vorher noch nicht entdeckt hat. Meine Erfahrung mit der Übung des Reframing lässt sich mit folgendem Bild veranschaulichen: Wir sind in einer Höhle ohne sichtbaren Ausgang. Mit den neuen Fragestellungen entstehen Risse im Gestein und dahinter zeigt sich ein Schimmer von Licht und ein Ausweg.

Reframing beschränkt sich indes nicht nur auf die Umformulierung von Fragen. Es kann auch dazu dienen, Dinge aus anderen Blickwinkeln zu sehen. Wenn wir zum Beispiel mit einem scheinbar unlösbaren Problem konfrontiert sind oder und uns in einer sehr misslichen Lage befinden, können folgende Fragen helfen, die Situation aus einer anderen Perspektive zu betrachten und Lösungen zu finden:[75]
*   Was ist sonst noch möglich?
*   Was kann sich noch ändern?

---

75 Fragen sind entnommen aus Heer, D. (2014). *Sei du selbst und verändere die Welt.* Scorpio.

- Was an dem Ganzen könnte gut und richtig sein, obwohl ich es gerade nicht sehe?
- Was ist die Lüge hier?
- Was habe ich getan, das die jetzige Situation verursacht hat? Habe ich das absichtlich getan?

Wie fange ich an zu fragen?

Solltest du von Frage-Unlust befallen sein – wie schaffst du es, aus ihr herauszukommen? Es gibt viele Möglichkeiten.

Die naheliegende Möglichkeit ist es, sich einen Ruck zu geben und mit einfachen Fragen zu beginnen. Sei es mit oder bei Freunden oder im beruflichen Umfeld. Es müssen nicht gleich unbequeme Fragen sein. Vielleicht fängst du mit Fragen an, die dir einfach Spaß und Freude machen. Es geht in erster Linie weniger darum, sinnhafte Frage zu stellen, sondern nach Lust und Laune Fragen und damit den Wissensdurst, die eigene Neugier wiederzuentdecken und einfach etwas (Neues) auszuprobieren.

Kommst du mit bestimmten Fragen nicht weiter, formuliere sie um. Stell sie auf den Kopf, egal ob es im ersten Moment Sinn ergibt oder eben nicht. Wie gesagt, es geht darum, den Fluss von Fragen wieder fließen zu lassen. Allein dadurch öffnen sich Räume und Möglichkeiten.

Eine andere Möglichkeit ist es, bewusst provokative Fragen zu stellen, die das Ziel haben, wachzurütteln oder unerwartete Antworten hervorzulocken. Verabschiede dich von der Vorstellung, dass man zu jeder Frage gleich eine Antwort parat haben muss. Muss man nicht. Statt nach der besten Antwort zu suchen, erlaube dir, möglichst viele, vielleicht sogar verrückte Ideen zu sammeln. Je mehr, desto besser. Vielleicht ist die »richtige« Antwort dabei, vielleicht auch nicht. Was auf jeden Fall dabei herumkommen kann, ist, dass du dir selbst erlaubst, kreativ zu sein und Antworten entstehen zu lassen.

Wenn dir das zu abstrakt ist, beobachte, welche Fragen in deinem Alltag gestellt werden. Dies kann im privaten oder beruflichen Bereich sein. Achte bewusst auf die Fragestellung und ob und wie darauf geantwortet wird. Talkshows sind gute Beispiele. Sie leben von guten (und manchmal nicht so guten) Fragen. Versucht sich z. B. ein Politiker in einer Talkshow um die Beantwortung einer Frage zu drücken, war sie womöglich unbequem oder provokativ. Oder er weiß die Antwort auf die Frage nicht, will sich keine Blöße geben und versucht deswegen, der Frage und ihrer Beantwortung aus dem Weg zu gehen. Alternativ gibt es auch Talkshows, in die die Gesprächsgäste gerade deswegen gern kommen, weil sie wissen, dass keine unbequemen Fragen gestellt werden, oder der Talkshow Host es versteht, für den Gesprächspartner eine angenehme und sichere Gesprächsatmosphäre zu schaffen. Welche Arten von Fragen werden hier gestellt? Welche nicht?

Fragen kann jeder von uns. Denn wenn Kinder unendlich viele Fragen stellen können, warum sollen wir als Erwachsene das nicht auch tun können? Verlernen können wir das nicht wirklich. Vielleicht sind wir aus der Übung. Oder wir wagen es nicht zu fragen oder trauen uns nicht, Fragen, die uns durch den Kopf schwirren, offen auszusprechen und Mitmenschen einzuladen, sich am Fragenstellen und/oder der Suche nach Antworten zu beteiligen. Eine Hemmschwelle oder Angst vor dem Fragenstellen zu haben hat nichts damit zu tun, dass wir das Fragen verlernt haben. Ganz sicher nicht. Denn auch wenn wir Angst haben, Fragen auszusprechen, sind die Fragen ja schließlich da.

Wenn es wirklich eine solche Situation gibt, in der ich mit meinen Fragen nicht herausprudeln will, kann ich mir immer noch selbst diese Fragen stellen und loslegen. Ich kann daraus eine kleinen Challenge für mich machen und spielerisch an die Sache herangehen.

Oder ich beobachte, ob und welche Fragen mein Umfeld stellt und beobachte, wie die Fragen gestellt werden, wie die Reaktionen anderer auf die Fragen sind.

Eine weitere Möglichkeit, sich mit Fragen wieder vertraut zu machen, ist, ein Fachbuch aufzuschlagen und ganz gezielt nach Fragen zu suchen, die in diesem Buch untersucht werden. In welchem Zusammenhang werden die Fragen gestellt? Was bewirken diese Fragen bzw. wie wird versucht, sie zu beantworten?

Kurz, Fragen zu finden ist oder sollte das geringste Problem sein. Sie zu stellen kann möglicherweise für den einen oder anderen etwas schwieriger sein. Aber wenn es Fragen gibt, warum sie nicht annehmen und ihren Zweck erfüllen lassen, sie stellen und nach Antworten suchen? Selbst wenn es Gründe es gibt, dies nicht zu tun, denke ich, gibt mindestens genauso viele Gründe, es zu tun.

Fragen als Türöffner

> »Es ist unmöglich«, sagte der Stolz.
> »Es ist riskant«, sagte die Erfahrung.
> »Es ergibt keinen Sinn«, sagte der Kopf.
> »Versuche es einfach«, flüsterte das Herz.
> Gefunden auf Instagram, in Anlehnung an Erich Fried »Was es ist«

Wer Fragen hat und sie stellt, öffnet Türen und Räume. Sie starten einen Prozess des Ideenaustauschs und der Ideenfindung. Sie sind damit ein wertvoller und unerlässlicher Begleiter auf der Suche nach Orientierung für die Gestaltung unserer Reise im digitalen Zeitalter. Welche Suche damit gemeint ist, schauen wir uns im folgenden Kapitel an.

Weitergehende Übungen und Fragen

1. Fragen sammeln

Aus reinen Übungszwecken und zum Spaß fang an, ganz viele Fragen zu sammeln und zu stellen. Die eine Frage mag eine andere triggern. Lass dem Fluss freien Lauf. Je mehr Fragen du sammelst, desto besser. Jetzt schau dir den Fragenkatalog an. Welche Frage stechen heraus? Wie kannst du die Fragen gruppieren oder vielleicht in eine Ordnung bringen? Dann, wenn du einen Trigger/Auslöser hattest, versuche die Fragen eben dazu in einen Bezug zu setzen. Inwiefern bringen dich die Fragen weiter? Inwiefern »dienen« sie dem Trigger oder können Licht ins Dunkel bringen?

2. Reframing

- Schreibe drei Fragen auf, die dir spontan einfallen – sei es im privaten, beruflichen oder sozialen Umfeld. Dann beantworte diese Fragen. Wenn du keine Antwort hast, schreib »keine Ahnung«.
  Jetzt stell die Frage auf den Kopf, formuliere sie bewusst um. Statt nach Problemen zu fragen, stelle zum Beispiel die Frage, welche Chancen sich ergeben. Versuche, auch diese Frage zu beantworten.
  Vergleiche anschließend die Antworten miteinander.
- Beantworte spontan die Frage »Wie werde ich angesichts des digitalen Wandels in Zukunft leben?«.
  Jetzt formuliere die Frage um und beantworte die Frage »Wie will ich in Zukunft leben?«.
  Jetzt beantworte die Frage »Wie kann ich Technologie nutzen, um meine Zukunft zu gestalten? Wo kann ich heute anfangen?«.
  Vergleiche deine Antworten miteinander. Was erkennst du?

3. Gute Fragen

- Sobel und Panas besprechen in ihrem Buch (2012)[76] *Power Questions* ganze 337 Fragen, die helfen, die eigene Perspektive auf das Leben und die Arbeit kritisch zu hinterfragen. Lies die Fragen durch und wähle ein paar der Fragen aus, um sie umzuformulieren, und herauszufinden, inwiefern das Reframing zu anderen Antworten oder gar neuen Fragen führt.

---

76   Sobel, A. und Panas, J. (2012). *Power Questions: Build Relationships, Win New Business, and Influence Others*. John Wiley & Sons.

- Ein weiteres lesenswertes Buch, das mit provozierenden Fragen nur so gespickt ist, ist von Marc Lesser (2013) und trägt den Titel *Know Yourself, Forget Yourself: Five Truths to Transform Your Work, Relationships, and Everyday Life*.
- 121 Coaching-Fragen finden sich in einer Übersicht der Litvin Gruppe unter https:// static.mindvalley.com/public/assets/2019/08/121_Powerful_Questions_from_ Evercoach.pdf.

5   Auf der Suche nach Orientierung

»Die faktische Wahrheit steckt in der Natur, das Glück findet sich nicht am Gipfel,
sondern in uns. Wenn wir ganz wir selbst sind.«[77]
Reinhold Messner

Kernpunkte

- Wir lechzen nach Orientierung, nach Sicherheit und Geborgenheit und tun dann doch genau das Gegenteil, statt sie zu finden und zu gestalten.
- Um Orientierung suchen zu können, bedarf es Raum und Zeit für das Innehalten. Diesen Freiraum müssen wir uns selbst schaffen.
- Der erste Schritt zur Orientierung sind wir selbst, das heißt, die Orientierung liegt in uns.
- Die Suche nach Orientierung ist wie eine Reise, die nie zu Ende geht. Sie öffnet Horizonte und birgt Schätze in Form von Chancen für Entdeckungen und Innovationen.
- Die Suche nach Orientierung kann Sicherheit, Geborgenheit und Unterstützung geben; insbesondere dann, wenn man die Reise gemeinsam mit anderen antritt und gestaltet.

Welche Suche?

Ich möchte ehrlich sein: So sehr ich von der Digitalisierung begeistert bin und so sehr ich die vielen Möglichkeiten und Chancen der Digitalisierung sehe oder spüre, es gibt Zeiten, da bin ich von dem ganzen rasanten Wandel schlichtweg überrascht und manchmal sogar überfordert. Etwas, das heute der letzte Schrei oder die neueste Entwicklung oder Erfindung war, ist morgen schon wieder obsolet. Kein Wunder also, dass ich und vielleicht auch du fragst, wo das Ganze hinführen soll und welche Rolle ich dabei noch spiele oder welchen Platz ich dabei noch einnehmen kann.

Es ist ein ungutes Gefühl der Orientierungslosigkeit – nicht gerade hilfreich in Zeiten rasanten Wandels. So begebe ich mich also auf die Suche nach Orientierung, nach Zielen, nach etwas, das mir hilft, den Alltag zu meistern und zu gestalten.

Die Arbeit ist für viele eine solche Orientierung. Oder sollen wir besser sagen, die Arbeit ist eine Ablenkung von dem Chaos da draußen? Wie sieht es mit der Familie und Freunden aus? Inwiefern geben Familie, Freunde und Arbeit Orientierung für diese Zeit, inwiefern sind sie vielleicht nur Ablenkung?

---

77   Messner, Reinhold (2014, 299). *Überleben.* Piper.

Ich behaupte, dass sie in vielen Fällen eher wie eine Ablenkung sind. Wobei daran nicht zwingend etwas auszusetzen ist. Viele unserer Mitmenschen fühlen sich mit dieser Art von Ablenkung sehr wohl. Es dürstet sie nicht nach neuen Fragen und Antworten, denn ihr unmittelbares Umfeld gibt ihnen ein gewisses Maß an Geborgenheit und Sicherheit.

Mit 200 km/h gegen die Wand

Und doch glaube ich, dass es tief in uns Menschen immer auch der Wunsch nach Orientierung, nach einem Kompass gibt. Das digitale Zeitalter zeigt sich in Veränderungen in einer nie vorher erfahrenen Geschwindigkeit. War das 20. Jahrhundert geprägt durch relative stabile Systeme, in denen Vorhersagen eher möglich waren, sind wir heute konfrontiert von einer großen Unbekannten, die wir nicht wirklich greifen können.

Es ist gewissermaßen ein Widerspruch. Auf der einen Seite treiben wir den Wandel selbst immer mehr an. Auf der anderen Seite fehlt uns nicht selten die Orientierung. Keiner kann so richtig sagen, wohin das alles führen soll. Bildlich gesprochen fahren wir mit 200 km/h in eine Nebelwand. Bislang ist alles gut gelaufen. Wir wissen aber nicht, ob aus dem Nebel nicht plötzlich andere Autos auftauchen oder vielleicht gar eine Wand. In dem Moment, in dem wir das feststellen, ist es meist zu spät und wir fahren mit voller Geschwindigkeit in ein Stauende oder gegen eben diese Wand.

Wir lechzen nach Orientierung, nach Sicherheit und Geborgenheit und tun dann doch genau das Gegenteil, statt sie zu finden und zu gestalten. Warum eigentlich? Was braucht es, damit wir diesen Widerspruch aufdecken und ihn auflösen? Wann ist hierfür der geeignete Zeitpunkt?

Wenn ich mir die Krisen unserer Welt betrachte, angefangen mit dem immer unkontrollierbareren Klimawandel und den damit verbundenen Auswirkungen, kann die Antwort nur »sofort« und »immer« heißen. Das Problem ist, dass wir uns selbst nicht die Zeit gönnen, Fragen zu stellen und uns auf die Suche zu machen. In Zeiten immer schneller und undurchsichtiger werdender Veränderungen bringt es nichts, alles noch schneller zu machen.

Freiraum zur Orientierung schaffen

Was es bedarf, sind Raum und Zeit für das Innehalten. Und genau das ist in der Hektik des Alltags alles andere als leicht. Die Hektik allein wird uns diesen Raum und die Zeit nicht geben. Sie tut das Gegenteil. Sie saugt die letzten Freiräume unserer Freizeit auf, sodass wir zu Getriebenen werden.

Eine buddhistische Weisheit sagt: »Wenn du es eilig hast, gehe langsam.« Das ist keineswegs ein Paradoxon, ein nicht aufzulösender Widerspruch. Es ist vielmehr der Appell, in all der Hektik nicht die Übersicht über unser Tun zu verlieren, sonst rasen wir wirklich mit voller Geschwindigkeit in eine Nebelwand – mit ungewissem Ausgang.

Wir sind Weltmeister im Planen. In der Tat verplanen wir oft unseren ganzen Tag. Statt hierdurch aber Ruhe zu finden, verursachen wir mit unseren Terminplänen Hektik und Stress. Also genau das Gegenteil, von dem, was wir beabsichtigten. Was nicht im Plan steht, existiert nicht. Zeit für ein Innehalten, für ein Reflektieren oder für eine Ruhepause? Hört sich gut an. Wenn es aber nicht im Plan steht, dann findet es auch nicht statt.

Planung ist gut, sofern sie uns nicht in unserer Orientierung oder Kreativität einengt. Und sofern sie nicht das Gegenteil von ihrer eigentlichen Absicht bewirkt – und die ist Ruhe und Sicherheit.

Finden wir in unserem durchgetakteten Tag weder Zeit noch Raum für ein einfaches Innehalten, Reflexion oder Erholung, nun, dann müssen wir diese Zeit und diesen Raum eben einplanen. Wir schlagen damit der sturen Planung ein Schnippchen, indem wir sie mit den eigenen Waffen schlagen. Wir schaffen uns damit unseren eigenen Freiraum. Das ist ein erster Schritt.

Der zweite Schritt ist es, diesen neuen Raum auch zu betreten. Die Tür oder das Fenster zu diesem Raum nicht gleich wieder zuzuschlagen oder von anderen zumauern zu lassen. Wenn wir diesen Raum dann endlich betreten, ist er uns möglicherweise noch nicht vertraut und wir müssen uns zunächst orientieren.

Erste Schritte zur Orientierung: die Entdeckung von uns selbst

Eine feste Agenda für diese Orientierung und Erkundung des Raums gibt es nicht. Wir müssen bei uns selbst anfangen, indem wir beispielsweise zur Ruhe kommen und erst einmal durchatmen. Denn schließlich ist dieser Raum auch eine Oase innerhalb der Hektik des Alltags. Und das Schöne an diesem selbst geschaffenen Freiraum ist es, dass wir ihn selbst gestalten können.

Es liegt an uns, diesen Freiraum zu schaffen, ihn fest einzuplanen, zu betreten und zu gestalten. So schwer es sein kann, ihn zu schaffen, so leicht ist es, dass man vom Alltag wieder herausgezogen wird. Sei es, dass man den Freiraum mit der Hektik und dem Stress der Außenwelt, der man an sich entkommen will, zumüllt. Oder sei es, dass man daran gehindert wird, ihn überhaupt zu betreten. In der Arbeitswelt sind dies z. B. die

Flut an Meetings oder die Erwartungen anderer – sei es die des Vorgesetzten oder der anderen Mitarbeiter.

Sich in solchen Situationen selbst treu zu bleiben und den neu geschaffenen Raum nicht zu verlassen ist nicht unbedingt leicht. Umso wichtiger ist es, in Erinnerung zu behalten, warum man diesen Raum geschaffen hat und welche Ziele man damit verfolgt. Wenn ich mich gleich beim ersten Widerstand, bei der ersten Schwierigkeit in den Alltagstrott zurückziehen lasse, waren entweder die Ziele nicht wirklich überzeugend und packend oder der Schmerz des Alltagstrotts nicht groß genug.

Widerstände und Ablenkungen sind unausweichlich. Die Frage ist, wie wir damit umgehen wollen, ob und wie wir reagieren. Es ist nicht leicht. Wir suchen nach Orientierung, finden kaum oder keine Zeit, um uns mit den Fragen, die uns bewegen, auseinanderzusetzen. Deswegen planen wir Raum und Zeit ein, betreten diesen Raum, wobei wir schnell feststellen, dass die Antworten, die wir suchen, nicht auf einem Silbertablett serviert werden. Stattdessen ist der Raum, der uns Orientierung bringen soll, erst einmal leer. Kein Wunder, dass wir zunächst verwirrt, frustriert und skeptisch sind und somit anfällig werden, in den alten Trott zurückgezogen zu werden. Der Raum, der uns zur Orientierung verhelfen soll, ist leer. Was für eine Enttäuschung!

Dabei ist dies ein Trugschluss. Denn schließlich sind **wir** in diesem Raum. Inwieweit wir ihn ausfüllen, ist eine andere Frage – das wird im Laufe dieses Buches noch ausführlicher untersucht. Tatsache ist nur, dass wir uns in diesem Freiraum der Orientierung befinden. Wenn aber der Raum leer ist und wir die Einzigen in diesem Raum sind, sind wir selbst der erste Schritt zur Orientierung. Mit anderen Worten: Der erste Schritt zur Orientierung sind wir selbst. Das heißt, die Orientierung liegt in uns!

Im Übrigen ist es gar nicht so unwahrscheinlich, dass man von den eigenen Mitmenschen skeptisch betrachtet wird. Wer weiß, vielleicht munkelt der ein oder andere schon etwas über dich. Nicht sehr angenehm. An sich will man ja zu den anderen dazugehören, im Strom mitschwimmen. Jetzt einen eigenen Weg zu gehen ist nicht nur unsozial den Kollegen und Mitmenschen gegenüber, sondern es isoliert mich gar. Die Versuchung, gleich am Anfang der Suche nach Orientierung wieder zurück ins warme Nest zu kehren, ist real. Und sie ist schon sehr stark.

Das ist der Moment, in dem wir uns selbst treu sein wollen. Was sind die Gründe, warum wir den Raum betreten haben? Wenn sie real gewesen sind und uns angetrieben haben, können sie sich unmöglich als Luftnummern erweisen. Wer sich so leicht von seinen Reiseabsichten abbringen lässt, bleibt gefangen.

Leben wir in einer selbst gemachten Scheinwelt?

Im Hollywoodfilm *Die Truman Show* von 1998 wächst die zentrale Figur des Films, Truman Burbank, in einer sicheren Umgebung auf. Er weiß nicht, dass sich seine Welt in einem riesigen Filmstudio befindet, in dem die Mitmenschen Schauspieler oder Komparsen sind und er selbst und ungefragt die Hauptrolle einnimmt. Er kennt keine andere Welt, fühlt sich geborgen und pudelwohl – bis eines Tages ein Scheinwerfer vom künstlichen Himmel fällt und er ins Grübeln kommt. Truman fängt an, Fragen zu stellen, will die Grenzen seiner Heimat erkunden und darüber hinausgehen. Seine Mitmenschen sind nicht nur betroffen. Sie reagieren geradezu panisch, denn schließlich muss Truman in der Show, in der Kunstwelt gehalten werden. Ohne sein unbewusstes Mitspielen verlieren sie ihre Existenzberechtigung. So versuchen sie alles daran zu setzen, Trumans Zweifel zu besänftigen und seine Fragen als Irrtümer dastehen zu lassen.

Anfangs funktionieren diese Ablenkungsmanöver und das Leben in der Trumanwelt geht seinen gewohnten Lauf. Das Feuer der Neugier in Truman ist indes entfacht, es lodert weiter und lässt Truman nicht länger ruhen. Ohne dass er weiß, was es hinter dem Horizont gibt, will er ihn erkunden. Koste es, was es wolle. Er lässt sich nicht länger von seinen Mitmenschen ablenken. Er verlässt sogar seine Frau, um seinen Fragen nachzugehen. Sein Drang und sein Verlangen nach Antworten und Orientierung wachsen von Tag zu Tag. Zum Schluss ist er bereit, sein Leben dafür zu geben – er testet die Grenzen seiner Welt und seine eigenen. Bis er schließlich an die Außenwand des Filmstudios stößt und eine Tür zur »anderen« Welt entdeckt. Die *Truman Show* war damit Geschichte. Und gleichzeitig war das Ende der Anfang von einem neuen Leben für ihn.

Leben wir vielleicht auch in einer Art *Truman Show*? Was hindert uns daran, die eigenen Grenzen und Horizonte zu erkunden? Wenn wir nicht mit eigenen Fragen überschüttet werden und unter ihnen zugrunde gehen, müssen wir uns selbst aufraffen und nach einer neuen Orientierung suchen, auch wenn dies mit Widerständen, Unbekannten, Gefahren und Verletzungen verbunden sein mag. Nur, wenn wir das wissen, worauf warten wir noch?

Es liegt an uns, wie Truman die Suche nach Orientierung und nach Antworten auf unsere Fragen aufzunehmen. Sei es allein oder mit anderen. Die Meinung anderer kann wie eine Last für uns sein, indem sie unsere Suche mehr behindert als unterstützt. Oder sie kann uns motivieren, fördern und ermutigen. Herausfinden werden wir es erst, wenn wir den ersten Schritt tun. Wollen wir wirklich etwas in uns und unserem Umfeld ändern, ist dies unausweichlich. Vorbilder hierfür gibt es mit Sicherheit. Und es lohnt sich, Vorbildern zu folgen. Denn so können wir in einer Gemeinschaft wirklich etwas bewegen.

2010 erklärte Derek Sivers in einem TED-Vortrag[78], wie man eine Bewegung startet. Er zeigte und kommentierte hierfür ein Video, in dem ein Mann inmitten einer Gruppe von Menschen, die auf einer Wiese den sonnigen Tag genossen, aufstand und anfing, wie wild zu tanzen. Zunächst wurde er von nur wenigen Menschen betrachtet. Schließlich gesellte sich ein zweiter Mann zu ihm und tanzte mit. Kurze Zeit später kamen weitere Menschen dazu, bis schließlich mehr oder weniger alle Menschen, die vorher noch die Stille genossen, mitten im Tanz waren.

Sivers erklärte, dass es nicht wirklich so sehr auf den Mann am Anfang ankam, diese Bewegung zu starten. Klar, es gehörte sicherlich Mut dazu, das T-Shirt auszuziehen und loszutanzen. Ausschlaggebend war der zweite Mann, der dem ersten im Tanz folgte und damit andere animierte, es ihm gleichzutun. Sivers: »Wenn Sie wirklich eine Bewegung starten wollen, haben Sie die Courage zu folgen und anderen zu zeigen, wie man folgt. Und wenn Sie einen einsamen Verrückten finden, der etwas Tolles macht, haben Sie den Mut, der Erste zu sein, der aufsteht und mitmacht.«[79]

Greta Thunberg[80], die junge Klimaaktivistin aus Schweden, ist hierfür ein wunderbares Beispiel. Anfangs bestreikte sie allein jeden Freitag ihre Schule und demonstrierte vor dem schwedischen Parlament für eine konsequente Klimapolitik. Inzwischen ist aus dem von ihr ausgelösten »Schulstreik für das Klima« die globale »Fridays for Future«-Bewegung entstanden.

Sicherheit, Geborgenheit und Unterstützung durch die Suche nach Orientierung

In dem Moment, in dem sich andere meiner Suche anschließen, bekommt die Suche ein neues Momentum. Nicht nur fühle ich mich dabei besser, ich fühle mich unterstützt. Ich fühle mich erleichtert, ein Druck fällt ab und ich wie auch die anderen kommen in einen Fluss. Je mehr Leute in den Tanz einsteigen, desto mehr werde ich selbst ein Teil des Tanzes. Ich bin nicht länger ein einsamer Tänzer, sondern werde zum Teil des Tanzes. Der Tanz tanzt mich und ich ihn. Ab einem gewissen Punkt bekommt die Gruppe eine gewisse Größe und Dynamik, sie wird zum Selbstläufer. Der Ausgang des Tanzes ist weiterhin ungewiss. Und doch hat sich in der Entwicklung etwas Grundlegendes geändert. Auch wenn ich immer noch auf der Suche nach Orientierung sein mag, sie noch nicht gefunden zu haben glaube, habe ich etwas gefunden, das ich für die Suche

---

78   Sivers, Derek (2010). »How to Start a Movement.« *TED2010*, online verfügbar unter: https://www.ted.com/talks/derek_sivers_how_to_start_a_movement.

79   Sivers, Derek (2010). »How to Start a Movement.« *TED2010*, online verfügbar unter: https://www.ted.com/talks/derek_sivers_how_to_start_a_movement/transcript?language=de.

80   https://de.wikipedia.org/wiki/Greta_Thunberg

ursprünglich aufgegeben habe und jetzt umso stärker zurückerhalte: das Gefühl der Sicherheit, Geborgenheit und Unterstützung. Mit anderen Worten: Die Suche nach Orientierung selbst kann mir Sicherheit, Geborgenheit und Unterstützung geben.

Das heißt aber auch, dass die Ausrede, Fragen nicht stellen zu wollen, weil wir so Sicherheit, Geborgenheit und Unterstützung aufgeben müssten, eine billige Ausrede ist, die keinerlei Grundlage hat. Die Suche nach Orientierung nimmt uns nicht das Gefühl der Sicherheit, Geborgenheit und Unterstützung. Sie gibt es uns. Insbesondere dann, wenn wir uns mit anderen daran beteiligen. Das Tanzvideo von Derek Sivers ist ein gutes Beispiel. Die Orientierung für den Tanz liegt nicht bei den einzelnen Tänzern, sondern in der Dynamik, die die einzelnen Tänzer zu einem Ganzen, zu einer tanzenden Bewegung, zusammenbringt. Diese folgt nicht einem festen Plan, den man vorab aufzeichnen kann. Sondern sie entfaltet sich durch die Eigendynamik. Es bedarf keiner Organisation von außen.

Der gemeinsame Nenner der Suche nach Orientierung ermöglicht es, dass sich die Gruppe selbst organisiert. Wobei diese Organisation nicht ein starres Gebilde oder eine Maschine ist, sondern eher einem Lebewesen ähnelt oder einem riesigen Vogelschwarm, der jede Sekunde etwas anderes Großes bildet. Indes ist der Vogelschwarm weit weg von Chaos, sondern bildet ein Ganzes, auch wenn dieses Ganze ständig in Bewegung ist und sich immer wieder neu findet.

Vogelschwarm in der Dämmerung. © James Wainscoat on Unsplash

Ob und wie es nach dem Ende des Films *Die Truman Show,* mit den Tanzenden oder dem Vogelschwarm weitergeht, bleibt offen.

- Das Leben von Truman im gleichnamigen Film ist mit Sicherheit nicht zu Ende. Wie es weitergeht, steht nicht im Drehbuch. Muss es auch nicht.
- Vielleicht wird aus der tanzenden Bewegung eine Riesenparty oder auch nicht.
- Der Vogelschwarm löst sich wieder auf, wenn er eine neue Heimat gefunden hat und die einzelnen Vögel ihre eigenen Nester bauen und Nachwuchs großziehen – nur um wenige Monate später wieder einen neuen Vogelschwarm zu bilden und eine neue Reise zu beginnen.

Nach der Reise ist vor der Reise. Was gleich bleibt, sind die Hauptdarsteller, sind wir. Und darin liegt zum einem eine Sicherheit, Geborgenheit und Unterstützung für unserer Reise – und zum anderen liegt in uns selbst und im menschlichen Miteinander ein Riesenpotenzial für Entdeckungen, Erfahrungen und Innovationen. Vorausgesetzt, wir lassen uns darauf ein. Und vorausgesetzt, wir lassen uns nicht von überholten Gesellschafts- und Verhaltensnormen davon abhalten, wie wir im nächsten Kapitel sehen werden.

6 Jungen weinen nicht – Männer schon!

»Defining myself is
Like confining myself
So I un-defined myself
To find myself«
IN-Q, amerikanischer Poet

Kernpunkte !

- Gesellschaftliche Verhaltensnormen können uns Stabilität und Orientierung geben. Mitunter sind aber Normen wie »Jungen weinen nicht!« veraltet und großer Humbug.
- Tiefer gesehen ist Weinen nicht nur der Ausdruck von Gefühlen, sondern auch ein Ruf nach Fürsorge, Hilfe und Sicherheit.
- Die Macht der Gewohnheit hält uns davon ab, Altes zu hinterfragen und nach Neuem zu suchen.
- Wenn ich meine Emotionen unterdrücke, täusche ich mich selbst und gebe ein wichtiges Element meiner Menschlichkeit auf.
- Emotionen, verursacht durch ein Gefühl der Verletzlichkeit, Hilflosigkeit oder Orientierungslosigkeit, sind alles andere als künstlich. Sie sind etwas zutiefst Menschliches. Nur passen sie scheinbar nicht in unsere Welt. Indem wir sie zu unterdrücken versuchen, unterdrücken wir etwas von Grund auf Menschliches von uns.
- Wenn Männer weinen, passt dies oft nicht in unser Bild der heilen, kontrollierten Welt. Nur, was wäre, wenn dieses Bild längst überholt ist und Weinen sehr wohl in dieses Bild passt?
- Uns fällt es deswegen so schwer, andere Menschen weinen zu sehen, weil wir an unsere eigene Menschlichkeit erinnert werden und so aus Mitgefühl mitleiden.
- Um das Risiko für Burn-out in der Arbeit zu reduzieren, ist es empfehlenswert, dass sich Führungskräfte um eine faire Behandlung aller Mitarbeiter, eine zu bewältigende Arbeitslast, klare Rollen und Verantwortlichkeiten, transparente und offene Kommunikation und die Vermeidung unnötigen Zeitdrucks kümmern.
- In der Welt der Digitalisierung ist Planbarkeit nicht wirklich gegeben.
- Mit unserem Kontrollwahn haben wir eine Welt geschaffen, die immer weniger zu kontrollieren ist.
- Der Wettbewerb »menschliche vs. technische Ressourcen« nimmt an Schärfe zu. Aus Kosten- und Effizienzgründen siegt immer öfter die Ressource Maschine. Solange wir uns als menschliche Ressourcen und nicht als Menschen betrachten, verhalten und behandeln, wird sich die Situation eher verschärfen, als dass sie sich entspannt.

Jungen weinen nicht

Von klein auf lernte ich, dass es als Junge nicht passt, wenn man Schwäche zeigt, seine Emotionen ausdrückt oder gar weint. Es war verpönt, man wurde ausgelacht. So baute ich mit den Jahren eine Art Schutzpanzer um mich herum. Meine Emotionen gehörten mir. Ja, es gab Zeiten, viele Zeiten, zu denen ich traurig und verzweifelt war und ich mich nicht traute, darüber zu sprechen, geschweige denn, es zum Ausdruck zu bringen. Ich »kontrollierte« meine Gefühle, hielt sie in Schach.

Im Nachhinein verstehe ich, dass dieses Kontrollieren mir beibrachte, viele Enttäuschungen wegzustecken, sie zu verarbeiten, zu bewältigen und dann nach vorne zu schauen. Statt mich hängen zu lassen, entwickelte ich die Grundhaltung »jetzt erst recht«. Nicht Sturheit oder Besessenheit, sondern Resilienz, Durchhaltevermögen, Ziel- und Ergebnisorientierung. Das waren und sind in der Tat gute und starke Tugenden. Sie halfen und helfen mir, vieles in meinem Leben zu erreichen.

Auf der anderen Seite ließ der Kontroll- und Schutzpanzer um mich herum etwas in mir verkümmern. Etwas sehr, sehr Kostbares: meine Natürlichkeit.

Seien wir ehrlich: Emotionen sind nichts Schwaches, für das man sich schämen muss. Sie sind etwas grundsätzlich Menschliches. Wenn ich versuche, sie zu verdrängen oder zu kontrollieren, verdränge ich auch das Menschsein, die Natürlichkeit in mir. Was übrig bleibt, hat nichts mit Authentizität zu tun, sondern eher etwas mit einer künstlichen Rolle.

Deswegen ist die traditionelle gesellschaftliche Norm »Jungen weinen nicht« absoluter Quatsch. Und sie führt in die völlig falsche Richtung. Emotionen, menschliche Gemütsregungen und Ausbrüche zu kontrollieren, indem man ihnen den Raum nimmt, führt nicht zu einer männlichen und starken Persönlichkeit, sondern eher zu einer kalten und mechanischen Rolle.

Verletzlichkeit zu zeigen ist deswegen kein Zeichen von Schwäche. Es ist ein Zeichen von Menschsein, von Natürlichkeit und somit ein Zeichen von Stärke. Und es ist ein Ausdruck von Reife. Deswegen die Überschrift »Jungen weinen nicht – Männer schon!«

> **!   Ein Mann, ein Kerl. Eine Frau, ein Kerl?**
>
> Wenngleich sich der Spruch »Jungen weinen nicht« zunächst auf Jungen und Männer bezieht, wäre es zu kurz gegriffen, nur von Männern zu reden. Genauso dumm und irreführend ist der Glaubenssatz, dass Mädchen keine Wutausbrüche bekommen oder nicht schreien dürfen und immer »lieb und nett« sein sollen. Beiden Sprüchen liegen Glaubenssätze zugrunde, die aus vergangenen Jahrhunderten stammen. Aus Zeiten, in denen die Frau

sehr viel weniger »wert« war als der Mann. Diese Glaubenssätze sollten ein für alle Mal der Vergangenheit angehören.

Auf dem Papier tun sie dies in den meisten Gesellschaften. Die Wirklichkeit sieht leider immer noch anders aus. So verdienen Frauen im Durchschnitt immer noch weniger als Männer, haben es ungleich schwieriger, in Unternehmen aufzusteigen. Folglich sind Wirtschaft und Gesellschaft von heute immer noch sehr stark von Männern geprägt.

Daraus zu schließen, dass nur die Männer daran schuld wären, ist irreführend. Schließlich wird das heutige System sowohl von Männern als auch Frauen getragen. Und viele Frauen glauben oder werden gezwungen, sich wie Männer verhalten zu müssen, um Chancen zu haben und aufzusteigen. Menschlichkeit und Emotionen haben in einer tayloristischen Welt keinen Platz. Falls doch, haben sie nur einen sehr kleinen Wert und dann oft das Ziel, den Profit eines Unternehmens zu mehren.

Deswegen können wir den Spruch »Jungen weinen nicht« getrost in »Kerle weinen nicht« umwandeln. Denn Kerle können sowohl Jungs als auch Mädchen, Männer als auch Frauen sein. Verletzlichkeit ist kein Zeichen von Schwäche.

Sie ist ein Zeichen von Menschsein.

Sie ist ein Zeichen von Stärke.

Warum unterdrücken wir Emotionen?

Ich glaube nicht, dass im Weinen etwas Schlimmes oder Schlechtes gesehen wurde. Geschichtlich waren es die Jungen, die Männer, von denen schlichtweg erwartet wurde, dass sie stark sind, ihre Emotionen im Griff haben, sie kontrollieren. Dazu gehörte eben auch, dass man nicht weint. Denn Weinen ist ein Ausdruck von Emotionen. Damit zeigt man aber eine menschliche Eigenschaft, zeigt seine verletzliche Seite. Es wird deutlich, dass man z. B. Angst hat oder sich verletzt hat und es wehtut. Hier ist Weinen eine Art der Möglichkeit, Aufmerksamkeit zu bekommen und um Hilfe von außen zu bitten. Man will gehört werden. Sei es, dass man getröstet wird oder dass man Unterstützung bekommt. Weinen ist also nicht nur der Ausdruck von Gefühlen, sondern auch ein Ruf nach Fürsorge, nach Hilfe und Sicherheit.

Dann gibt es Situationen, in denen man aus Mitgefühl oder auch aus Trauer weint. Man leidet, fühlt Schmerz, lässt seinen Emotionen freien Lauf und die Tränen fließen. Nach dem Weinen fühlt man sich erschöpft, manchmal erleichtert, man hat das Gefühl, dass man etwas zum Ausdruck gebracht hat.

Auch beim Weinen aus Freude, den Freudentränen, ist es ähnlich. Nicht aus Schmerz oder Leid kommen Tränen hoch, sondern sie werden von einer sehr positiven Erfahrung ausgelöst.

Schon seltsam, dass Freud und Leid so nah beieinander liegen können, zumindest was das Weinen angeht. Auch hier ist es nicht selten, dass man sich seiner Tränen schämt, sie schnell wegwischt. Man will nicht mit Tränen in den Augen gesehen werden. Man zeigt damit einfach zu viel von sich, was so gar nicht in die Rolle, die man spielt, oder dazu, was von einem erwartet wird, passt. Also lieber keine Tränen und keine Emotionen zeigen und in seiner Rolle bleiben. Nicht weil es besser als Emotionen und der Ausdruck von Emotionen ist, sondern weil das Rollenspiel »starker Mann« auch so etwas wie Sicherheit, Geborgenheit und Orientierung gibt. Tränen sind hier fehl am Platz. Nur so können wir uns in der Gesellschaft von heute behaupten. Emotionen lenken da nur ab. Denn wer will in einer Gesellschaft, die kompliziert genug und voller Herausforderungen ist, Schwäche zeigen, zugeben, dass man eventuell keine Antworten auf Fragen hat. Für Emotionen ist da schlichtweg kein Platz. Wie auch? Wir sind mit dem Kontrollieren der Realität beschäftigt genug. Emotionen helfen da nicht wirklich weiter, zumal es um das Schaffen von Sicherheit und Geborgenheit geht. Wir helfen uns selbst, benötigen keine Hilfe von außen, niemanden, der uns bemuttert und tröstet. Wir schaffen das auch allein.

Warum ist es so schwer auszubrechen?

Oben habe ich die Frage gestellt, warum wir etwas ändern sollten, was schon immer galt. Schließlich wird es über Generationen weitergegeben. Also muss es auch gut sein und sich bewährt haben. Denn sonst würde es sich nicht so lange halten.

Die Macht der Gewohnheit hält uns davon ab, Altes zu hinterfragen und nach Neuem zu suchen. Gerade wenn es darum geht, dass das Gegenteil – also, zu weinen und Emotionen zu zeigen – als Schwäche gesehen wird. Das Gegenteil zu behaupten und zu leben verlangt Energie und Mut. Aber wer will Mut aufbringen und von anderen als schwach angesehen werden?! Gerade dann, wenn dies von anderen gnadenlos ausgenutzt werden könnte und man so nur verlieren kann. Dann lieber Klappe halten, Augen zu und durch. Wahrscheinlich ist es gar nicht so wichtig und nur ein Hirngespinst. Davon abgesehen ist man als Erwachsener dann doch recht sicher, weiß sich zu helfen, ist »etwas« geworden. Auch hier gilt noch: Schwäche und Verletzlichkeit bringen einen in dieser Welt nicht wirklich weiter. Sie haben keinen Platz.

Gut für Wettbewerb

Und in der Tat gebe ich zu, dass der Spruch »Jungen weinen nicht!« mich durchaus auch positiv geprägt hat. Nicht selten habe ich mir meine Tränen verkniffen, mich zusammengerissen, nach Auswegen und Lösungen gesucht, habe gekämpft und schnell war der Auslöser der Emotionen vergessen, spielte keine Rolle mehr. Der Erfolg gab mir recht.

Es wäre allerdings vermessen zu behaupten, dass der Glaubenssatz »Jungen weinen nicht« z. B. für meinen beruflichen Erfolg maßgeblich gewesen wäre. Fakt ist schon, dass der Glaubenssatz mit dazu beitrug, dass ich als Heranwachsender nicht selten Tränen unterdrückte und mich durch bestimmte Situationen dann auch erfolgreich durchkämpfte. So kam ich über die Zeit in einen gewissen Trott, lernte mich zu behaupten, mich meinen Emotionen nicht hinzugeben und wenn, sie zwar zu spüren, aber dann doch schnell zu kontrollieren. Oder mich irgendwie abzulenken, weil ich wusste, dass die Emotionen auch wieder verschwinden. So entwickelte ich nicht nur Hartnäckigkeit, Resilienz, mich zu behaupten, sondern auch mit schwierigen »emotionalen« Situationen umzugehen. Zugegeben sind das nicht unbedingt schlechte Eigenschaften für das Leben in der heutigen Welt.

Gleichzeitig war es nicht immer einfach, meine Emotionen zu kontrollieren, sie manchmal gar zu unterdrücken. Das verlangte Energie und Durchhaltevermögen. Mein Fell wurde dadurch dicker, ich ließ mich nicht so schnell ablenken, wirkte und war kontrollierter und ging meinen Weg.

Welche Opfer werden gebracht?

Aber so schön es sein mag, sich über die Jahre ein dickes Fell angeeignet zu haben, es ist nicht so, dass ich dafür überhaupt keinen Preis gezahlt hätte. Auf der einen Seite ist die Kontrolle über die eigenen Emotionen sinnvoll, auf der anderen Seite trägt sie dazu bei, dass man abstumpft. Seine eigenen Emotionen zu unterdrücken heißt immer auch, dass man einen Teil von sich selbst unterdrückt. Denn schließlich sind Emotionen etwas Natürliches und sehr Persönliches. Sie schlichtweg zu verteufeln würde bedeuten, dass man sich selbst mit verteufelt. Und wer will das? Ich sicherlich nicht.

Nur weil ich gelernt habe, nicht zu weinen, heißt es nicht, dass meine Emotionen nicht länger existieren. Selbstverständlich sind sie noch da. Tief im Inneren. Nur habe ich sie eben »unter Kontrolle« – sei es, weil ich mich von ihnen mit meinem Verhalten oder anderen Gedanken ablenke oder weil ich sie einfach runterschlucke. Aber noch einmal: Damit habe ich einen Teil Menschlichkeit von mir heruntergeschluckt. Ausscheiden kann ich sie nicht, sie sind da. Und wenn ich ehrlich bin, liegen sie mir manchmal ganz schön schwer im Magen. In solchen Situationen war meine beste Medizin, mich abzulenken. Sei es in meinen Hobbys, meinem Verhalten, Ausreden oder Lügen, dass keine Emotionen da seien. Es wären nur Gehirngespinste, sie seien nicht real.

Damit betrüge ich in erster Linie mich selbst und schade mir selbst. Emotionen, verursacht durch ein Gefühl der Verletzlichkeit, Hilflosigkeit oder Orientierungslosigkeit, sind alles andere als künstlich. Sie sind etwas zutiefst Menschliches. Nur passen sie scheinbar nicht in meine Welt. Indem ich sie zu unterdrücken versuche, unterdrücke ich etwas von Grund auf Menschliches in mir. Nicht nur distanziere ich mich damit von meiner eigenen Menschlichkeit, ich entferne mich immer mehr von ihr, werde zu etwas anderem, werde eher zu einem funktionierenden Etwas oder einer Rolle. Von natürlicher Authentizität ist da keine Spur mehr. Vielleicht kann ich meinen Mitmenschen sogar etwas vorspielen und sie täuschen. Ich werde zu einem Schauspieler, statt einfach ich selbst zu sein. Eigentlich sehr schade. Zumal diese Rollenspielerei enorme Kraftreserven und Energien verschlingt, ohne mich im Inneren wirklich zu erfüllen. Die Anerkennung, die ich dadurch bekomme, verpufft in der Regel schnell. Nachhaltig ist sie nicht. So werde ich von außen betrachtet zu einer Hülle von Glückseligkeit. Im Inneren ist eher Leere oder ein ziemliches Durcheinander, weil ich ja damit beschäftigt bin, die verschiedenen Emotionen, das Menschliche, in Ordnung zu bringen und zu kontrollieren, sodass es zur äußeren Hülle passt.

Ja, das funktioniert nicht selten und doch ist es nicht wirklich zufriedenstellend. Noch wichtiger, die eigentlichen Fragen bzw. die innere Unsicherheit und der Ruf nach Hilfe, Unterstützung und Orientierung gehen ja nicht von jetzt auf gleich weg. Sie wollen gehört werden.

Nicht nur mir schade ich mit diesem Verhalten. Ich verletzte auch meine Umwelt. Meine Familie, meine Freunde, meine Gesellschaft. Ich spiele eine Rolle, die gar nichts mit mir zu tun hat. Wie oben erwähnt, mögen sich einige davon täuschen lassen. Manchmal kommt es aber doch raus und dann ist die Überraschung groß und es kommt zu Streit, Diskussionen und möglicherweise auch zu einer Trennung.

Ist dies das Verhalten, das wir unseren Kindern vorleben wollen? Können wir so noch Vorbilder für sie sein? Wollen wir solche Vorbilder sein? Für mich irgendwie schwer vorstellbar. Oder wollen wir, dass unsere Kinder in diese Fußstapfen treten und sich dann, wenn sie so alt sind wie wir, genau so fühlen, wie wir es heute tun? Wie wollen wir, dass unsere Kinder sich fühlen, wenn sie so alt sind wie wir jetzt?

Wenn wir im Einklang mit uns selbst sind und glauben, eine klare Orientierung für die Zukunft geben zu können, dann gut und schön. Nur kann ich mir schwer vorstellen, dass es so viele von uns gibt, auf die das zutreffen würde. Ich selbst zähle mich auf jeden Fall nicht dazu.

Und doch geraten wir immer wieder in die alten Fallen. Wenn ein Kind oder auch ein erwachsener Mitmensch weint, Gefühle zeigt oder von seinen Emotionen überwältigt wird – wie oft versuchen wir, ihn zu besänftigen, zu trösten und wieder in die »normale« Welt zurückzuholen? Den meisten von uns fällt es schwer, Mitmenschen, egal ob jung oder alt, weinen zu sehen. Wir fragen gleich, was denn nicht in Ordnung sei, wollen helfen. Helfen in welche Richtung?

Warum fällt es uns denn so schwer, Menschen zu sehen, die ihre Gefühle zeigen? Erst recht, wenn das Männer sind? Wenn Männer weinen, passt dies oft nicht in unser Bild der heilen, kontrollierten Welt. Nur, was wäre, wenn dieses Bild längst überholt ist, eine Täuschung ist und Weinen sehr wohl in dieses Bild passt?

Ich behaupte, dass es uns so schwerfällt, andere Menschen weinen zu sehen, weil wir an unsere eigene Menschlichkeit erinnert werden und so aus Mitgefühl mitleiden. Eine ungewohnte und unbequeme Situation, weil man sich so schwach und verletzlich fühlt. Nicht gut, denn ich weiß nicht, wie ich aus ihr herauskomme. Denn es ist dort ein Schmerz, den ich gar nicht zu fassen weiß.

Erinnern wir uns, dass Weinen zunächst einmal ein Ausdruck von Emotionen ist. Ob und inwiefern wir von anderen gehört werden wollen, ist eine andere Frage. Ich glaube, dass dies zumindest im Unterbewussten sehr oft der Fall ist. Nur, wenn dies so ist, will ich aber nicht das Weinen eines Mitmenschen schnellstmöglich zum Versiegen bringen oder es unterdrücken, sondern erst einmal zuhören und den Emotionen so auch die Chance geben, sich außer durch Tränen zu artikulieren. Wenn dies möglich ist.

Weinen zu unterdrücken, nur weil »man« es so tut, mag kurzfristig helfen und die Symptome abblocken. Es ist aber letztlich eine Flucht vor der Realität.

Wege zur Depression

Seien wir ehrlich: Es ist erschreckend und tragisch, wie wenig Platz für Emotionen in der kontrollierten Welt ist. Tragisch insofern, als die Zahl der Menschen, die an Depression und Burn-out leiden, rapide angestiegen ist. Nur, wie kann dies sein? Schenken uns die Berufswelt und die Gesellschaft nicht Sicherheit und Geborgenheit und tragen somit zur inneren Erfüllung bei? Die Zahlen scheinen eine andere Sprache zu sprechen.

Allein in Deutschland hat sich die Zahl der an einer Depression leidenden Bevölkerung seit der Jahrtausendwende verdoppelt. Psychische Erkrankungen wie Depression oder Burn-out sind in Deutschland inzwischen die dritthäufigste Ursache für Arbeitsunfähigkeit.[81] In Europa litten 2014 im Durchschnitt 5,3 % der Männer und 8,8 % der Frauen an einer Depression.

---

81 Radtke, R. (2019, September 11). »Statistiken zu Depressionen und Burn-out-Syndrom«, online verfügbar unter: https://de.statista.com/themen/161/burnout-syndrom/

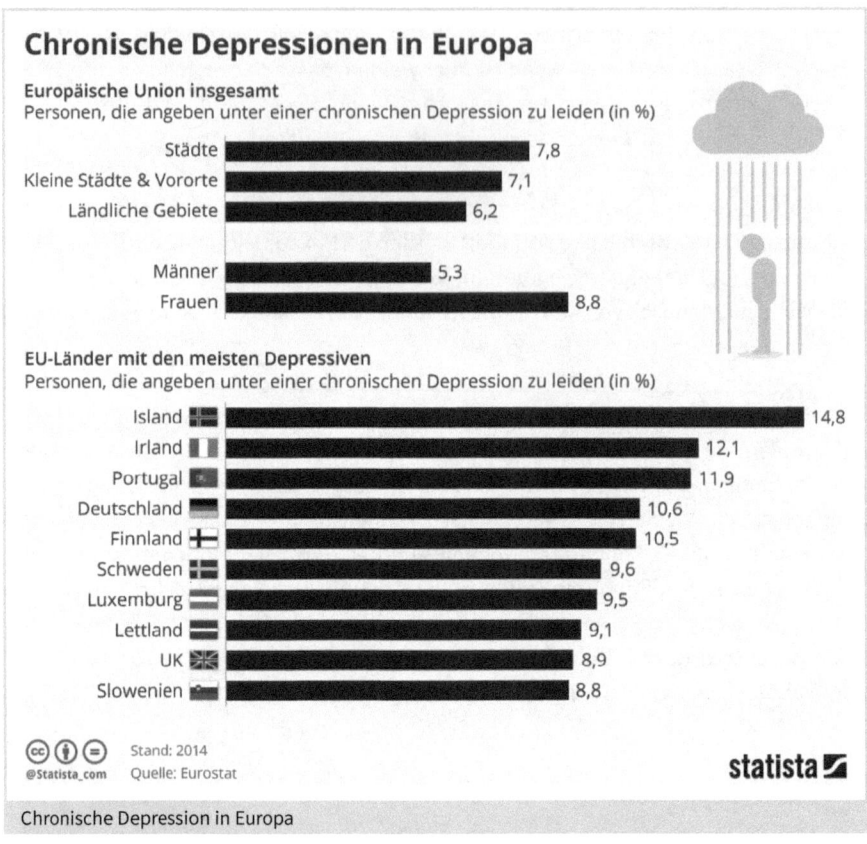

Chronische Depression in Europa

Nach einer Gallup Studie leiden gar 67 % der Arbeitnehmer unter leichtem bis schwerem Burn-out bei der Arbeit.[82] Noch tragischer ist es, dass Krankheiten wie Depression und Burn-out vielleicht von Krankenkassen anerkannt, von der Allgemeinheit aber nicht wirklich ernst genommen und oft eher belächelt werden. Insofern könnte die Dunkelziffer der an psychischen Erkrankungen leidenden arbeitenden Bevölkerung durchaus höher sein.[83] Es passt einfach nicht ins Bild, wenn ein Mittzwanziger schon unter einem Burn-out oder einer Depression leidet und Tage oder Wochen in der Arbeit fehlt.

Interessant ist, dass die Hauptgründe für Burn-out weniger in den Erwartungen an schwere Arbeit oder Leistung liegen, sondern eher in der Art und Weise, wie die Mit-

82   Harter, J. und Pendell, R. (2019). *10 Gallup Reports to Share With Your Leaders in 2019*, online verfügbar unter: https://www.gallup.com/workplace/245786/gallup-reports-share-leaders-2019.aspx
83   Siehe auch Neller, M. (2018, October 21). »Deutschland – Land der Depressiven?« *Welt Online*, online verfügbar unter: https://www.welt.de/wirtschaft/article182415686/Depression-Darum-erkranken-so-viele-Deutsche-daran.html

arbeiter behandelt werden. Um das Risiko für Burn-out in der Arbeit zu reduzieren, empfehlen Wigert und Agrawal (2018), dass sich Führungskräfte um eine faire Behandlung aller Mitarbeiter, eine zu bewältigende Arbeitslast, klare Rollen und Verantwortlichkeiten, transparente und offene Kommunikation und die Vermeidung unnötigen Zeitdrucks kümmern sollen.[84]

Der Mensch als Ressource

Zwar sagen viele Unternehmen, dass ihre Mitarbeite die wichtigsten Werte für das Unternehmen sind. Gleichzeitig werden sie aber nur als Ressource betrachtet und behandelt. Nicht umsonst sprechen wir von »Human Resources«. Und Ressourcen haben zu funktionieren. Ich kann das Umfeld so gestalten, dass ich das Meiste aus dieser Ressource herausholen kann.

Das Problem ist nur, dass wir Menschen nicht wirklich Ressourcen sind – auch wenn wir uns viel zu oft genau so verhalten und behandelt werden wollen. Wir sind Menschen und keine Maschinen.

Ein Blick in die Statistik, wie glücklich die Mitarbeiterinnen und Mitarbeiter in der westlichen Welt mit ihrem Job sind, zeigt, dass der Wert nicht so recht mit der vorgegaukelten heilen Arbeitswelt zusammenpasst. Laut einer Gallup Studie aus dem Jahr 2017 sind weltweit nur 13 % der Mitarbeiter in ihrem Job engagiert, das heißt mit voller Konzentration und Leidenschaft dabei.[85] Die große Mehrheit ist nicht engagiert bei der Arbeit. Weder gehen die Menschen in ihrer Arbeit persönlich auf noch investieren sie zusätzliche Energie oder Leidenschaft in ihre Arbeit. 18 % sind sogar aktiv unengagiert und unglücklich. Sie ziehen von anderen Energie ab, indem sie die Arbeit insbesondere für engagierte Mitarbeiter zur Hölle machen oder ihre chronische Unzufriedenheit zur Schau stellen. Andere Studien[86] bestätigen diese Zahlen mit nur wenigen Abweichungen.

---

84 Wigert, B. und Agrawal, S. (2018). *Employee Burnout, Part 1: The 5 Main Causes*, online verfügbar unter: https://www.gallup.com/workplace/237059/employee-burnout-part-main-causes.aspx

85 Gallup (2017). *State of the Global Workplace*.

86 Deloitte. (2018). *2018 Deloitte Millennial Survey. Millennials disappointed in business, unprepared for Industry 4.0.*
Deloitte University EMEA. (2018). *European Workforce Survey: Voice of the workforce in Europe. Understanding the expectations of the labour force to keep abreast of demographic and technological change.*
DIE ZEIT. (2018). *Fragen zur Arbeitswelt.*
Knieps, F. und Pfaff, H. (Hrsg) (2017). *Digitale Arbeit – digitale Gesundheit.* Medizinisch Wissenschaftliche Verlagsgesellschaft.
Volini, E. et al. (2019). *From employee experience to human experience: Putting meaning back into work. 2019 Deloitte Global Human Capital Trends. Deloitte.Insights.*
Hagel, J. et al. (2016). *2016 Shift Index: The paradox of flows: Can hope flow from fear?*

Unter diesen Gesichtspunkten ist die ansteigende Zahl an Depression und Burn-out nicht wirklich verwunderlich. Sie ist eher eine Bestätigung. Das ist nicht gut, das ist in der Tat tragisch. Und es ist völlig unnötig. Nur, was machen wir dagegen?

Leider versuchen wir weiterhin, die Situation zu kontrollieren. Dafür benutzen wir herkömmliche Werkzeuge und Ansätze. Aber sie helfen nicht richtig weiter. Wie könnten sie auch, zumal sie selbst zu dieser Misere beigetragen haben. Warum nehmen wir dieses Dilemma nicht zum Anlass zu fragen, was uns tagtäglich antreibt? Tun wir etwas aus eigenem Antrieb und für unser eigenes Wohl oder um Prozesse und Maschinen zu bedienen? Was ist wichtiger?

Die Illusion von Kontrolle

Wir sind es gewohnt, unsichere Situationen so schnell wie möglich zu kontrollieren und zu gestalten. Prinzipiell ist daran nichts auszusetzen. Aber der Ansatz kommt an eine Grenze, wenn die bisherigen Werkzeuge nicht mehr helfen, weil sie Voraussetzungen erfordern, die nicht länger existieren. Eine dieser Voraussetzungen ist eben eine eher plan- und kontrollierbare Gegenwart und Zukunft.

In der Welt der Digitalisierung ist Planbarkeit nicht wirklich gegeben. Mag sein, dass es noch viele Bereiche gibt, die ich kontrollieren kann, bei denen ich sagen kann, wie sie sich in den nächsten 10, 20 oder 30 Jahren weiterentwickeln. Nur die Bereiche, auf die dies nicht zutrifft, nehmen zu. Branchen wie die Automobil- oder Energieindustrie, die noch vor fünf Jahren als krisenfest galten, stehen heute schon vor einem gewaltigen Umbruch und morgen vielleicht schon vor dem Aus. Sicher ist, dass sogenannte krisenfeste, sichere Branchen alles andere als sicher sind. In einer solchen Situation von Kontrolle zu reden zeugt von Ignoranz und Realitätsverlust.

Mit unserem Kontrollwahn haben wir eine Welt geschaffen, die immer weniger zu kontrollieren ist. Bisherige Werkzeuge kommen immer öfter an ihre Grenzen oder verkomplizieren die Situation mehr, als dass sie helfen würden, sie zu entspannen.

Wenn wir Menschen weiterhin als Ressourcen betrachten und sie auch so behandeln, darf es nicht überraschen, wenn Ressourcen durch andere Ressourcen ausgetauscht werden. Auch wenn dies womöglich Maschinen sind. Dass dieses Szenario bereits in den Köpfen vieler ist, ist nicht verwunderlich. Und doch wird es verdrängt und man setzt auf alte Werkzeuge und Ansätze. Entweder ist man dumm und realitätsfremd oder der Schmerz ist noch nicht groß genug. Ich stelle mir nur die Frage, wie groß der Schmerz werden muss, damit man reagiert und umdenkt – wenn es dann nicht schon zu spät und der Schaden zu groß ist.

Verschärfung der Krise

Ich habe das Kapitel mit dem Spruch »Jungen weinen nicht« begonnen. Ich selbst habe ihn oft gehört. Ja, er hat mich wie viele andere geprägt. Wir haben gelernt, unsere Gefühle besser zu kontrollieren und zu funktionieren. Das hat viele Vorteile gebracht und über Jahrzehnte und Jahrhunderte wunderbar funktioniert. Nur, wo Licht ist, ist auch Schatten. Jetzt, da wir in einer Zeit leben, die nicht mehr so kontrollierbar ist wie die Vergangenheit, kommen wir an Grenzen, wenn wir Menschen weiterhin zu funktionierenden Wesen erziehen und auch so behandeln. Die Zahl der Menschen, die an Depression und Burn-out leiden oder einfach unerfüllt in ihren Jobs sind, steigt. Zugleich übernehmen immer mehr Maschinen die Arbeit von uns Menschen. Der Wettbewerb menschlicher vs. technischer Ressourcen nimmt an Schärfe zu. Aus Kosten- und Effizienzgründen siegt immer öfter die Ressource Maschine. Das ist bitter und doch haben wir diese Situation selbst mit kreiert. Solange wir uns als menschliche Ressourcen und nicht als Menschen betrachten, verhalten und behandeln, wird sich die Situation eher verschärfen, statt sich zu entspannen.

So überholt, veraltet und irreführend der Glaubenssatz »Jungen weinen nicht« ist, so überholt ist der tayloristische Ansatz der Wirtschaft, die Gesellschaft als ein Sammelsurium von Maschinen zu betrachten, die man kontrollieren und planen kann. Wer Menschen auf die gleiche Stufe wie Maschinen stellt, darf sich nicht wundern, wenn es bei der Antwort auf die Frage »Wie werden wir in Zukunft leben?« kaum oder vielleicht sogar gar keinen Platz mehr für uns Menschen gibt.

Wie wäre es aber, wenn wir die Frage umformulieren und fragen: »Wie wollen wir leben?« Und wie wäre es, wenn wir Fragen der Menschlichkeit mit in unsere Betrachtung nehmen und alte Glaubenssätze hinterfragen bzw. sogar einmotten?

Weitergehende Fragen

- Wann hast du das letzte Mal geweint? Wie hast du dich anschließend gefühlt?
- Wann hast du das letzte Mal den Drang zu weinen unterdrückt?
  Wie hast du dich dabei und anschließend gefühlt?
- Frage dich selbst, wo du deine Mitmenschen und wo du dich selbst wie eine Ressource behandelst. Was würde sich ändern, wenn du diese menschliche Ressource als Mensch behandeln würdest? Was hält dich davon ab?
- Schau dir den Film »Die stille Revolution« von Kristian Gründling an. https://www.die-stille-revolution.de

7 Spielen

»Der Mensch ist nur da ganz Mensch, wo er spielt.«
Friedrich Schiller

Kernpunkte !

- Wir sind mit einem natürlichen Spiel- und Lerndrang geboren.
- Offenheit, Neugier, Präsenz und Freude sind Elemente generativen Lernens. Wir bringen diese Elemente von Natur aus mit.
- Das Besondere beim Lernen im Spiel ist, dass es geprägt ist von Leichtigkeit, Offenheit und Freude. Die Leichtigkeit und das ganzheitliche Lernen mit Geist, Körper und Herz machen das Spielen und somit auch das Lernen besonders.
- In der Schule verlernen wir, Spielen und Lernen in Einklang zu bringen. Gefordert ist in erster Linie die geistige Leistung, nicht die Freude und der Spaß. In Schulen wird wenig bis selten ganzheitliches Lernen gefördert und gefordert.
- Wer den Spieltrieb und damit den Erkundungstrieb unterdrückt, verhindert Leistung und schadet der Gestaltung des eigenen Lebensraumes.
- Lernen hat immer etwas mit Eigenverantwortung zu tun. Das gilt für Kinder wie für Erwachsene.
- Offenheit, Neugier und Präsenz öffnen die Tür zur empfundenen Freude. Es ist das spielerische Handeln, das Spaß und Freude nährt.
- Um die VUKA-Welt für uns zu gestalten, braucht es generatives Lernen.
- Gemeinsames Lernen ermöglicht Ko-Kreation und schafft neue Lern- und Lebensräume.
- Voraussetzungen für generatives Lernen sind stabile und gleichzeitig adaptive Strukturen, Regeln und Prozesse, die zu einem sicheren Umfeld beitragen und Lernen und Weiterentwicklung ermöglichen.
- Die Digitalisierung ist ein Spiel- und Werkzeug sowohl für die Erkundung als auch für die Gestaltung unserer eigenen Welt.
- Die Herausforderungen der VUKA-Welt sind weniger Probleme als Einladungen, unseren angeborenen, generativen Lern- und Spieldrang wiederzuentdecken, weiterzuentwickeln und auszuleben.

Warum Spielen?

Kinder und Spielen, das gehört einfach zusammen. Wenn ich Freunde und Kollegen frage, was sie mit Spielen assoziieren, kommt meistens die Antwort »Kinder«.

Kinder lieben es zu spielen und wir Erwachsene unterstützen sie dabei. Wir richten die Kinderzimmer ein, kaufen Spielzeug, gehen mit den Kindern zum Spielplatz, spielen mit ihnen oder bauen Freiräume auf, wo sich unsere Kinder austoben können. Dass

Kinder spielen (wollen), ist das Natürlichste auf dieser Welt. Sie haben einen natürlichen Spieltrieb und gleichzeitig einen Erkundungsdrang. Im Spielen geht es um Spaß und Freude. Und das Spiel schafft zugleich eine Umgebung des Erkundens und Lernens.

Das Besondere, wenn Kinder spielen, ist, dass es mit Leichtigkeit, mit Freude und Neugier verbunden ist. Kinder lieben es, im Spiel aufzugehen. Sie begeben sich im Spiel in eine andere Welt, sind im Hier und Jetzt. Sie öffnen ihre Sinne, klammern die Außenwelt aus. Das Spieluniversum scheint zeit- und grenzenlos zu sein. Es ermöglicht den Kindern, sich in ihr Spiel zu vertiefen, alles andere auszublenden und im Moment zu leben.

Spielen ist für die Entwicklung von Kindern äußerst wichtig. Hier lernen sie wichtige Fähigkeiten und Fertigkeiten – sei es mental, körperlich oder emotional. Im Spiel mit anderen Kindern erwerben sie wichtige Fähigkeiten für ihr späteres Sozialverhalten. Das Spielen nur auf das Spielen zu reduzieren wäre also zu kurz gegriffen. Spielen ist viel mehr. Vor allem ist es ein riesengroßer und spannender Lernraum, den die Kinder wunderbar annehmen, erkunden und ausfüllen.

Das Besondere beim Lernen im Spielen ist, dass es geprägt ist von Leichtigkeit, Offenheit und Freude. Dadurch, dass oft der ganze Körper und alle Sinne gefordert und gefördert werden, ist es ein ganzheitliches Lernen. Hierdurch wird das Lernen tiefer und nachhaltiger. Das ist kein Widerspruch zur Leichtigkeit. Im Gegenteil: Die Leichtigkeit, Offenheit und das ganzheitliche Lernen mit Geist, Körper und Herz machen das Spielen und somit auch das Lernen besonders. Sie ermöglichen ein »generatives Lernen«. Generativ deswegen, weil Kinder eine Spielsituation nicht nur passiv wahrnehmen, sondern auch ihr bisheriges Wissen, ihre Fähigkeiten und Fertigkeiten einbringen können. Sie setzen sich mit der Spielsituation aktiv auseinander, werden selbst tätig. Das bewirkt, dass neues Wissen sowie neue Fähigkeiten und Fertigkeiten entstehen können.[87] Der Schlüssel zum generativen Lernen ist nicht die passive Wissensaufnahme, sondern das selbstständige, aktive Tun und Ausprobieren. Spielen, Leichtigkeit und Offenheit Neuem gegenüber verstärkt dies. Deswegen ist Spielen so wichtig und wertvoll. Aber: Oft verlernen wir das Spielen. Wann passiert das?

Spätestens mit dem Einstieg in die Schule ändert sich die Lernumgebung. Der Bewegungsdrang der Kinder wird gebändigt. Sie lernen, still und ruhig auf Stühlen zu sitzen, den Lehrern zuzuhören. Sie trainieren ihren Kopf und werden für das Leben »draußen« vorbereitet.

---

87   Siehe auch Technische Universität Dresden. GENERATIVE LERNAKTIVITÄTEN. 2018, https://tu-dresden.de/mn/psychologie/ipep/lehrlern/forschung/forschungsschwerpunkte/generative-lernaktivitaeten.

Zwar haben sich die Lehr- und Pädagogikkonzepte in Grundschulen in den letzten Jahrzehnten gewandelt und orientieren sich stärker an den Bedürfnissen und am Entwicklungsstand der Kinder. Und doch ist es so, dass es selten den erforderlichen Raum gibt, eine ganzheitliche Lernumgebung zu schaffen.

Halten es Kinder nicht aus, ruhig auf ihren Stühlen zu sitzen, wird leider viel zu oft von einem »Zappelphilipp« geredet oder von Aufmerksamkeitsdefiziten. Die Verabreichung von entsprechenden Medikamenten lindern diese »Krankheit«, beruhigt die Kinder. Dabei zeigen Kinder doch oft nur ihren natürlichen Drang.

Mitunter erinnert mich das mehr an einem Flohzirkus, in dem die Flöhe in kurzer Zeit konditioniert werden, nicht mehr zu springen. Sie verlernen eine ihrer grundlegenden Fertigkeiten. In der Schule verlernen wir tendenziell das generative Lernen, das heißt wir verlernen, Spielen und Lernen in Einklang zu bringen. Gefordert ist in erster Linie die geistige Leistung. Zeit und Raum zu spielen gibt es nach wie vor. Es ist aber eher ein Spielen im Kopf. Zeiten z. B. für sportliche, künstlerische oder musikalische Aktivitäten fallen immer öfter anderem Lernstoff und dem Zeitmangel zum Opfer.

Ich gebe zu, dass dies eine recht einfache Darstellung und vielleicht auch übertrieben ist. Die Wirklichkeit ist nicht schwarz-weiß. Der Grundtenor bleibt indes, dass in Schulen wenig bis selten ganzheitliches, geschweige denn generatives Lernen gefördert und gefordert wird. Das heißt nicht, dass die Kinder nichts lernen. Das tun sie. Und immer mehr, denn der Lehrstoff nimmt mit dem Wissen der Gesellschaft zu. Daraus zu schließen, dass mehr Lernstoff automatisch dazu führt, dass die Zeit, die für bestimmte Lehrinhalte ursprünglich reserviert ist, immer kürzer und die Lehrpläne Jahr für Jahr umfangreicher werden müssen, ist fraglich. Es führt eher dazu, dass die Schüler noch weniger Zeit für andere, nicht geistige Aktivitäten haben und der Lernstress, nicht aber unbedingt die Lerneffektivität zunimmt. Zeit und Freiräume zum Spielen, zum Abschalten, zum Reflektieren und zur Erholung werden kleiner. Sie konkurrieren mit dem zweckgebundenen Lernen und ziehen dabei leider oft den Kürzeren. Es steht außer Frage, dass wir in Schulen sehr viel lernen und uns viel Wissen aneignen. Gleichzeitig verlernen wir dabei häufig das Spielen.

Dies ist ein bedeutender und nachhaltiger Verlust. Denn damit verlernen wir oft noch viel mehr. Spielen ist verbunden mit Leichtigkeit, Spaß und Freude und einer natürlichen, nicht immer zweckgebundenen, sondern offenen und erkundenden Neugier. Natürlich kann man dies auch beim eher traditionellen, eindimensionalen Lernen erfahren. Ob dies aber für alle Kinder zutrifft, steht auf einem anderen Blatt.

Eines der größten Opfer, die wir bringen, wenn wir nicht mehr spielen können, ist es, nicht länger im Hier und Jetzt zu sein. Es ist eines der herausragenden Merkmale beim Spielen von Kleinkindern, die das Spielen und Lernen so besonders macht. In der Schule lernen wir, uns auf den Lernstoff zu konzentrieren. Gleichzeitig nehmen die Ablenkungen immer mehr zu. Die Konzentration schweift ab. Heranwachsende werden früh in den Sog der Hektik des Alltags gezogen, müssen sich dort zurechtfinden. Für Innehalten und im Hier und Jetzt zu sein, dafür ist kein Platz mehr. Das ist schade und tragisch, wir verlieren dadurch etwas sehr Kostbares von uns selbst. Nämlich die an sich angeborene menschliche Fähig- und Fertigkeit, im grenzenlosen und scheinbar zeitlosen Hier und Jetzt zu sein. Wir tauschen es ein gegen Hektik und Getriebensein, bekommen dafür zum Glück aber viele Werkzeuge mit auf den Weg. Zeit und Raum für das Spielen nehmen mehr und mehr ab. Dafür lernen wir zu funktionieren. Und das tun wir schließlich auch ganz gut.

Was passiert, wenn man Erwachsene einlädt zu spielen?

So ist es nicht verwunderlich, dass wir Erwachsene eher zögerlich und manchmal mit Widerstand reagieren, wenn wir eingeladen werden zu spielen. In der Freizeit ist es freilich leichter zu spielen. Aber im Beruf ist dies wohl kaum machbar. Man hat Angst, sich eine Blöße zu geben. »Oh Gott, man könnte ja verlieren und als Depp dastehen. Wie peinlich. Dann lieber nicht und vielleicht nur zuschauen.«

Dabei ist es interessant zu beobachten, dass Spielen von uns Erwachsenen sehr oft, zu oft mit Wettbewerb in Verbindung gebracht wird. Warum eigentlich? Wo ist der Spieldrang, das Spielen um des Spielens willen geblieben?

Der Spieldrang scheint uns oft abhandengekommen zu sein oder ist über die Jahre merklich kleiner geworden. Allerdings bezweifle ich, dass dieser Spieldrang ganz absterben kann. Wenn ich im Coaching oder in Workshops Übungen anbiete, die an sich Spiele sind, ich sie aber nicht als Spiel ankündige, zögern die Teilnehmenden in der Regel nicht oder kaum mitzumachen. Es ist auch nicht weiter erforderlich, vorab zu erklären, dass jetzt durch ein Spiel etwas Neues gelernt werden soll. In der Tat würde ich es auch deswegen nicht tun, weil viele Teilnehmende das Lernen durch Spielen verlernt haben. In der Welt von Planung, Kontrolle und Prozessoptimierung ist hierfür kein Platz. Wenn die Teilnehmenden später dann doch feststellen, dass sie an sich »nur« gespielt und damit große Lernerfolge erzielt haben, sind sie nicht selten überrascht. Und, oh Gott, womöglich hatten sie dabei sogar so etwas wie Spaß und Freude, was im normalen Berufsalltag vielleicht gar kein Platz mehr einnimmt oder einnehmen darf.

Ähnliches habe ich auch in der Freizeit entdeckt. Als Skilehrer baue ich gerne Spiele in meinen »Unterricht« ein. Erkläre ich vorab, dass wir ein Spiel machen werden, kann man die Anspannung der Gruppe geradezu fühlen. Der Lernerfolg und der Spaß halten sich in Grenzen. Spreche ich nicht von Spielen, sondern von Übungen, sieht das anders aus. Oft ist es erst im Nachhinein so, dass die Teilnehmenden merken, dass sie tatsächlich »nur« gespielt haben. Und je ausgeprägter der Spielcharakter, desto größer ist oft der Lernerfolg. Womöglich auch deshalb, weil die Spiele alle Sinne ansprechen und Geist, Körper und Herz einbinden. Es ist eine Art Rückkehr zum kindlichen Spielen und damit zu ganzheitlichen und nachhaltigeren Lernerlebnissen.

Und Spielen muss gar nicht immer etwas mit ernsthaftem Lernen zu tun haben. Vor ein paar Jahren organisierte meine Frau zu meinem Geburtstag eine Überraschungsparty. Es war eine ganz besondere Feier, denn meine Frau plante sie als Kindergeburtstag. Es war alles dabei: von Topfschlagen bis zum Wattepusten, entsprechender Tischdeko und natürlich Kinderliedern. Wir hatten sehr viel Spaß und Freude. Und doch gebe ich zu, dass ich beim Spielen nie ganz loslassen konnte und mich nicht einmal zumindest für ein paar Stunden oder wenigstens Minuten ganz dem Spiel und Spaß hingeben konnte. Mein Kopf wollte einfach nicht mitmachen. So sehr diese Geburtstagsfeier einfach nur klasse war, so sehr betrübt es mich heute noch, dass ich damals nicht loslassen konnte und in meinem Kopf gefangen war.

Bei anderen Aktivitäten wie zum Beispiel Skifahren, Klettern oder Tangotanzen kann ich hingegen wunderbar loslassen und den Moment genießen, im Hier und Jetzt sein und alles andere ausblenden. Nicht immer, aber doch recht häufig. Der nette Nebeneffekt vom Loslassen und vom Im-Hier-und-Jetzt-Sein sind Erholung, Spaß und Freude.

Jetzt die Frage: Wenn wir uns beim Spielen an sich so gut fühlen, warum tun wir es dann nicht öfter? Die häufigste Antwort dürfte sein, dass man keine Zeit für das Spielen hat. Oder es passt nicht ins Umfeld z. B. der Arbeit. Oder man ist es nicht mehr gewohnt, dafür Zeit und Raum zu schaffen und zu füllen.

Was sind unsere »Spielwiesen« (geworden)?

Unsere Spielwiesen[88] heißen viel zu oft Arbeit, tägliche Routine, Hektik und Überleben im Hamsterrad. Dabei beschneiden wir uns in unserer Freizeit für Familie, Freunde und für uns selbst. Ablenkungen wie Fernsehen und Social Media, Spielen auf Spielekonsolen, online oder auf dem Computer tun ihr Übriges. Echtes Spielen findet nur noch begrenzt statt und ist oft auf das Spielen im Kopf ohne echte Interaktion mit anderen Menschen begrenzt.

So ist es nicht verwunderlich, dass uns der Alltag innerlich immer mehr auffrisst. Dies hat erhebliche gesundheitliche Auswirkungen. Der Krankenstand in Unternehmen in

---

88 Die Frage nach einer »Spielwiese« spielt auch in *Das Café am Rande der Welt: Eine Erzählung über den Sinn des Lebens* von John Strelecky (2019) eine Rolle.

den letzten Jahren ist auf einem Rekordstand. Depression und Burn-out, Herzinfarkt und andere »moderne« Krankheiten nehmen weiter zu.[89]

Überlegt man, welchen Stellenwert und welche Zeit die Arbeit in unserem Leben einnimmt, ist es erstaunlich, wie wenige Arbeitnehmerinnen und Arbeitnehmer richtig glücklich in ihren Jobs sind und darin aufgehen. Kaum auszudenken, wie die Atmosphäre wäre, wenn mehr Menschen glücklich in ihrer Arbeit wären, wenn sie mit Freude und Motivation arbeiten würden!

Freizeitaktivitäten sind nicht abgeschrieben. Die Freizeitindustrie boomt. Heutzutage ist für jedes Interesse etwas dabei. Aber selbst hier geht es oft um Leistung und Wettbewerb und weniger um das reine Spielen und Erholen.

Gleichwohl ist es interessant zu beobachten, wenn Erwachsene beim Spielen in ihrer Freizeit aufgehen und diese Freude mit in die Arbeit nehmen. »Kindsköpfe« werden solche Menschen mitunter genannt. Auf der einen Seite ist dies ein liebevoller und neckischer Begriff. Auf der anderen Seite ist darin eine Abwertung enthalten. Denn welcher Erwachsene will schon als Kind tituliert werden? Für Kindsköpfe und Spielen ist und bleibt in der Erwachsenenwelt kaum Platz. Schade eigentlich, da Spielen meist mit Spaß und Freude einhergeht, was die Arbeitsproduktivität sogar steigert statt verringert.

Obwohl wir wissen, dass Spielen hilft, Stress abzubauen und geistig beweglich zu bleiben, das Wohlbefinden und die Gesundheit zu fördern, scheint es inkompatibel mit der Arbeitswelt zu sein.[90] Unsere Arbeitswelt ist heute noch immer sehr stark geregelt, verplant und kontrolliert. Ausschlaggebend sind Ergebnisse. Freiraum für Kreativität wäre zu teuer, kann nicht geplant und kontrolliert werden, zumal es keine Garantie für erwünschte Ergebnisse gibt.

In diesem Konstrukt werden wir Menschen als Ressourcen behandelt. Dafür werden wir entlohnt, sodass wir die Behandlung als Ressource zulassen oder vielleicht sogar fördern. Interessant ist, dass die Buchhaltung uns Menschen als Kosten, als Passiva, verbucht, während sich z. B. Möbel oder Maschinen auf der aktiven Seite befinden. Buchhalterisch mag dies historisch zu begründen sein. Es zeigt aber auch, dass wir ein großes Stück Menschlichkeit von uns selbst aufgeben.

---

89 Siehe z. B. das Dossier von Statista. (2019). *Depression und Burn-out-Syndrom*, online verfügbar unter: https://de.statista.com/statistik/studie/id/18103/dokument/depression-und-burn-out-syndrom--statista-dossier/

90 Siehe auch den ARD-Beitrag über den Spieltrieb: Schmaltz, A. (2020). »Spieltrieb – darum sind wir Spielernaturen«. *W wie Wissen (ARD)*. Bis 17.12.2020 verfügbar unter https://www.daserste.de/information/wissen-kultur/w-wie-wissen/spiel-130.html, anschließend abrufbar unter: https://motivate2b.com/wp-content/uploads/2020/06/Warum-spielen-wir-W-wie-Wissen-ARD-Das-Erste.pdf.

Was aber ist, wenn Spaß und Freude zu besseren Ergebnissen führen?

Die Arbeits- und Unternehmenswelt wandelt sich. Dazu beigetragen haben verstärkt Start-ups, deren Arbeitsumgebung sich mitunter grundlegend von der in traditionellen Unternehmen unterscheidet. Die Arbeitsplätze ähneln nicht selten eher Wohnzimmern oder Werkstätten, die zum Bleiben einladen. Sie sind sehr offen und ermöglichen Dialog und gemeinsames Arbeiten. Der Tischkicker ist so selbstverständlich wie ein Kühlschrank mit kostenfreien Getränken für alle.

Das muss nicht jeder mögen. Und doch scheint es ein Trend in vielen Unternehmen zu sein, die Arbeitsräume moderner und für die Mitarbeiter ansprechender zu gestalten, wobei es bei der Gestaltung der Büroräume in erster Linie nicht um moderne Möbel geht. Ausschlaggebend ist, ob ich mit der Gestaltung des physischen Arbeitsraums die Entwicklung einer offenen Kultur fördern kann. Erinnern wir uns an Richard Sheridans Aussage in Kapitel 3.2 über die Gestaltung der Arbeitsumgebung bei Menlo Innovations: »Wir haben kein offenes Büro eingerichtet. Wir haben eine offene Kultur kreiert. Unser physischer Raum spiegelt einige unserer tief verwurzelten kulturellen Überzeugungen, wie wir großartige Teams schaffen, wider: Offenheit, Transparenz, Zusammenarbeit, Teamwork, Flexibilität und Skalierbarkeit.«

Das Bild des Mitarbeiters hinter einem Bildschirm in einem einsamen Cubicle hat ebenso ausgedient wie das Denken und Arbeiten in organisatorischen Silos. Ob und wie weit sich die Neugestaltung der Arbeitsumgebung ausdehnt, wird sich zeigen. In traditionellen Unternehmen dürfte dies auch aus Raum- und Kostengründen schwieriger umzusetzen sein als bei Neugründungen.

Wobei, warum eigentlich nicht? Es ist nachgewiesen, dass die unmittelbare Arbeitsumgebung einen signifikanten Einfluss auf die Produktivität und die Zufriedenheit der Mitarbeiter hat.[91] Insofern dürfte sich die Modernisierung von Arbeitsplätzen sehr wohl lohnen. Warum sie also nicht als moderne »Spielplätze« gestalten?

Die Antwort lautet häufig, zu oft »Ja, das ist gut, aber ...«. Beim Aber zeigt sich, dass viele noch nicht bereit sind, bisherige Annahmen und Gewohnheiten zu hinterfragen und Neues auszuprobieren. Man weiß, dass Modernisierung frischen Wind bringt, bleibt aber doch lieber bei Altbewährtem.

---

91 Siehe z. B. DeMarco, T. und Lister, T. (1999). *Peopleware: Productive Projects and Teams*. Dorset House Publishing Company.

> **!** **Beispiel**
>
> Vor einigen Jahren gab es im deutschen Fernsehen eine Werbung für eine Bank.[92] In einer Krisensitzung fragt der Vorsitzende nach Vorschlägen, wie man weglaufende Kunden wiedergewinnen könne. Der Vorschlag, bunte Fähnchen zu schwingen, wird mit Wohlwollen aufgenommen. Eine andere Mitarbeiterin macht einen alternativen Vorschlag, der die alte Bank verjüngen würde. Der Vorsitzende ist davon überhaupt nicht begeistert und entscheidet, dass man dann doch den Vorschlag mit den bunten Fähnchen annimmt. Raum für neue Ideen? Nicht wirklich. Denn altbewährte Rezepte sind bequemer und weniger aufwendig in der Umsetzung.

Fortschritt ist nicht künstlich. Er ist natürlich. Wer versucht, ihn aufzuhalten, verliert den Anschluss an die Realität. Man wird zum »Opfer« des Fortschritts, weil man ihn nicht selbst gestalten wollte. Sicher mögen Einzelne sich damit abfinden, aber es ist bestimmt keine Möglichkeit für die Gesellschaft.

Was können wir von Kindern lernen?

In seinem Buch *The Art of Learning* (2008) schreibt Josh Waitzkin[93], dass man im Leistungssport festgestellt hat, dass organisierte Sportaktivitäten im Kindesalter, wie z. B. Fußball- oder Tennis-Camps, Spitzenleistung nicht automatisch fördern. Viel wichtiger sei es, Zeit und Räume für freies Lernen im Spiel sicherzustellen. Es geht um Spielen um des Spielens willen und nicht Spielen mit einem Wettbewerbsgedanken oder Zweck. Nur so haben Kinder die Möglichkeit, ihre Instinkte spielerisch zu erkunden und zu trainieren. Schnelleres, effektiveres und nachhaltigeres Lernen wird so gefördert und bildet die Grundlage für Spitzenleistung. Umgekehrt bedeutet dies, dass wir, wenn wir den Spieltrieb und damit den Erkundungstrieb in uns unterdrücken, Leistung verhindern. Das gilt sowohl für Kinder als auch für Erwachsene.

Spielen begleitet uns das ganze Leben lang. Mal mehr, mal weniger. Es stellt sich nur die Frage, wie viel Spielen wir in unserem Alltag zulassen wollen. Es geht hier nicht um den reinen Zeitvertreib oder die Flucht aus dem Alltag. Es geht mehr um das reine Erkunden, der eigenen Neugier nachzugehen, ohne immer gleich einen Zweck verfolgen zu müssen.

Eltern berichten, dass ihre (Klein-)Kinder ihnen wieder beibringen, Fantasie zu entwickeln und die Lebensumgebung unbefangener wahrzunehmen. Diese Herangehens-

---

92 https://www.youtube.com/watch?v=nNjB2_tj0lw

93 Waitzkin, J. (2008). *The Art of Learning: An Inner Journey to Optimal Performance.* New York: Free Press. Auch interessant ist das Podcast-Gespräch von Tim Ferris mit Josh Waitzkin »Josh Waitzkin on Beginner's Mind, Self-Actualization, and Advice from Your Future Self«, online verfügbar unter: https://tim.blog/2020/03/14/josh-waitzkin-transcript-412/

weise kann mitunter z. B. dazu inspirieren, sich mit neuen Technologien spielerisch zu beschäftigen – getrieben von Neugier und ohne direkten Anwendungsfall.

Einem bestimmten Zweck muss das Spielen nicht immer dienen.

> »Spiel ist Spiel, … wenn es um seiner selbst Willen betrieben wird. Es ist ein Verhalten ohne Zweck, aber nicht ohne Sinn. Spielen ist nicht fürs unmittelbare Überleben notwendig, es geschieht immer freiwillig und außerhalb des Alltags: Im Spiel ist alles erlaubt. Wer spielt, vergisst die Zeit und ist ganz bei der Sache, versunken im Hier und Jetzt.«[94]

Es kann aus reinem Spaß und Freude geschehen. Und doch sind es gerade solche Momente, die zu neuen Erkenntnissen führen. Innovationen werden selten in bekannten Räumen entwickelt. Es sind Eindrücke und Einflüsse von außen, die neue Aspekte hereinbringen und so etwas Neues entstehen lassen. Innovationen in einer gesicherten Laborumgebung sind eher die Ausnahme als die Regel.

Wenn wir Kinder beim Spielen beobachten, können wir vor allem ihre Offenheit, Unvoreingenommenheit und Neugier beobachten. Es ist der Mut bzw. die fehlende Angst, Neues auszuprobieren, zu erkunden und so zu lernen. Rückfälle gehören dazu, werden aber nicht als solche begriffen oder verteufelt. Wie sonst kann ein Kind Laufen lernen? Laut einer Studie von Pampers fällt ein Kind viele hundert Mal hin, bevor es den ersten eigenen Schritt macht.[95] Nicht so besonders, denkt man. Und doch liegt in dieser Zahl eine kleine Weisheit verborgen. Ein Kleinkind, das hinfällt, mag vielleicht kurz weinen. Es schaut sich aber nicht um und versucht einen Schuldigen zu finden, den es für das Hinfallen verantwortlich machen kann. Es versucht aufzustehen und macht einfach weiter, bis es schließlich steht. Hat es das geschafft, sieht es die Welt mit ganz anderen Augen. Mit den ersten Schritten merkt es schnell, dass die Erkundungstour jetzt viel schneller geht und auch spannender ist. Es sind Augenblicke der Freude.

Die Weisheit des Kindes, das Laufen lernt, liegt darin, dass es sich nach Rückschlägen immer wieder aufrappelt, so lange, bis es sein Ziel erreicht hat. Es übernimmt sozusagen die Verantwortung für den eigenen Fortschritt.

---

94   Schmaltz, A. (2020). »Spieltrieb – darum sind wir Spielernaturen«. *W wie Wissen (ARD)*. Bis 17.12.2020 verfügbar unter https://www.daserste.de/information/wissen-kultur/w-wie-wissen/spiel-130.html, anschließend abrufbar unter: https://motivate2b.com/wp-content/uploads/2020/06/Warum-spielen-wir-W-wie-Wissen-ARD-Das-Erste.pdf.

95   Weitere ähnliche Quellen:
DeWolf, Melissa. »Infants Learn to Walk by Learning to Fall.« *Psychology in Action*, 2012, https://www.psychologyinaction.org/psychology-in-action-1/2012/11/22/infants-learn-to-walk-by-learning-to-fall.
Podubrin, Evelyn. *So lernen Babys laufen.* 2017, online verfügbar unter: https://freie-bewegungsentwicklung.de/so-lernen-babys-laufen/.
Weichs, Barbara. »Laufen lernen: Die ersten freien Schritte.« *Baby und Familie*, 2019, online verfügbar unter: https://www.baby-und-familie.de/Entwicklung/Laufen-lernen-Die-ersten-freien-Schritte-113389.html.

Ja, wir können einem Kind beim Laufenlernen helfen. Nicht aber, indem wir es an beide Hände nehmen und hochziehen, sodass es die Schritte andeutet, ohne selbst im Gleichgewicht und aus eigener Kraft zu stehen. In der Tat warnen Orthopäden vor dieser Hilfestellung. Statt dem Kind damit zu helfen, schaden wir ihm mehr. Einmal weil wir seinen Willen, etwas selbst zu lernen, entmachten. Und dann, weil das Kind die erforderlichen Muskeln und das Gleichgewicht eigentlich erst viel später entwickelt. Wenn wir hier also »helfen«, kann sich das negativ auf die weitere Entwicklung des Kindes auswirken.

Als Eltern können wir sehr wohl den Lernfortschritt fördern – durch die Gestaltung des Lernraums des Kindes. Zum Beispiel wollen wir sicherstellen, dass die Steckdosen abgedeckt und gesichert sind oder dass keine spitzen Gegenstände in der Nähe des Kindes sind, an denen es sich verletzen kann. Wir können das Kind beobachten, uns mit ihm freuen, wenn es Fortschritte macht, es ermutigen weiterzumachen, wenn es hingefallen ist. Nicht unbedingt trösten, wenn es hingefallen ist, denn das kann den Lerndrang eher reduzieren als ihn fördern. Trösten heißt immer auch, die Aufmerksamkeit des Erwachsenen zu bekommen. Womöglich könnte es das Kind so verstehen, dass es die Aufmerksamkeit und Zuneigung eines Erwachsenen immer dann bekommt, wenn es hinfällt, sich wehtut oder ein Ziel nicht erreicht – sicher nicht besonders förderlich.

Kurz, die Lernerfahrung eines Kindes können wir allenfalls erleichtern und fördern. Lernen muss das Kind allein. Wir können Lernumgebungen bereitstellen und gestalten. Das Lernen selbst können wir ihm damit nicht abnehmen. Denn Lernen hat immer etwas mit Eigenverantwortung zu tun. Das gilt für Kinder wie für Erwachsene.

Angeborener Lerndrang

Der Lerndrang ist uns Menschen angeboren. Er dient dem Überleben, ist unerlässlich. Verbunden mit dem Lerndrang ist die Suche nach Orientierung. Als Eltern geben wir unseren Kindern eine erste Orientierung – aber nur als Anfangspunkt für die eigene Lernerfahrung und die eigene Erkundung, für das Begreifen und die Gestaltung der Welt. Darum ist Lernen so wichtig.

Das Kind nimmt seine Umgebung wahr und beobachtet sie. Der Bewegungs- und Lerndrang treibt das Kind an, das eigene Umfeld zu erkunden und zu begreifen. Spielen unterstützt dabei.

Lernerfolge, das Begreifen, selbst die Wahrnehmung geschehen von sich aus. Es wäre allerdings seltsam zu behaupten, dass eine Lernerfahrung oder ein Lernerfolg vom Kind geplant würde. Es geht offen, neugierig und unvoreingenommen an eine ihm unbekannte Umgebung heran. Gerade im Spielen ist es dabei im Hier und Jetzt, lebt in seiner eigenen Welt, ist völlig »fokussiert« auf die jeweilige Tätigkeit, ohne sich darin zu »verbeißen«. Es ist mehr ein Empfangen von Sinneswahrnehmungen und das Kombinieren der Eindrücke, die zu einem »Ganzen« zusammengeführt werden – das ist Lernen. Die Lernerfahrung entsteht ganz von selbst, sie kann nicht vorher geplant werden. Vom Kind schon gar nicht.

Damit sich ein Kind orientieren kann, sucht es sich anfangs ein Vorbild, z. B. einen Elternteil. Aber es ist das eigene Handeln, das zum Lernen führt. Ohne dieses eigenständige Handeln ist Lernen nicht möglich. Spielen und in der Gegenwart, im Hier und Jetzt zu sein, im Spielen ganz präsent zu sein fördert die Lernerfahrung. Darüber hinaus spielt die Freude am Lernen eine wichtige Rolle. Offenheit, Neugier und Präsenz öffnen die Tür zur Freude. Es ist das spielerische Handeln, das Freude und Spaß vermittelt.

Spielen und Gestalten in der Gemeinschaft

Spielt das Kind mit anderen Kindern, wird diese Freude vermehrt. Das Teilen der Freude mit anderen vergrößert die Freude in der Gruppe und die eigene. Darüber hinaus ermöglicht das Spielen mit anderen viel größere Räume für Lernerfahrungen, Gestaltung und Kreationen. Es kommen mehr Fähigkeiten und Fertigkeiten zusammen, man hilft sich gegenseitig, spielt und arbeitet miteinander und schafft so etwas Gemeinsames.

Spielen mehrere Kinder gemeinsam und bauen z. B. zusammen eine große Sandburg, folgen sie einer gemeinsamen Intention. Ein Kind wird kaum mit einer Gruppe von anderen Kindern spielen, wenn es nicht selbst den Willen dazu hat. Bauen Kinder etwas zusammen, kann dies willentlich entstehen oder es entwickelt sich von selbst. Wie das »Ergebnis«, z. B. die fertige Sandburg, von den einzelnen Kindern wahrgenommen wird, kann wieder ganz unterschiedlich sein.

Ohne die Überlappung der einzelnen Wünsche, sei es auch nur der Wunsch, gemeinsam zu spielen, ist gemeinsames Lernen nicht möglich. Ob mit dem Spielen ein Zweck verbunden ist, ist dabei weniger wichtig, wenn nicht sogar irrelevant. Wichtiger ist die gemeinsame Motivation, zusammen zu spielen und Zeit zu verbringen.

Orientierung in ungewohnter Umgebung

Werfen wir einen Blick auf die unterschiedlichen Ebenen von Komplexität in Lernumgebungen. Einfache Herausforderungen wie das Greifen mit den Händen werden von Kindern schnell gemeistert – auch weil sie über natürliche Reflexe verfügen.

Wird es komplizierter, kombinieren wir und erlernen so neue Dinge. Vergangene Erfahrungen helfen dabei, Neues einzuordnen und so zu begreifen. Anders verhält es sich, wenn wir mit Phänomenen konfrontiert werden, die uns gänzlich unbekannt sind, die sich ständig ändern und die wir in unsere bisherigen Erfahrungen nicht einsortieren können. Als Erwachsener mag uns das abschrecken. Ein Kind mag von Unbekanntem eher angezogen werden. Es geht offen und neugierig an die Sache heran, probiert aus und findet so entweder durch Zufall oder durch viele Wiederholungen und durch Kombinieren zum Begreifen und zum Lernerfolg.

Etwas anders verhält es sich, wenn wir mit einer chaotischen Situation konfrontiert werden, in der weder Wissen, vergangene Erfahrungen noch Probieren uns weiterhilft. Ein kleines Kind ist mit der Situation überfordert und schreit vielleicht. Das Schreien ist eine Art Ruf nach Orientierung und Hilfe zugleich. Entweder in Form von Hilfe von außen oder zumindest Hilfe von jemand anderem. Wenn keiner diese Schreie erhört und das Kind dies akzeptiert, orientiert es sich neu (wenn es nicht vorher eingeschlafen ist).

In einer komplexen Situation verhalten Kinder sich ähnlich, agieren aber wahrscheinlich sehr viel vorsichtiger und langsamer. Sie orientieren sich damit aber de facto an sich selbst, das heißt an ihrem bisherigen Wissen, an ihren Erfahrungen, Fähigkeiten und Fertigkeiten und ihrem Handeln (Aktion und Reaktion). Dies heißt aber nichts anderes, als dass die Orientierung im Kind selbst liegt. Mit anderen Worten: Der Ankerpunkt der Orientierung sind immer wir selbst – unabhängig davon, ob es sich um eine einfache, komplizierte, komplexe oder chaotische Situation oder Herausforderung handelt.

Umgebung	Reaktion des Kindes	Orientierung des Kindes
Einfach	reflexartige Reaktion Die neue Umgebung wird schnell erfasst.	motorische, natürliche Bewegung
Kompliziert	Denken und Kombinieren helfen, die neue Umgebung zu erfassen und zu begreifen.	eigenes Wissen und Erfahrungen
Komplex	Ausprobieren Der neuen Umgebung wird mit Neugier und Offenheit begegnet.	eigenes Wissen und Erfahrungen
Chaotisch	Schreien Die neue Umgebung überfordert.	Suche nach Hilfe von außen, wenn es allein nicht weiterkommt

Umgebungsabhängige Reaktion und Orientierung eines Kindes

Arbeiten wir in komplexen oder chaotischen Umgebungen mit anderen zusammen, kann uns das gemeinsame Arbeiten eine Orientierung bieten oder sie zumindest erleichtern. Das Gleiche gilt für das Zulassen, Finden oder Erarbeiten von Antworten oder Lösungen zu schwierigen Fragen oder Problemen. Offenheit, Neugier, Präsenz, Freude und Mut, Sachen einfach spielerisch anzugehen sind dabei eine große Hilfe.

Mit anderen Worten: Werden wir mit uns unbekannten Fragen, Problemen oder Herausforderungen konfrontiert, finden wir die erforderliche Orientierung für eine Klärung der Situation in uns selbst oder in der Zusammenarbeit mit anderen. Dabei hilft uns das generative Lernen. Dabei nehmen wir das Neue nicht nur passiv wahr, sondern versuchen es mit unserem bisherigen Wissen zu begreifen oder mit unseren Fähigkeiten und Fertigkeiten zu bewältigen. Generatives Lernen erfordert den Schritt vom passiven Konsumieren zum aktiven Gestalten. »Wir müssen akzeptieren, dass die Welt […] seltsam und unvorhersehbar ist, wodurch sich zugleich Spielräume für Kreativität und unvorhersehbare Entwicklungssprünge bieten. Die Zukunft ist unbestimmt, sie ist das, was wir aus Vergangenheit und Gegenwart heraus gestalten. Sie ist kein Ding, sondern ein Tun: Sie entsteht dadurch, dass wir sie ›zukünften‹.«[96] In der Gemeinschaft ist dies leichter als allein.

Voraussetzungen für generatives Lernen

Generatives Lernen darf nicht »abgewürgt«, sondern muss gefördert werden. In der sozialen und wirtschaftlichen Welt versuchen wir, sichere Lebens- und Lernumgebungen zu schaffen und entwickeln dafür Strukturen, Regeln und Prozesse. Das funktioniert aber nur gut, solange diese das generative Lernen nicht einschränken. Denn generatives Lernen kann bei der Entwicklung neuer Orientierung in unbekannten und unsicheren Umgebungen helfen.

Nur ist aber nun einmal so, dass sich Lebensumstände ändern können – gerade in der heutigen Zeit. Können Strukturen, Regeln und Prozesse den Wandel nicht mitmachen, halten sie uns wie in einer Zwangsjacke fest und behindern uns dabei, neue Wege zu gehen bzw. Neues auszuprobieren und zu entdecken. Eine unnötige und langsame Bürokratie ist ein gutes Beispiel für eine solche Zwangsjacke. Oder die Anforderung, dass man sich an einen bestimmten Prozess halten muss, weil es der Prozess so vorschreibt, obwohl der ursprüngliche Grund für die Entwicklung des Prozesses obsolet geworden oder sich geändert hat. Einen Prozess um des Prozesses willen einzuhalten, führt weder zu Wertschöpfung noch trägt es zum Lernen bei.

---

96   Indset, A. (2019, 254). *Quantenwirtschaft: Was kommt nach der Digitalisierung?* Econ.

Voraussetzungen für generatives Lernen sind stabile und gleichzeitig adaptive Strukturen, Regeln und Prozesse, die zu einer sicheren Lebensumgebung beitragen und Lernen sowie Weiterentwicklung ermöglichen. Kommen wir noch einmal zum Beispiel des Kindes zurück: Wenn das Kind erfolgreich einen ersten Schritt gemacht hat, will es gleich den nächsten und übernächsten und so fort versuchen. Das Kind aber in einem kleinen Raum zu lassen, in dem es nur einen oder wenige Schritte machen kann, ist alles andere als förderlich für das Lernen. Das Kind will seine Umgebung erkunden. Das Kind z. B. nur im Laufstall zu lassen, wird schnell zu Unmut und Geschrei führen. Früher oder später wollen wir das Kind aus dem Laufstall herausnehmen und es frei laufen lassen.

Machen wir einen Sprung vom Laufstall des Kindes hin zu den individuellen, sozialen und wirtschaftlichen Herausforderungen der Digitalisierung. Warum erkennen und akzeptieren wir die Digitalisierung nicht einfach als unsere Lebens- und Lernumgebung, statt sie zu verteufeln und vor lauter Angst vor den Herausforderungen womöglich wegzulaufen? Schließlich haben wir sie selbst geschaffen. Warum sie jetzt nicht weiter gestalten?

Die Orientierung in der VUKA-Welt liegt in uns. Das heißt, wir sollten uns an uns orientieren. »Uns« umfasst sowohl uns selbst auf der individuellen als auch auf der Gruppenebene und schließt unser soziales und wirtschaftliches System mit ein – und selbstverständlich auch unsere Umwelt. Sie alle sind Teil von uns. Der Anker für eine Orientierung in der digitalen VUKA-Welt liegt in uns Menschen.

Dies ist keineswegs eine neue Erkenntnis. In der griechischen Mythologie gab es das Orakel von Delphi, das den Menschen Antworten auf ihre Fragen gab. Dabei wurde ihnen die wichtigste Antwort und somit Orientierung schon gegeben, wenn sie über die Schwelle des Tempels traten. Dort stand oberhalb des Eingangs der Spruch »Erkenne dich selbst«. Nichts anderes bedeutet es aber, wenn ich schreibe, dass wir die Orientierung für die VUKA-Welt in uns tragen. Wir müssen dies nur erkennen, akzeptieren und entsprechend handeln.

Digitalisierung als Spiel- und Werkzeug

Die Digitalisierung ist genauso wenig ein Zweck in sich wie ein bürokratischer Prozess. Die Digitalisierung ist vielmehr ein Spiel- und Werkzeug – sowohl für die Erkundung als auch für die Gestaltung unserer Welt.

Vergessen wir dies, kann die Digitalisierung schnell zu einem Hindernis werden. Dann lenken wir uns selbst mit ihr davon ab, unsere Welt zu gestalten. Nicht wir kontrollieren und treiben die Digitalisierung voran, sondern umgekehrt werden wir Menschen dann zum Spielball der Digitalisierung. So würde aber ein Horrorszenario entstehen, in dem Maschinen die Welt regieren und nicht wir Menschen.

Insofern wäre es schlichtweg dumm, wenn uns manche Menschen glauben machen wollen, dass wir etwas **für die Digitalisierung** tun müssten. In Wirklichkeit ist es umgekehrt, dass wir die Digitalisierung dazu verwenden sollten, **etwas für uns Menschen** zu tun. Dabei ist es durchaus legitim, Digitalisierung zu fordern und zu fördern, ohne nach dem Warum zu fragen und danach, wem sie dienen soll. Aber wenn wir nicht nach dem Warum fragen, werden wir schnell zum Opfer der Digitalisierung, statt sie zu lenken. Und wir verpassen die Chance, die Digitalisierung zu nutzen, um das Leben so zu gestalten, wie wir es wollen.

Die Herausforderungen der VUKA-Welt sind weniger Probleme als die Einladung, unseren angeborenen generativen Lern- und Spieldrang wiederzuentdecken, weiterzuentwickeln und auszuleben. Komplexe und chaotische Probleme und Fragestellungen werden wir nicht mit altbewährten Methoden und Werkzeugen lösen können. Erforderlich sind Neugier, Offenheit, Erprobungsgeist und die Bereitschaft, gemeinsam zu arbeiten – nicht um die Entwicklung aufzuhalten, sondern um stabile und gleichzeitig adaptive Strukturen und Regeln zu schaffen, die auf der einen Seite Bewährtes sichern und auf der anderen Seite generatives Lernen fördern und fordern, sodass wir die Zukunft individuell und gemeinsam gestalten können.

Was hält uns ab, das Spielen wiederzuentdecken?

Ausreden, unser Spielen zu reduzieren, einzugrenzen oder zu kontrollieren, gibt es genügend. »Keine Zeit«, »zu alt«, »zu kindisch« usw. Dabei dürfen wir nicht vergessen, dass im Spielen Magie liegt – nämlich die des Lernens und des Fortschritts . Mitunter ist es diese Magie, die uns helfen kann, Antworten auf die VUKA-Welt und die Digitalisierung zu finden – indem wir uns mit Offenheit, Neugier und Selbstverantwortung an die Fragen herantrauen. Das ist nicht immer zweckgebunden. Manchmal ist es der spielerische Ansatz, der uns die Antworten finden lässt. Die Orientierung und der Sinn liegen in uns selbst. Vorausgesetzt, wir wissen, wer wir sind und wohin wir gehen wollen. An sich ganz einfach, oder?

Malte Clavin

Bevor wir uns im nächsten Kapitel eine mögliche Reisegestaltung anschauen, möchte ich dir jemanden vorstellen, der das »Spielen« im weitesten Sinne für sich wiederentdeckt und sein Leben entsprechend ungestaltet hat. Als ich Malte Clavin 2007 bei einem gemeinsamen Projekt in einem Telekommunikationsunternehmen kennengelernt habe, war er wie ich als externer Berater unterwegs. Heute ist Malte Abenteuer-Journalist und -Fotograf. Er bereist die ganze Welt, mal allein, mal mit der ganzen Familie. Als wir uns im Herbst 2019 sprachen, wollte ich von ihm wissen, wie es zu diesem Wandel kam und was ihn heute antreibt.

Spielen, Neugier, Ängste und Mut – Interview mit dem Abenteuer-Journalisten Malte Clavin[97]

Thomas: Malte, du bist Abenteuer-Journalist. Das hört sich erst mal extrem nach Spielen und Abenteuer an. Warst du immer schon so? Bzw. wie wurdest zum Abenteuer-Journalisten?

Malte: Ich komme aus einer Kaufmannsfamilie aus Lüneburg. Meine Eltern und meine beiden älteren Brüder waren Kaufleute. Insofern war auch mein Weg vorgezeichnet. Also wurde ich zunächst Industriekaufmann. Ich qualifizierte mich dann noch weiter, studierte Gesellschafts- und Wirtschaftskommunikation und machte einen MBA.

Und doch habe ich immer gespürt, es gibt da noch einen weiteren Malte. Ich habe das herausgefunden, indem ich mein inneres Team aufgestellt habe. … Auf der einen Seite gibt es den Sicherheits-Malte, der durch die Familiengeschichte geprägt wurde. Er verfolgt einfach die positive Absicht, die Familie zu versorgen und auf den historischen Wurzeln der Familienentwicklung das Kaufmännische beizubehalten. Auf der anderen Seite gibt es den Kreativ-Malte, der halt seine Kapriolen macht, der fotografieren, reisen und dergleichen will. Ich habe immer gemerkt, die beiden Maltes behaken sich und konkurrieren miteinander. Ich habe aber gelernt, dass es Sinn macht, oben über diese beiden Maltes noch einen dritten Malte zu implementieren. Nämlich den Meta-Malte, der als Moderator beide zu seinem Kompromiss führt. Dieses Modell hat mir extrem geholfen. … Ich stellte fest, beide Maltes haben ihre Berechtigung, beide verfolgen eine positive Absicht. Und so konnte ich sagen: »Okay, lieber Sicherheits-Malte, du hast jetzt acht Monate lang in einem Projekt gearbeitet, hast Geld verdient, hast deine Familie versorgt, hast was zurückgelegt. Dafür darfst du, lieber Kreativ-Malte, jetzt auch mal vier oder sogar sechs Wochen wegfahren.« Und so gab's immer einen Kompromiss und beide sind ruhig geblieben.

---

97   Weitere Informationen zu Malte Clavin unter http://www.clavin-photo.com/de.

Mit diesem Modell arbeite ich immer noch, weil es für mich extrem hilfreich ist. Ich bin überzeugt, dass in uns allen divergierende Kräfte walten. … Und das hat für mich auch den Ausschlag gegeben, mich 2004 mit meiner Frau und meiner Tochter für sechs Monate nach Südostasien aufzumachen. Aus dieser Reise sind dann zwei weitere Reisen entstanden: nach Sri Lanka für ein halbes Jahr und vier Monate durch Malaysia. Im Zuge dessen habe ich in über 40 Medien über unsere Reiseerlebnisse berichtet. Und auch über das, was uns vorher immer abgehalten, blockiert und behindert hat, uns diese Reiseträume zu erfüllen. So bin ich zum Fotografen und Journalisten geworden. Später bin ich in den Reisevortragsmarkt eingestiegen und habe mit 18.000 Leuten in Deutschland, Österreich und der Schweiz unsere Erlebnisse geteilt. Über die Dauer der Zeit habe ich die Latte immer ein bisschen höher gehängt. Irgendwann fing ich an, auch allein loszustiefeln. Ich habe für den WWF in Sumatra die Tigerschutzpatrouille dokumentiert, bin in Vietnam fünf Tage mit einer Expedition in die größte Höhle der Welt eingestiegen, war jetzt in Südafrika bei einer Ranger-Ausbildung.

Hobby, Beruf und Spiel

Thomas: Wenn man das eigene Hobby zum Beruf macht, inwiefern ist das noch Spielen?

Malte: Spielen ist ein ganz großer Bestandteilteil. Ich sehe es als einen Teil des Lebensentwurfs. Spiel bedeutet immer, dass das Leben spielerisch bleibt, dass auch nicht so viel Ernsthaftigkeit drin ist.

Ich gucke immer ganz bewusst, wo es für mich neue Herausforderungen gibt. Ich frage mich: »Kribbelt das? Muss ich mich irgendwie überwinden? Muss ich raus aus der Komfortzone und hat das irgendwie auch einen fotografisch interessanten Aspekt?« Und wenn das der Fall ist, dann gehe ich los. So bin ich zu einem Entdeckenden geworden.

Das sind einfach verschiedene Stufen des Lebens. Dabei ist es mir ganz wichtig, die spielerische Leichtigkeit beizubehalten. Ich habe das bei einer Expedition in Birma gelernt, wo ich mit meinen Erwartungen konfrontiert wurde. Ich hatte herausgefunden, dass es neben dem Hauptstrom, dem Irawadi, noch weiter im Osten an der Grenze zu Bangladesch, einen Fluss, den Chindwin River, gab, zu dem es bislang keinerlei Bildmaterial gab. Sofort ging vor meinem geistigen Auge die National Geografic Doppelseite auf und ich dachte: »Wow, da fliege ich jetzt hin und fahre den Fluss runter, mache ein paar Fotos und habe dann eine richtig tolle Geschichte im Kasten«. Also flog ich dorthin und setzte in Hkamti mit so einem alten chinesischen Fährboot auf den Fluss auf. Und ich stand da wirklich am Bug mit der Kamera im Anschlag und dachte: »Hinter der nächsten Flussbiegung, da kommt sie jetzt, die Doppelseite«. Nur, sie kam nicht. Nicht am ersten Tag, auch nicht am zweiten, auch nicht am dritten. Ich merkte, wie ich zunehmend frustriert wurde. Ich schimpfte rum wie ein Rohrspatz. Ich erkannte dann aber auch, dass meine Erwartungen im Kopf einfach zu stark waren und ich mich der Realität nicht stellen wollte. Ich lernte einen Mönch kennen, der mir mit einer Geschichte von einem chinesischen Farmer beibrachte, dass es im Leben darum geht, einfach radikal zu akzeptieren, was ist.

Ich blieb in diesem Spiel, in der Gelassenheit. Ich kümmerte mich darum, dass alles in meinem Einflussbereich okay war. Also dass die Kameras geladen waren und funktionierten und so weiter. Und der Rest lag einfach nicht in meinem Einflussbereich. Ich lernte, gelassen zu bleiben und dieses Spielerische zu behalten. Und mit dieser Einstellung gehe ich auch heute noch los.

Für meinen letzten Trip nach Südafrika recherchierte ich zum Beispiel gar nicht so viel im Vorhinein. Ich wollte nicht, dass wieder irgendwelche Erwartungen von bestimmten Bildern von Tieren entstehen … Das ist dann teilweise ein bisschen naiv. Aber dadurch behält das ganze Leben, all das, was um mich herum geschieht, eine gewisse Frische und Leichtigkeit.

Ich finde, … mit dieser Haltung von Spiel kann man sehr gut umgehen, wenn du für dich eine gefestigte Haltung hast. Und dir auch diese Selbstermächtigung zugestehst zu sagen: »Also, das ist jetzt maximal außerhalb der Komfortzone. Aber es ist nicht lebensbedrohlich, was hier gerade passiert.«

Spiel heißt, es gibt gewisse Regeln. Aber der Zufall ist ein ganz wichtiger Bestandteil davon. Ich frage mich immer, wie gehe ich mit diesem Zufall um? Ich habe gelernt, mich möglichst selbst zu stabilisieren, resilient zu werden und für mich selber die Kontrolle, die Gewissheit und eben auch die Lebensfreude beizubehalten und mir dessen immer wieder bewusst zu sein.

Neugier als Antrieb wahrnehmen, Ängste überwinden

Thomas: Welche Bedeutung hat Neugier in deinem Beruf?

Malte: Neugier ist für mich ein ganz wichtiger Antrieb. Ich glaube, dass Neugierde durch eine innere Stimme spricht, durch einen frischen Impuls. Ich halte es für extrem wichtig, auf diesen frischen inneren Impuls, auf diese Neugierde zu achten, weil das eine ursprüngliche Energie ist. Es ruft ein primäres Bild hervor als Ausdruck unserer persönlichen Einzigartigkeit. … Und das herauszufinden finde ich, ist eine wesentliche Lebensaufgabe.

Die meisten von uns wissen um die eigene Neugier, aber sie folgen ihr nicht, weil ihnen etwas im Weg steht, was weitaus mächtiger ist: die Angst. Und … nur wenige haben es gelernt, was es bedeutet, durch diese Angst hindurchzuschreiten, Ängste zu bewältigen. Viele machen Folgendes: Entweder werden Ängste einfach umgangen, delegiert oder maskiert; aber sie werden nicht bewältigt. Diese drei Dinge sind ganz typische Taktiken. Gerade im Businessumfeld ist Angst ein Tabu, ein totales Tabu. Lieber spricht man über Leistungsunfähigkeit, Stress oder Lampenfieber. 42 % aller Führungskräfte in Deutschland haben Angst. Also anteilig weitaus mehr als die 18 % der deutschen Bevölkerung, die unter Angst leidet in Deutschland.

Aha-Erlebnisse durch Offenheit

Thomas: Kannst du Beispiele nennen, wie Offenheit zu einem Aha-Erlebnis beigetragen hat?

Malte: Ja, das war eine Kälteausbildung in Polen, die ich mit 60 anderen Menschen machte. Gleich am ersten Tag ging es los. Kaum waren wir angekommen, hieß es: »Wir treffen uns draußen in fünf Minuten in Shorts.« Wir haben aufs Thermometer geguckt. Sechs Grad. »Shorts?« »Und was noch?« »Ja, nichts.« »Barfuß?« »Ja.« Okay, dann sind wir alle raus, 60 Leute bei sechs Grad barfuß in Shorts, zwei Stunden lang durch den Wald gelaufen. Mund halten, sauerstoffreich atmen – das hatten wir vorher noch kurz gelernt – und einfach nur bewusst gehen. Wir kamen an einem zugefrorenen Bach vorbei. Wir hackten das Eis auf und steckten unsere Hände und Füße in das kalte Wasser. Am Nachmittag gingen wir dann zum Haus, wo jeder von uns Eisbäder in großen Fässern nahm, die wir vorher noch aufhacken mussten, weil sie komplett zugefroren waren. Jeder von uns begab sich viermal für mehrere Minuten in dieses Eisbad. Das war ein einzigartiges Erlebnis.

Als ich abends ins Bett ging, dachte ich nur: »Alter, war das super. Ich bin so stolz, dass ich das geschafft habe.« Die Eisbäder waren anfangs maximal unangenehm. Wenn du ganz lange drin sitzen bliebst, bekamst du auch irgendwann Kopfschmerzen und gingst raus aus dem Eis. Aber dein Metabolismus wurde um dreihundert Prozent angefeuert, die Verdauung initiiert, das Immunsystem gestärkt.

Seit der Kälteausbildung nehme ich jeden Morgen meine kalte Dusche. Das gehört zur bombenfesten Routine meines Tages. Ich kann dir sagen, es gibt nichts Schöneres. Das Gefühl dieser Lebendigkeit und der Präsenz ist unvergleichlich. Das kann kein noch so starker Espresso liefern. Und du machst für dich jeden Morgen einfach schon mal einen Haken und sagst, »Hey, es war in meiner Macht. Ich habe mich entschieden, ich habe es gemacht, ich habe den Tag schon gewonnen. Egal was jetzt passiert, das Ding liegt bei mir.« Da habe ich gemerkt, dadurch gewinnst du ein neues Plateau an Freiheit.

Und darum geht es mir persönlich, einfach neue Freiheiten zu erlangen. Und das ist so ein Punkt, wo ich mit Offenheit reingehe. Ich suche jetzt ganz gezielt immer wieder solche Herausforderungen.

Angeborene und erlernte Ängste

Thomas: Welche weiteren Antriebe außer der Neugier hast du?

Malte: Ich gucke nicht nur auf die Neugierde, sondern immer auch auf Ängste. Denn natürlich bin auch ich von Ängsten geprägt. Ich weiß aber auch, dass wir letztlich nur mit zwei Ängsten geboren wurden, nämlich der Angst vor Lautstärke und der Angst vorm Fallen. Für beides gibt es einprogrammierte Reaktionen. Weinen als Reaktion auf Angst vor Lautstärke und den Moro-Reflex als Reaktion auf Angst vor dem Fallen. Alle anderen Ängste sind erlernt, erworben, passiv abgeschaut. Das heißt auch, man kann sie wieder verlernen.

»Jetzt finde ich Vogelspinnen faszinierend.« (Foto © Malte Clavin)

Ich habe zum Beispiel eine Spinnen- und Insekten-Angst-Desensibilisierung gemacht, weil ich viel in Regenwäldern unterwegs bin. Vorher sagte ich: »Also, so eine Vogelspinne finde ich jetzt einfach nicht so toll.« Nach der Desensibilisierung, nach zweieinhalb Stunden, hatte ich so ein Tier auf der Hand und später auf dem Kopf. Und es ist wirklich so. Diese Ängste lösen sich auf. Dadurch findet eine wirkliche Transformation statt. Du bist danach ein anderer. Jetzt finde ich Vogelspinnen faszinierend. Ich kann gar nicht mehr verstehen, wie ich vor ihnen vorher Angst haben konnte.

Und ganz viele Menschen entledigen sich halt nicht ihrer Ängste. Sie haben sich in ihren Ängsten immer wieder programmiert, indem sie immer wieder die gleichen Angstreaktionen, die gleichen neurologischen Verbindungen befeuern. Sie kennen nicht das Gefühl, wenn die Angst nicht mehr da ist, wenn alte Angstgefühle sich aufgelöst haben und nicht länger im Gedächtnis gespeichert sind. Wüssten sie es, wäre es wahrscheinlich leichter, die Ängste zu überwinden. Das ist die große Herausforderung.

Unser Gedächtnis funktioniert so, dass wir uns etwas merken, wenn es mit einer starken Emotion verbunden ist, sei sie positiv oder negativ. Ohne Emotionen kein Gedächtnis. Und mit je mehr positiven Eindrücken du deinen Geist befüllst, umso freudvoller oder besser kannst du durchs Leben schreiten.

Der Blick nach innen

Thomas: Was ist ausschlaggebend, wenn wir ins Unbekannte aufbrechen?

Malte: Es gibt momentan in der modernen Unternehmensführung einfach ziemlich viele Herausforderungen wie Unvorhersehbarkeit, technologische Geschwindigkeit, Komplexität, Intransparenz, Disruptionsanfälligkeit. Das sind alles äußere Einflussfaktoren. Das Problem ist, dass sie in uns Störgefühle auslösen, denen wir uns ausgesetzt sehen. Und jetzt versuchen wir immer, die Lösung im außen herbeizuführen durch irgendwelche Methoden, Prozesse oder sonst irgendwas. Wir suchen eine Lösung in einer Domäne, in der wir einfach keine Kontrolle haben. Wir gucken aber nicht nach innen.

Ich glaube, es macht absolut Sinn, sich auf den Weg zu machen und die eigenen inneren weißen Flecke auf der persönlichen Weltkarte zu erschließen und somit neue Fähigkeiten zu erlernen, um gegen solche Einflussfaktoren nicht nur temporär, sondern ein für alle Mal gefeit zu sein. Das ist für mich der richtige Weg.

Weiterführende Übungen und Fragen

- Nutze die Gelegenheit, Kindern beim Spielen zu beobachten.
- Beobachte und reflektiere dein eigenes Spielen. Welche Erfahrungen machst du?
- Spielwiesen: Was sind deine Spielwiesen im Leben? Spielst du auf ihnen oder versuchst du sie durchzuorganisieren und zu kontrollieren? Wie erlebst und erfährst du die Magie des Spielens? Entdecke neue Spielwiesen für dich – gehe dabei spielerisch an die Sachen heran, mit den Augen und der Offenheit eines Kindes.

- Tausche dich mit Freunden oder Kollegen zu folgenden Fragen aus:
    - Was bedeutet Spielen für dich?
    - Was sind deine Spielwiesen von gestern?
    - Was sind deine Spielwiesen von heute?
    - Wo möchtest du morgen spielen?
    - Was hält dich vom Spielen ab?
    - Wie kannst du mehr spielen?
- Welchen Einfluss das Wort »aber« haben kann, kannst du in folgendem Spiel herausfinden: Bilde zwei Gruppen. Beide haben die Aufgabe, innerhalb von fünf Minuten eine Reise vom gegenwärtigen Standort nach Tokio zu planen. In der einen Gruppe werden die einzelnen Schritte immer mit einem »aber« erwidert. Also, wenn jemand vorschlägt, dass die Gruppe ein Taxi rufen solle, um zum Bahnhof zu kommen, würde ein anderer einwenden: »Ja, aber …«, und die Gruppe darf weiter diskutieren. In der anderen Gruppe ist das Wort »aber« nicht erlaubt.

  Finde heraus, welche der beiden Gruppen schneller und leichter an ihr Ziel kommt.
- Prüfe, inwiefern Strukturen und Regeln in deiner Umgebung Lernen und Erfahrung fördern oder einschränken.

8   Wege zum Menschsein

»Deine äußere Welt ist der Spiegel deiner inneren Welt.
Wenn du mehr Liebe, Vertrauen, Freude, Erfüllung und Erfolg in deinem Leben
möchtest, musst du das Fundament dafür in deinem Inneren legen.«
Laura Malina Seiler

Kernpunkte   !

- Medizin gegen Lärm: (Zu)hören ohne Reaktion
- Lösungen sind das Gegenteil von Kontrolle. Lösungen zeigen sich, wenn wir sie zulassen.
- Der wahre Fokus auf die eigene Natürlichkeit findet sich im Inneren.
- Sich seiner eigenen Gefühle bewusst zu sein und sie anzuerkennen ist eine Stärke und kann gleichzeitig innerlich befreien.
- Verletzlichkeit ist kein Zeichen von Schwäche. Es ist ein Zeichen von Menschsein. Es ist ein Zeichen von Stärke.
- Gib deinem Herzen Raum und die Stimme, die es braucht.
- Die Frage nach dem Sinn im Leben ist nicht im Kopf, sondern im Herzen zu finden.
- Wenn du authentisch sein willst, vertraue auf dein Herz und handle entsprechend.
- Tipp, um aus dem Alltagschaos auszutreten: Versuche nicht, jemand anderes zu sein. Sei du selbst!
- In und aus der eigenen Mitte zu leben ist ein Sprung mitten ins Leben und Quelle unendlicher Energie.
- Die beste Weise, ein menschliches Umfeld zu schaffen und zu gestalten, ist es, selbst Mensch zu sein.
- Vertrauen in sich selbst öffnet Tore zur Gestaltung der eigenen Spielwiese des Lebens.
- Es ist nicht allein die männliche oder die weibliche Energie in uns, die zählt: Im Einklang männlicher und weiblicher Energie finden wir unser wahres Wesen.
- In schweren Zeiten um Hilfe zu bitten gibt uns die Chance, Vertrauen in unser Leben zu üben.

»Wer bin ich wirklich?« – diese und andere verwandte Fragen beschäftigen mich schon seit geraumer Zeit. Als ich im Frühjahr 2018 über mehrere Wochen mit dem Zug zur Arbeit pendelte, benutzte ich die morgendliche Stunde, um diesen Fragen nachzugehen. Sobald ich im Zug meinen Sitzplatz gefunden hatte, verabschiedete ich mich für 30 bis 45 Minuten von meiner Außenwelt, schloss meine Kopfhörer an, hörte ruhige Musik und entspannte mich dabei. So gut es ging versuchte ich, meinen Kopf und meine Gedanken auszuschalten. Ich konzentrierte mich auf meinen Atem, hörte und spürte in mich hinein, genoss den Augenblick und saß einfach nur still.

Bevor ich in diese Ruhe abdriftete, stellte ich mir jeden Tag genau eine Frage, die mich näher zur Beantwortung der Kernfrage »Wer bin ich wirklich?« brachte. In der Ruhe kamen mir einfache Einsichten zu der täglichen Frage. Noch im Zug machte ich mir dazu ein paar Notizen, dachte später über die Antwort nach, editierte und ergänzte meinen Text. Später entschied ich mich, diese täglichen Einsichten mit ein paar Freunden zu teilen. Sie motivierten mich wiederum, sie ins Netz zu stellen, was ich im Frühjahr 2019 auch tat.[98] Das folgende Kapitel beinhaltet diese Ideensplitter.

So wertvoll die einzelnen Splitter und Gedankenanstöße sind, sie formen letztlich ein Ganzes. Sie sind hilfreiche Wegbegleiter auf der Reise hin zum Menschwerden und Menschsein. Sie möchten dazu beitragen, Antworten auf die Fragen zu geben, wer wir sind und wohin wir gehen wollen.

Raus aus Chaos und Hamsterrad

Medizin gegen Lärm: (zu)hören, ohne zu reagieren

In all der Hektik und dem Lärm, den wir tagein, tagaus erleben und denen wir ausgeliefert sind, ist es manchmal ausgesprochen schwierig, ja schier unmöglich, die Ruhe zu bewahren. Wir fühlen uns getrieben, reagieren, uns dröhnt der Kopf, wir werden von links nach rechts gezerrt, jeder will etwas von uns, wir sind nicht mehr Herr unserer Sinne.

Okay, ziemlich extrem oder übertrieben? Möglich, aber manchmal finde ich mich genau in einer solchen Situation wieder. Sie raubt mir Energie, Konzentration, Ausgeglichenheit. Es ist einfach nur noch anstrengend. Die Freude auf einen ruhigen Abend oder ein entspanntes Wochenende ist dann enorm. Aus so einem Hamsterrad herauszukommen scheint eine ganz besondere Herausforderung zu sein.

Dabei ist es eigentlich nicht wirklich schwierig. Wer sagt, dass wir immer sofort reagieren müssen, auf das, was auf uns einprasselt?!

Wir haben mindestens zwei Optionen:
1. Wir lassen uns zum Spielball der Energie anderer oder des hektischen Umfelds machen. Dabei geben wir mehr Energie ab, als dass wir neue gewinnen können. Wir fühlen uns zunehmend leer, ausgelaugt, müde.
2. Wir kommen zur Ruhe, spüren in uns hinein. Vielleicht konzentrieren wir uns kurz auf unseren Atem, um im Hier und Jetzt anzukommen. So gewinnen wir einen gewissen Abstand zur äußeren Welt. Dann können wir immer noch entscheiden, ob wir auf die Eindrücke von außen reagieren müssen, wollen und werden – oder eben nicht.

---

98   Die Texte finden sich in der deutsch- und englischsprachigen Facebook Gruppe »Being Human« unter: https://www.facebook.com/groups/motivate2b/

Die Einsicht, dass wir auf unsere Umwelt hören und ihr zuhören können, aber es eben nicht immer erforderlich ist, sofort oder überhaupt zu reagieren, ist ein einfacher und effektiver Weg aus dem Hamsterrad.

Das gesprochene Wort oder eine Handlung von einem Gegenüber einfach stehen zu lassen, einfach präsent zu sein und zuzuhören, ohne Zwang oder Druck zu reagieren kann eine Riesenerleichterung sein. Sie schafft Raum, Ruhe, Weite und manchmal sogar inneren Frieden. Für uns und für die andere Person.

> Medizin gegen Lärm:
> (Zu-)Hören ohne Reaktion

Vergiss Kontrolle

Ich mag den Sommer, die Wärme und Sonne und die langen Tage mit viel, viel Licht. Aber es ist der Frühling, den ich wirklich liebe. Er kommt manchmal nur schleichend und dann mit dem ersten blühenden Baum scheint er innerhalb kürzester Zeit geradezu zu explodieren. Interessant finde ich, dass unmittelbar vor dieser Explosion die Natur so aufgeräumt und ruhig wirkt, als hätte jemand gekehrt und alles für den Frühling vorbereitet.

Man sagt, dass mit dem Frühling das Leben in die Natur zurückkehrt. Ich finde, das Bild ist trügerisch. Denn das Leben ist auch im Winter nie weg. Mag sein, dass es schläft. Der Wechsel der Jahreszeiten ist ein natürlicher Zyklus. Was alle Jahreszeiten gemeinsam haben, ist aber das Leben. Mal lauter, mal leiser, mal kälter, mal wärmer. Es ist immer da, hört nie wirklich auf. Und auch der Winter bietet viele und schöne Reize. Sei es die klare Luft, die Abkühlung, lange und gemütliche Abende, Bewegung an der frischen Luft, die Möglichkeit, Farben in der eher grauen Natur umso mehr zu schätzen und zu genießen.

Mit der menschlichen Energie des Lebens ist es ähnlich. Mag sein, dass dunkle Gedanken, negative Erfahrungen, Ängste und Sorgen unsere Sonne verdunkeln können. Das darf aber nicht zum Irrglauben führen, dass dies ein permanenter Zustand sei und dass diese »dunkle« Seite das Leben kontrollieren würde. Die Sonne kehrt dann zurück, wenn man erkennt, dass die »dunklen« Seiten nur temporär sind. Das Licht verdrängen sie auf Dauer nie.

Es liegt an uns, in schweren Zeiten die Strahlen des Lebens in unser Leben zurückzulassen, sie willkommen zu heißen und wieder am Leben teilzuhaben.

> Kontrolle ist temporär.
> Die Energie des Lebens ist ewig. Spüre sie.

Flow: loslassen und sich lösen

Wie schön ist es, ohne Ängste und Sorgen zu sein, mitten im Leben zu stehen, es genießen zu können und im »Flow« zu sein.

»Flow«, der Moment, im Hier und Jetzt zu sein, zu 100 % präsent zu sein, alle Ablenkungen auszublenden ist wunderbar. Dies kann durch oder während einer Tätigkeit sein, wie z. B. im Sport, in der Musik, in der Arbeit, oder in der Ruhe wie z. B. in der Meditation. Es ist, als ob die Zeit stehen bleiben und mit Ewigkeit ausgetauscht würde. Gleichzeitig erfüllt Flow mich mit Energie wie kaum ein anderer Moment, kaum eine andere Aktivität oder ein anderes Gefühl.

Umso frustrierender ist es, dass es mitunter sehr schwierig sein kann, in den eigenen Flow zu kommen, geschweige denn lange in ihm bleiben zu dürfen. Es gibt täglich so viele Ablenkungen – seien es Probleme und Herausforderungen, Lärm, Pläne, eigene Gedanken etc. –, die einen Flow geradezu ausschließen.

Nicht selten erwische ich mich dabei zu versuchen, solche Flow-Momente festzuhalten, mich an ihnen festzuklammern. Just ist der Flow-Zustand auch schon wieder vorbei. Der Kopf schaltet sich ein. Mag sein, dass ich mich noch klasse fühle. Aber der echte Flow ist in dem Moment vorbei. Auf der einen Seite kann das echt frustrierend sein, will ich den schönen Augenblick doch nur verlängern. Auf der anderen Seite erinnert es mich daran, dass ein solcher Flow-Zustand nicht von außen kommt, sondern im eigenen Inneren entsteht.

Wenn ich in meinem Flow-Zustand komme, ist es, als würde ich mich in etwas einklinken, das immer schon da ist. Es ist aber kein aktives Einklinken. Vielmehr komme ich in meinen Flow, wenn ich loslasse, mich einer Situation hingebe. Es ist das Gegenteil von Kontrolle. In der Tat bedeutet »Lösung« etwas loslassen, sich entfalten lassen, zu schauen, was ist.

Dies scheint auf den ersten Blick nicht unbedingt ein hilfreicher Rat in einer Welt zu sein, in der so vieles um Kontrolle, um Leistung, um Ziele und deren Erreichen geht. Dabei geht es nicht darum, Ziele aufzugeben oder ihnen nicht länger nachzugehen. Es gibt aber einen Unterschied zwischen Intention und Fokus auf der einen Seite und blindem und verkrampftem Verharren und Erzwingen-Wollen auf der anderen Seite. Letzteres setzt uns Scheuklappen auf, macht uns in der Tat blind gegenüber unserer Umwelt und unserem Sein. In verzwickten, verfahrenen Situationen lassen sich Lösungen selten erzwingen, wenn überhaupt. Lösungen zeigen oder eröffnen sich oft erst dann, wenn man loslässt und sie zulässt.

Gleiches gilt für Gedanken, die uns nicht voranbringen, die unser Leid womöglich vergrößern oder die unsere Ängste und Sorgen verschlimmern. Wir verkrampfen uns und erstarren. In solchen komplexen oder gar chaotischen Situationen oder Zuständen loszulassen kann extrem schwierig sein. Und doch gibt es keinen anderen Weg. Die beste »Medizin« für verkrampfte Zustände ist es loszulassen und zu entspannen – so schwierig es auch sein mag.

Die Kunst ist es, in einem gelösten Zustand zu bleiben, im Hier zu agieren und zu gestalten. Erinnern wir uns an ein spielendes Kind. Beim Spielen ist es gelöst, entspannt, gelassen und kann doch gleichzeitig sehr fokussiert sein.

Spielen kann somit zum Schlüssel für Flow werden. Im Flow scheint Unmögliches möglich zu werden. Das Spiel und damit auch ein Flow-Zustand hören auf, sobald Spannung oder Verkrampfung entsteht. Verkrampfung und Spielen schließen einander somit aus, sind nicht kompatibel. In dem Moment, in dem wir einen Flow-Zustand mit dem Kopf zu steuern und zu kontrollieren versuchen, endet der Flow-Zustand abrupt.

Lösungen, Gestaltung und Kreativität liegen sehr nah beieinander. Mit Kontrolle haben sie nichts gemein. Entspanne dich und lass los, spiele, finde deinen Flow und genieße ihn.

> Lösungen sind das Gegenteil von Kontrolle.
> Lösungen zeigen sich, wenn wir sie zulassen.

Fokus

Auf der Suche nach einem besseren, klareren Fokus auf meine eigene Natürlichkeit, meinen Flow und meine Spiritualität hat mir geholfen, mich an ein tiefes Gefühl der Geborgenheit und inneren Gelassenheit zu erinnern und es zu spüren. Ein schönes und warmes Gefühl, eine sichere und vertraute Umgebung, in der mich geborgen fühle, in der kein Platz für Ängste oder Sorgen ist, in der ich meine Seele baumeln lassen kann, die sich anfühlt wie ein wahres Zuhause, in der ich loslassen kann, in der ich ich selbst sein kann. Mit diesem Gefühl der Geborgenheit kommt innerer Frieden, Ruhe und die Präsenz des eigenen Flows. Es ist ein idealer Zustand, um mit Herausforderungen von außen zurechtzukommen.

Wann immer eine Herausforderung an dich herantritt, betritt und fühle deinen Raum der Geborgenheit, deinen eigenen Flow. Sofern die Herausforderung wirklich für dich gedacht ist, wird sich eine Lösung zeigen.

> Fokussiere dich auf dein Inneres und finde dort deine Natürlichkeit.
> Das gibt dir ein Gefühl der Geborgenheit.

Streit, Wut, Verletzlichkeit

Sei ehrlich mit dir selbst und zeige es

Streit und Auseinandersetzungen, Missverständnisse, Diskussionen, Ärger gehören (leider) zum Alltag. Sich in solche Situationen nicht zu verlieren, ist mitunter eine Kunst. Etwas, was mir hilft, ist, mir klarzumachen, dass ich nicht identisch bin mit dem Streit, der Auseinandersetzung, dem Missverständnis, der Diskussion oder dem Ärger.

Eine andere Hilfe ist es, mich zu fragen, ob ich wirklich mein eigenes Ich zum Vorschein gebracht oder vielleicht nur eine Rolle gespielt habe, die den Streit mit verursacht oder dazu beigetragen hat. Zu erkennen, wer man wirklich ist, kann eine Befreiung sein. Eine Befreiung von alten, von außen bestimmten oder selbst gestalteten Rollen, die uns von unserer wahren inneren Natur fernhalten. Bleib dir selbst treu, sei ehrlich mit dir selbst und zeige dein wahres Ich. Lebe.

> Sich selbst zu erkennen ist eine Befreiung von alten Lasten.

Wut als Fenster zur inneren Befreiung

Es kommt selten vor, dass ich außer mir vor Wut bin. Noch seltener ist es, dass ich diese Wut aus mir herauslasse. Sicherlich nicht immer die schlechteste Wahl, wenn man unter Menschen ist. Noch schlechter wäre es aber, sich der Wut bewusst zu sein, sie aber hinunterzuschlucken, ohne sich vorher klargemacht zu haben, woher diese Wut überhaupt kommt. Denn dann wäre es womöglich eine vertane Chance, sich der Gefühle, die unter der Wut liegen, bewusst zu werden, sie anzuerkennen und zu verstehen.

Ein Wutausbruch kann helfen, einen anderen Menschen in die Schranken zu weisen. »Bis hierhin und nicht weiter!« Er ist somit eine Art Verteidigung der eigenen Sphäre. Und er ist auch der Ruf danach, gehört zu werden. Ein Wutausbruch ist ja auch kaum zu überhören oder zu übersehen!

Ein Wutausbruch hilft aber auch, sich selbst in die Schranken zu verweisen. Auch hier kann ich sagen: »Bis hierhin und nicht weiter!«

Was ich mitunter schwierig finde, ist, mir die eigene Wut einzugestehen. Zu oft habe ich Wut hinuntergeschluckt. Und ich tue das manchmal auch heute noch. Das dämpft die Wut, keine Frage. Gleichzeitig dämpft es die Möglichkeit, einen Teil von mir selbst wahrzunehmen, den ich vielleicht zu verstecken versuche. Denn Wut kann auch ein Weg zur inneren Befreiung sein. Nämlich dann, wenn ich die Gefühle unter oder hinter der Wut suche, sie anerkenne und sie mir selbst eingestehe. Ich glaube, dass dies gerade für uns Kerle nicht immer leicht ist.

Sich bei Wut oder gar einem Wutausbruch der dahinterliegenden Gefühle bewusst zu werden, ist ein großer Schritt aus der Wut. Nicht selten sind dies Gefühle der Verletztheit, der Traurigkeit, der Unsicherheit, der Enttäuschung, der Kränkung. Sich diese Gefühle einzugestehen, sie wahrzunehmen, ihnen einen Raum zu geben, sie dann aber auch loszulassen, sich selbst zu trösten, sich zu verzeihen und zu lieben – das kann ein Schlüssel zu innerer Befreiung sein.

> Sich seiner eigenen Gefühle bewusst zu sein und sie anzuerkennen ist eine Stärke und öffnet den Weg zu innerer Befreiung.

Die Stimme des Herzens

Gedankenmüll und die Sprache des Herzens

Ablenkungen, Zeitvertreib, Durcheinander von Gedanken, Unruhe. So ergeht es mir leider immer noch viel zu oft. Keine Ruhe, Gelassenheit, Stille, keine Klarheit in Herz und Geist. Viele Gedanken fliegen durch meinen Kopf. Rein und raus, ohne dass ich einen klaren Gedanken fassen oder ein Mantra finden kann, das mich beruhigt. Es stellt sich die Frage, woher dieser Gedankenmüll überhaupt kommt, der mich von meiner inneren Ruhe abbringt.

Eine Antwort können wir finden, wenn wir uns bewusst werden, dass Gedanken Kreationen des Kopfes sind. Sie kommen nicht aus dem Herzen. Die Sprache des Herzens ist die Sprache der Liebe, der Hingabe, des Lebens, der inneren Ruhe. Sie ist warm, weich, fließend, öffnend, klar – was man von unseren Gedanken nicht immer sagen kann. Zwischen Kopf und Herz liegen oft Welten.

> Gedanken sind Kreationen des Kopfes.

Sei dir deiner Gedanken bewusst – verfolge aber nicht jeden von ihnen. Das ist aber kein Appell, deine Gedanken zu verteufeln. Bedanke dich bei ihnen – und sei es auch nur für den Zeitvertreib, die sie dir bringen.

Dann erkunde dein eigenes Herz und seine Sprache. Schaffe dir hierfür einen Raum und Zeit. Gönn dir und deinem Herzen diese Zeit. Höre nicht so sehr auf deinen Kopf, wenn du innere Ruhe finden willst. Der Kopf kann dich manchmal ganz schön mit Gedanken zumüllen. Lerne die Sprache deines Herzens, gib ihm eine Stimme, handle entsprechend und gestalte dein Leben.

> Gib deinem Herzen Raum und die Stimme, die es braucht.

Sinn vs. Zweck

Die Frage nach dem oder einem Sinn in deinem Leben? Dies ist nicht immer eine Frage des Kopfes. Sinn kommt eher aus dem Herzen, Zweck aus dem Kopf.

Dort, im Herzen, ist der Sinn glasklar, erfrischend, erneuernd, energiegeladen. Und er trübt oder ändert sich nie. Unser Geist versucht oft, mit uns zu spielen, uns von der Klarheit und Orientierung, von der inneren Mitte abzulenken.

Dies ist keine Aufforderung, den Geist abzuschalten, ein- oder auszusperren und den Schlüssel dazu wegzuwerfen. Wir müssen uns nur bewusst sein, dass Gedanken und somit auch häufiger Gedankenmüll eine Kreation des Kopfes und nicht des Herzens sind.

Der Kopf ist ein nettes, sehr wirksames Hilfsmittel. Aber auch nicht mehr. Wir sind nicht allein unsere Gedanken. Das Leben ist sehr viel mehr. Unser Kopf kann uns in der Tat helfen, eine komplexe Welt zu verstehen und zu überleben. Und doch ist er nur ein Werkzeug. »Denk« daran.

> Die Antwort auf die Frage nach dem oder einem Sinn ist nicht im Kopf,
> sondern im Herzen zu finden.

Authentizität

Es stellt sich mehr denn je die Frage, wer wir denn eigentlich sind. Wir sind nicht allein unsere Gedanken, da sie Kreationen des Kopfes sind. Unser Herz ist der Schlüssel zum Leben. Aber wir sind nicht nur unser Herz. In der Tat agieren wir leider viel zu oft ohne Sinn und Verstand – also losgelöst von Herz und Kopf. In einem solchen Fall agieren wir rein körperlich und aus Instinkten heraus.

Unser Kopf oder Geist, unser Herz und unser Körper sind sehr verschieden und doch bilden sie eine Einheit. Die Frage ist: Schaffen wir es, Geist, Herz und Körper in Einklang zu bringen?

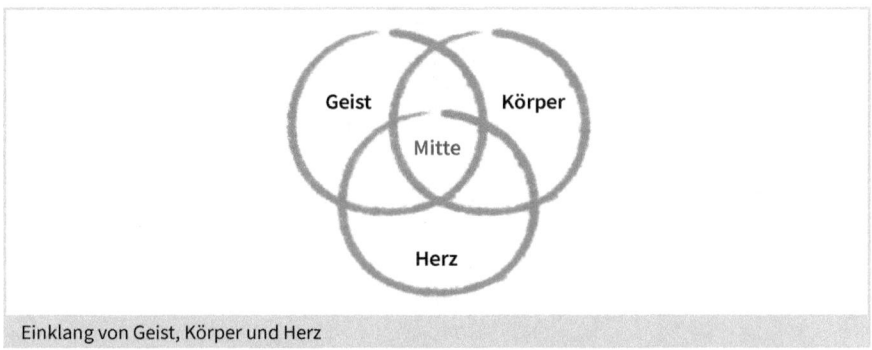

Einklang von Geist, Körper und Herz

Ich habe erfahren, dass ich, wenn ich mein Leben aus dem Herzen heraus antreibe, meine Gedanken entsprechend ausrichte und körperlich handle, authentischer und näher an meinem wahren Ich bin und keine künstliche Rolle spiele oder spielen muss.

Mein Herz ist der Schlüssel zum Leben. Es gibt mir Energie. Wenn ich nicht direkt mit meinem Herzen sprechen kann, tut dies meine Intuition – sie ist eine Art Katalysator oder Schnittstelle zu meinem Herzen. Sie gibt mir Orientierung.

Der Kopf rationalisiert und kombiniert. Er ist ein notwendiges und sehr wertvolles Werkzeug in der heutigen Welt. Der Körper ist Aktion, Manifestation von Kopf und Herz.

Menschsein ist der harmonische Dreiklang von Herz, Kopf und Körper. Dies bedeutet, in und aus der eigenen Mitte zu leben. Das ist wahre Authentizität, Lebensfreude und Lebensenergie.

> In und aus der eigenen Mitte zu leben ist ein Sprung mitten ins Leben
> und Quelle unendlicher Energie.

Orientierung

Unsere Authentizität ist sehr persönlich und individuell. Sie ist einzigartig. Sie kann nicht kopiert werden. Insofern führt jeder Versuch, jemand anders zu sein oder sich mit einer anderen Person zu vergleichen, in die Irre. Er kann uns nicht näher zu uns selbst bringen, eher davon abhalten. Das Gleiche gilt für den Versuch, sich zu verbiegen und zu verstellen, nur um anderen zu gefallen. Das mag legitim und in manchen

Lebenssituationen erforderlich oder gewollt sein. Letztlich spielen wir damit aber eine Rolle und sind nicht wir selbst.

Die Welt der Social Media animiert geradezu dazu, sich mit anderen zu vergleichen. Zu schauen, was Freunde, Bekannte, Promis oder »Influencer« gerade so treiben. Das ist eine schöne Beschäftigung. Auf der einen Seite kann dies eine Oase im Alltagsstress sein. Auf der anderen Seite ist es eine Ablenkung von mir selbst. Wenn ich wirklich im Alltagschaos untergehe, mich nach Orientierung sehne, Energie suche, endlich mal wieder Freude empfinden und Spaß haben will, sind Social Media vielleicht doch nicht die geeignete Quelle für Inspiration. Die Quelle wirklicher Inspiration ist viel, viel näher, als man denkt und von anderen gesagt bekommt – wir selbst sind diese Quelle.

> Versuche nicht, jemand anderes zu sein.
> Sei du selbst!

Wie nutzlos ist es, sich mich anderen zu vergleichen, wenn das wahre Ich so einzigartig und schön ist. Es ist sinnlos, sich mit anderen zu messen, weil das Ich-selbst-Sein kein Wettbewerb ist. Oder, anders ausgedrückt: Ich muss nicht etwas gewinnen oder etwas beweisen, um ich selbst zu sein. Denn mit wem will ich in Wettbewerb treten, um ich selbst zu sein, wenn ich schon ich selbst bin?

Darum der Aufruf: Sei du selbst und handle entsprechend! Die Energie, die vorab für unnötige Wettbewerbe vergeudet wurde, diese Energie gehört dir. Ein echter Gewinn, denn die Dinge werden dadurch leichter und natürlicher.

> Eins mit sich selbst sein zu können ist das schönste Geschenk.
> Liebe es.
> Lebe es.

Die Wünsche deines Herzens

Warum anderen nacheifern, wenn wir die Quelle der Lebensenergie bereits in uns haben? Sinnvoller ist es, sich zu fragen, wie wir an diese Quelle kommen. Und was uns davon abhält, sie zu erkennen und zu nutzen.

Nun, so sehr die Frage aufleuchtet und offensichtlich sein mag, so sehr blockiert uns die Frage an sich. Es ist unser eigener Kopf, der diese Frage stellt. Es ist ein Gedanke. Somit sind es Gedanken oder unser Kopf selbst, die uns davon abhalten, einfach authentisch zu sein und zu handeln.

Wenn wir Herz, Kopf und Körper in Einklang bringen, sind wir automatisch authentisch. Es gibt nichts Weiteres hinzuzufügen. Die Frage, was uns von unserer eigenen Authentizität abhält, sind in sich eine Ablenkung und Blockade. Isoliere diese Gedanken, lass sie vorbeiziehen, vertraue deinem Herzen und handle entsprechend.

Wenn du in Gedanken und Handlungen mit deinem Herzen im Einklang bist und bleibst, beseitigt dies alle möglichen Hindernisse. Etwaige Hindernisse sind dann wie Wolken, die die Sonne vorübergehend verdecken. Sie ändern nichts daran, dass die Sonne da ist. Sie strahlt so klar und hell wie dein Herz, wenn du es selbst nicht hinter den Gedanken verstecken magst.

Darum: Wenn der Kopf uns mal wieder zu sehr beschäftigt, komm zur Ruhe und höre auf dein Herz. Konzentriere dich auf deinen Atem, spüre deinen Herzschlag und lass deine Gedanken vorüberziehen.

> Wenn du authentisch sein willst, vertraue auf dein Herz und handle entsprechend.

Der Ruf nach Verantwortung

Selbstvertrauen

Vertrauen in Mitmenschen und Vertrauen von anderen Menschen kann wie ein warmer, angenehmer Regenschauer sein. Ohne Vertrauen in sich selbst bleibt es indes oberflächlich und vergänglich.

Das Vertrauen in sich selbst ist nicht unbedingt das Gleiche wie ein von außen wahrgenommenes, gesundes Selbstvertrauen. Ich gebe zu, dass ich manchmal ein solches Selbstvertrauen vorgetäuscht habe, während mich tief im Inneren Ängste, Sorgen oder Zweifel plagten. Ich habe versucht, sie für mich zu ignorieren, zu übertünchen und wie selbstverständlich vor der Außenwelt zu verbergen. Das ist mir gelungen und gelingt mir auch heute noch. Nach außen hin. Und doch war und ist es eine Täuschung vor mir selbst und nach außen letztlich ein Zeichen von Nicht-Authentizität.

Erst jetzt, wo ich lerne, auf mein eigenes Ich, mein Sein zu vertrauen und es zu lieben, lebe ich leichter und fühle mich rundum wohler.

Vertrauen in sich selbst zieht Gleichwertiges an. Es geht nicht darum zu sehen oder zu spüren, ob andere Menschen menschlich sind, wenn du es selbst nicht bist, wenn du nicht du selbst bist und nicht so handelst, wenn du nicht in deinem natürlichen Flow bist. Es wäre Zeit- und Energieverschwendung. Selbst menschlich zu sein, motiviert andere, es zu tun, und dein Umfeld wird sich automatisch ändern, wird menschlicher werden.

> Die beste Weise, ein menschliches Umfeld zu schaffen und zu gestalten, ist es, selbst menschlich zu sein.

Ich kreiere und gestalte mein eigenes Leben und meine Umgebung und entdecke so meine eigene Spielwiese. Im Umkehrschluss bedeutet dies, dass die eigene Spielwiese nicht von der Außenwelt definiert wird. Es ist meine Spielwiese. Also müssen wir sie selbst finden und gestalten, wobei es an uns liegt, andere einzuladen mitzumachen.

Es ist Zeit zu spielen, zu sein und sich selbst auszudrücken.

> Das Vertrauen in dich selbst hilft dir, die Spielwiese deines Lebens zu gestalten.

Kreativität

Wir leben in Energiefeldern, ziehen bestimmte Umstände und Menschen an. Unsere unmittelbare Umgebung ist eine Reflexion unseres eigenen Energiefelds. Es ist leicht, andere für unser Leben und unsere Umgebung verantwortlich zu machen. Dabei tragen wir selbst die Verantwortung für unser Leben und wie wir es gestalten.

Die Verantwortung für unser Leben ist keine Bürde. Sie gibt uns Klarheit und ist ein Geschenk an uns. Es liegt an uns, ob wir dieses Geschenk annehmen wollen und wie wir damit umgehen. Es ist gleichzeitig eine einzigartige Gelegenheit, kreativ zu sein.

> »Schon möglich, dass wir uns selbst nicht als kreativen Menschen sehen. Tatsächlich erschaffen wir anhand unserer Gedanken, Gefühle, Ansichten, Ziele und Handlungen in jedem Augenblick eines jeden Tages unsere Wirklichkeit«.[99]

> »Betrachten wir unser Leben also als Kunstwerk und dass wir es sind, der es als seine Mitschöpfer gestaltet«.[100]

Dabei geht es nicht darum, berühmten Künstlern wie Leonardo da Vinci oder Mozart nachzueifern. Das wäre ein Fokussieren auf die Anerkennung von außen. Es geht um unser eigenes Kunstwerk, für das zunächst wir selbst die Betrachter und Bewunderer sind. Es geht um unsere Selbstfindung, unsere Präsenz und kreative Selbstgestaltung.

---

99 Baron-Reid, C. (2016, 188). *Weisheitskarten für Lebensentscheidungen. Das Anleitungsbuch.* Knaur.
100 Baron-Reid, C. (2016, 189). *Weisheitskarten für Lebensentscheidungen. Das Anleitungsbuch.* Knaur.

Es geht nicht um die Stimme anderer, es geht um unsere eigene Stimme, darum, sie zu finden.

Lebensgestaltung beginnt mit uns selbst. Mit anderen Worten: Wir sind dafür verantwortlich, wie wir unser Leben in der Vergangenheit gestaltet haben, es heute tun und morgen wollen.

Es steht außer Frage, dass uns unsere Vergangenheit prägt. Gestalten können wir aber nicht in der Vergangenheit. Wir können die Vergangenheit bewältigen, schauen, was wir daraus für und über uns gelernt haben, uns unserer Erfahrungen bewusst sein und uns dafür bedanken. Wollen wir im Hier und Jetzt ankommen und unser Leben aktiv gestalten, gilt es, die Last der Vergangenheit nicht mit sich zu schleppen, sondern sie zu bewältigen, zu akzeptieren und loszulassen. Wenn wir in der Gegenwart leben und die Zukunft gestalten wollen, ist ein Festhalten und Leben in der Vergangenheit keine Option.

> Selbstfindung, Präsenz und Kreativität gehen miteinander einher, ergänzen sich und bilden ein wundervolles Ganzes.

Energie

> »Alles ist Energie. Gleich dich der Frequenz der Realität an, die du möchtest, und
> du kreierst diese Realität. Das ist keine Philosophie. Das ist Physik.«
> Albert Einstein

Dein wahres, inneres Wesen ist nicht gleich deinem physischen, materiellen Körper. Dein wahres Wesen ist pure Energie, die voller Farben, universell, pulsierend, vibrierend, liebevoll, expandierend, innerlich friedlich, fröhlich, vollkommen, im Gleichgewicht, einzigartig ist.

Erstaunlich, dass wir uns normalerweise nicht so sehen, wahrnehmen und annehmen. Dabei ist die Frage nicht, wie wir unser wahres inneres Wesen anderen zeigen können. Vielmehr geht es darum, sich seiner selbst bewusst zu sein und einfach das eigene Sein wahrzunehmen und zu genießen. Nicht um anzugeben, sondern um die eigene innere Energie zu spüren.

Wir sind Energie, Licht und Freude. Zeige es und genieße diese Zeit. Sei im Flow deines Seins und gestalte so deine Bestimmung, deine Ziele, deine Aufgaben und deine Wirkung. Für dich und somit auch für dein Universum, deine Umwelt.

> Dein wahres Wesen ist weder Materie noch ein physischer Körper.
> Dein wahres Wesen ist pure Energie.

Der Mittelweg

Yin und Yang

Das Yin-und-Yang-Zeichen ist Jahrtausende alt. Es ist ein Symbol der Unterschiedlichkeit und gleichzeitig der Einheit von weiblicher und männlicher Energie.

Yang steht für das »männliche Prinzip der Bewegung und der schöpferischen Aktivität. … Yang symbolisiert die Kraft zum Handeln, die Energie, die die Welt antreibt, und die Verwirklichung von Gedanken und Zielen in konkreter Form.«[101]

Yin steht für »das weibliche Prinzip der Empfänglichkeit.«[102] Yin symbolisiert die Stärke des Innehaltens, »der sensible[n] und wache[n] Wahrnehmung des eigenen und fremden Tuns und Lassens«[103], der Offenheit. Es ist ein Zustand der inneren Gelassenheit und des inneren Vertrauens. Yin bedeutet indes nicht Passivität oder Nichtstun. Vielmehr bedeutet es, »die Dinge bewusst auf dich zukommen zu lassen und offen für die Fülle zu sein, die dir zufließen will. Dazu gehört nicht nur eine sensible und wache Wahrnehmung fremden Tuns und Lassens, sondern auch das Nachdenken darüber, wie es sich auf dich und dein eigenes Tun und Lassen auswirkt«[104].

Sowohl Yin als auch Yang sind für sich von großer Bedeutung. Aber erst im Einklang von Ying und Yang zeigt sich ein natürliches Gleichgewicht und echte Kraft. Es geht nicht darum, nur aktiv nach vorne zu preschen, immer die Initiative zu ergreifen und zu bestimmen. Die Initiative ist genauso wichtig wie die Gabe der bewussten Wahrnehmung und Selbstreflexion, für die Yin steht. Umgekehrt ist der alleinige Fokus auf Yin nicht sinnvoll. Es geht um das Miteinander und ein Gleichgewicht von Yin und Yang.

So ist die Behauptung oder der Wunsch, die Zukunft sei weiblich, ebenso irreführend wie zu sagen, die Vergangenheit und Gegenwart seien männlich. Es ist schon richtig, dass das Streben nach Kontrolle und Macht unsere Gesellschaft, als eine von vielen Ausprägungen männlicher Energie, über viele Jahrhunderte geprägt hat – aber zum Glück nicht nur. Yang mit Kontrolle, Streben und Macht gleichzusetzen, ist zu kurz gegriffen. Genauso wie zu fordern, dass es heute an der Zeit sei, die weibliche Energie in den Vordergrund zu stellen. Es kommt auf das Gleichgewicht von weiblicher und männlicher Energie an. Das ist menschlich.

101 Baron-Reid, C. (2016, 40). *Weisheitskarten für Lebensentscheidungen. Das Anleitungsbuch.* Knaur.
102 Baron-Reid, C. (2016, 43). *Weisheitskarten für Lebensentscheidungen. Das Anleitungsbuch.* Knaur.
103 Ibid.
104 Ibid.

Wenn wir wirklich Mensch sein und uns so verhalten wollen, müssen wir erkennen, dass Natürlichkeit im Gleichgewicht von weiblicher und männlicher Energie, Yin und Yang, liegt. In einer Welt, in der es uns schwerfällt, uns als Menschen und nicht als funktionierendes Etwas zu akzeptieren, zu leben und zu verhalten, hilft uns die weibliche Energie der Selbstreflexion, der sensiblen und wachen Wahrnehmung sowohl des eigenen als auch fremden Tuns und Lassens, uns wieder unserer Menschlichkeit mit all seinen Begrenzungen, aber auch Stärken und Potenzialen bewusst zu werden. Das hilft uns, im Hier und Jetzt anzukommen und zu leben, und kann uns Inspiration geben, wie wir leben wollen und wie wir uns Leben gestalten möchten.

Allerdings: Dieses Bewusstsein allein reicht nicht aus. Letztlich ausschlaggebend ist, was wir daraus machen. Es hilft uns, uns zu entscheiden, ob, wann und wo wir aus dem eigenen inneren und menschlichen Kern heraus oder als fremdgesteuertes Etwas agieren. Es gibt keinen Grund, diese Entscheidung hinauszuzögern. Wir sind die Gestalter unseres Schicksals.

Für uns bedeutet das, dass Männer auch die weibliche Energie und Frauen die männliche Energie in sich akzeptieren, sie wahrnehmen, sie lieben und erleben sollten. Einseitiges Streben führt zu innerem Ungleichgewicht. Unsere Energie nimmt als Ganzes ab. Der Ausgleich mit der weiblichen Energie ist energiespendend, lässt Energie fließen und hilft, unser inneres Gleichgewicht und innere Ruhe zu finden und in ihm und ihr zu bleiben. Es ist Quelle für echtes Leben und Menschsein.

> Es ist nicht allein die männliche oder nur die weibliche Energie in uns, die zählt. Im Einklang männlicher und weiblicher Energie finden wir unser wahres Wesen.

Hilfe und Vertrauen

Es gibt Tage oder manchmal auch nur Momente, da möchten wir am liebsten alles hinschmeißen, uns in eine Höhle verkriechen, abhauen und ganz neu anfangen. Es sind Gefühle von Frust, Enttäuschung oder auch Verletzungen, die sich in uns sammeln und hochkochen. Und sie sind umso heftiger, wenn solche Gefühle schon längere Zeit in uns »gären« und wir keinen Ausweg sehen. Das Problem ist nur, dass wir die Option des Hinschmeißens oder der Flucht meistens nicht haben oder es einfach gerade nicht passt. Was tun?

Was mir persönlich hilft, ist, die Last zu parken bzw., noch besser, abzugeben. Ich selbst sage dann zum Beispiel, »Okay, liebes Universum, danke für die Herausforderung und dein Vertrauen in mich. Aber ich kann und will im Moment nichts mehr tragen, ich brauche eine Pause. Kümmere du dich bitte um die Details der Lösung.« Dieser Bitte lasse ich ein aktives Loslassen, Durchatmen, Abschalten folgen – sei es auch nur für ein paar Stunden oder eine Nacht.

In dem Moment, in der ich meine Bitte ausgesprochen und losgelassen habe, fühle ich nicht selten echte Erleichterung. Es ist manchmal wie ein Zurückkehren zum Leben – das ja nie aufgehört hat, nur durch meine vernebelnden Gedanken und Sorgen für mich nicht sichtbar oder spürbar war. Der Effekt ist enorm.

Nachdem ich wieder im Leben angekommen bin, es lebe, den Moment genieße oder eine Nacht geschlafen habe, schaue ich mir die Probleme, Gedanken, Ängste und Sorgen noch einmal an. Diesmal aus einer frischeren und wacheren Perspektive. Schon möglich, dass sie immer noch da sind. Aber mein Blickwinkel darauf hat sich oft geändert. Das kann dazu führen, dass sich durch eine andere Perspektive eine Lösung offenbart oder ich merke, dass die Probleme und Ängste nicht meine Aufmerksamkeit verdienen oder ich erkenne, dass es nicht wirklich meine Probleme sind, sondern die von anderen Menschen.

Manchmal schreibe ich vor dem Schlafengehen meine Fragen oder Sorgen auf und lege den Schreibblock weg. Das Erste, wenn ich morgens aufwache, ist, den Schreibblock zu nehmen und die Fragen oder Sorgen vom Vorabend einmal kurz durchzulesen, und dann fange ich an aufzuschreiben, was mir in den Sinn kommt. Es ist erstaunlich, welche Antworten und Hinweise ich finde, die ich am Vorabend überhaupt nicht auf dem Radar hatte.

Nein, wir sind nicht für alles verantwortlich. Und nein, wir müssen nicht alle Probleme dieser Welt lösen oder sie auf unsere Schultern tragen. In schwereren Zeiten um Hilfe bitten, sei es bei einem Mitmenschen, beim Universum, bei Gott, ist beileibe kein Zeichen von Schwäche.

Es ist eine Chance, Loslassen und Vertrauen in sich selbst und das Leben zu üben. Gleichzeitig ist es eine Erinnerung an uns, dass wir nicht perfekt sind. Wie können wir auch! Das ist menschlich und gerade das macht uns aus.

Eigenverantwortung für die Gestaltung unseres Lebens heißt nicht, allein durch sein Leben gehen zu müssen. Wir leben nicht isoliert, sondern sind soziale Wesen. Eigenverantwortung heißt auch, Mitmenschen bei Bedarf nach Hilfe und Unterstützung zu fragen oder sie einzuladen, unser Leben mitzugestalten.

> In schweren Zeiten um Hilfe zu bitten gibt uns die Chance, Vertrauen in unser Leben zu üben.

9 Schlüssel zum Menschsein: Dankbarkeit

»Nicht die Glücklichen sind dankbar. Es sind die Dankbaren, die glücklich sind.«
Francis Bacon

Kernpunkte   **!**

- Dankbarkeit durchbricht die Grenzen der Zeit.
- Dankbarkeit bewirkt, dass ich die Horizonte der eigenen Wahrnehmung öffne.
- Dankbarkeit hilft uns, selbst in schwierigen Situationen Mensch zu werden und zu sein. Es ist ein Türöffner zum Menschsein und zum Leben.
- Wir können sehr wohl dankbar für die Herausforderungen und unbeantworteten Fragen der digitalen Welt sein. Sie sind eine Chance, unsere bestehenden Stärken und unseren Einfallsreichtum zu beweisen, Neues auszuprobieren und zu lernen.
- Dankbarkeit entfaltet Potenziale und öffnet Perspektiven.
- Dankbarkeit zeigt, dass Veränderung in jedem Moment möglich ist.
- Perfektionisten sind Menschen, die Angst haben. Denn Perfektion strebt nach Kontrolle. Und Kontrolle ist ein Ausdruck von Angst. Und Angst ist ein Ausdruck von mangelndem Selbstwert. Perfektionismus ist somit ein Symptom mangelnden Selbstwerts.
- Veränderung ist das, was meine Natur ist. Man muss für Veränderung eigentlich gar nicht dankbar sein. Veränderung ist ein Naturgesetz, das stattfindet, ob ich es möchte oder nicht.
- Achtsamkeit ist das Verständnis dafür, dass ich Dankbarkeit einsetzen kann, um einen Zustand von Glück zu erreichen.
- Dankbarkeit gibt mir Sinn.

Wo kann ich mit dem Menschsein anfangen?

Im letzten Kapitel haben wir viele verschiedene Elemente oder Bausteine kennengelernt, die uns helfen, wieder oder mehr Mensch – wir selbst – zu sein. Einige dieser Bausteine lassen sich sofort umsetzen, weil du vielleicht einen direkten Draht zu ihnen oder sie schon einmal ausprobiert hast. Oder du lebst sie bereits. Andere Bausteine hingegen wirken wie eine Riesenmauer, die du überwinden willst, aber du hast keinen blassen Schimmer, wie du das bewerkstelligen sollst.

Wenn dies der Fall ist, gibt es einen einfachen, aber sehr effektiven Ansatz, Licht ins Dunkel zu bringen. Es ist die Dankbarkeit. Und zwar Dankbarkeit in allen Facetten. Im Kern geht es darum, dass wir für das dankbar sein wollen, was wir schon haben, wer wir sind, was wir bereits erreicht haben und was wir noch vorhaben. Klingt einfach? Nun, ist es an sich auch. Das liegt auch daran, dass jede und jeder von uns schon für irgendjemanden oder irgendetwas oder eben für uns selbst dankbar gewesen ist. Warum also nicht mit etwas anfangen, das jeder von uns schon kennt?

Warum kann Dankbarkeit der Schlüssel zum Menschsein sein?

Wenn wir für etwas oder jemanden dankbar sind, reflektieren wir in der Regel über etwas, das in der Vergangenheit liegt. Und wir können auch dankbar sein, für das, was wir gerade erfahren oder beobachten. Und ja, wir können sogar dankbar sein, für etwas, das noch gar nicht eingetroffen ist, für uns aber schon real ist.

Dankbarkeit hilft uns, jemanden bewusst wahrzunehmen und anzuerkennen. Oder etwas bewusst wahrzunehmen und anzuerkennen. Unabhängig davon, ob ein Ereignis in der Vergangenheit, in der Gegenwart oder in der Zukunft stattgefunden hat, stattfindet oder möglicherweise stattfinden wird. Dankbarkeit ist eine Möglichkeit, diese Momente anzuerkennen und zu feiern – im Großen wie im Kleinen.

In allen Fällen bewirke ich mit Dankbarkeit Freude, Anerkennung und Erleichterung für mich selbst oder für andere, denen gegenüber ich meine Dankbarkeit äußere. Dankbarkeit zu äußern lockert die Stimmung auf und bringt neue Energie in den Raum. Das wiederum kann mir helfen, Herausforderungen mit neuem Elan und neuer Zuversicht anzugehen. Ich nehme die positive Energie der Dankbarkeit mit in meine nächsten Schritte und kann so manche neue Herausforderung leichter und mit mehr Energie nehmen.

Dankbarkeit bewirkt auch, dass ich den Horizont meiner Wahrnehmung öffne. Wenn ich nach einem langen, stressigen Tag reflektiere, wofür ich an diesem Tag dankbar gewesen bin, kann das helfen, als negativ Wahrgenommenes in Relation zu setzen. Ich erkenne, dass nicht alles schlecht gewesen ist und dass es auch Gutes gibt, für das ich dankbar sein kann. Auch wenn dieser gute Teil an so manchen Tagen nur klein ausfallen mag. Egal, wie schlecht ein Tag (gewesen) ist – ich kann immer etwas finden, wofür ich dankbar bin.

Damit trägt Dankbarkeit zu einer ausbalancierten Wahrnehmung und Erfahrung bei. Dankbarkeit kann Licht ins Dunkel bringen. Das gefundene Gleichgewicht kann mir helfen, mich zu erden, wieder im Hier und Jetzt anzukommen und somit wieder ich selbst zu sein. Mit anderen Worten: Dankbarkeit hilft uns, selbst in schwierigen Situationen Mensch zu werden und zu sein. Sie ist eine Art Türöffner. Nicht schlecht für etwas, das jeder von uns kennt – und dann doch viel zu selten praktiziert.

Dankbarkeit hilft, sowohl äußere als auch innere Freude zu spüren oder in anderen, denen ich meinen Dank ausspreche, auszulösen. Sie macht es möglich, gesehen, gehört und gespürt zu werden.

Wie kann Dankbarkeit Wolken wegschieben?

Vor einiger Zeit hatte ich Streit mit jemandem, die mir sehr am Herzen liegt. Sie bat mich, doch mal alles aufzuschreiben, was mich an ihr störe und was sie ggf. ändern könne. Ich versprach, dies zu tun. Nur kam ich damit nicht weit. Statt eine Liste von Dingen zu erstellen, die mich nervten und störten, fing ich an aufzuschreiben, wofür ich alles dankbar war. Ich war selbst erstaunt, wie lang diese Liste wurde. Das war das eine. Das andere war, dass mich das Aufschreiben von Dingen, Eigenschaften und Erlebtem, für die ich dankbar war, selbst mit großer Freude und Energie füllte. Der Streit, den wir zuvor hatten, verblasste bei der langen Liste von Dankbarkeit, er hatte keine echte Macht mehr.

Wenige Tage später beichtete ich ihr, dass ich die Liste, so wie ich versprochen hatte, nicht erstellt und stattdessen eine andere Liste geschrieben hatte. Zunächst war sie enttäuscht. Das änderte sich aber schnell, als sie die neue Liste der Dankbarkeit las.

Dankbarkeit kann in der Tat die dunkelsten Wolken in einer Beziehung helfen aufzulösen.

Dankbarkeit für Probleme und Herausforderungen

Dankbarkeit ist nicht nur für Gutes anwendbar. So abstrus es sich auf den ersten Blick anhören mag: Ich kann auch für negative Dinge dankbar sein. Sei es für Probleme, Herausforderungen, Fragen oder Krisen.

Im Chinesischen hat der Begriff »Krise« zwei sehr unterschiedliche Bedeutungen. Auf der einen Seite beschreibt er das Risiko, das Problem. Also das, was wir vom Begriff »Krise« auch erwarten. Die andere Bedeutung von Krise ist indes »Chance« und »Möglichkeit«.

In der Tat bedeutet »Krise« im engeren Sinn nur einen Zustand zwischen einem oder mehreren alten und neuen Zuständen. Besonders deutlich wurde dies während der Corona-Krise 2020, bei der wir von einer Zeit vor und nach der Krise sprachen bzw. von einer alten und einer neuen Normalität.

Nur, wie kann denn eine Krise auch eine Chance sein?

Krise als Chance

Die Antwort liegt in der Perspektive, wie wir eine Krise betrachten. Für den einen ist eine Krise etwas ganz Schreckliches. Für eine andere Person hingegen genau das Gegenteil. Oder es ist etwas dazwischen.

Im Kapitel 4.9 haben wir gelernt, wie wertvoll und hilfreich das Reframing sein kann, also Fragen, die wir haben, umzuformulieren, ggf. »auf dem Kopf zu stellen«. Das

Reframing eröffnet neue Horizonte und Perspektiven, die sich noch nicht von Anfang an gezeigt haben, letztlich aber immer schon da waren. Nur haben wir sie aus unserem eigenen begrenzten Blickwinkel oder mit unseren Scheuklappen nicht sehen können. Mit Reframing ergeben sich neue Perspektiven und Möglichkeiten zum Lernen und somit auch zum Lösen von Problemen oder zur Beantwortung von Fragen, die vorher noch knifflig waren. Beides kann dann zu einem Wandel beitragen.

Nehmen wir als Beispiel die Covid-Pandemie. Mehr oder weniger über Nacht was die alte Normalität Geschichte. Statt im Büro zu arbeiten, wurde in vielen Fällen das Homeoffice zum Standard. Da herkömmliche Meetings nicht länger möglich waren, stellte sich die Frage, wie man die Technik nutzen kann, um möglichst interaktive Online-Meetings zu gestalten. Zwar war dies kein Ersatz für persönliche Gespräche. Oft war man aber überrascht über die Vielzahl von Möglichkeiten des Einsatzes digitaler Werkzeuge. So genoss man, dass Ergebnisse, die auf virtuellen Whiteboards festgehalten wurden, gleich als Ergebnisprotokoll verwendet werden konnten. Das half, sehr viel Zeit zu sparen, und machte Meetings effizienter.

Ein anderes Beispiel: Das örtliche Tangostudio, das meine Frau und ich seit Jahren besuchten, konnte seine Tore nicht mehr öffnen. Damit verbunden waren enorme Umsatzverluste. Statt aber zu fragen: »Wie soll es jetzt nur weitergehen?«, überlegten die Inhaberin Isabella Bayer und Jaro Cesnik, wie sie trotzdem ihre Tango-Community bedienen konnten.[105] Tanzkurse fanden fortan online über Zoom statt. Anfangs zu 100 %, später dann sowohl vor Ort als auch online – für diejenigen, die noch nicht vor Ort tanzen wollten oder konnten. Der Kundenkreis blieb so nicht nur weitgehend stabil, es konnten sogar neue Kunden gewonnen werden.

Beiden Beispielen gemeinsam ist, dass die Krise als Chance gesehen wurde und dann zum tatsächlichen Wandel beigetragen hat. Der Zukunftsforscher Matthias Horx erklärt: »Eine Chance wird eine Krise erst, wenn sie zum ›Change‹ wird, zum Wandel. Wie aber geschieht das? Zunächst einmal, indem wir die Krise als solche anerkennen.«[106] Reframing kann dabei helfen.

Risiken

Dass in jeder Krise auch eine Chance steckt, bedeutet nicht, dass wir Risiken, Fragen oder Probleme herunterspielen oder ausklammern wollen. Sicher nicht! Risiken wollen genauso wie Chancen gesehen werden. Es reicht nicht aus, sie nur zu beschreiben

---

105 Wir lernen Isabella Bayer und Jaro Cesnik im nächsten Kapitel noch besser kennen.
106 Horx, M. *Die Zukunft nach Corona. Wie eine Krise die Gesellschaft, unser Denken und unser Handeln verändert.* Econ, 2020.

und es dann bei der Beschreibung zu belassen. Insbesondere dann, wenn es sich um gravierende Risiken handelt, also Risiken, die eine große negative Auswirkung auf uns haben können, wollen wir verstehen, was hinter den Risiken steht. Was sind deren Ursachen und was können wir tun, um diese Ursachen zu bekämpfen, um so das Risiko zu eliminieren oder zumindest zu minimieren?

Tue ich das, kann im Risiko auch eine Chance liegen – nämlich die, dass ich das Risiko eben minimieren oder vielleicht sogar eliminieren kann. Mit anderen Worten: Die Beschäftigung mit Problemen und Risiken kann selbstverständlich zu einem besseren Zustand führen. Insofern können wir sie sehr wohl positiv sehen.

Risiken und Chancen

> *»Wer immer tut, was er schon kann, bleibt immer das, was er schon ist.«*
> Henry Ford

Gefährlich wird es, wenn wir uns ausschließlich auf Risiken konzentrieren und die Chancen außer Acht lassen. Umgekehrt gilt übrigens das Gleiche. Wer nur das eine sieht, beschränkt sich selbst und seine Sicht, setzt Scheuklappen auf und verliert den Bezug zur Realität.

Dass dies gerade in einer VUKA-Welt hoch riskant ist, liegt auf der Hand. Wir wollen nicht zum Spielball werden. Wir wollen die VUKA-Welt gestalten. Das verlangt aber, dass wir nicht nur die Risiken oder umgekehrt nicht nur die Chancen der digitalen Welt sehen, sondern uns um eine ausgeglichene Sichtweise bemühen müssen. Wer nur Negatives sieht und Angst schürt, sieht nur Negatives und erfährt nur Angst. Wer nur Positives sieht und es preist, lebt im Wolkenkuckucksheim. Beides ist nicht besonders hilfreich bei der Gestaltung unserer Zukunft.

Letztlich bedarf es der ganzheitlichen Betrachtung der Vergangenheit, der Gegenwart und der Zukunft. Nur so können wir Antworten und Lösungen für heutige und zukünftige Probleme und Fragen finden. Insofern können wir sehr wohl dankbar für die Herausforderungen und unbeantworteten Fragen der digitalen Welt sein. Sie sind eine Chance, unsere bestehenden Stärken und unseren Einfallsreichtum zu beweisen bzw. Neues auszuprobieren und zu lernen. Sie sind letztlich eine einmalige Chance und ein Aufruf, unsere Gegenwart und Zukunft zu gestalten.

Die heutigen und zukünftigen Herausforderungen zu ignorieren, vor ihnen wegzulaufen ist freilich auch eine Möglichkeit. Das ist so lange in Ordnung, wie man mit der Konsequenz, dass man zum Spielball der digitalen Welt wird, leben und sich damit arrangieren kann.

Letztlich ist die Perspektive auf die Herausforderungen unserer Zeit eine Einstellungssache. Wir können vor Furcht und Angst erstarren, verzweifeln oder wegzulaufen versuchen. Oder wir sind dankbar für diese Herausforderungen und nehmen sie als Chance zur Gestaltung an. Das, worauf du dich konzentrierst, wird immer größer werden, wird expandieren.

> **! Den Raum suchen**
>
> Als ich zum ersten Mal in den Colorado Rocky Mountains zum Skifahren und Snowboarden war, luden mich meine Freunde zum Tree-Skiing bzw. Tree-Boarding ein, weil zwischen den Bäumen der beste Schnee lag. Ich schloss mich ihnen an, hatte dabei aber letztlich wahnsinnig viel Stress. Wie schafften meine Freunde es nur so leicht, durch die Wälder zu fahren und dabei noch Spaß zu haben? Ich bemühte mich redlich, den Bäumen auszuweichen. Nicht selten musste ich eine Notbremsung hinlegen, um nicht gegen einen Baum zu fahren und mich zu verletzten. Als ich meinen Kumpels von meinem Dilemma berichtete, lachten sie laut. Sie empfahlen mir, mich weniger auf die Bäume zu konzentrieren als vielmehr auf die Lücken und weiten Räume und den tollen Schnee dazwischen.
> Gesagt, getan. Und es funktionierte!
> Seitdem liebe ich das Skifahren und Snowboarden durch die Aspen-Wälder in den Colorado Rocky Mountains.
> Es war alles eine Frage der Perspektive. Oder eine Wahl zwischen Stress und Verletzungsrisiko auf der einen Seite und Spaß und Freude auf der anderen Seite. Ich wählte den Spaß und die Freude.

Es gilt: Je mehr ich mich auf etwas konzentriere, desto mehr sehe ich davon. Gleiches zieht Gleiches an. Mit der Wahl meines Fokus sehe ich genau das, was mir die jeweilige Perspektive erlaubt.

Dankbarkeit entfaltet Potenziale und öffnet mir Perspektiven, schafft ein Gleichgewicht zwischen Positivem und Negativem, erkennt an, was ist und was vielleicht noch sein kann. Es zwingt uns keiner, dankbar zu sein oder Dankbarkeit in unser Leben zu integrieren und zu einem festen Bestandteil unseres Alltags zu machen. Tun wir es nicht, wird die Welt auch nicht untergehen. Nur kann es durchaus möglich sein, dass die Arbeit dann nur Arbeit ist und wir riesige Potenziale nicht entdecken und somit auch nicht entfalten können.

Dankbarkeit lernen

Sollte Dankbarkeit noch nicht in deinen Alltag eingezogen sein oder noch nicht so, wie du es gerne hättest, können die folgenden kleinen täglichen Routinen weiterhelfen:

Öffne deine Sinne

Egal was du gerade tust, halte für einen Moment inne, sei dir des Hier und Jetzt vollkommen bewusst. Höre die Geräusche um dich herum oder in dir, nimm deinen Atem wahr, spüre dein Herz, schaue um dich herum. Öffne alle Sinne und nimm deine Umgebung und dich selbst für einige Momente wahr und bedanke dich hierfür.

> »Der Schlüssel zum Glück liegt für mich in der Dankbarkeit. Es bedeutet, an den kleinen Dingen des Lebens nicht hastig vorbeizueilen und die großen Meilensteine voll und ganz zu genießen. Manchmal muss man stehenbleiben, durchatmen und auf Pause drücken, damit die Seele einen wieder einholen kann. Manchmal kann man aber auch einfach nur durchdrehen wie ein Rockstar und stolz auf sich sein.«[107]

Das Dankbarkeitsjournal

Unmittelbar bevor du abends schlafen gehst, überlege für ein paar Momente, wofür du an diesem Tag dankbar gewesen bist, und schreibe es auf. Ein Limit hierfür gibt es nicht. Versuche aber, mindestens drei Dinge aufzuschreiben, für die du heute dankbar bist.

Am nächsten Morgen schau dir die Liste noch einmal an. Vielleicht gehst du in Gedanken deine Pläne und Ziele für den Tag durch. Freu dich jetzt schon, wie es sein wird, wie du dich fühlen wirst, wenn du sie erreicht hast, und sei dankbar dafür.

Die tägliche Synchronisierung im Team

In vielen Teams ist es üblich, dass man sich einmal am Tag trifft, um sich zu synchronisieren. Dabei werden drei Fragen gestellt, die jede und jeder in der Gruppe beantwortet, sodass alle auf dem Laufenden sind. Die drei Fragen sind die folgenden:
1. Was habe ich seit gestern erreicht?
2. Was will ich heute alles erreichen?
3. Wo benötige ich ggf. Hilfe? Wo sehe ich Probleme, Risiken oder auch Chancen?

Ergänze die Fragen zu Beginn oder am Ende um eine vierte Frage, die wie folgt lautet:
4. Wofür bin ich heute dankbar? Alternativ kannst du auch fragen: Was macht mich heute glücklich?

Beide Fragen eignen sich hervorragend, die Stimmung im Team zu lockern. Mit diesen Fragen schaffst du Raum für menschliche Dinge, die womöglich in der Arbeit zu kurz kommen – die Antworten auf diese zusätzlichen Fragen dürfen sich nämlich sowohl

---

107 Lars Amend, Autor und Influencer, https://www.instagram.com/larsamend/?hl=en

auf die Arbeit als auch auf das Privatleben beziehen. Sie sind individuell und persönlich und deswegen immer richtig für die betreffende Person.

Auf der einen Seite mag man die zusätzlichen Fragen als »Spaß-Fragen« abtun. Auf der anderen Seite kann man mit der Beantwortung der Frage viel über sich aussagen. Und man hat auch die Gelegenheit, anderen eine Freude zu machen, indem man ihnen z. B. hilft, ihr »Glücksziel« bei der Beantwortung der Frage »Was macht dich heute glücklich?« zu erreichen. Eine buddhistische Weisheit sagt: Du kannst dich entscheiden, glücklich zu sein. Willst du noch glücklicher sein, dann helfe anderen, glücklich zu sein.

Rotierende Dankbarkeit im Team

Einmal pro Arbeitstag schickt jedes Teammitglied einem anderen Teammitglied eine kurze Notiz, in dem es sich bei der anderen Person für etwas bedankt. Am nächsten Tag schreibt man ein anderes Teammitglied an. Das Team entscheidet, ob es für die Rotation eine feste Reihenfolge gibt oder ob man sie jeden Tag neu definieren will.

Problemlösung in der Gruppe (Appreciative Inquiry)

Wenn wir in einer Gruppe nach einer Antwort auf eine knifflige Frage oder nach einer Lösung für ein Problem suchen, legen wir nicht selten mit großem Eifer sofort los. Alternativ dazu kann man aber auch damit beginnen, die eigenen Leistungen in diesem Zusammenhang zunächst Revue passieren zu lassen und zu honorieren. Statt also zum Beispiel einen nicht zufriedenstellenden Zustand oder ein Problem zu kritisieren, beginnt man anzuerkennen, was man bereits erreicht hat, und erkundet, warum man so gut ist und was man daran verbessern will und warum.

Eine Suche nach Antworten und Lösungen mit einer solchen Revue und Dankbarkeitsrunde zu starten, löst so manche Spannungen, setzt kreative Energie frei und hilft somit, neue Lösungen und Antworten zu finden.[108]

Wann fange ich an?

Dies sind nur wenige Beispiele, wie ich Dankbarkeit in mein Leben einbeziehen und sie integrieren kann. Da jeder von uns schon Dankbarkeit erlebt hat, dürfte es dir nicht schwerfallen, einige Ideen zu genieren. Nur, Ideen allein sind nur die halbe Miete. Richtig interessant werden sie, wenn du sie umsetzt. Also, worauf wartest du?

---

108 Dieses methodische Vorgehen bezeichnet man als »Appreciative Inquiry«.

Glück ist lernbar – Interview mit Dirk Gemein, Achtsamkeitscoach und Glückslehrer

Dirk Gemein

Dirk Gemein ist Achtsamkeitscoach und Glückslehrer[109]. Seine Grundüberzeugung ist, dass jeder Mensch durch Wissen und Erfahrung lernen kann, wahrhaft glücklich zu sein. Er ist studierter Philosoph und Soziologe, ehemaliger Unternehmensberater und Marketingmanager. Er lebte einige Zeit in buddhistischen Klöstern in Asien und widmet sich seit vielen Jahren ganz der Praxis der Achtsamkeit und Meditation. Er wohnt mit seiner Familie in der Nähe von Koblenz.

Im Herbst 2019 sprach ich mit ihm über den Zusammenhang von Veränderung, Glück und Dankbarkeit.

Veränderung, Glück und Dankbarkeit

Thomas: Welchen Zusammenhang gibt es zwischen Veränderung, Glück und Dankbarkeit?

Dirk: Als Erstes muss man sich fragen, was der Zusammenhang zwischen Glück, Veränderung und Dankbarkeit ist und was eigentlich Glück ist. Dazu kannst du ein schönes Experiment machen, indem du jetzt die Augen schließt. Dann vervollständigst du den Satz: »Für mich ist Glück ...«

Stopp, Augen auf. Die Übung ist vorbei. Was ist deine Antwort?

Thomas: Glück ist Im Hier und Jetzt.

Dirk: Ja. Die Sache ist, wenn alle Menschen nach Glück streben, müsste man dafür ja vielleicht erst mal einen Fahrplan haben, was das eigentlich soll. Ich mache diese Übung, um zu zeigen, dass die meisten Leute 40, 50 Jahre irgendwas machen und nicht mal eine Definition vom Glück haben, aber ihr ganzes Leben unter den Scheffel stellen, glücklich sein zu wollen.

Die schönste Definition, die ich kenne, ist: Glück ist die Abwesenheit von Leid. Heißt, wenn ich wahrhaft glücklich sein will, muss ich mich um das kümmern, was mich davon abhält, glücklich zu sein. Aber die Betonung liegt halt auf Kümmern.

---

109 Weitere Informationen zu Dirk Gemein unter www.dirkgemein.de.

Also, Glück ist Kümmern, nicht Warten. Man kann Glück nicht bekommen, man kann es auch nicht finden. Man kann Glück machen, indem man präsent im Hier und Jetzt lebt und sich mit allem Heilsamen, was man hat, darum kümmert. Das nennt man im Buddhismus oder in der Achtsamkeit »den edlen achtfachen Pfad«, die Lehre über die rechte Absicht. Meine grundlegende Absicht im Leben ist, kein Leid für mich und für alle anderen Lebewesen auf diesem Planeten zu erzeugen. Das ist die Basis für all mein Tun.

Veränderung ist bei den meisten Leuten, würde ich mal sagen, das Streben nach Glück. Das ist der Veränderungsprozess, den man anstrebt. Man möchte in irgendeiner Form glücklich sein. Also brauche ich erst mal ein Fundament, das mir sagt, wenn ich morgens aufstehe, was mache ich mit den 16, 24 Stunden, die ich jetzt gleich wach sein werde? Welche Motivation habe ich, welche Basis, welche Absicht für diesen Tag? Für mich ist es das Vermeiden von Leid. Deswegen spreche ich nicht mehr vom Glück, sondern immer nur von der Vermeidung von Leid, um Veränderungen herbeizuführen.

Dann hast du mir ein schönes Stichwort gegeben: Dankbarkeit. Wie kann ich mich heilen? Mit Dankbarkeit. Tun mir die Zähne weh, bedanke ich mich bei meiner Niere, bei meiner Leber, bei meinen Augen, bei meinen Muskeln, bei meinen Füßen, bei meiner Nase, bei den Sachen, die ihren Job gerade wunderbar machen. Ich konzentriere mich nicht auf meinen Zahn und sage: »Dieser blöde Zahn und diese Schmerzen.« Sondern ich mache mir bewusst, dass der Zahn, der sich mit Schmerz meldet, mir sagt: »Hey, in deinem System läuft was falsch. Lass mal gucken und kümmere dich.« Das ist das, was Zahnschmerzen machen und jeder andere körperliche Schmerz auch. Das macht auch das Auto, wenn es rot blinkt und so sagt: »Thomas, hast du mal wieder vergessen, Öl nachzufüllen? Kümmere dich mal besser.« Und wenn die Emotion schreit und sagt: »Ich bin wütend«, dann hocken wir da und haben keine Ahnung, was wir damit anfangen sollen. Deswegen ist Dankbarkeit ein ganz wichtiges Prinzip. Dankbarkeit für das, was gerade da ist.

Wenn Menschen zum Beispiel traurig sind, weil sie den Partner wegen Tod oder Trennung verloren haben, muss man sich mal überlegen, ob man diese Form von Trauer nicht heilen kann. Und ein gutes Mittel, um Trauer zu heilen, ist Dankbarkeit. Wenn ich am Grab meiner Oma stehe, kann ich Danke sagen dafür, dass sie mich großgezogen hat, was sie mir beigebracht hat, die Liebe, die ich bekommen habe, die Umarmungen, die ich bekommen habe, das Auf-dem-Schoß-Sitzen und so weiter und so fort. Dankbarkeit dafür zu haben, dass derjenige da war, lindert Leid und Trauer. In dem Moment, wo ich Dankbarkeit in mir als Emotion herstelle, ist kein Platz für was anderes. Denn wir Menschen können nicht zwei Dinge übereinander denken. Man kann nicht eins zu zwei gleichzeitig denken. Wie soll ich denn »ich danke dir« und »ich leide« im selben Moment denken? Das geht nicht. Übe ich mich in Dankbarkeit, habe ich Dankbarkeit in mir. Das führt zur Veränderung von Leid. Die Trauer verändert sich, weil sie mit Dankbarkeit, könnte man sagen, begossen oder durchtränkt wird und es dann eine Gemengelage gibt, die diesen Schmerz lindert. Das ist für mich eine ganz pragmatische Form, wie ich Leid über Dankbarkeit in Glück transformieren kann.

Dasselbe gilt für eine Partnerschaft. Partnerschaften enden oft disharmonisch. Meistens habe ich hier auf dem Sofa Leute sitzen und erinnere sie, dass sie diesen Menschen mal ausgewählt haben, weil sie in ihm was Schönes, etwas ganz Besonderes gesehen haben und ihm noch was Gutes gegeben haben. Nur, wenn sich das jetzt geändert hat, heißt das nicht, dass man diesen Menschen kategorisch ablehnen muss. Man kann sich sagen: »Okay, Leben ist Veränderung. Entweder wir waren zusammen und haben uns zusammen verändert oder wir haben uns jetzt auseinander verändert.« Man kann aber eine Beziehung auch mit Dankbarkeit beenden. Zu sagen, »danke für die Zeit, die gut war und auch danke für die Zeit, die nicht gut war«. Denn wann lernen wir am meisten über uns? Wann sind wir am meisten bereit, uns zu verändern? Wenn wir leiden. Kann man sich nicht bei jemandem dafür bedanken, dass er einem irgendwie eigentlich geholfen hat, glücklicher zu werden, indem er ihm erst mal beigebracht hat, was Leid ist?

Ein Beispiel von mir: Es ist jetzt fast zehn Jahre her, als ich ein Blutgerinnsel im Kopf hatte und daran fast gestorben bin. Ich habe zwei Jahre sehr, sehr schwer damit gekämpft. Dieses Tal, dieses Leiden, Leid zu spüren, hat mich daran erinnert, dass meine Absicht fürs Leben nicht Leiden ist, sondern Glücklichsein ist. Von daher ist meine Definition, dass Leid einfach nur die Treppensprosse vor dem Glück ist. Und dann muss ich Leid nutzen, um mich kennenzulernen, um zu lernen, mich zu entwickeln, eine Perspektive zu entfalten.

Leid als Selbstliebe

Thomas: Wie würdest du Leid erklären?

Dirk: Das ist etwas, was mich schmerzt, etwas, was für mich in erster Linie, auf den ersten Blick »unheilsam« ist. Auf der primären Ebene ist es etwas, was Schmerz bereitet. Das ist das, was Leid ist. Das, was mich quasi von meinem eigenen Selbstwert, von meiner eigenen Selbstliebe entfernt.

Das Verrückte ist, dass Leid pure Selbstliebe ist. Denn es ist ja eine starke Emotion für mich. Ich vermisse Liebe. Und gleichzeitig resultiert daraus der Schmerz. Das nennt man in der Achtsamkeit »die Leerheit aller Dinge«. Also, in jedem Ding stecken alle Dinge, aber irgendwie dann auch wieder nicht.

Es gibt nicht die Wut, es gibt nicht die Angst, es gibt nicht das Opfer, das gibt es alles nicht. Es gibt nur ganz viele Dinge, die zusammenkommen, dass irgendeiner dasitzt und sagt: »Mir geht es heute schlecht.«

Wenn Leute zu mir kommen und sagen: »Ich bin ein Perfektionist«, dann sind die Menschen keine Perfektionisten. Dann sind es Menschen, die Angst haben. Denn Perfektion strebt nach Kontrolle. Und Kontrolle ist ein Ausdruck von Angst. Und Angst ist ein Ausdruck von mangelndem Selbstwert. Also geht es nicht um Perfektionismus. Perfektionismus ist ein Symptom von mangelndem Selbstwert.

Das ist wie Schnupfen. Wenn dir die Nase läuft, ist das nicht die Grippe. Die Grippe ist in dir. Was du siehst, ist die Nase, die läuft. Aber nur von Naseputzen kriegst du keine Grippe weg. So ist das auch mit den Emotionen, die wir so auf der ersten Schicht als Leid sehen. Wenn man achtsam ist, kriegt man ein viel tieferes Verständnis davon, was das eigentlich ist. Wenn du meine Schüler fragst, was Leid ist, dann sagen die: »Das ist eine erkrankte Form von Glück, muss ich heilen, muss mich drum kümmern.«

Thomas, hattest du schon mal Angst?

Thomas: Ja, klar.

Dirk: Würde es diese Angst auch geben, wenn es Thomas Juli nicht geben würde?

Thomas: Nein.

Dirk: Wer ist dann der Vater und die Mutter dieser Angst?

Thomas: Oh, das sind wir selber.

Dirk: Ja. Und was macht man mit seinen Kindern, wenn es ihnen schlecht geht?

Thomas: Man tröstet sie.

Dirk: Richtig, das können wir, weil wir es so gelernt haben. Aber wir kommen nicht auf die Idee, das auf uns anzuwenden, uns selbst zu trösten.

Leid als Vorstufe zum Glück

Thomas: Du bezeichnetest Leid als Vorstufe zum Glück. Sag, wie kann ich Glück lernen?

Dirk: Indem ich erst mal für mich selber entscheide, was Glück eigentlich ist.

Für die meisten Leute ist Glück Befriedigung. Sie sprechen beim Glück von Glücksmomenten, die mal so, Puff, da sind, wenn du dich frisch verliebst, wenn du heiratest, wenn du Papa wirst, wenn du im Lotto gewinnst, wenn du zwei Wochen im Jahr auf den Malediven bist. Das sind aber eigentlich Glücksmomente durch intensive Ablenkung, nämlich durch Reize, die von außen kommen, und ich so einen Moment der Leidfreiheit erfahre. Die Sache ist nur, wenn ich mich nicht mehr ablenke von mir, ist vielleicht das gar nicht mehr da.

Wichtig ist, dass wir erst mal lernen, dass die Welt in uns, wie wir sie sehen, so nicht existiert. Sie kommt durch unsere Sinnesreize rein und dann müssen wir das verarbeiten. Und das Ergebnis von Verarbeiten ist, wie wir die Welt sehen. Heißt, wir müssen an den Ort gehen, wo Emotionen entstehen, und das ist in uns.

Wir gucken unser ganzes Leben mit und aus unseren Sinnesorganen an. Das heißt, wir sind unglaublich gut im Wahrnehmen äußerer Phänomene wie das Wetter zum Beispiel. Und wir haben Emotionen, die in uns entstehen. Aber wir suchen nach Lösungen außerhalb von uns in Konsum, im Status und so weiter.

Die Sache ist, dass man, um Glück zu lernen, an die Stelle gehen muss, wo Emotionen entstehen und das ist in mir. Das heißt, wir müssen die Perspektive wechseln. Wir müssen uns in uns versenken. Wir müssen in einen Zustand kommen, wo wir allein sind, nicht abgelenkt. Und dann müssen wir erst mal eine emotionale Inventur machen. Das ist für mich der erste Schritt von Meditation. Nicht Stille herstellen, sondern die Lautstärke in mir wahrzunehmen, diesen Monkey Mind, diese Eigendynamik von Denken.

Ich setze Leute gerne hin und fordere sie auf, zwei Minuten zu atmen, ohne zu denken. Kann keiner. Und dann erkennt man: »Ich denke, obwohl ich gar nicht denken will. Und Themen, über die ich nachgedacht habe, habe ich mir auch nicht ausgesucht. Verrückt! Überhaupt keine Selbstkontrolle. Ich denke, obwohl ich nicht denken will. Ich denke über Sachen nach, deren Themen, Inhalte ich mir gar nicht ausgesucht habe. Die waren auf einmal da und das in einem Zustand, wo ich auf mich fokussiert bin.« Da muss man sich mal überlegen, was macht dieser Prozess, wenn ich den ganzen Tag aus mir rausgucke? Ich bekomme das gar nicht mit. Und das ist für mich der erste Schritt, um Glück zu lernen, dass man ganz drastisch die Perspektive ändert, nämlich in sich hinein. Denn Emotionen entstehen in mir, Leid ist in mir, Veränderung kann nur in mir stattfinden und die ganze Welt, wie sie ist, findet ausschließlich in mir statt. Weil, wenn ich sie nicht wahrnehme, nicht bewerte, nicht rieche, nicht schmecke, nicht höre und nicht fühle, existiert sie für mich nicht.

Glück ist für mich lernbar, indem man durch Achtsamkeit anfängt, sehr ehrlich mit sich zu sein. Dazu gehört vor allen Dingen auch zu sagen: »Ja, ich bin nicht perfekt. Und weißt du was? Werde ich auch nie erreichen. Denn einfach Mensch zu sein heißt, nicht perfekt zu sein. Ich bin nicht perfekt und ich werde es niemals sein. Deswegen bin ich so ehrlich und damit kann ich vielleicht auch mit dem, was ich heute ein zu entwickelndes Potenzial nenne und früher Fehler oder Verfehlungen an mir nannte, deutlich besser umgehen.«

Um Glück zu lernen, ist deswegen die Präsenz im Hier und Jetzt so unglaublich wichtig. Denn das Leben findet einfach nur jetzt statt. Ich habe keinen anderen Moment. Die schönste Formel, das Glück zu lernen, ist für mich im gegenwärtigen Moment der, der gerade da ist, alles Heilsame, was ich in mir habe, für diesen einen Moment zu nutzen. Eine Sekunde und ich packe alles heilsame Wissen und Tun und Denken und Fühlen und Kümmern, das ich in mir habe, in diese eine Sekunde. Und wenn die rum ist, mache ich mit der nächsten Sekunde genau dasselbe. Und wenn ich es dann mal vergessen habe, ist das nicht schlimm, weil dann ist da ja wieder ein neues Jetzt und da kann ich mich wieder kümmern. Wenn ich im Moment achtsam bin, kann ich mich kümmern. Wenn ich nicht achtsam bin, okay, dann war ich nicht achtsam, ist aber okay. Wenn ich das gemerkt habe, ist der Moment von Unachtsamkeit aber schon rum.

Dankbarkeit für Veränderungen?

Thomas: Warum kann ich für Veränderungen dankbar sei n?

Dirk: Ich muss für Veränderungen eigentlich gar nicht dankbar sein, weil Veränderung nicht das ist, was ich mache. Veränderung ist das, was meine Natur ist. Das ganze Leben ist eine permanente Veränderung.

Guck mal, früher warst du mal eine Eizelle und ein Spermium in Menschen, die sich vorher überhaupt nicht kannten. Verrückt, oder? Und dann teiltest du dich mehrfach, dann wurdest du ein Embryo, dann ein Baby und hingst an der Nabelschnur. Jetzt sitzt du da, hast graue Haare und eine Brille so wie ich. Das hört nicht auf.

Man muss für Veränderung eigentlich gar nicht dankbar sein. Veränderung ist ein Naturgesetz, das stattfindet, ob ich das möchte oder nicht. Das Leben ist Veränderung und das ist das, womit wir so schwer kämpfen, weil wir ja gerne an Dingen festhalten und wir mögen ja manchmal Veränderung gar nicht. Und das komischerweise nicht nur, wenn wir glücklich sind.

Aus meiner eigenen Geschichte weiß ich, dass ich 20 Jahre lang die Veränderung des Traurigseins auch nicht mochte. Ich tat viel dafür, dass es traurig blieb, weil ich mich daran gewöhnt hatte. Ich kann mich aber für aktive Veränderung von Unheilsam zum Heilsam bedanken. Das Schöne, Dankbarkeit ist, dass Veränderung in jedem Moment möglich ist. Heißt, du kannst glücklich sein und kannst traurig werden. Heißt aber gleichzeitig auch, dass, wenn du traurig bist, auch wieder glücklich sein kannst.

Du kennst meinen Leitspruch: »Glück ist lernbar«, und ich stehe zu tausend Prozent dazu. Denn ich habe selber von mir gelernt, dass das geht. Und ich habe das mittlerweile wirklich tausenden von Menschen beigebracht, die mir das bestätigen, dass das geht. Ich spreche nicht von dem Moment, wo die Dollarscheine von der Decke regnen und Leute mit riesigen Schampusflaschen um mich herumspringen, alle sagen: »Du bist der Größte.« Glück ist ein Moment, der unglaublich leise ist. Der ist kein Jubelschrei. Da ist kein »Ich bin der Größte, ich bin der Beste«. Da kommt die Frage: »Und, Dirk? Ist gerade irgendwas?« Und Dirk sagt: »Nein, ist gerade nichts.« Total unspektakulär. Glück ist was eigentlich recht Unspektakuläres. Wir verwechseln das leider nur zu oft mit Befriedigung und dem Streben nach Extremen. … Die Werbung suggeriert, dass Glück für uns angeblich ist, wenn wir viel konsumieren. Das ist Wahnsinn.

Dankbarkeit im eigenen Leben

Thomas: Welche Rolle spielt Dankbarkeit für dich persönlich im Leben?

Dirk: Eine ganz große. Du weißt, ich hatte vor zehn Jahren dieses Aneurysma. Ich bin diesem Aneurysma unglaublich dankbar, weil es so alle Fragen und alle Probleme in meinem Leben gelöst hat. Ich hatte einen enormen Leidensdruck und ich bin sehr dankbar, dass ich diesen Leidensdruck hatte. Mein Lehrer Thich Nhat Hanh hat mal gesagt: »Wer wahrhaft glücklich sein will, muss das Wesen und die Natur von Leiden wahrhaft verstanden haben.«

Ich hatte eine bewegte Geschichte und einen extremen Leidensdruck und ich kann nur sagen: »Danke dafür. Denn es hat mich angeregt.« Dadurch habe ich verstanden, dass ich aktiv mich verändern muss und nicht darauf warten muss, dass da jemand kommt. Eigentlich bin ich dankbar für alles. Für alles. Es sind so viele Sachen in meinem Leben schiefgegangen und ich bin so dankbar, dass ich sie hatte. Weißt du, warum? Ich hätte nicht dieses Potenzial für Lernen gehabt, wenn ich so viele Sachen nicht verstanden hätte. Dafür bin ich wirklich sehr dankbar.

Wofür ich auch sehr dankbar bin, dass ich jeden Tag mit so vielen Menschen über Liebe und Mitgefühl und Vergebung sprechen kann; und zwar jeden Tag. Das ist ein Traum, das ist wirklich ein Traum und ich stehe jeden Morgen auf und bin mir so dankbar, dass ich das machen kann. Und kann dieses Interview gerade mit dir führen. Auch das macht mich sehr dankbar.

Dankbarkeit lernen

Thomas: Wie können wir Dankbarkeit lernen?

Dirk: Das ist eine gute Frage. Erst mal muss man den Weg nach innen suchen. Dann muss man sich bewusst machen, dass man aus heilsamen und unheilsamen Potenzialen besteht, also Sachen, die mir guttun, und Sachen, die mir eigentlich vielleicht nicht so guttun auf den ersten Blick.

Noch mal, das muss man wirklich betonen, nur auf den ersten Blick tut Leid weh. Ist es nicht toll, wenn Leid dir sagt: »Hey, Thomas, du musst mal auf deine Wut achten oder auf deinen Neid oder auf dein mangelndes Selbstwertgefühl, auf deine Traurigkeit.« Stell dir mal vor, dein Körper würde dir das nicht sagen, dann würdest du einfach so vor die Hunde gehen, ohne zu verstehen, warum. Ist doch toll, wenn dein Körper so einen Satz wie »ich bin traurig« produziert. Es ist dann ein erstes Symptom, das ich tiefer erforschen will.

Thomas: Warum ist Dankbarkeit so wichtig?

Dirk: Dankbarkeit ist wichtig, weil wir dann aufhören anzuhaften und Dinge abzulehnen. Das sind, neben Unwissenheit, die zwei Miturssachen für Leid. Es gibt nur drei: Anhaften, Ablehnen und Unwissenheit.

Dankbarkeit kann zum Beispiel helfen, mit physischem Schmerz umzugehen. Wenn ich dasitze und habe physischen Schmerz, mache ich mir bewusst, dass es Millionen von Menschen auf dieser Welt gibt, die denselben Schmerz oder mehr Schmerz haben. Dann übe ich mich in Mitgefühl und wünsche diesen Menschen, dass sie diesen Schmerz überwinden. Mit dieser Form von Dankbarkeit und Mitgefühl stelle ich Mitgefühl und Dankbarkeit in mir her und mein eigener Schmerz tritt vollkommen in den Hintergrund. Das ist ein Beispiel für eine einfache Praxis, was man beim körperlichen Schmerz machen kann.

Dasselbe Prinzip gilt auch bei emotionalem Schmerz. Sich bewusst in Liebe und Mitgefühl zu üben. Denn dann ist kein Platz mehr für das andere. Das ist kein Verdrängen, das ist auch kein positives Denken, wie manche Schüler das leider manchmal wiedergeben. Gestern hatte ich eine Frau, die hat mir eine lange E-Mail geschickt, sie wäre so froh, bei mir übers positive Denken gelernt zu haben. Ich weiß schon, was sie meinte, aber das ist nicht das, was ich meine. Achtsamkeit ist nicht positives Denken, es ist nicht »glücklich quatschen«. Achtsamkeit ist bewusstes Verstehen dafür, dass ich Dankbarkeit einsetzen kann, um einen Zustand von Glück, nämlich Leidfreiheit, zu erreichen. Das ist das, was den Kern ausmacht.

Dankbarkeit und Sinn

Thomas: Wie hilft mir Dankbarkeit, Mensch zu sein und mein Leben zu gestalten?

Dirk: Dankbarkeit gibt mir eine Sinnhaftigkeit.

Ich wohne hier im Ahrtal und ich gucke gerade aus meinem Büro auf eine fantastische Herbstlandschaft. Es gibt so viele Wunder im Leben. Wie dankbar kann ich denn sein, das erleben zu dürfen, wie dankbar! Du hast vorhin gesagt, wie sehr du deine Kinder liebst. Ist es nicht schön, dankbar zu sein, dass wir diese Fähigkeit haben, solche Emotionen zu haben, Liebe, Mitgefühl, Großmut?

Ich habe schon mit elf, zwölf Jahren angefangen, Aufsätze zu schreiben, was ist der Sinn des Lebens, warum bin ich hier, warum bin ich geboren worden, warum hat mich keiner gefragt, ob ich das überhaupt will. Heute sehe ich das ganz anders. Heute bin ich tief dankbar, dass ich durch mein eigenes Leid gelernt habe, über Liebe und Glück zu sprechen. Wo ich 20 Jahre lang immer nur im Tal der Tränen war.

Thomas: Was ist dir zum Thema Dankbarkeit sonst noch wichtig?

Dirk: Das wäre für mich zum einen, dass wir etwas kultivieren müssen, was wir alle, glaube ich, verlernt haben. Das ist Wahrheit, das ist Bewusstheit, das ist Konzentration – und damit meine ich nicht Konzentration auf ein Computerspiel, nicht auf eine Exceltabelle, nicht auf das Tippen eines Buches, nicht auf das Gucken eines Films – sondern Konzentration in eine Richtung, die uns fremd geworden ist. Und die ist in uns.

Die Sachen, die außen blinken und piepsen und läuten und klingeln und wollen, dass du auf irgendeinen Knopf drückst, die sind ja nicht weniger geworden. Die Diversität von Leben im Job, wie man leben kann, welche Modelle man denken kann, was es alles für Optionen gibt, was du im Internet sehen kannst, dass du mit dem Laptop um die Welt reist und Tausende von Euro im Monat verdienst, wenn du Urlaub machst. Das ist sehr verlockend, klingt erst mal toll. Aber da musst du den Mut haben, so was auch zu machen. Die meisten haben das nicht. Und deswegen ist diese Konzentration nach innen so wichtig. Sich darauf zu besinnen, was ich eigentlich unterm Strich will. Die einen Menschen sagen, sie wollen reich werden, die anderen, sie wollen berühmt werden. Nein, wisst ihr, was ihr alle wollt? Glücklich sein.

Glück ist eine emotionale Freiheit, darüber zu bestimmen, wie es in mir aussieht. Und wenn ich einfach bestimme, wie es in mir aussieht, brauche ich Wahrheit, brauche ich Konzentration, brauche ich Respekt für mich und brauche ich Achtsamkeit.

Das Nicht-Bewerten von allem, was da ist, das ist der Weg. Das Ziel ist, in mir herzustellen, was da hingehört oder was da sowieso schon ist: Das ist Liebe, das ist Mitgefühl, sich in Liebe zu üben, wenn Schmerz da ist. Das ist Freude am Leben und am Wachsen und am Üben, auch am Versagen und Mäßigung. Mäßigung zwischen »ich will« und »ich will nicht«, zwischen Anhaften und Ablehnen. Bei der Mäßigung in der Mitte anzukommen: nicht gar nicht traurig zu sein, aber auch nicht zu viel. Nicht zu viel glücklich zu sein, aber auch nicht zu wenig. Wenn du zu viel glücklich bist, welche Richtung gibt es dann da noch? Die nach unten. ...

Im Prinzip ist es so, dass das Leben eine einzige Ansammlung von Reizen ist, auf die ich reagieren muss. Äußere Reize wie innere Reize, Dinge von außen wie innere Gedanken. Das ist das Leben. Auf all diese Eindrücke und Empfindungen zu reagieren, ohne bei mir zu sein, das heißt wach, bewusst, konzentriert und achtsam, werde ich keine Freude, keine Liebe, kein Mitgefühl und auch keine Mäßigungen in mir herstellen können. Eigentlich ist Achtsamkeit ganz einfach, wenn ich wach, konzentriert, bewusst im gegenwärtigen Moment bin.

Spüre ich Leid, übe ich mich in Liebe. Denn dann ist Liebe in mir und nicht mehr Leid. Und wenn Schmerz in mir ist, übe ich mich in Mitgefühl. Denn dann ist Mitgefühl in mir und kein Schmerz. Wenn da Leid in mir ist, übe ich mich in Freude darüber, dass ich mich in Liebe und Mitgefühl üben kann. Denn dann ist Liebe, Mitgefühl und Freude am Wachsen in mir. Und wenn da Leid im Sinne von starker Ablehnung oder starker Anhaftung ist, dann übe ich mich in Mäßigung, weil dann habe ich eine Chance, Liebe, Mitgefühl und Freude in mir zu spüren.

10 Das Leben tanzen

»Keinen interessiert es, wenn du nicht tanzen kannst.
Steh einfach auf und tanze!«
Dave Barry

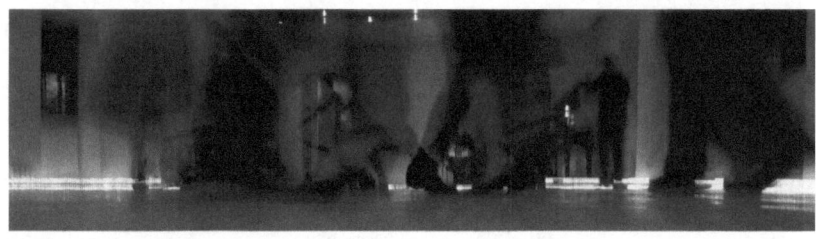

Der erste Tanz

Das mit dem Anfangen, Ideen und Absichten in die Tat umzusetzen, ist so eine Sache. Auf der einen Seite wollen wir es ja, wollen Spaß und Freude haben, wollen es genießen. Aber der erste Schritt ist so schwer wie nur irgendwas. Was könnte alles nur schiefgehen? Wie sehen mich die anderen? Mache ich mich evtl. zum Affen? Und, und, und. An Ausreden mangelt es uns nicht.

Ich erinnere mich, als ich das erste Mal zum Tanzen mit Freunden wegging. Ich hatte große Lust und dann doch große Zweifel. Das erste Mal auf eine Tanzfläche zu gehen, war für mich wie ein Sprung ins kalte Wasser. Erfrischend? Nein, nicht wirklich. Aber das Gute am kalten Wasser ist, dass man sich bewegen muss. Und irgendwann wird es dann auch wärmer und man fängt an, sich wohler zu fühlen. Später stellt man fest, dass alles nicht so schlimm war wie befürchtet. Die Zweifel, Sorgen und Ängste lösten sich auf und man kommt im »Tanzen« an.

Ähnlich verhält es sich damit, Neues im Leben auszuprobieren. Dabei wollen wir es doch nur leichter haben, es genießen, eine gute Zeit haben. Eben, wie bei der Vorbereitung auf einen ersten Tanz. Nun, das Leben ist wie ein Tanz. Wir müssen die Aufforderung zum Tanz, die Aufforderung zum Leben nur annehmen.

Das Leben mit einem Tanz zu vergleichen ist nicht neu. Dabei gibt es durchaus unterschiedliche Interpretationen: So können wir sagen: Wir tanzen das Leben. Oder umgekehrt: Das Leben tanzt uns. Das Leben ist ein Tanz. Oder: Das Leben tanzt mit uns. Oder schließlich: Wir tanzen mit dem Leben.

Egal, welche Interpretation du magst, alle haben gemeinsam, dass wir das Leben mit einem Tanz vergleichen. Welche Rolle wir einnehmen können und wollen, klären wir später.

Tango Argentino

Tanzen ist ein weiter Begriff. Es gibt sowohl Einzeltänze wie z.B. das Tanzen in einer Disco, Line Dancing oder Square Dancing mit festen Schrittfolgen und Figuren, Formationstanz mit einer abgestimmten Choreografie oder Paartanzen. Das sind nur wenige Beispiele.

Lass uns für unsere Zwecke den Paartanz als Analogie zum Leben nehmen. Konkret möchte ich den Tango Argentino als Beispiel nehmen.[110] Der Grund hierfür ist einfach. Seit Sommer 2016 habe ich selbst mit dem Tanzen des Tango Argentino begonnen und diesen Tanz lieben gelernt. Tanzen ist zu einem meiner Hobbys und Leidenschaften geworden.

Im Gegensatz zu den Standardtänzen allgemein und dem Standardtango des Welt-tanzprogramms (auch als »europäischer Tango« bekannt) ist der Tango Argentino wenig reglementiert. Das bedeutet, es gibt keine festen Schrittfolgen oder Formatio-nen. Der Tango Argentino ist ein Improvisationstanz. Ein Tanzabend, auch »Milonga« genannt, ist in der Regel in Folgen von jeweils drei bis vier Liedern aufgeteilt, einer Tanda, unterbrochen von einer kurzen Pause, einer Cortina. Die Cortina wird genutzt, dass sich die Tanzpaare für die nächste Tanda finden. Mit anderen Worten: Die Tanz-paare bleiben in der Regel immer nur für eine Tanda zusammen. Feste Partner sind eher die Ausnahme – es sei denn, das Paar will es so.

Mit jeder Tanda müssen sich die Tanzpaare neu finden, sich aufeinander einstellen. Das kann mitunter eine echte Herausforderung sein, macht aber auch den Reiz des Tangos aus. Jeder Tanzpartner bzw. jede Tanzpartnerin hat seinen bzw. ihren persön-lichen Tanzstil. Wie aus den beiden individuellen Tanzstilen ein harmonischer Tanz werden kann, das ist die Kunst und die Magie des Tangos.

Dialog als Ausdrucksform

Wie bei anderen Paartänzen gibt es auch im Tango die Rolle des führenden und die Rolle des folgenden Tänzers. Traditionell übernimmt der Mann die Rolle des Führen-den und die Frau die der Folgenden. Letztlich ist es aber belanglos, wer welche Rolle übernimmt. In der Tat kann beobachtet werden, dass manche Tangotänzer beide Rollen beherrschen und während eines Liedes die Rollen tauschen oder Frauen mit Frauen und Männer mit Männern tanzen.[111]

Es wäre aber ein Trugschluss anzunehmen, dass der Führende die aktive und der Fol-gende die passive Rolle im Tanz übernehmen würde. Aktiv und passiv gibt es im Tango

---

110 »Seit dem Ende des 19. Jahrhunderts hat sich der Tango in verschiedenen Formen von Buenos Aires aus in der gesamten Welt verbreitet. Zur Unterscheidung gegenüber dem (gelegentlich europäischer Tango genannten) Standardtango des Welttanzprogramms wird die ursprünglichere (weniger reglementierte) Form des Tanzes und die zugehörige Musik weltweit ›Tango Argentino‹ genannt. Der Tango gehört seit September 2009 zum immateriellen Kulturerbe der Menschheit der UNESCO.« https://de.wikipedia.org/wiki/Tango_Argentino

111 Wer meint, dass es seltsam aussieht, wenn Männer mit Männern tanzen, dem sei folgendes Video empfoh-len: https://www.instagram.com/p/B1WPhqWhewJ/?igshid=ewo5oxuhtw4x

nicht wirklich. Vielmehr geht es um die Intention einer Bewegung und die Antwort auf diese Intention.

Schauen wir uns die Eigenschaften der führenden und folgenden Parts genauer an: Zu Beginn eines Tanzes treffen sich beide Tänzer und stehen voreinander. Wenn der Mann (Führender) die Hand der Frau (Folgende) nimmt, läuft er nicht gleich los und hofft, dass sie eine Antwort findet und die »richtigen« Schritte setzt. Vielmehr stehen sich beide Tänzer offen und einladend gegenüber.

Tanzeinladung (Foto © Annelie Frank)

»Offen und einladend« bedeutet, dass beide Tänzer gerade und in ihren Körperachsen stehen, anwesend, im Hier und Jetzt sind, sich dem anderen Partner öffnen und insgesamt entspannt sind. In dieser Stellung verbinden sich die beiden Tänzer in einer stabilen, aber nicht fixen Tanzumarmung. Mann und Frau »lehnen« sich leicht aneinander. Beide Tänzer berühren sich, stehen aber jeder für sich in der eigenen Körperachse.

Tanzverbindung (Foto © Annelie Frank)

Jetzt liegt es am Mann, den ersten Schritt zu tun. Es ist aber nicht so, dass er einfach losläuft. Vielmehr bereitet er die Bewegung hierfür vor. Es ist eine Intention oder Einladung für eine Bewegung. Umgekehrt erwartet die Frau die Intention des Führenden mit einer gewissen Vorspannung. Sind Mann und Frau miteinander »verbunden«, kann diese Intention von der Frau als Folgender gespürt werden und sie kann ihrerseits ihre Bewegung einleiten. Die Frau spürt also, welche Bewegung bzw. welchen Schritt sie setzen muss, bevor der Mann den Schritt tatsächlich gesetzt hat. Die Intention der Bewegung des Führenden reicht aus. So kann es dazu kommen, dass es von außen so aussieht, als ob die Frau mit einer Bewegung anfängt, bevor der Mann einen Schritt gemacht hat.

Tanzeröffnung (Foto © Annelie Frank)

Dieses Zusammenspiel setzt sich im ganzen Tanz fort. Die sequenzielle Abfolge von Intention und Antwort verschmilzt immer mehr.

Dabei ist die Vorstellung von Führung und Folgen nicht ganz richtig. Es ist weniger eine Aktion und Reaktion von zwei Tänzern. Der Begriff eines »Dialogs« zwischen Führendem und Folgendem, zwischen Intention des Führenden und Vorspannung und Antwort der Folgenden ist eine bessere Beschreibung. Mit anderen Worten: Intention und Vorspannung ermöglichen einen kreativen Dialog der Tanzenden.

Durch den Dialog der zwei Tänzer bildet sich im Idealfall eine tanzende Einheit. Es sind zwei individuelle Tänzer, die gemeinsam einen Tanz gestalten und so eine Einheit bilden. Es ist ein gegenseitiges Geben und Nehmen, ohne dass die eine Seite mehr gibt oder nimmt als die andere. Es ist ein Yin und Yang des Tanzens. Beide für sich genommen sind wertvoll, aber erst im Zusammenspiel miteinander bilden Yin und Yang ein Ganzes.

Yin und Yang, Symbol der Einheit

Kann ich nicht führen, der andere aber folgen, kommt kein Dialog und somit keine tanzende Einheit zusammen. Umgekehrt kann ich noch so gut führen – wenn die andere Seite nicht folgen kann oder will, hat das wenig mit Tanz zu tun und ist eher ein mehr oder weniger koordiniertes Bewegen von Körpern zu Hintergrundmusik.

Tanzfluss

Einen Tanzdialog oder den Tanzfluss kann man nicht vorher planen, allenfalls vorbereiten. Um ihn entstehen lassen zu können, bedarf es mehrerer Faktoren, die zusammenkommen: Neben der Intention und der Interpretation oder Reaktion auf die Intention sind dies die tänzerischen Fähigkeiten des Paares, die Musik, die räumlichen Gegebenheiten und ob beide Tänzer in der Lage sind, im Hier und Jetzt zu sein und zu agieren. Doch auch wenn alle Faktoren stimmen, kann ich immer noch nicht zu 100 % vorhersehen, ob es zu einem Tanzfluss bzw. Tanzdialog kommt.

Die Vorhersehbarkeit, die Zukunft, ergibt sich im gegenwärtigen Tun. Gut möglich, dass sowohl der Mann als auch die Frau Ideen für die Gestaltung des Tanzes haben. Letztlich kommt es auf den Moment an, in dem ich die Idee umsetzen kann, und auf die Milonga, das heißt die Tanzfläche mit den anderen Tanzpaaren. Aber die Idee allein ist nichts wert, wenn sie nicht irgendwie eingebracht werden kann.

Ich kann es auch vergleichen mit einem talentierten Maler, der ganz viele Ideen und Inspirationen hat. Nur, solange er sich nicht an die Leinwand begibt, Pinsel und Farbe nimmt und anfängt zu malen, wird auch kein Bild entstehen können. Seine Gedanken wären Luftblasen, mehr nicht.

> **!**
>
> ### Meine ersten Erfahrungen in einer Tango-Milonga
>
> Im Sommer 2016 fing ich mit Tango Argentino an. Wenige Monate später wagte ich es, zum ersten Mal auf eine Tango-Milonga zu gehen. Es war ein so einschneidendes und prägendes Ereignis, dass ich am nächsten Tag einen Artikel dazu schrieb und auf LinkedIn/Medium und meinem Blog veröffentlichte[112]:
>
> »Letzte Woche bin ich endlich zu meiner ersten Milonga (Tango Argentino) gefahren. War ich nervös? Ja, war ich. Ich hatte erst vor ein paar Monaten angefangen, Tango zu lernen, betrachte mich als absoluten Anfänger (ich bin es), wollte mich nicht lächerlich machen, wollte niemanden auf der Tanzfläche verletzen (es ist ziemlich voll), kannte und konnte nur ein paar wenige Schrittfolgen (im Vergleich zu dem, was die erfahrenen Tänzer auf der Tanzfläche zeigten), ... und die Liste geht weiter und weiter. Heute weiß ich, dass es eine Liste von Ausreden war und ist; lahme Ausreden.
>
> #### Wie war meine erste Milonga?
> Vor allem am Anfang fühlte ich mich eher wie eine Kuh auf dem Eis. Mein Gehirn war matschig, nein, leer. Es schien, als hätte ich alles vergessen, was ich in meinen Tanzstunden gelernt hatte. Ich fühlte mich wie ein Stein im Sturm und konnte mich keinen Zentimeter bewegen. Gleichzeitig war mein Kopf voll, nun, ich weiß nicht, was es war – leer, Hitze, Sorgen, Angst?
>
> #### Das Eis brechen
> Zum Glück war ich nicht allein. Der erste Tanz mit meiner Frau war eigentlich ganz passabel. Wir waren beide nervös. Und doch wir überlebten. »Zeit, sich hinzusetzen und auszuruhen, sich zu erholen, sich zu erfrischen«, dachte ich. Aber als ich mich hinsetzte, bat mich eine Bekannte, mit ihr zu tanzen. Hoppla. Hier war es wieder: Angst krabbelte meinen Magen hoch, mein Gehirn verwandelte sich in Brei.
>
> Auf der anderen Seite war meine Tanzpartnerin sehr verständnisvoll, geduldig und ermutigend. Ich denke, wir machten es recht gut. Zumindest wurde niemand verletzt. Das erste Eis war gebrochen.
>
> #### Auf der Suche nach einem Tanzfluss
> Die Zeit verging, flog nur so dahin. Bald waren drei Stunden vergangen. Ich fühlte mich immer noch »fremd«, aber nicht mehr wie eine Kuh auf Eis, vielleicht eher wie ein Hund auf Eis.

---

112 http://motivate2b.com/tango-flow-life/ vom 25.12.2016.

Und dann gab es drei bis vier Tänze, als die Zeit für mich stillstand. Als ich plötzlich allen Druck, alle Sorgen und Gedanken losließ und alles, was ich tat, war, der Musik zuzuhören und mit meiner Partnerin zu tanzen. Unsere Schritte und Bewegungen flogen natürlich. Es war wie ein Segeln auf glatter See. Und damit einher gingen Freude, Entspannung, großes inneres Lächeln und Grinsen. Wir waren beide fassungslos und ratlos. Toll.

Okay, drei bis vier Tänze von 20 oder mehr sind nicht so viel. Aber es war mehr als genug, um uns zu motivieren, unsere nächste Milonga zu planen. Und wir freuen uns sehr darauf. Wird es besser? Möglich, nein, wahrscheinlich, denn die erste Milonga enthüllte etwas Magisches.

Das Geheimnis des Tanzflusses

Mir wurde klar, dass ich noch viel lernen muss. Technisch? Ja. Aber es geht mehr darum loszulassen, sich zu entspannen, der Musik zuzuhören, mit dem Fluss zu gehen, freie Räume zu suchen und sich in ihnen zu bewegen, im Moment zu sein. Loslassen und sein und mit dem Moment gehen. Nein, das scheint *der* Schlüssel zu sein, um Freude und Fluss auf der Tanzfläche zu erleben und zu genießen.

Dies war und ist die herausragende Erkenntnis aus meiner ersten Milonga – sowohl über Tango als auch über das Leben.

Tango und das Leben

Die Leute sagen, dass Tango ein Spiegelbild des Lebens ist. Das ist so wahr. Und es sind nicht allein die Milongas, es sind auch der Tango-Unterricht, die Lernerfahrungen, die Aufregung, Motivation, Freude, Frustration, Depression, Bedenken, Sorgen, Ängste. Tango kann dir viel über deine Einstellung und Praxis im Leben beibringen, über deine Partnerschaften, deine Liebe, deine Einstellung, deinen Fluss (oder den Mangel daran), dein Sein. Es enthüllt drastisch deinen Lebenszustand.

Wenn der Tango noch nicht ganz fließend ist, überprüfe deinen gegenwärtigen Lebensstil, dein Familienleben, deine Freundschaften, Partnerschaften und dein berufliches Umfeld. Begrenzt du dein Denken, versuchst du es zu strukturieren, zu planen und zu kontrollieren? Dies kann manchmal funktionieren und zufriedenstellende Ergebnisse liefern. Aber wenn du wirklich in deinem Fluss tanzen willst, musst du einschränkende Gedanken, Sorgen und Ängste loslassen. Ins kalte Wasser springen, zeigen und ausdrücken, wer du in diesem Moment bist. Dabei kann es sehr gut möglich sein, dass es in den Augen einiger Betrachter und des größten Kritikers (der wahrscheinlich du selbst bist) nicht »perfekt« ist.

Motivation, menschlich zu sein

Wir sind Menschen mit Unvollkommenheiten, die uns wiederum vollkommen machen. Wir sind keine Maschinen. Sich von falschen Erwartungen zu befreien und einfach wieder zu spielen wie ein Kind, ist erfrischend und lohnend wie nichts anderes. Denn es hilft dir, menschlich zu sein und dich selbst wiederzufinden und wieder zu sein.

Also, worauf wartest du?! Geh raus und finde deinen Tango und tanze ihn!«

It takes two to tango

Kommen wir zurück zur Analogie des Lebens als Tanz und der Frage, wer hier wen zum Tanz auffordert, wer führt, wer folgt.

Letztlich ist es egal, wie wir dies definieren. Denn was wir aus der Analogie lernen können ist, dass ein Tanzfluss, ein Kunstwerk des Tanzes, immer zwei Tänzer benötigt, die sich aufeinander einlassen, miteinander kommunizieren, sich ergänzen und so etwas Neues bilden. Die gemeinsame Gestaltung, die sogenannte Ko-Kreation, erfordert einen Dialog zwischen zwei Tänzern. Es ist ein Geben und Nehmen im Einklang und ständigen Wandel. Ein Tanz kann nicht perfekt geplant werden. Es ist eine Kunst, die nicht planbar ist. Benötigt werden Präsenz, Intention, Spannung, Musik, Raum und Zeit, die sich im Zusammenspiel gegenseitig unterstützen und ergänzen. Außerdem bedarf es einer klaren Führung bei gleichzeitiger Offenheit und Vertrauen des Folgenden dem Führenden gegenüber. Vermeintliche Fehler gehören zum Improvisationstanz dazu – es sind weniger Fehler als Chancen der Interpretation, für den persönlichen Ausdruck und natürlich auch des Lernens.

Gehen wir verschiedene Möglichkeiten der Interpretation der Analogie des Lebens als Tanz durch:
- **Option 1: Wir tanzen das Leben.** Das heißt, wir führen das Leben. Das Leben folgt unserer Intention. Was hieraus entsteht, kommt auf unsere Intention und die Antwort des Lebens auf unsere Aktionen an.
- **Option 2: Das Leben tanzt uns.** Mit anderen Worten: Das Leben führt uns. Wir reagieren auf die Impulse des Lebens und gestalten so den Tanz des Lebens. Voraussetzung ist, dass wir uns auf das Leben einlassen, eine gewisse Vorspannung und Vorfreude haben und gemeinsam einen Dialog entstehen lassen.

Sowohl bei Option 1 als auch Option 2 müssen wir uns auf den anderen Tänzer einlassen und kommunizieren, mit ihm in einen Dialog gehen, im Hier und Jetzt sein. Gestaltung ergibt sich nicht durch das Abarbeiten eines Plans, sondern im Tun im Hier und Jetzt im Zusammenspiel mit den äußeren und inneren Gegebenheiten. Das ist Leben. Das ist Tanz.

Eine andere Interpretationsmöglichkeit der Tanzanalogie sieht wie folgt aus:
- **Option 3: Das Leben tanzt mit uns.** Das Leben ist der Tanz und wir sind die Tänzer.
- **Option 4: Wir tanzen mit dem Leben.** Wir interagieren mit dem Leben auf der Tanzfläche.

Auch hier gilt es, dass es sowohl in Option 3 als auch Option 4 letztlich um die gemeinsame Gestaltung des Tanzes geht. Ohne ein Einlassen auf das Leben und ohne, dass wir es aktiv mitgestalten wollen, kein Tanz. Der Tanz ist ein Werkzeug, uns auszudrücken. Allein, also wenn wir das Leben ausblenden und nur wie eine Maschine funktionieren wollen, kommt kein Tanz zustande. Deswegen gilt: »It always takes two to tango.«

»Tango ist echtes Leben« – Interview mit den Tänzern Horacio Godoy und Cecilia Berra

Am Rande eines Tango-Marathons im Herbst 2019 hatte ich die Gelegenheit, mich mit dem in der Tangoszene weltweit bekannten Tänzer Horacio Godoy und der Tänzerin Cecilia Berra über ihre Einsichten zum Tango zu unterhalten.

Cecilia Berra und Horacio Godoy (Quelle: Cecilia Berra)

Die Essenz von Tango

Thomas: Was ist die Essenz von Tango?

Cecilia: Die Essenz des Tangos ist der Teil des sozialen Teilens innerhalb der Milonga mit Menschen, die sich umarmen und tanzen.

Horacio: Ich denke, wir kommen für die alten Zeiten zurück. ... Es geht nicht um das Internet, Fernsehen oder Ähnliches, sondern darum, das Leben in der Realität zu leben. Wie vor 200, 1000 oder sogar 2000 Jahren, um von Angesicht zu Angesicht zu sprechen. ... Es ist das wirkliche Leben.

Tango als Spiegel des Lebens

Thomas: Wie verhält sich Tango zu unserem normalen Leben? Was können wir von Tango lernen?

Cecilia: Alles. Der soziale Teil, der in der Milonga gelebt wird, entspricht dem, was wir im täglichen Leben erleben. Ich habe das Gefühl, dass jede Persönlichkeit in der Milonga konzentriert und verstärkt wird. Wenn jemand eifersüchtig ist, wird dies bemerkt; wenn jemand arrogant ist, merkt man das. Im Tango lernst du, unterschiedliche Einstellungen gegenüber Menschen zu leben, die du später im Tag auch finden wirst.

Horacio: Es ist ein echtes Leben. Ich meine, wie oft hast du deine Mutter, deine Schwester oder jemanden in deiner Familie umarmt, den du wirklich liebst? Wenn du nicht alle Umarmungen zusammenaddierst, dauert eine Umarmung nicht länger als ein paar Sekunden. Dann hast du in deinem ganzen Leben deine Mutter vielleicht zehn Minuten lang umarmt.

Und im Tango umarmst du zum ersten Mal in deinem Leben eine Frau für zehn Minuten. Wenn du also zwei Tandas mit ihr tanzt, umarmst du eine neue Dame länger als deine Mutter in deinem ganzen Leben.

Im wirklichen Leben sagen wir: »Hallo, Mama, wie geht es dir?«, und berühren sie auf ihrer Schulter und das wars. Oder wenn wir einen Freund treffen, mit dem wir Kaffee trinken, berühren wir ihn noch kürzer oder überhaupt nicht.

Die Kunst des Tangos

Thomas: Ist Tango eine Kunst und können wir diese Kunst lernen?

Horacio: Ich denke, das ist der schwierigste Schritt. Ich denke es ist der letzte Schritt. Du kannst Menschen sehen, die auf der Tanzfläche Sport treiben oder wie der Geist Körper bewegt. Aber es ist wirklich schwierig, die Grenze zu überschreiten, um Kunst zu schaffen oder Künstler zu sein. Ich glaube … vielleicht könnte einer von 100.000 Menschen Künstler sein. Aber wir können die Kunst oft berühren. Aber es ist sehr schwer. Es ist der letzte Schritt für mich.

Cecilia: Ich weiß nicht, ob ich in zwei Tagen ein Künstler bin; ich weiß nicht, ob ich in zwei Tagen ein Lehrer bin. Es ist eine Frage der Zeit, aber es ist schön, die Suche zu starten.

»Im Tango selbst tanzt du immer deine Persönlichkeit« – Interview mit Tanzlehrerin Isabella Bayer

Isabella Bayer

Jetzt ist es so, dass sowohl Horacio als auch Cecilia mehr oder weniger ausschließlich für den Tango leben. Ich wollte ihre Aussagen validieren und sprach mit meiner eigenen Tanzlehrerin Isabella Bayer von der Mannheimer Tangoschule »Tango Flores«.

Tango als Spiegel des Lebens

Thomas: Inwiefern spiegelt deiner Erfahrung nach Tango das Leben wider?

Isabella: Du kannst alles und nichts in den Tango hineininterpretieren. Wenn du anfängst mit Tango oder wenn du Tango tanzt, hast du deine Höhen und Tiefen, wie im Leben auch.

Tango zeigt, wer du wirklich bist. Du kannst den Tango nutzen, um in sozialen Kontakt zu kommen. Du kannst auf der Milonga erst mal sein, was du willst. Es interessiert niemanden, was du in deinem echten Leben bist, welchem Beruf du nachgehst, ob du Vater bist oder allein oder was auch immer. Und du kannst anziehen, was du willst. Du kannst in eine andere Hülle schlüpfen, aber du bist immer noch du. Im Tango selbst tanzt du am Ende immer deine Persönlichkeit. Wenn du z. B. schüchtern bist, tanzt du vielleicht eher schüchtern. Klar, man kann das mit der Zeit verändern, so wie du auch an deiner Persönlichkeit arbeiten kannst. Aber du tanzt erst mal so, wie du bist. Und das kommt direkt raus. Tango ist hier sehr ehrlich.

Das Besondere am Tango

Thomas: Was ist denn das Besondere am Tango im Vergleich zu anderen Tänzen?

Isabella: Tango funktioniert einfach, ohne dass ich anfangs irgendwelche Schritte oder Choreografien lernen muss. Klar, mit der Zeit willst du besser werden. Du arbeitest an deiner Technik, wirst feinfühliger. Aber im Vergleich zu anderen Tänzen ist es beim Tango einfach, aus dem Moment heraus etwas entstehen

193

zu lassen. Bei anderen Tänzen hast du eher formalisierte Sachen. Du hast mehr Distanz zu demjenigen, mit dem du tanzt.

Beim Tango gibt es die Magie der Umarmung. Sie ist viel mehr als eine Tanzhaltung. Es ist eine echte Umarmung. Es passt sehr dazu, wenn man sagt, Tango ist das Leben. Das Leben will uns auch umarmen. Aber man muss es zulassen. Und das ist, glaube ich, die erste Herausforderung. Du musst jemanden in deine Nähe hineinlassen, und du musst auch den anderen umarmen wollen. Weil nur dann kannst du wirklich tanzen. Wir können Schritte üben und sie tanzen. Wir machen dann Technik, aber tanzen dabei noch nicht wirklich.

Führen und Folgen

Thomas: Was bedeutet Führung im Tango und was benötigt sie?

Isabella: Wenn du in der Führungsrolle bist, ist es klassischerweise deine Aufgabe, die Dame auf der Tanzfläche sicher über die Tanzfläche zu navigieren und die Dame beim Tanzen gut aussehen zu lassen. Das heißt, du gibst Klarheit in dem, wozu du sie einlädst. Sie kann die Einladung annehmen oder ablehnen. Lehnt sie sie ab, musst du umplanen.

Der berühmte Tangotänzer Carlos Gavito sagte, dass du als Mann akzeptieren musst, dass die Dame die Königin ist. Und nur wenn sie die Königin ist, kannst du der König sein.

Umgekehrt muss eine Dame dir folgen wollen. Sonst funktioniert das Führen nicht. Sie muss sich auf dich einlassen und dir auf eine gewisse Art und Weise vertrauen. Wenn das Vertrauen nicht da ist, dann merkst du das sofort im Tanz. Der stockt. Tanzen ist ein Miteinander, ein Dialog zwischen Führendem und Folgender, mit klarer Rollenverteilung.

Tango-Flow

Thomas: Was verstehst du unter einem »Tangofluss« oder »Tango-Flow«? Wie kommen wir in diesen Flow?

Isabella: Ganz allgemein, Fluss oder Flow ist, wenn man im Moment völlig aufgeht, wenn man im Moment ist. Das ist auch beim Tango so. Bloß, dass man nicht allein ist, sondern mit jemandem zusammen. Erzwingen kannst du den Flow nicht oder ihn dir vornehmen. Es passiert dann, wenn du loslässt. Damit der Flow kommt, muss alles zusammenpassen: die Musik, deine Tagesform, die Biochemie. Flow hat etwas von Trance. Du musst das Drumherum ausblenden. Wenn der

Flow da ist, sind es nur du, der Partner, die Musik, das Fühlen, die Bewegung als solches. Und der Rest ist nicht relevant, ist nicht vorhanden, wie in einem Nebel.

Und Flow ist nicht gleich Flow. Ich kann auch bei anderen Aktivitäten in den Flow kommen. Wenn ich z. B. programmiere, komme ich manchmal in einen Flow. Der große Unterschied zum Flow im Tango ist, dass ich beim Programmieren mich anschließend ziemlich ausgelaugt fühle, beim Tango hingegen nicht. Da bin ich voller Energie danach. Beim Tango gibt es das Zusammenspiel von Geist, Körper, Seele. Beim Programmieren ist es der Kopf. Insofern ist der Tango-Flow mehrdimensional.

Technik – die Sprache des Tangos

Thomas: Wie drückt man sich im Tango aus?

Isabella: Um dich im Tango auszudrücken, möchtest du ein Repertoire an Techniken haben, um das, was du in der Musik hörst, was du in dem Moment vielleicht fühlst, in Bewegung auszudrücken. Technik ist wie eine Sprache. Je größer dein Vokabular, umso besser kannst du dich damit ausdrücken. Aber es kann trotzdem schwierig sein. Denn letztendlich kann dir keiner das Gefühl, was du ausdrücken willst, beibringen. Das musst du selber finden. Das ist dann Kunst. Mit anderen Worten: Du kannst Techniken lernen, um kreativ in dem Moment zu sein. Aber, wie schon beim Flow, du darfst es nicht erzwingen wollen, du musst loslassen.

Wie gestalte ich den Tanz weiter?

Für den Tanz wie für das Leben ist es wichtig zu wissen, welche Rolle ich einnehmen soll, muss oder will. Die Intention ist ein erster wichtiger Schritt für die Tanzeröffnung und die Gestaltung des Lebens. Die Intention allein reicht aber noch nicht aus. Genauso wenig wie die Idee eines Malers für ein neues Bild. Ohne geeignete Werkzeuge und ohne Arbeit wird nichts entstehen können, was der Betrachter sehen, geschweige denn bewundern kann.

So wenden wir uns in Teil 3 des Buches der Aufgabe der Gestaltung unseres Arbeitens zu. Wir gehen der Frage nach, wie wir es schaffen können, unser Menschsein in unser tägliches Leben im Allgemeinen und in die Arbeit im Besonderen einzubringen.

Human Business hat zwei Dimensionen. Die des Menschen und des Business. Die Dimension des Menschen haben wir in Teil 2 betrachtet. Teil 1 und Teil 3 beschäftigen sich beide mit den Dimensionen des Business. In Teil 1 wurden die Strukturen des Human Business vorgestellt. In Teil 3 lernen wir verschiedene Werkzeuge für die

Gestaltung des Human Business in der Praxis kennen. Oder, um auf die Analogie des Tanzes zurückzukommen: Wir lernen eine Reihe von Techniken und Regeln, die uns bei der Gestaltung des Tanzes behilflich sein werden. Darum: Let's tango on.

Weiterführende Ideen und Übungen

- Sofern du noch nicht tanzt, melde dich für einen Tanzkurs an.
- Wenn du schon tanzt, übe auch einmal die andere Rolle. Also, wenn du bislang geführt hast, nimmt die Rolle des Folgenden an – oder umgekehrt.
  Davon ausgehend: Wie kannst du diese Erfahrungen auf dein Leben übertragen?
- Finde heraus, inwiefern du deinen Tanz – und/oder dein Leben – als Dialog gestaltest oder es gestalten lässt.

Teil 3: Arbeiten im digitalen Zeitalter

In Teil 3 nehmen wir die Einsichten des vorherigen Teils und wenden sie auf die Arbeitswelt an. Im Wesentlichen geht es darum, wie wir Orientierung für unser Arbeiten im digitalen Zeitalter finden können.

Als erster Einstieg dient das MVP-Modell, das wir in Kapitel 11 kennenlernen. »MVP« steht für Motivation, Vision und Praxis. Die Motivation ist unser Treiber für unser Arbeiten, die Vision richtet sich auf die Zukunft, die Praxis verbindet Vergangenheit und Zukunft im gegenwärtigen Handeln. Das MVP-Modell erklärt, wie wir unsere Praxis, das heißt unsere Handlungen in der Gegenwart mit unserer Motivation als Treiber unseres Handels und mit unserer Vision für die Zukunft in Einklang bringen können. Dieses Zusammenspiel ist ein wertvolles Fundament für die Gestaltung unseres Lebens, sei es im persönlichen Bereich oder im beruflichen Umfeld.

Dass dies nicht bloße Theorie ist, zeigt ein Beispiel, wie das MVP-Modell erfolgreich in einer Konferenz angewendet wurde (Kapitel 12). Neben der Praktikabilität des MVP-Modells zeigte diese Konferenz, wie ausschlaggebend eine ganzheitliche Lernumgebung, die Aktivitäten für Geist, Herz und Körper anbietet, für die Gestaltung von Zukunftsaufgaben ist. Es ist eine Umgebung, die Räume öffnet, in denen wir unser menschliches Potenzial und unsere Kreativität auf der individuellen Ebene, im Paar oder in der Gruppe entfalten können.

Wie genau diese menschlichen Gestaltungsräume aussehen, wie wir sie erschließen und füllen können, ist Thema von Kapitel 13. Es geht um eine Atmosphäre des Vertrauens, der Offenheit und der Lernbereitschaft. Wird sie gemeinsam mit Mitmenschen gestaltet, entsteht eine ko-kreative Umgebung, in der das gemeinsame Experimentieren und Gestalten ein tiefes und nachhaltiges Verständnis von etwas Neuem ermöglicht.

Als Orientierung hierfür dient ein uraltes Prinzip menschlicher Interaktion: die »goldene Regel«. Sie ist Inhalt von Kapitel 14. Die goldene Regel fordert uns auf, Menschen und unseren Planeten so zu behandeln wie wir selbst behandelt werden wollen. Die jahrtausendealte, universelle und religionsübergreifende Regel ist heute aktueller denn je. Sie hilft, den Fokus weg von künstlichen Maschinen zu holen und zurück auf uns Menschen und unsere Umwelt zu richten. Damit wird sie zu einem zentralen Wert des Human Business.

In einem Interview stellt Kim Polman, Gründerin von Reboot the Future, Menschen und Unternehmen vor, die die goldene Regel bereits anwenden und so zu einem nachhaltigen Wandel in ihrer Umgebung beitragen. Solche Menschen ermutigen uns, es ihnen gleichzutun. Voraussetzung hierfür ist lediglich, dass wir uns als Menschen wiederentdecken und entsprechend leben.

11   Das MVP-Modell

»Die Frage ist nicht: ›Bist du würdig genug, um deine Ziele zu erreichen?‹
Die Frage ist: ›Sind deine Ziele deiner würdig genug?‹«
Vishin Lakhiani, Gründer von Mindvalley

Kernpunkte   !

- MVP steht für Motivation, Vision und Praxis.
  Die Motivation ist unser Treiber, die Vision richtet sich auf die Zukunft, die Praxis verbindet Vergangenheit und Zukunft im gegenwärtigen Handeln.
- Wir benötigen eine kreative Spannung zwischen Vision und Motivation , um nachhaltig zu handeln.
- Entspricht unsere Praxis, das heißt unsere Handlungen in der Gegenwart, sowohl unserer Motivation als auch unserer Vision, bringen wir Vergangenheit (Motivation), Gegenwart (Praxis) und Zukunft (Vision) zusammen. Sie werden eins.
- Die persönliche Klarheit über unsere eigene Praxis im Zusammenspiel mit Motivation und Vision ist ein wertvolles Fundament für die Gestaltung unseres Lebens.
- Das MVP-Modell ist sowohl für uns persönlich als auch bei der Arbeit, in Projekten und bei der Zusammenarbeit in Teams anwendbar. Gibt es eine Überlappung der MVPs von Individuen, dem Projekt und dem Team als Ganzes, kann dies der Funken für »Wow-Projekte« sein. Dies sind Projekte, die einen nachhaltigen Mehrwert schaffen, wichtig sind, etwas bewirken und »ein Erbe« hinterlassen.

Übersetzung von Worten in Taten

Wo fangen wir an, wenn wir unsere Worte in Taten umsetzen wollen? Du magst denken, der andere möge doch anfangen. Aber warum eigentlich? Es geht hier nicht um die oder den anderen. Es geht um uns selbst. Und nur wir selbst können den ersten Schritt tun. In diesem Kapitel lernen wir deswegen, wie wir unsere Erkenntnis, was wir denn wirklich wollen, was uns motiviert, in konkrete Handlungen übersetzen. Wir werden dies für drei Dimensionen kennenlernen.

1. **Dimension 1 – für dich selbst:** Also, was konkret kannst du machen, um deine Erkenntnis zu übersetzen? Wie kannst du deiner Motivation in konkreten Aktivitäten nachgehen?
2. **Dimension 2 – bei der Arbeit und in Projekten:** Wie kannst du die Erkenntnis in der Arbeit umsetzen? Ganz konkret, wie würdest du ein Projekt nach den Prinzipien, die wir in der ersten Dimension kennenlernen werden, aufsetzen?
3. **Dimension 3 – im Team:** Wie arbeitest du im Team? Das heißt, wie können wir ein Team entwickeln, das nach den Werten und Prinzipien der ersten beiden Dimensionen arbeitet?

Dein persönliches MVP

Die ersten Fragen

Fangen wir bei dir an. Die Kernfrage, die es zu beantworten gilt, heißt

- Was willst du?

Einfach, oder? Nun, ich kann mir vorstellen, dass der ein oder andere allein mit dieser Frage überfordert ist. Darum möchte ich die Kernfrage erweitern. Folgende Fragen gehören mit in diese »Kategorie« und können uns helfen, herauszufinden, was wir denn wirklich tief im Inneren, in unserem Herzen und Wesen wollen:

- Was willst du **nicht**?
- Was ist zurzeit dein Problem oder deine Herausforderung?
- Was hält dich ab, du selbst zu sein?
- Was bedrückt dich?

Im Kopf mögen dir schon einige Antworten kommen. Aber es soll hier nicht um Kopfarbeit gehen. Nimm darum ein Papier und schreibe deine Antworten zu einer, ein paar oder allen Fragen auf. Jetzt. Tue es. Und lies erst weiter, wenn du es gemacht hast.

Experiment

Und, hast du deine Antworten schon aufgeschrieben? Ja? Das ist prima. Nein? Nun, auch das ist in Ordnung, denn bei der nächsten Übung werden dir mit Sicherheit Antworten einfallen.

Die folgende Übung hilft dir, den Ideenfluss zu starten. Egal, ob du schon Antworten auf die Fragen oben gefunden oder dich damit schwergetan hast.

Nimm für diese Übung ein weißes Blatt Papier. Falte es der Länge nach einmal in der Mitte. Wenn du magst, kannst du entlang der Faltlinie auch einen Strich zeichnen. Oben auf der Längsseite, schreibe auf die linke Seite »Persönlich, Familie, Freunde« hin. Auf die rechte Seite schreibe »Beruf, Arbeit, Gesellschaft« hin.

Hast du gemacht? Gut, prima. Jetzt hol dir einen Timer und stelle ihn auf fünf Minuten. Wenn du das gemacht hast, gebe ich dir die Frage, die du in den nächsten fünf Minuten beantworten kannst. Wenn du die Frage bekommen hast, schreib gleich los. Je schneller und je mehr du schreibst, desto besser. Rechtschreibung oder Grammatik sind egal. Denn es ist dein Zettel, den nur du lesen wirst. Du kannst schreiben, wie du willst. Fertig? Gut.

Beantworte bitte folgende Frage: Was möchtest du
a) persönlich, für dich im Herzen erreichen und
b) beruflich, also in der Arbeit erreicht haben,
wenn du weißt, dass du von heute an nur noch drei Jahre zu leben hast?

Deine fünf Minuten laufen jetzt.

Als ich diese Frage das erste Mal gehört habe, war ich zunächst überrascht und sprachlos[113] – vielleicht ging es dir genauso. Denn ganz ehrlich, mit einer solchen Frage hatte ich nicht gerechnet. Die Drei-Jahres-Frist war lang genug, um doch einiges auf Papier zu bringen. Und doch war sie mehr als endlich. Sie half mir, die wichtigsten Dinge aufzuschreiben, die mir in den Sinn kamen. Und sie half mir zu priorisieren. Auch nicht schlecht. Denn in den letzten drei Jahren meines Lebens will ich mich keineswegs verzetteln. Schließlich war die Frage, was ich binnen drei Jahren erreicht haben will, und nicht, woran ich überall arbeiten will.

Einen Twist der Übung, den du gerne machen kannst, ist, dass du deinen Zettel jetzt in einen Briefumschlag legst. Klebe den Umschlag zu. Als Absender und als Adresse schreibst du bitte deine Anschrift auf den Umschlag. Oben rechts, wo die Briefmarke hinkommt, schreibe das heutige Datum plus drei Jahre. Also, wenn heute zum Beispiel der 15. Dezember 2020 ist, schreibe oben rechts den 15. Dezember 2023 hin. Jetzt gib den Brief an eine Person deines Vertrauens und bitte sie oder ihn, dir diesen Brief in drei Jahren zu schicken. Entweder persönlich zu übergeben oder in die Post zu geben. Fertig. Das war's.

Achtung: Für unseren Zweck in diesem Kapitel brauchst du deine Liste aber noch. Wenn du magst, kopiere die Liste für die nächsten Übungen und tüte die andere Liste in den Umschlag ein.

Im nächsten Schritt wollen wir nämlich noch eine Ebene tiefer gehen. Tiefer insofern, als wir noch einmal deine Motivation anschauen wollen. Wir wollen herausfinden, was dich wirklich, wirklich antreibt, bewegt und motiviert. Warum dies so wichtig ist, wirst du in den nächsten Abschnitten erfahren.

---

113 Berger, W. (2014). *A More Beautiful Question: The Power of Inquiry to Spark Breakthrough Ideas*. Bloomsbury.
Berger, W. (2014). *Die Kunst des klugen Fragens*. Piper.

Tiefer bohren

Here we go. Für diese Übung nimm dir bitte eine deiner Antworten von der Liste aus der vorherigen Übung heraus. Dabei ist egal, ob es eine Antwort von der linken (persönlichen) oder rechten (beruflichen) Spalte ist. Wähle etwas, was dir jetzt in diesem Moment wirklich wichtig ist und am Herzen liegt. Hast du gemacht? Gut.

Jetzt nimm bitte ein neues Blatt Papier. Oben schreibst du deine ausgewählte Antwort hin. Jetzt gibt es eine neue Reihe von Fragen. Auch hier geht es darum, dass du deine Antworten möglichst schnell aufschreibst.

Hier sind die Fragen:
1. **Erster Schritt:** Wenn dir die ausgewählte Sache oder Person oder was immer du aufgeschrieben hast, so wichtig ist, warum ist dies so? Schreibe bitte jetzt deine Antwort hin.
2. **Zweiter Schritt:** Wenn dir dies so wichtig ist, also die Antwort auf die vorherige Antwort, warum ist dir dies so wichtig? Schreibe bitte jetzt deine Antwort auf.
3. **Dritter Schritt:** Wenn dir dies so wichtig ist, also die Antwort auf die vorherige Antwort, warum ist dir dies so wichtig? Schreibe bitte jetzt deine Antwort auf.
4. **Vierter Schritt:** Wenn dir dies so wichtig ist, also die Antwort auf die vorherige Antwort, warum ist dir dies so wichtig? Schreibe bitte jetzt deine Antwort auf.
5. **Fünfter Schritt:** Wenn dir dies so wichtig ist, also die Antwort auf die vorherige Antwort, warum ist dir dies so wichtig? Schreibe bitte jetzt deine Antwort auf.
6. **Sechster Schritt:** Wenn dir dies so wichtig ist, also die Antwort auf die vorherige Antwort, warum ist dir dies so wichtig? Schreibe bitte jetzt deine Antwort auf.
7. **Siebter Schritt:** Wenn dir dies so wichtig ist, also die Antwort auf die vorherige Antwort, warum ist dir dies so wichtig? Schreibe bitte jetzt deine Antwort auf.

Wo bist du jetzt?

Ja, es ist wichtig, dass du tiefer bohrst. Gut möglich, dass du schon nach der zweiten oder dritten Frage Schwierigkeiten hattest, eine Antwort zu finden. Dann bohre tiefer in dir und versuche eine Antwort zu finden.

Die meisten von uns werden ab der dritten, vierten oder manchmal auch erst bei der fünften Frage die »äußere« Ebene verlassen. Ab da wird es dann wirklich persönlich, emotional, herzergreifend, vielleicht sogar spirituell. Die Fragesequenz erlaubt es uns, tiefer in uns hineinzugehen und herauszufinden, was tief in unserem Inneren wirklich vor sich geht. Herauszufinden, was für uns wichtig ist.

Beispiel: Warum will ich dieses Buch schreiben?

Ich möchte teilen, was ich zu der Frage, warum es mir wichtig war, dieses Buch zu schreiben, im Frühjahr 2019 aufgeschrieben habe.

1. Ebene: In den nächsten drei Jahren möchte ich ein Buch über Human Business und Menschsein im digitalen Zeitalter geschrieben haben. Warum ist mir dies so wichtig?
2. Ebene: Ich möchte meine Gedanken und Ideen sortieren.
3. Ebene: Ich möchte sie konkretisieren und für mich klären.
4. Ebene: Ich möchte sie so einfach wie möglich beschreiben können.
5. Ebene: Ich möchte sie in mein Leben und meine Arbeit einbringen können.
6. Ebene: Ich glaube, dass dies mir helfen wird, mehr Wow-Momente zu erleben und zu teilen.
7. Ebene: Diese Wow-Momente helfen mir, eins mit mir zu sein, einfach Mensch zu sein.

Demnach ist die tiefere Motivation für mich, das Buch zu schreiben, dass ich einfach mit mir eins sein möchte, einfach Mensch sein will, so wie ich es in Teil 2 beschrieben habe.

Beispiel: Warum will ich mein Buch veröffentlichen?

Ich möchte ein zweites Beispiel teilen. Diesmal möchte ich die Frage von eben leicht abändern. »Warum will ich das Buch binnen drei Jahren veröffentlicht haben?«

1. Ebene: In den nächsten drei Jahren möchte ich ein Buch über Human Business und Menschsein im digitalen Zeitalter erfolgreich veröffentlicht haben. Warum ist mir dies so wichtig?
2. Ebene: Ich möchte meine Ideen und Gedanken mit anderen teilen.
3. Ebene: Ich möchte ihnen Anstöße geben.
4. Ebene: Ich möchte etwas Positives bewirken.
5. Ebene: Weil das Thema mir am Herzen liegt.
6. Ebene: Bislang habe ich viel zu wenig getan, was mir am Herzen liegt. Ich will diesen Zyklus durchbrechen.
7. Ebene: Ich will mehr eins sein mit meinem Herzen, meinem Herzen Raum und Zeit und eine Stimme geben und so leben, handeln, authentisch sein.

Wir du siehst, sind in diesem Fall die Antworten gewissermaßen zusammengeflossen.

Wie sieht es bei dir aus? Wenn du es herausfinden willst, wiederhole die Übung mit mehreren deiner Antworten und vergleiche sie miteinander.

Finde heraus, ob es einen oder mehrere große gemeinsame Nenner gibt. Das sind Zeichen für deine wahre, tiefere Motivation. Finde sie heraus, denn mit ihr wollen wir im nächsten Schritt weiterarbeiten.

Was bedeutet Motivation für die Umsetzung?

Auf dem Weg, das umzusetzen, was man wirklich will, ist es zunächst wichtig zu wissen, was man denn tatsächlich will. Deswegen haben wir die Übungen eben gemacht. Wenn du sie durchgeführt hast, wirst du die eine oder andere Idee von dir selbst haben. Es kann aber auch sein, dass die Übungen mehr Fragen als Antworten aufgeworfen haben. Auch das ist in Ordnung. Das zeigt, dass es tiefer liegende Fragen gibt, die dich beschäftigen und auf die du Antworten suchst.

Wenn du schon eine solche Frage hast, gut. Wenn nicht, also wenn du statt einer Frage eine klare Beschreibung oder Begründung deiner Motivation hast, frage dich: Hast du das schon erreicht? Falls nicht: Was hält dich davon ab, dies tagtäglich zu leben oder dich daran zu orientieren?

Als Nächstes stell dir die Frage: Wer ist davon alles betroffen? Bist du es allein oder vielleicht auch deine Mitmenschen?

Jetzt beantworte die Frage: Was passiert, wenn eben nichts passiert? Mit anderen Worten: Was passiert, wenn du deiner Motivation von der siebten Ebene nicht nachkommen kannst oder wenn du auf die Frage, die dir auf der siebten Ebene begegnet ist, nie eine Antwort wirst finden können?

Schreibe dir auch hier deine Antworten zumindest in Stichworten auf.

Möglicherweise wirst du dich jetzt nicht mehr so toll und euphorisch fühlen. Wer will schon seine Motivation, die wir gerade erst herausgefunden haben, gleich wieder wegwerfen? Ich sicherlich nicht. Der Gedanke allein erfüllt mich mit Frust, Ärger und innerem Schmerz.

Und genau diesen Schmerz benötigen wir, um aktiv zu werden. Denn wenn wir keinen Schmerz spüren, wenn wir keine echte Notwendigkeit für einen Wandel sehen, werden wir nur selten aktiv werden.

Vision: Welche Fragen kann ich stellen?

Wir werden diesen Schmerz aber schnell wieder verlassen. Hierfür gibt es wieder eine Reihe von Fragen.

Nimm die Motivation aus der vorherigen Übung bzw. den Schmerz und stell dir jetzt die folgende Frage: Was wäre der Idealzustand für dich bzgl. der Motivation oder des Schmerzens? Mit anderen Worten: Wie würde es sich für dich anfühlen, wenn du deiner

Motivation zu 100 % nachkommen, sie ausleben könntest? Oder im Fall des Schmerzes: Wie würde es sich für dich anfühlen, wenn der Schmerz vollständig weg wäre? Was wäre genau das Gegenteil davon, das Nirwana sozusagen?

Stell dir diesen Idealzustand bildlich und emotional vor. Wenn dir keine Bilder dazu einfallen, versuche es mit Adjektiven. Ob du hierfür Wörter findest, ist egal. Schließlich ist es eine Übung für dich. Versuche diesen Idealzustand im Geist oder im Herzen so genau wie möglich zu visualisieren und zu spüren. Genieße ihn, als ob er schon da wäre. Wenn möglich, mach dir hierzu ein paar Notizen.

Wenn du dies getan hast, beantworte die Frage: Wer wird von diesem Idealzustand alles »profitieren«? Bist es du es allein oder auch deine Mitmenschen? Auch hier mach dir ein paar Notizen.

Schließlich beantworte die Frage: Wie werden diejenigen, die du in deiner Antwort zur vorherigen Frage genannt hast, vom Idealzustand profitieren?

Was ist eine kreative Spannung?

Zwischen den Antworten zu den Fragen der Motivation und zu denen der Vision liegen womöglich Welten. Und das ist gut so. Peter Senge beschreibt dies als »kreative Spannung«. In seinem Buch *Die fünfte Disziplin* (1990)[114] beschreibt er eine kreative Spannung wie folgt:

Stelle dir vor, du hältst zwischen deinen Händen ein Gummiband. Oder, wenn du eins hast, hole es und halte jeweils ein Ende mit einer Hand. Wenn du magst, lege es um deine Handgelenke. Jetzt bewege deine Hände voneinander weg. Was passieren wird, ist, dass sich das Gummiband spannt. Je weiter sich die Hände voneinander wegbewegen, desto größer die Spannung. Um diese Spannung aufzulösen, gibt es mehrere Möglichkeiten.
 a) Du bewegst deine Hände weiter weg voneinander bist das Gummiband reißt. (Sicherlich nicht so schön, da möglicherweise schmerzhaft.)
 b) Du bewegst eine Hand zur anderen hin – so löst sich die Spannung auf.
 c) Du lässt die Hände im gleichen Abstand. Die Spannung bleibt gleich und mit der Zeit gewöhnst du dich an den Spannungsschmerz.

Mit dem Abstand zwischen Motivation und Vision ist es wie mit den beiden Händen. Je größer der Abstand, desto größer die Spannung. Senge bezeichnet dies als »krea-

---

114 Senge, P. M. (2006). *The Fifth Discipline: The Art and Practice of the Learning Organization.* Currency Doubleday.

tive« Spannung. »Kreativ« deswegen, weil die Spannung einen dazu bewegt, sich zu bewegen, die Spannung aufzulösen. Im Fall von Motivation und Vision wäre dies eine Bewegung hin zur Vision oder zu Motivation – oder eben eine gleichbleibende Spannung. Beides ist möglich.

Wenn wir uns zur Motivation hinbewegen, beschäftigen wir uns weiter mit ihr. Nun, es kann durchaus erfüllend sein zu wissen, was einen antreibt. Wir bewegen uns dann allerdings nicht wirklich. Wir haben wertvolle Einsichten gewonnen. Sie bleiben aber mehr oder minder wertlos, wenn wir nichts mit ihnen anfangen, sie nicht umsetzen.

Ähnlich verhält es sich, wen wir die Spannung zwischen Motivation und Vision sehen, uns aber trotzdem nicht bewegen. Wir gewöhnen uns an den Schmerz und die Frustration, dass es eine große Kluft zwischen unserer Motivation und einem Idealzustand gibt, wagen aber nicht, einen ersten Schritt Richtung Vision zu machen. Das muss nicht unbedingt schlecht sein. Denn schließlich haben wir unsere Motivation erkannt und sehen bzw. können uns vorstellen, wie schön es in einem Idealzustand ist. Aber wir bewegen uns dann eben doch nicht. Insofern kann dies die Spannung nicht auflösen.

Schließlich bleibt die Bewegung hin zur Vision. Mit der Erkenntnis der Motivation bewegen wir uns in Richtung Vision. Wir lassen uns gewissermaßen von der Vision ziehen. Wir nutzen die kreative Spannung, um zur Vision zu gelangen. Unsere Motivation – bildlich gesprochen wäre dies die eine Hand – nehmen wir mit. Motivation und Vision sind zusammen, die Spannung ist aufgelöst.

Praxis

In unserem Bild von den zwei Händen und dem Gummiband scheint alles ganz leicht zu sein. Wie sieht es aber in der Praxis aus? Auch hier hilft uns eine Frage weiter. Wenn wir uns sowohl unserer Motivation bewusst sind als auch eine klare Vision haben, ist die Frage, die wir uns stellen wollen: Was würdest du als Nächstes tun, wenn du annehmen darfst, dass der Idealzustand, deine Vision, erreichbar wäre?

Es ist also nicht die Frage, welche Schritte alle erforderlich wären, um zur Vision zu gelangen. Es ist die Frage nach dem nächsten, unmittelbarsten und naheliegenden Schritt – der Praxis.

Als John F. Kennedy zu Beginn der 60er-Jahre der amerikanischen Bevölkerung versprach, bis zum Ende des Jahrzehnts einen Menschen auf den Mond und sicher wieder auf die Erde zurückzubringen, hatte man keinen blassen Schimmer, wie das denn möglich sein sollte. Kennedys Versprechen war eine Vision. Aber eine Vision, die gezogen hat. Denn es gab auch eine gemeinsame Motivation in der Bevölkerung. Kurz zuvor hatten die Sowjets einen Satelliten ins All geschossen. Die Amerikaner schienen im Wettlauf um die Erkundung des Alls ins Hintertreffen zu geraten. Das war der sogenannte Sputnik-Schock.[115] Der Schock saß tief, er vereinte die Amerikaner. Es war ein gemeinsam gespürter Schmerz. Als Kennedy jetzt von einer Mondlandung sprach, war diese Vision wie eine Linderung des Schmerzes. Sowohl Motivation als auch Vision wurden von vielen Menschen getragen. Was alles erforderlich wäre, die Vision auch zu verwirklichen, war noch nicht bekannt. Es spornte aber an zu forschen und zu probieren. Einen Schritt nach dem anderen. Schließlich schaffte man es im Jahr 1969, die Vision Wirklichkeit werden zu lassen.

Kommen wir zurück zur Praxis. Stell dir jetzt die Frage: Was würdest du als Nächstes tun, wenn du annimmst, dass deine Vision erreichbar wäre? Nimm dir ein paar Minuten Zeit und schreibe deine Gedanken und Ideen auf.

Wenn du das getan hast und, sagen wir, zehn oder vielleicht sogar mehr mögliche Aktivitäten aufgeschrieben hast, stellt sich immer noch die Frage, mit welcher anfangen. Die Auswahl dürfte dir leichter fallen, wenn du die Aktivitäten auswählst, die sowohl mit deiner Motivation als auch deiner Vision einhergehen. Sprich, wähle die Aktivitäten aus, die sowohl deine Motivation befriedigen als auch ein Beitrag zu deiner Vision sind. Diese Aktivitäten haben die höchste Energie für dich.

Beschreiben wir Motivation, Vision und Praxis als drei verschiedene Kreise, möchten wir uns in dem Raum bewegen, in dem sich die drei Kreise überschneiden.

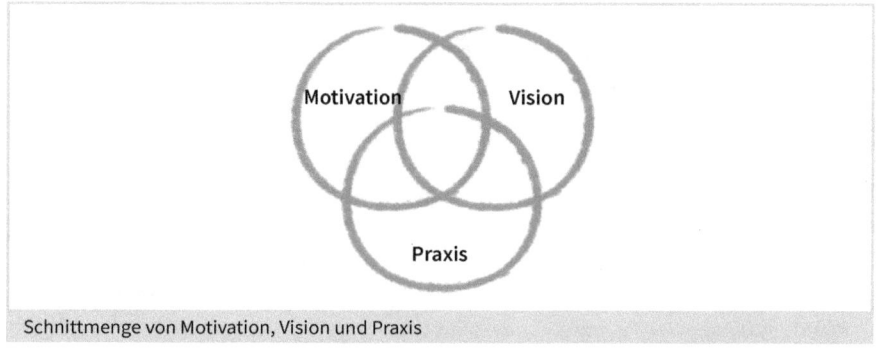

Schnittmenge von Motivation, Vision und Praxis

Gehen wir Aktivitäten nach, die sowohl konform mit unserer Motivation als auch unserer Vision gehen, haben wir die höchste Energie für uns und unsere Aktivitäten. Das ist

---

115 https://de.wikipedia.org/wiki/Sputnikschock

die beste Möglichkeit, die kreative Spannung zwischen Motivation und Vision aufzu-lösen.

Im Idealfall decken sich Motivation, Vision und Praxis vollständig. Vielleicht ist dies wirklich ein Nirwana-Zustand. Die Realität sieht allerdings wohl eher so aus, dass dies (noch) nicht der Fall ist und die Kreise ständig in Bewegung sind. Nicht alles, was wir wollen (Motivation), geht einher mit einem Idealzustand (Vision) und schon gar nicht mit möglichen Aktivitäten (Praxis).

Insofern ist es sinnvoll zu prüfen, inwiefern deine täglichen Aktivitäten deine Moti-vation befriedigen und deine Vision nähren. Ist es so, dass sich keine Schnittmenge ergibt, befindest du dich im Ungleichgewicht.

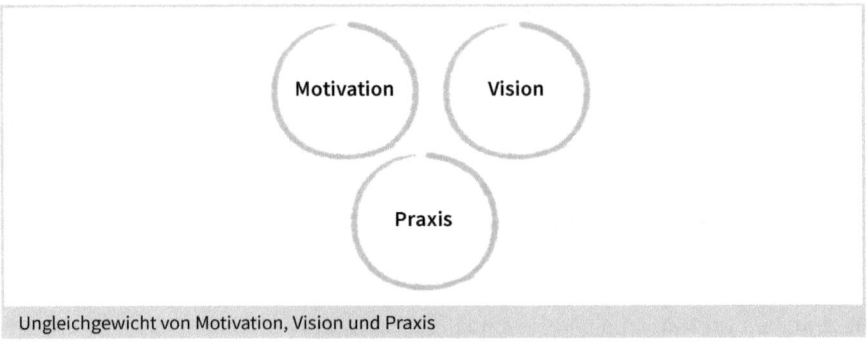

Ungleichgewicht von Motivation, Vision und Praxis

Wenn es schon eine Schnittmenge von Motivation und Vision gibt, ist dies ein guter erster Schritt. Jetzt müssen nur noch deine Taten folgen. Motivation und Vision spie-len sich in unserem Geist und Herzen ab. Wollen wir sie Wirklichkeit werden lassen, müssen wir handeln, müssen unsere Aktivitäten zu ihnen hinführen.

Praxis als Orientierung

Die Praxis, also unsere Handlungen und unsere Aktivitäten, spielt eine wichtige Rolle, eine größtmögliche Schnittmenge sicherzustellen. Sie bringt gewissermaßen die Dynamik in diese drei Teilbereiche von Motivation, Vision und Praxis. Während die Motivation einen Startpunkt oder Fundament darstellt, zeigt uns die Vision die allge-meine Richtung. Motivation und Vision sind gewissermaßen eine Art Kompassnadel. Die Motivation (Süd-Richtung) zeigt, woher wir kommen. Indem wir zurückschauen, haben wir einen Orientierungspunkt, unseren Ausgangspunkt. Die Vision (Nord-Rich-tung), zeigt dorthin, wohin wir gehen wollen – auch das ist ein Orientierungspunkt. Die Praxis selbst ist ein konkreter Schritt Richtung Vision.

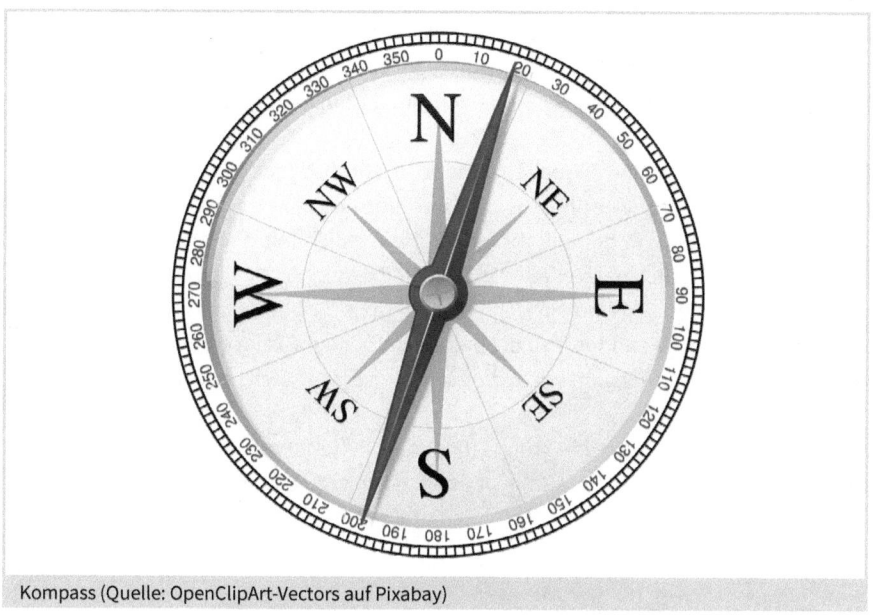

Kompass (Quelle: OpenClipArt-Vectors auf Pixabay)

Bildlich gesprochen setzen wir mit unseren Praxis Zeichen für unseren Weg in Richtung Vision – ähnlich wie wenn wir in einem dunklen Wald Zeichen für uns hinterlassen, sodass wir, sollten wir uns entschließen umzukehren, den Weg wieder zurückfinden. Gleichzeitig geben uns die Zeichen, wenn wir uns umdrehen, eine Vorstellung davon, wie weit wir schon gegangen sind.

Mit anderen Worten: Mit unserer Praxis bewegen wir uns, getrieben von unserer Motivation, in Richtung Vision. Gleichzeitig setzen wir mit unseren Handlungen Zeichen auf unserem Weg und können so sicherstellen, dass wir noch mit unserer Motivation verbunden sind. So dient unsere Praxis sowohl als Bewegung hin zu unserer Vision als auch als Orientierung, woher wir kommen und warum wir den Weg eingeschlagen haben.

Konkretisieren wir dies: Überlege dir, welche Aktivitäten in der kommenden Woche anstehen. Welche Ziele möchtest du erreichen? Dies können sowohl inhaltliche als auch zeitliche Ziele sein. Stelle sicher, dass es Aktivitäten sind, die dich einen kleinen Schritt näher zu deiner Vision bringen können. Wähle solche Aktivitäten aus, die sich in einer Woche abschließen lassen. Wenn du die Ziele erreicht hast, hast du dann das Gefühl, etwas geleistet zu haben. Falls du ein Ziel nicht erreicht hast, bekommst du wertvolles Feedback, ob du dich auf dem richtigen Weg befindest, ob sich ein Ziel verändert hat, ob andere Ziele oder Aktivitäten wichtiger geworden sind und deine ursprünglichen Ziele verdrängt haben.

Nach einer Woche ziehst du Bilanz, was du alles erreicht hast. Vergleiche deine Ziele mit den tatsächlichen Ergebnissen. Und vergleiche, ob die Aktivität im Einklang mit deiner Motivation ist und dich weiter in Richtung Vision gebracht hat.

Wenn du dies über mehrere Wochen wiederholst – also jede Woche Ziele zu setzen und nach einer Woche zu prüfen, ob und inwiefern du sie erreicht hast –, kannst du schnell herausfinden, ob deine Handlungen tatsächlich mit deiner Motivation übereinstimmen und du dich nach wie vor in Richtung deiner Vision bewegst. Ist dies nicht der Fall, könnte dies ein Weckruf sein, deine Praxis zu überprüfen und anzupassen und zum Beispiel etwas anderes zu probieren. Immer vorausgesetzt, du nimmst deine Motivationen und deine Vision ernst, wovon wir an dieser Stelle mal ausgehen wollen.

Die wöchentliche Übung der Planung und des Reflektierens deiner Praxis nimmt wenig Zeit in Anspruch. Gleichzeitig ist es eine wertvolle Investition in deine eigene Zufriedenheit und die Gestaltung deiner Zukunft.[116]

Einklang von Vergangenheit, Gegenwart und Zukunft

Sind deine Aktivitäten mit deiner Motivation und Vision abgestimmt, erlaubt dir das, viel mehr im Hier und Jetzt zu handeln. Zeitlich betrachtet wird unsere Motivation durch vergangene Erfahrungen geprägt. Die Vision zeigt in die Zukunft. Entspricht unsere Praxis, das heißt unsere Handlungen in der Gegenwart, sowohl unserer Motivation als auch unserer Vision, bringen wir Vergangenheit (Motivation), Gegenwart (Praxis) und Zukunft (Vision) zusammen. Sie werden eins. Ohne aktiv zu werden, bleiben Motivation und Vision für sich stehen. Sie mögen wertvolle Erkenntnisse mitbringen, existieren aber nur in unserem Geist und/oder Herzen. Erst mit unserem Aktivwerden werden sie und damit wir lebendig. Wie sehr lebendig, das hängt vom Einklang unserer Handlungen mit unserer Motivation und Vision zusammen.

Die persönliche Klarheit über unsere eigene Praxis im Zusammenspiel mit Motivation und Vision ist ein wertvolles Fundament für die Gestaltung unseres Lebens – sowohl im persönlichen als auch im beruflichen Bereich. Schauen wir uns als Nächstes an, wie wir eine ähnliche Klarheit in der Arbeit finden und entwickeln können.

---

116 Peter S. und M. Matarelli (2019) beschreiben in ihrem Buch *Personal Agility: Double Your Impact. Perform With Precision* (Saat Network, online verfügbar unter: https://saat-network.ch/pbk), wie man diese Praxis konkretisieren kann.

MVP für meine Arbeit und meine Projekte

Projekte in der VUKA-Welt

Analog zu deinem persönlichen MVP wollen wir jetzt MVPs für deine Arbeit entwickeln. Dabei ist »Arbeit« ein weiter Begriff. Er kann sowohl die Wirtschaft als Ganzes, Unternehmen und Organisationen, Projekte als auch Routinetätigkeiten betreffen. Fürs Erste konzentrieren wir uns hier auf Projekte als eine Art Mikrokosmos der Arbeit.

Eines der Hauptmerkmale von Projekten ist, dass sie zeitlich begrenzt sind. Es sind keine wiederkehrenden Tätigkeiten. Vielmehr soll zum Zeitpunkt x ein Ergebnis geliefert werden, wie auch immer das Ergebnis aussieht. Dies könnte ein tatsächliches Ergebnis in Form eines Produkts oder einer Dienstleistung sein oder die Antwort auf eine Frage, die das Projekt ausgelöst hat.

In der VUKA-Welt, in der wir uns befinden, nehmen Projekte eine immer wichtiger werdende Rolle ein. Projekte erlauben es, Neues schnell und in einem überschaubaren zeitlichen Rahmen fertigzustellen oder Antworten auf Fragen zu geben. Routinetätigkeiten werden auch in der VUKA-Welt nicht aufhören zu existieren. Nur ist es fraglich, ob und inwiefern Routinetätigkeiten helfen werden, die Zukunft zu gestalten. Routinetätigkeiten setzen voraus, dass sich die Rahmenbedingungen nicht ändern, dass sie stabil sind. So ist es nicht verwunderlich, dass sie heute schon von Maschinen verrichtet werden – dieser Trend wird mit Sicherheit weiter bestehen.

Projekt – Motivation

Analog zum Vorgehen im vorherigen Abschnitt, in dem wir uns gefragt haben, was wir überhaupt wollen, steht zu Beginn eines Projekts die Frage, was wir erreichen wollen. Das setzt voraus, dass es entweder ein Problem oder eine Herausforderung oder eine Frage gibt, die wir beantworten möchten.

Wenn du ein Projekt aufsetzen willst, versuche also weniger, gleich in Lösungsansätzen zu denken.[117] Dies bringt dich womöglich auf eine falsche Fährte. Frage dich erst einmal, worin das Problem, das mit dem Projekt bearbeitet werden soll, überhaupt

---

117 Im Folgenden gehe ich davon aus, dass du selbst ein Projekt aufsetzen kannst oder willst. Selbst wenn dies nicht der Fall sein sollte, also wenn du in einem Projekt arbeitest, ohne im Vorfeld Einfluss auf die Ausrichtung des Projekts gehabt zu haben, gelten die Ausführungen in diesem Abschnitt des Kapitels.

besteht. Und dann nimm die Beschreibung des Problems oder der Probleme und frage dich, warum dies ein Problem ist oder warum es für dich so wichtig ist.[118]

Erinnere dich, dass du für deine eigene Motivation bis zu siebenmal gefragt hast, warum etwas für dich wichtig ist oder warum ein Problem ein Problem ist. Das Gleiche gilt für das Projekt. Versuche nicht, das Symptom eines Problems zu beschreiben. Bohre tiefer, um herauszufinden, was die eigentliche Ursache des Problems oder der eigentliche Treiber deines Projekts ist.

In einem zweiten Schritt beantworte die Frage, wer alles davon betroffen ist.

Und schließlich frage dich, was passieren könnte, wenn nichts passiert. Also, wenn das Problem weiterhin Bestand hast und du nichts dagegen tust bzw. wenn du sehr wohl den Treiber des Projekts identifiziert hast, aber damit nichts passiert.

Ein Tieferbohren, ein Herumbohren in einem Problem ist alles andere als eine schöne Beschäftigung. Dabei geht es hier darum, das Problem in seiner Tragweite besser zu verstehen und zu begreifen, warum es sich lohnt, das Problem anzugehen. Je ehrlicher und transparenter du dabei vorgehst, desto besser. Und je dramatischer das Problem ist, desto wahrscheinlicher ist es, dass du aktiv werden und das Problem lösen möchtest. Wie auch immer.

Projekt – Vision

Eine Vision für dein Projekt zu formulieren setzt voraus, dass du weißt, was du möchtest. Mit anderen Worten: Was wäre denn der Idealzustand, wenn das Problem nicht mehr existieren würde? Was ist das Gegenteil des Problems? Bzw. was wäre der Idealzustand, wenn der oder die Treiber deines Projekts vollumfänglich zu einer neuen und besseren Realität geführt hätten?

Bei der Beschreibung des Idealzustands geht es nicht um die Beschreibung einer Lösung. Diese soll ja erst noch erarbeitet werden und ist möglicherweise noch unbekannt und Bestandteil des Projekts. Der Idealzustand ist genau das: ein Idealzustand.

Hast du diesen beschrieben, mach dir klar, wer von diesem Idealzustand alles profitiert und wie.

---

118 In meinem Interview mit Richard Sheridan, dem CEO des Unternehmens Menlo Innovations (siehe Kapitel 3.2), erklärt dieser, wie wichtig diese Fragen sind, um die echten Kundenbedürfnisse zu verstehen.

Als Gegenpol zur Motivation des Projekts kann der Idealzustand, die Vision, sehr weit weg vom Problem oder Treiber des Projekts sein. Je weiter, desto größer die »kreative Spannung«.

Projekt – Praxis

Die Praxis, d. h. das Projekt, trägt dazu bei, diese kreative Spannung zu lösen. Die zu stellende Frage ist. Wenn der Idealzustand irgendwann realisiert werden kann, was wäre ein möglicher Schritt dorthin? Dieser Schritt ist dein Projekt. Dein Projekt ist also ein kleiner Schritt in Richtung Vision.

Die Frage, die du dir an dieser Stelle vielleicht stellst, ist, wie konkret dieser Schritt aussehen soll oder muss. Je genauer du das beschreiben kannst, desto leichter ist es, ihn tatsächlich auch zu gehen. Im Projektmanagement-Jargon spricht man davon, dass ein Projektziel »SMART« sein soll. »SMART« steht dabei für spezifisch, messbar, erreichbar (achievable), relevant und timeboxed (zeitlich begrenzt). Befinden wir uns auf unbekanntem Terrain, können wir aus »SMART« »SMARTER« machen, wobei das E für exciting (aufregend) und das R am Schluss für riskant steht.[119] Mit der Erweiterung des SMART-Begriffs charakterisieren wir das Projekt von vornherein als »Spielwiese« oder »Labor« – es geht darum, Neues zu entdecken und umzusetzen.

Wertschöpfung in Projekten

Unabhängig davon, ob deine Projektziele SMART oder SMARTER sind, solltest du darauf achten, dass sie konsistent mit der Motivation und der Vision des Projekts sind.

Das sollte an sich selbstverständlich sein. Aber ich habe über die Jahre immer wieder erlebt, dass dies nicht der Fall ist. Noch schlimmer ist, dass in den meisten Projekten weder die Motivation noch die Vision klar sind. Dies ist mehr als bedenklich. Natürlich kann ich ein Projekt aufsetzen und realisieren und dessen Ziele erreichen. Nur existieren Projekte nie im luftleeren Raum. Sie haben einen Bezug zu anderen Bereichen – sei es andere Projekte oder Vorhaben in einem Unternehmen oder laufende Aktivitäten.

Wenn du herausfindest, dass ein Projektziel nicht kompatibel mit der Motivation und/oder der Vision ist, lass es sein. Das heißt, fang das Projekt erst gar nicht an.

---

119 Das SMARTER-Konzept wird bei Hyatt, M. (2018). *Your Best Year Ever*. Baker Books, online verfügbar unter: https://bestyearever.mevorgestellt

Motivation, Vision und Projekt im luftleeren Raum

! **Projektsteckbrief**

In den Jahren meiner Tätigkeit als Projektmanager hat sich herausgestellt, dass es hilfreich ist, gleich zu Beginn oder unmittelbar vor dem Start eines Projekts einen Projektsteckbrief zu erstellen, der die Ziele und den Umfang skizziert. Das Ziel der Erstellung eines Projektsteckbriefs oder einer Projekt-Charter ist es, dass alle Projektbeteiligte das gleiche Verständnis von den Zielen und dem Umfang des Projekts bekommen und die Erwartungen abgleichen.

Ein Projektsteckbrief muss kein endloses Dokument sein. Besser und leichter ist es, die wichtigsten Punkte auf einer einzigen Seite zusammenzutragen. Konkret gibt ein Steckbrief Auskunft über folgende Themen:

- Motivation und Vision des Projekts
- erwartete oder gewünschte Projektergebnisse
- Projektabgrenzung (Was ist nicht Bestandteil des Projekts?)
- Wer sind die Kunden/Endanwender des Projektergebnisses?
- Wer sind die Stakeholder im Projekt bzw. welche Gruppen oder Abteilungen müssen in das Projekt eingebunden sein, auch wenn sie offiziell nicht Projektteammitglieder sind?
- Was sind die messbaren, nicht messbaren und möglicherweise kontroversen Ziele des Projekts?
- Was ist der messbare, nicht messbare und möglicherweise kontroverse Nutzen des Projekts?
- Wann ist der gewünschte Fertigstellungstermin des Projekts?
- Wann ist der früheste Termin, an dem das Projekt einen Nutzen generieren kann?
- Was ist die Projektpriorität?
- Wie ist geplant, den oder die Kunden im Projekt einzubinden?
- Wer ist Mitglied im Projektteam?
- Wer übernimmt die Koordination des Projekts? Wer ist Projektmanager?
- Wer ist der Projekt-Entscheidungsträger bzw. -Sponsor?
- Welche weiteren Einschränkungen oder Richtlinien gibt es, die im Projekt berücksichtigt werden müssen?
- Welche Stärken kann das Projekt nutzen?
- Welche Schwächen können das Projekt behindern?
- Welche Chancen können sich in der Zukunft durch die Ergebnisse oder den Nutzen des Projekts ergeben?

- Was könnte negativen Einfluss auf die Ergebnisse oder den Nutzen des Projekts haben?
- Datum der offiziellen Verabschiedung des Projektsteckbriefs
- Datum möglicher Updates des Steckbriefs

Die folgende Abbildung ist ein Beispiel für eine mögliche Vorlage für einen Projektsteckbrief, die je nach Projektziel und -umfang angepasst werden kann:

[Name Projekt/Initiative]			
Motivation Was ist das Problem? Wer wird beeinflusst und wie? Was sind die Auswirkungen des Problems? Was passiert, wenn sich nichts ändert?		**Vision** Was wäre der Idealzustand? Welche Vorteile verspricht die Vision? Wer profitiert von der Vision?	
Erwartete/gewünschte Projektergebnisse:		**Nicht Bestandteil des Projekts:**	
Kunden/Endanwender		**Stakeholder und zu involvierende Gruppen/Abteilungen**	
Messbare Ziele:		**Messbarer Nutzen:**	
Qualitative Ziele:		**Qualitativer Nutzen:**	
Kontroverse Ziele:		**Kontroverser Nutzen:**	
Gewünschter Endtermin:		**Frühester Termin, an dem das Projekt einen Nutzen bringt:**	
Projektpriorität:		**Geplante Kundeneinbindung**	
Team		**Projektmanager/Koordination**	
Projekt-Sponsor/ -Entscheidungsträger:		im Projekt zu berücksichtigende **Richtlinien/Einschränkungen**	
Stärken: Was sind unsere Stärken, die wir für das Projekt nutzen können?		**Schwächen:** Was sind unsere Schwächen, die das Projekt behindern könnten?	
Chancen: Welche Chancen können sich in der Zukunft durch die Ergebnisse oder den Nutzen des Projekts ergeben?		**Bedrohungen/Risiken:** Was könnte negativen Einfluss auf die Ergebnisse oder den Nutzen des Projekts haben?	
Offizielle Verabschiedung:	[Datum]	**Update(s)**	[Datum]

Beispiel für eine Vorlage eines Projektsteckbriefs

Die Einbettung des Projekts in die Motivation und Vision des Projekts gibt dem Projekt einen Rahmen, in dem es sich bewegen kann. Dieser Rahmen definiert den Gestaltungsraum des Projekts. Er wird freilich durch andere Anforderungen begrenzt. Über die Grenzen der Motivation und Vision sollte das Projekt allerdings nicht hinausgehen.

Eine Einengung ist dies nicht. Vielmehr dienen Motivation und Vision als Mindestmaß an Orientierung, das ich in einer VUKA-Umgebung benötige. Projekte sind zweckgebunden – Motivation und Vision geben dem Projekt darüber hinaus Sinn. Werden Motivation und Vision vernachlässigt bzw. spielen sie bei Projekten überhaupt keine Rolle, werden die Projekte schnell zu einem leeren Raum ohne Orientierung.

Projekte als Orientierung

Analog zur persönlichen Praxis dienen Projekte mit ihren Aktivitäten und Ergebnissen als Orientierung in einer VUKA-Welt. Sind sie abgestimmt mit Projektmotivation und -vision, bringen sie Leben in die Motivation und Vision. Spätestens mit Abschluss eines Projekts kann ich feststellen, ob und inwiefern mich das Projekt näher an meine Vision gebracht hat. Alternativ kann ich dies auch schon während des Projekts tun. Dies kann ich erreichen, wenn ich in regelmäßigen Abständen prüfe, was ich schon erreicht habe und was ich als Nächstes plane. Finden diese Überprüfungen in regelmäßigen Abständen statt und werden mit jedem Prüftermin Teilergebnisse geliefert, die dann bereits einen Mehrwert darstellen und uns näher zur Vision bringen, erleichtert dies die Orientierung und die weitere Projektgestaltung ungemein. Diese Art der Projektgestaltung schauen wir uns im Kapitel 15 »Agile Türöffner« näher an.

Je VUKA-artiger die Umgebung ist, umso wichtiger werden die regelmäßigen Checkpoints. Stelle ich fest, dass ich mich von der Vision und von den Zielen entferne, kann ich rechtzeitig nachjustieren und mich wieder auf die richtige Spur setzen. Je dynamischer die Umgebung, umso wahrscheinlicher ist es, dass sich die Anforderungen im Laufe des Projekts ändern. Und umso wichtiger wird es, dass ich mit meinem Projekt flexibel darauf reagieren und meinen Weg anpassen kann. Die Voraussetzung hierfür ist, dass sowohl die Motivation als auch die Vision stabil bleiben.

Anders verhält es sich, wenn sich Motivation und Vision im Laufe des Projekts ändern sollten. Die Motivation ist die Grundlage für das Projekt. Sie ist die Existenzberechtigung des Projekts. Ändert sie sich, ändert sich auch die Ausrichtung des Projekts, was sich auf die Projektziele und -gestaltung auswirkt. Genauso verhält es sich, wenn sich die Vision und somit die grundlegende Zielausrichtung und Orientierung des Projekts ändern. Gibt es Abweichungen, ausgelöst wovon auch immer, ändert sich die Grundstruktur des Projekts. Somit gilt, dass, während sich Projektziele und -aktivitäten ändern können, Projektmotivation und -vision über die Laufzeit des Projekts stabil bleiben müssen.

Wie schaffst du es, dass sich deine persönlichen MVPs mit denen des Projekts überschneiden?

Auch ein Projekt hat also eine MVP-Gestaltungsstruktur. Kann du dich mit dem MVP identifizieren, gibt es eine Überschneidung mit deinem persönlichen MVP. Bildlich kann man das wie folgt darstellen:

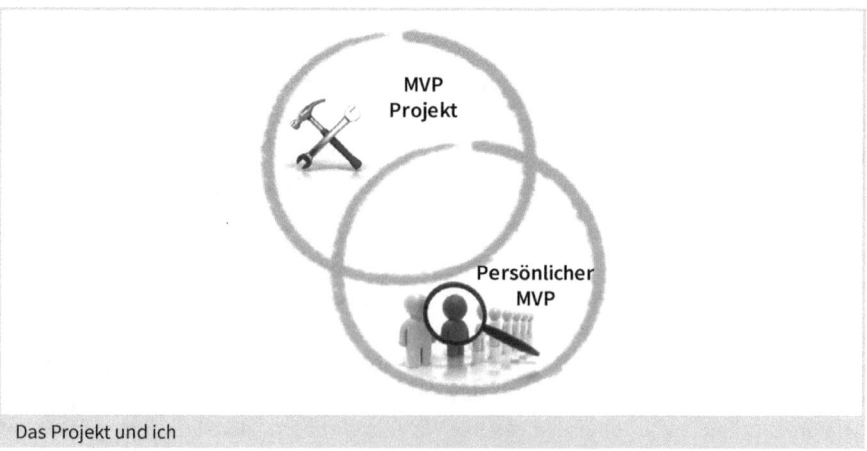

Das Projekt und ich

Je größer die Schnittmenge, desto mehr kannst du in einem Projekt »aufgehen«. Gibt es hingegen keinerlei oder nur eine kleine Schnittmenge, kannst du als Einzelperson überlegen, ob du in diesem Projekt arbeiten willst (sofern du dies selbst entscheiden kannst) oder wie du darauf hinarbeiten kannst, dass es eine größere Schnittmenge gibt. Sei es, dass du dich in Richtung Projekt bewegst, indem du z. B. deine Aktivitäten und vielleicht auch Vision anpasst. Oder indem du versuchst, auf die Ausrichtung des Projekts und dessen Gestaltung Einfluss zu nehmen, sodass es kompatibler mit dir wird.

Aus Projekt- oder Unternehmenssicht sieht es etwas anders aus. Die notwendige Bedingung für ein erfolgreiches Projekt ist die Definition und Abstimmung von Projektmotivation, -vision und -praxis. Das allein ist aber nicht ausreichend. Da das Projekt von Mitarbeiterinnen und Mitarbeitern umgesetzt wird, ist es sinnvoll, dass ich sie auch abhole. Zum Beispiel suchst du dir die Mitarbeiterinnen und Mitarbeiter aus, die motiviert sind, im Projekt mitzuwirken. Oder du gestaltest das Projekt so, dass du diese Mitarbeiter erreichst. Das »Mitnehmen« von Mitarbeitern bzw. das Auf-sie-Zugehen ist also eine hinreichende Bedingung für ein erfolgreiches Projekt.

Allerdings sind es nicht einzelne Mitarbeiter allein, die du mitnehmen willst, sondern es ist die Zusammenarbeit und das Zusammenspiel der einzelnen Projektmitarbeiter in einem Team, die eine weitere hinreichende Bedingung darstellen. Und auch für ein Team gibt es eine MVP-Struktur, die wir uns jetzt anschauen wollen.

MVP für das Team

Team – Motivation

Die Frage nach dem Warum und somit nach der Motivation für die Zusammenarbeit ergibt sich aus der Beantwortung folgender zwei Fragen:

- Welcher Sinn und Zweck werden mit der Zusammenarbeit verfolgt? – Diese Frage steht in einem direkten Zusammenhang zum MVP des Projekts.
- Was wird benötigt? Zum Beispiel welche Fähigkeiten und Fertigkeiten sollen Teammitglieder mitbringen und welche sollte das Team als Ganzes abdecken?

Auch hier können wir fragen, wer von der Zusammenarbeit betroffen ist – positiv wie negativ –, und schließlich: Was passiert, wenn keine Zusammenarbeit zustande kommt?

Team – Vision

Die Vision der Zusammenarbeit kann sich als Gegenpol zu einem Mangel an Zusammenarbeit darstellen, wenn es einen solchen Mangel denn gibt. Die Vision ist damit die ideale Zusammenarbeit der einzelnen Mitarbeiter. Wir können das mit dem Zusammenspiel von menschlichen Zellen vergleichen.[120] Jede Zelle im Körper ist so programmiert, dass sie mit anderen Zellen zusammenarbeitet, um so sicherzustellen, dass das Organ, von dem sie ein Teil sind, gesund bleibt und funktionieren kann. Im Gegenzug bekommen die Zellen vom Organ die Energie, die sie zum Überleben benötigen – eine perfekte Symbiose.

Tanzt eine Zelle aus der Reihe und will ihre eigenen Ziele verfolgen, was bei Krebszellen der Fall ist, kann dies für andere Zellen und letztlich für das gesamte Organ tödlich sein.

In einer idealen Zusammenarbeit arbeiten die einzelnen Teammitglieder jeder für sich und doch im Zusammenspiel mit den anderen Teammitgliedern an einem gemeinsamen Ziel und einer gemeinsamen Vision. Dies hat positive Auswirkungen auf andere Organe, z. B. andere Projekte oder Abteilungen, und letztlich auf den ganzen Organismus des Unternehmens oder der Organisation.

Die Frage nach der Vision geht diesem Bild nach und beschreibt den Idealzustand im Zusammenspiel mit der Motivation. Die Vision zeigt auf, welche Auswirkungen dies auf das Team selbst, das Projekt, andere verwandte oder abhängige Projekte oder Aktivitäten anderswo in der Organisation und letztlich auf das gesamte Unternehmen oder die Organisation hat.

---

120 Siehe auch Lipton, B. H. (2016). *Intelligente Zellen – Wie Erfahrungen unsere Gene steuern.* Koha.

Team – Praxis

Für die Praxis gibt es eine Vielzahl von Fragen und Themen, die vor dem Projektstart und während der Projektlaufzeit relevant sind:[121]

- Abgeleitet von der Motivation und Vision sind Rollen und Verantwortlichkeiten im Team zu definieren und abzustimmen. Auch zu klären ist, was die Teammitglieder voneinander erwarten und wie man bei erforderlichen Veränderungen von Rollen und Verantwortlichkeiten reagieren oder agieren will.
- Die Umgebung und die Art der Zusammenarbeit haben einen großen Einfluss auf die Leistungsfähigkeit eines Teams. Je früher das Team herausfindet, welche Faktoren zu einer High-Performance-Umgebung beitragen und realisiert werden können, desto besser für die Performance des gesamten Teams.
- Während Motivation und Vision stabil sind, muss dies weder für die Praxis in der Zusammenarbeit noch für das Projekt gelten. Hier stellt sich die Frage, wie das Team auf Veränderungen im Projekt oder im Team reagieren und sich neu ausrichten will. Umgekehrt möchte das Team frühzeitig festlegen, wie es ein kontinuierliches Lernen und Weiterentwickeln sicherstellen will.
- Last, but not least muss geklärt werden, wie, wann und wer welche Projektergebnisse liefert. Denn, so schön Regeln der Zusammenarbeit auch sein mögen, am Ende des Tages muss das Team Ergebnisse liefern. Auch muss es in der Lage sein, sich zu orientieren. Das heißt, es muss wissen, was es bereits geliefert hat, was es als Nächstes angehen wird, mit welchen Herausforderungen und Risiken es kämpft und wie es damit umgeht.

Synergieeffekte

Im Idealfall gibt es eine möglichst große Schnittmenge aller drei MVPs: der persönlichen, der Projekt- und der Team-MVPs. Eine Garantie, dass tatsächlich eine Schnittmenge entsteht, gibt es leider nicht.

In der Vergangenheit habe ich Projekte gesehen, in denen es MVP-Überschneidungen von Projekten und einzelner Mitarbeiter gab, während es de facto kein Team gab.

---

121 In meinem Buch *Leadership Principles for Project Success* (2011) gehe ich näher darauf ein.

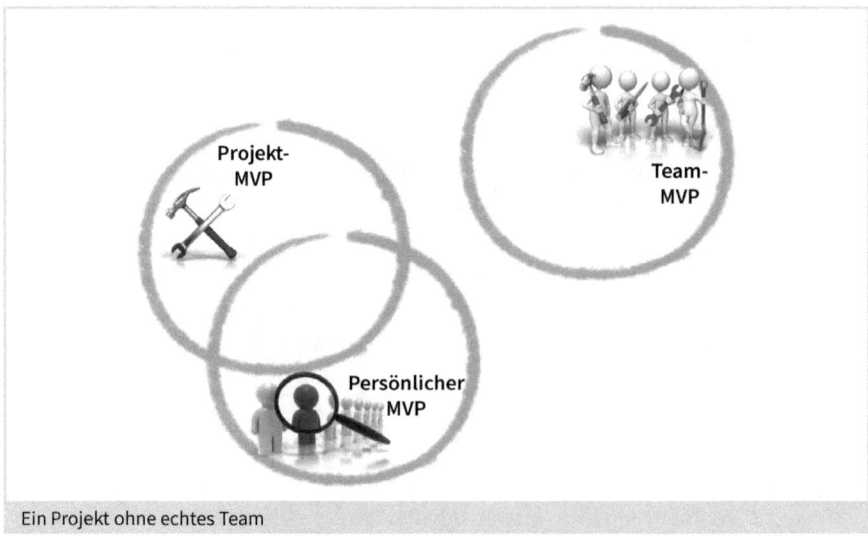

Ein Projekt ohne echtes Team

In anderen Projekten gab es Schnittmengen der MVPs von Projekt und Team, während die MVPs einzelner Teammitglieder keine Berücksichtigung fanden. In solchen Fällen ist das Überleben des Teams und oft auch des gesamten Projekts ernsthaft gefährdet. Finden die Bedürfnisse und MVPs Einzelner keinerlei Berücksichtigung, kann dies analog zur Entwicklung von Krebszellen zum Kollabieren des Teams und des Projekts führen.

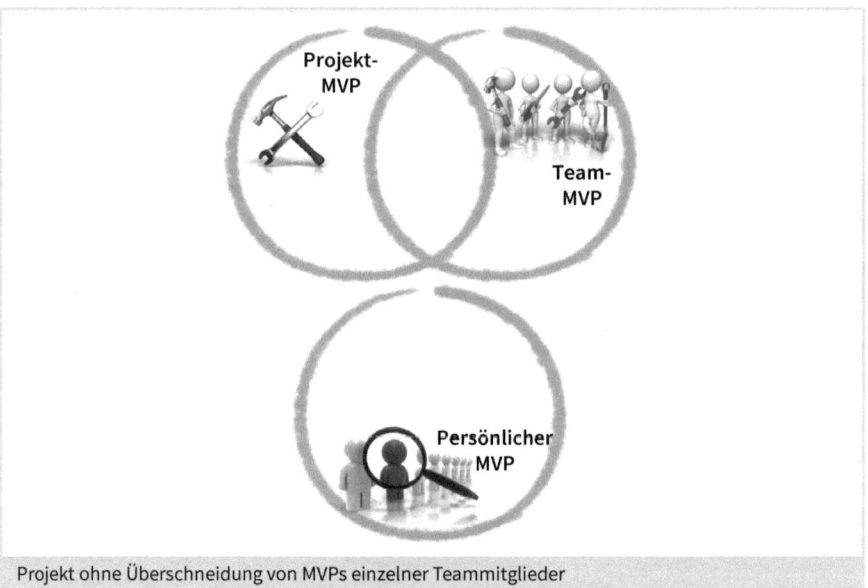

Projekt ohne Überschneidung von MVPs einzelner Teammitglieder

Besser ist es, von Anfang an darauf hin zu arbeiten, dass es große Schnittmengen zwischen den MVPs des Projekts, Einzelner und des Teams gibt.

Gibt es diese Schnittmenge, ist dies die Chance zu einem sogenannten Wow-Projekt. Ein Wow-Projekt ist ein ganz besonderes Projekt. Tom Peters definiert Wow-Projekte als Projekte, die einen Mehrwert schaffen, wichtig sind, etwas bewirken und die ein Erbe hinterlassen.[122]

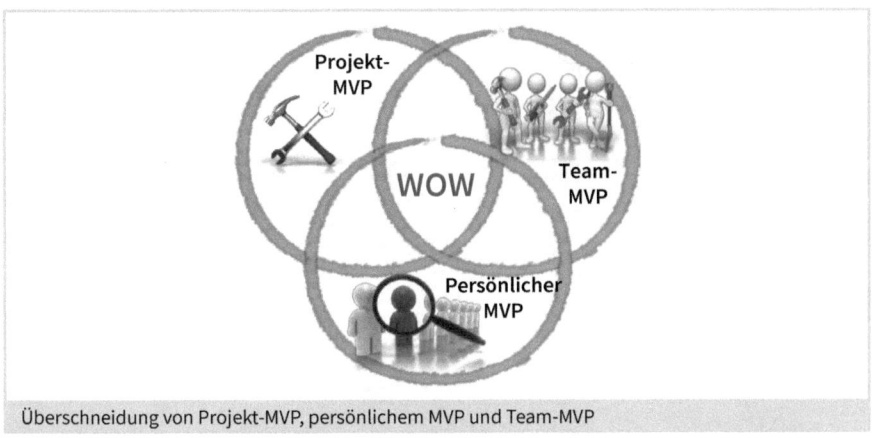

Überschneidung von Projekt-MVP, persönlichem MVP und Team-MVP

Eine Garantie für ein solches Wow-Projekt gibt es leider nicht. Auch ist nicht sicher, dass, wenn man an einem Wow-Moment ist, dieser für die gesamte Projektlaufzeit anhält.

Ich kann die Strukturen für die Entwicklung von Wow-Projekten schaffen. Die Fragestellungen in diesem Kapitel sind erste Hilfen. Dennoch darf man sich keinen Illusionen hingeben und glauben, dass Wow-Projekte nicht auch Opfer von Veränderungen werden können. Deswegen ist es alternativlos, ständig auf die Dynamik im Team und im Projekt zu achten und die Dynamik so gut es geht selbstständig zu gestalten, indem man offen auf Veränderungen reagiert, sich anpasst und neu ausrichtet und so ständig bemüht ist, sich kontinuierlich zu verbessern.[123]

---

122 »›Wow Projects‹: projects that add value, projects that matter, projects that make a difference, projects that leave a legacy …«. Zitat aus Peters, Th. J. (2007) »The Wow Project.« *FastCompany*.
123 Dies ist der Grundgedanke der Kaizen-Philosophie.

Wo lässt sich das MVP-Modell anwenden?

Der MVP-Ansatz ist als Ansatz auf jede Art von Arbeit anwendbar und erweiterbar, auch wenn er sich insbesondere für Projekte eignet. Als ich ihn vor ein paar Jahren entwickelte, wollte ich ihn einem Stresstest unterziehen und schauen, ob es möglich ist, auf der Basis einfacher Ideen in kürzester Zeit konkrete Projekte so aufzusetzen, dass daraus Wow-Projekte entstehen. Dieses Experiment beschreibe ich im nächsten Kapitel.

Weiterführende Übungen

- Erstelle deine eigenen MVPs entweder für einen bestimmten Zeitraum, dein ganzes Leben oder für ein bestimmtes Projekt.
- Überprüfe, ob ein bestehendes oder vergangenes Projekt eine klare Ausrichtung in Form von Motivation und Vision hatte. Welchen Einfluss hatte das auf die Gestaltung und die Ergebnisse des Projekts?

12 Ein Praxisbeispiel: das HIP Camp – mehr als nur eine Konferenz

»Ganz gleich, ob Sie denken, Sie können etwas oder Sie können es nicht,
Sie haben recht.«
Henry Ford

Kernpunkte

- Ideen- und Erfahrungsaustausch ohne Handeln ist nicht nachhaltig.
- Eine ganzheitliche Lernumgebung berücksichtigt Aktivitäten für Geist, Herz und Körper.
- Wow-Momente sind schnell vergänglich, wenn sie nicht gehegt und gepflegt werden.

Auf der Suche nach generativem Lernen in einer Konferenz

Im Oktober 2012 nahm ich als Gastredner am *PMI Global Congress North America* teil.[124] Es war das erste Mal seit 1999, dass ich Vancouver, diese wunderbare Stadt, besuchte. Die Kombination von Meer und Bergen, das internationale Flair mit Menschen aus der ganzen Welt und die tolle Architektur macht diese Stadt zu einem ganz besonderen Ort der Erde.

Das Konferenzzentrum selbst hat auch einiges, was viele Konferenzzentren nicht haben. Die Architektur ist phänomenal. Gleich im Eingangsbereich schwebt eine riesige Weltkugel über den Rolltreppen. Die Fenster lassen viel Licht herein und erlauben einen grandiosen Ausblick auf die Stadt, den Hafen, die Bucht und die Berge.

Und es war dieser besondere Ausblick und die Atmosphäre, die mir am besten in Erinnerung geblieben ist. In den Pausen zwischen den Vorträgen zog es mich hinaus aus dem Gebäude, um den Ausblick draußen zu genießen. Ich war nicht allein. In der Tat hatte ich das Gefühl, dass es einen Großteil der Teilnehmer in den Pausen nach draußen zog, um die einzigartige Stimmung der Stadt und der Natur zu genießen, einzuatmen und einfach nur zu staunen. War die Pause vorbei, fiel es uns schwer, wieder ins Gebäude und in die fensterlosen Konferenzsäle zurückzukehren. So blieb die Vorfreude auf die nächste Pause und die nächste Chance, das Schauspiel von Natur und Stadt zu genießen.

Das Wechselspiel von Konferenz in einem Gebäude und dem Genießen der Natur in den Pausen brachte mich zum Nachdenken. Ich fragte mich, warum man nicht eine

---

124 Der Titel meines Vortrags lautete »The Power and Illusion of Self-Organizing Teams 1.0«. (2012). *2012 PMI Global Congress Proceedings*. Project Management Institute.

Konferenz in der Natur machen könnte. Warum man die besondere Atmosphäre und Energie der Natur nicht mit in eine Konferenz integriert. Ein Hinausschwärmen in den Pausen wäre dann nicht mehr notwendig. Wenn ich in der Natur bin, beruhige ich mich. Meine Sinne sind wacher, ich kann mehr »aufnehmen«, ich bin präsenter – ideale Bedingungen also für den Ideen- und Erfahrungsaustausch, um neue Gedankenimpulse zu bekommen und inspiriert zu werden.

Ich recherchierte im Internet und fand in der Tat eine Reihe von Konferenzen und Workshops, die dies bereits seit Jahren anbieten. Dazu gehören u. a. A-Fest von Mindvalley[125], die Summit-Serie[126], das Happy Startup School Summer Camp[127] sowie die Happy Startup School Alptitude[128] oder das SoulWorx's Exponentially Human Seminar Retreat.[129]

Diese Beispiele und meine eigenen Erlebnisse in Vancouver motivierten mich, selbst zu schauen, ob und wie man das erreichen kann. Mir ging es zum einen um das persönliche Erlebnis und zum anderen darum zu lernen, ob und inwiefern durch die Auswahl der Umgebung der Ideen- und Erfahrungsaustausch gefördert und ob eine offene Umgebung gefunden oder geschaffen werden kann, die ein ganzheitliches Lernen mit Geist, Körper und Herz fördert.

Darüber hinaus wollte ich herausfinden, wie man mehr aus Konferenzen oder Vorträgen herausholen kann. Bei den meisten Konferenzen ist es so, dass Vorträge und Menschen einen sehr ansprechen und gar inspirieren. Leider hält diese Euphorie nicht lange an. Spätestens wenn man wieder im »Alltag« zu Hause angekommen ist, schwindet die Erinnerung an die tollen Vorträge und Ideen. Manchmal schneller, manchmal langsamer. Aus der ursprünglichen Inspiration und Absicht werden Erinnerungen, deren Energie immer schneller abnimmt, bis sie ganz verschwindet. Eine echte Investition und echtes Lernen sehen anders aus.

Warum zu Konferenzen gehen, wenn das meiste Neue schon nach kurzer Zeit wieder vergessen ist? Warum zu Konferenzen gehen, wenn sie kein nachhaltiges Lernen ermöglichen? Und warum zu Konferenzen gehen, wenn ich außer neuen Ideen, die sowieso nicht lange überleben, nicht viel mehr mit nach Hause nehme?

Also fragte ich mich, wie eine Konferenz gestaltet werden müsste, um nachhaltiges Lernen zu ermöglichen und so einen echten »Return on Investment« sicherzustellen.

---

125 https://www.afest.com/
126 https://summit.co
127 https://www.happystartupsummer.camp
128 http://www.alptitu.de
129 https://beingexponentiallyhuman.com

Ich glaubte, dass sich das MVP-Modell, das wir im vorherigen Kapitel kennenlernten, sehr gut eignen würde. In den folgenden Jahren probierte ich es darum aus.

Erste Versuche: Davos 2014

Eine erste Chance bot sich bei einem Seminar von Altstipendiaten der Konrad-Adenauer-Stiftung während des World Economic Forum im Januar 2014 in Davos. Hier stellte ich das MVP-Modell vor und lud die Teilnehmenden ein, es im Anschluss zu testen. Allerdings nicht in einem Raum, sondern im Skigebiet. Dort trafen wir uns ein paar Tage später morgens zum zweiten Teil des Workshops. Für jede Fahrt mit dem Lift gab ich den Teilnehmenden eine andere Frage mit auf den Weg. Zunächst ging es darum, was sie derzeit bewegte. Es folgten Fragen zur Natur der Herausforderungen der Betroffenen, ihren Visionen und schließlich was man konkret als Nächstes tun könnte. Der Austausch von Ideen und Antworten zu den Fragen und Gedankenanstößen fand im Lift statt. Wir hatten also in der Regel zwischen 10 und 30 Minuten Zeit, um jede Frage zu diskutieren. Zwischendurch fuhren wir Ski, genossen den Schnee und die frische Luft.

Die Zeit verging wie im Flug. Als wir dann zur Mittagspause einkehrten, waren wir dann doch alle sehr überrascht, wie weit wir mit unseren Fragen und Antworten gekommen waren. Morgens waren wir mit einer Problembeschreibung gestartet. Mittags hatten wir nicht nur ein besseres Verständnis von der Herausforderung, wir hatten eine gemeinsame Vision erarbeitet und konkrete Maßnahmen abgeleitet.

Wir waren insofern erstaunt, als wir nicht erwartet hatten, dass wir beim Skifahren solche Ideen und konkreten Maßnahmen entwickeln konnten. Dabei hatten wir noch riesigen Spaß. Wir freuten uns, welche kreativen Kräfte freigesetzt wurden, als wir Aktivitäten für Geist, Körper und Herz verbanden.

»Social Entrepreneurship: Let Happiness Happen«

Später im Jahr 2014 organisierte ich mit Freunden eine Konferenz, in die wir das MVP-Konzept mit einbauten. Thema der Konferenz war soziales Unternehmertum auf der einen Seite und Glücksforschung und deren Impulse für modernes Unternehmertum auf der anderen Seite. So nannten wir die Konferenz *Social Entrepeneurship: Let Happiness Happen*.[130]

---

130 Eine Video-Zusammenfassung des Seminars gibt es bei YouTube unter https://www.youtube.com/watch?v=-IHmRVMQCJ4. Der Abschlussbericht Clemens, T. et al. (2015). *Social Entrepeneurship: Let Happiness Happen*. Berlin ist online unter http://motivate2b.com/wp-content/uploads/2019/09/SocialEntrepreneurship.Let-Happiness-Happen-2014.pdf verfügbar.

Die Konferenz war dreigeteilt. Wir begannen mit einer Reihe von Impulsvorträgen über soziales Unternehmertum[131] und Glücksforschung in der Wirtschaft. Es folgten ein Besuch eines Business Accelerators für soziale Start-ups und Initiativen sowie Gespräche mit Gründern. Im dritten Teil luden wir die Konferenzteilnehmer ein, ihre eigenen Ideen mithilfe des MVP-Konzepts in konkrete Initiativen zu verwandeln, an denen sie nach der Konferenz weiterarbeiten wollten.

Die Ergebnisse sprachen für sich. Nicht nur konnten wir viel über soziales Unternehmertum und Glücksforschung lernen, wir erlebten, wie soziale Start-ups entstehen, und konnten dann selbst unsere Ideen in konkrete Projekte übersetzen.

Die Konferenz zeigte mir, dass die Kombination von Impulsvorträgen, Erfahrungsaustausch und Dialog sowie die Übersetzung der neuen Impulse in eigene, persönliche Projekte sehr viel nachhaltiger ist als herkömmliche Konferenzen.

Im Gegensatz zum Workshop in Davos fehlten hier noch die Erfahrungen in der Natur. Auch reichte der Raum weder in Davos noch in Berlin aus, sich über die MVPs auf der persönlichen Ebene und des Teams auszutauschen. Dies bewegte mich, einen Schritt weiter zu gehen.

HIP Camp 2015

Der Anfang

Im Frühjahr 2015 teilte ich meine bisherigen Erfahrungen mit dem MVP-Konzept bei einem Start-up Event in Heidelberg. Ich beschrieb meine Vision einer Konferenz, die auf den bisherigen Erfahrungen aufbaute und ausreichend viel Zeit und Raum für die Entwicklung und den Austausch von persönlichen und Team-MVPs mit einbaute. Außerdem sollte das Erleben von Natur mit in die Konferenz integriert werden.

Erfreulicherweise kamen im Anschluss an die Veranstaltung eine Reihe von Studierenden auf mich zu, die daran interessiert waren, an der Vision mitzuarbeiten. In den folgenden Wochen konzipierten und organisierten wir eine zweitägige Konferenz. Das HIP Camp[132], wie wir die Konferenz nannten, sollte eine Kombination von Impulsvorträgen, Seminaren und Workshops sowie Outdoor- und anderen Aktivitäten sein, um Geist, Körper und Herz in Einklang zu bringen und so eine ganzheitliche Lernerfahrung zu ermöglichen. »HIP« stand dabei für »happy ideas and projects«. Als Unterthema

---

131 Siehe hierzu die Ausführungen über Social Business als Beispiel eines Human Business in Kapitel 3.4.
132 Ehemalige Internetauftritte des HIP Camps: https://hipcamphd.wixsite.com/hipcamphd und https://www.facebook.com/HIPCampHD/

wählten wir das Sozialunternehmertum. Die Idee war, sich über soziale Herausforderungen oder Ideen auszutauschen und im Zuge des HIP Camps in konkrete Projekte oder sogar Start-ups zu übersetzen.

Vier Monate später, im September 2015, begrüßten wir 30 Teilnehmer aus ganz Deutschland im Naturfreundehause in den Wäldern oberhalb Heidelbergs. Das Teilnehmerfeld war dabei bunt gemischt. Es waren sowohl Studierende als auch Berufstätige dabei – das Altersspektrum reichte von 18 bis 65 Jahren.

Ablauf

Wir begannen mit einer Reihe von kurzen Impulsvorträgen über Beispiele sozialen Unternehmertums und Geschichten über soziale Herausforderungen. Im Anschluss daran öffneten wir den Raum für eine Sammlung von Ideen und Fragen, mit denen sich die Teilnehmenden im Anschluss beschäftigen wollten. Beim Vorgehen kombinierten wir die Methodik des Open Space mit der Fragenstruktur des MVP-Konzepts. Das Charakteristische beim Open Space ist, dass die Teilnehmenden eigene Themen in die Gruppe geben und Arbeitsgruppen bilden. Diese Offenheit ermöglicht es, in sehr kurzer Zeit eine große Vielfalt von Ideen, Fragen und konkreten Maßnahmen zu produzieren.[133] Die Teilnehmenden stellten entweder eigene Ideen vor oder luden andere ein, sich damit zu beschäftigen oder gesellten sich zu der Gruppe mit den Ideen und Themen ihres Interesses. Die Teams formten und organisierten sich von allein – ohne Zutun des Organisationsteams. Treiber hierfür waren das Interesse für die Themen und die Eigenmotivation der Teilnehmer.

Um eine größtmögliche Transparenz über die Arbeit in den Gruppen zu gewährleisten, luden wir alle Gruppen in regelmäßigen Abständen zu einer gemeinsam Plenarrunde ein, in der die einzelnen Gruppen kurz über ihre Arbeit berichten und andere Mitstreiter dafür begeistern konnten. Nach wenigen Stunden entstand so in den meisten Gruppen eine grobe Vorstellung über ihre Motivation, Vision und mögliche konkrete Aktivitäten.

Der zweite Teil der Konferenz war dafür reserviert, den Teilnehmenden Raum zu geben, über ihre eigenen MVPs zu reflektieren. Als Impuls begannen wir mit einer Dialogübung. Anschließend konnten sich die Teilnehmenden zurückziehen, sich mit einem Coach austauschen, Yoga praktizieren oder sich einem stillen Erlebnisspaziergang im Wald anschließen. Später luden wir die Teilnehmenden ein, sich in ihren Gruppen zu ihren persönlichen MVPs im Zusammenspiel mit den MVPs der Aktivitäten, die sie vorher in den Gruppen entwickelt hatten, auszutauschen.

---

133 https://de.wikipedia.org/wiki/Open_Space

Im Mittelpunkt des zweiten Tages standen zum einen die Erarbeitung der MVPs der Gruppen und die Konkretisierung der Aktivitäten vom Vortag. Für die Strukturierung und Konkretisierung der Aktivitäten boten wir Hilfestellung an, sei es für die Entwicklung von Geschäftsmodellen[134] oder das Aufsetzen von Projekten[135].

Wie schon am Vortag berichteten die Gruppen ca. alle 90 Minuten dem Plenum über ihre Fortschritte. So konnten sie wertvolle Rückmeldungen erhalten, Freunde und neue Mitstreiter finden, die an der Verwirklichung des Projekts mitwirken wollten. Das heißt, auch zu diesem späten Zeitpunkt hatten die Teilnehmenden nach den Regeln des Open Space die Möglichkeit, die Gruppe zu wechseln oder einfach nur dem Treiben zuzusehen und zu beobachten.

Den Abschluss des zweiten Tages bildete eine finale Pitch-Runde der einzelnen Gruppen und eine Prämierung der einzelnen Projektvorhaben durch das Plenum und eine Fachjury. Und die Ergebnisse ließen sich in der Tat sehen: Insgesamt entwickelten wir vier konkrete Projekte, wovon sich eines in den Folgemonaten zu einem echten Start-up konkretisierte.

Ergebnisse

Das HIP Camp war in mehrfacher Hinsicht ein schöner Erfolg. Dass wir binnen zwei Tagen so viele Projekte und sogar ein Start-up initiierten, hatte zu Beginn keiner von uns erwartet. Das allein war ein Riesenerfolg. Auch konnten wir mit dem HIP Camp die Praktikabilität und Effektivität des MVP-Konzepts validieren. Das MVP-Konzept bot eine einfache Struktur, die vielen Ideen und Fragen, die sich nach den Impulsvorträgen ergaben oder die die Teilnehmenden schon mitbrachten, zu bündeln und in konkrete Maßnahmen zu übersetzen. Die Struktur engte die Kreativität damit nicht ein. Vielmehr schenkte es den Teilnehmenden ein gewisses Maß an Orientierung und Struktur für einen Kreativraum, in dem sie sich frei bewegen konnten, ohne in andere Themen abzudriften.

Kern des Erfolgs

Inhaltlich und methodisch war das HIP Camp ein klasse Erfolg, der uns alle begeisterte und mächtig stolz machte. Das ganz Besondere am und im HIP Camp war aber noch etwas anderes: Es war die besondere Atmosphäre in der gesamten Gruppe.

---

134 Osterwalder, A. und Pigneur, Y. (2010). *Business Model Generation*. John Wiley & Sons.
135 Juli, T. (2011). *Leadership Principles for Project Success*. CRC Press.

Alle Teilnehmenden waren am Thema »soziales Unternehmertum« interessiert, wollten lernen, ausprobieren und einfach Spaß haben. Und trotzdem war zu Beginn der Veranstaltung noch ein gewisses Maß an Distanz zwischen den Teilnehmenden zu spüren. Es war alles eher sachlich geprägt. Man diskutierte und tauschte sich aus, entwickelte konkrete Maßnahmen zu aufgeworfenen Fragen und vorgestellten Ideen. Das allein war schon eine tolle Erfahrung. Und doch blieb alles eher oberflächlich und kopflastig.

Das änderte sich im zweiten Teil des Workshops mit dem Impulsvortrag und der Übung eines Psychologen über aktives, empathisches und generatives Zuhören[136] und den anschließend angebotenen Aktivitäten (Gespräch mit einem Coach, Yoga, Erlebnisspaziergang, Zeit der Stille). Diese Aktivitäten öffneten Räume, die jeder und jede für sich betreten und gestalten konnte. Organisatorisch war dies mit Sicherheit auch der spannendste Teil des HIP Camps. Denn wir konnten nicht vorhersehen, ob und wie dies von den Teilnehmenden angenommen werden würde. Unsere Intention war, den Raum für persönliche Reflexion anzubieten. Vielleicht war es auch nur Zufall, dass die Teilnehmenden dieses Angebot annahmen, vielleicht auch nicht. Es war interessant zu beobachten, dass nicht alle von dem Angebot von Anfang an überzeugt waren. Manche machten mit, weil es eben angeboten wurde, fanden dann aber doch ihren persönlichen Raum.

Noch weniger konnten wir absehen, ob und wie weit die einzelnen Teilnehmenden sich über ihre persönlichen Treiber, Visionen und Ziele im Zusammenhang der vorher skizzierten Projekte oder Aktivitäten austauschen würden. Dass sie es tatsächlich taten, war klasse und bewirkte eine Atmosphäre der Offenheit und Ehrlichkeit. In diesem sehr persönlichen Austausch in den Gruppen wurde manchen Teilnehmenden klar, dass sie sich mit ihrer eigenen Motivation, ihrer Vision und ihren Zielen in der Gruppe nicht wohlfühlten oder wohlfühlen würden. Entweder wechselten sie dann zu einer anderen Gruppe oder machten eine eigene Gruppe auf. Für den Zusammenhalt aller Teilnehmenden war dies nicht schädlich. Das Gegenteil war der Fall, weil jeder dem anderen Raum für seine persönliche Entfaltung gab und ihn respektierte. Das schuf Verständnis und Respekt für den Einzelnen wie für die Gruppe.

Der Austausch in den jeweiligen Gruppen brachte eine gewisse Leichtigkeit und Gelassenheit in die Gesamtgruppe. Es war, als ob man neue Räume der Kreativität aufmachte und betrat. Dies setzte sich am zweiten Tag bei der Konkretisierung der entwickelten Aktivitäten fort. Die Energie des Vortags wurde in die Arbeit mit aufgenommen. Die strukturierten Fragen für die Entwicklung der Teamzusammenarbeit, die Geschäftsmodellierung oder den Projektaufbau halfen, die Energie in Richtung konkreter Ergebnisse zu kanalisieren. Im Vergleich zur starken und positiven Energie in den Teams und der Community waren die Ergebnisse fast schon zweitrangig.

---

136 Das Kapitel 13.5 erörtert die verschiedenen Ebenen des Zuhörens.

Was fehlte?

Direkt im Anschluss an das HIP Camp dachten wir alle, dass die Energie in den einzelnen Gruppen und der Gesamtgruppe weiterleben und helfen würde, die Projekte voranzutreiben. Wie wir mit der Zeit erfuhren, war dies leider nicht der Fall. So sehr wir vom Organisationsteam uns bei der Vorbereitung und Durchführung des HIP Camps engagierten, so wenig hatten wir erforderliche Folgeaktivitäten auf dem Radar. Für ein prämiertes Projekt gab es als Preis methodische Unterstützung bei der weiteren Projektgestaltung. Und in der Tat entwickelte sich dieses Projekt später zu einem erfolgreichen Start-up. Die anderen Gruppen und Projekte bekamen diese Unterstützung leider nicht.

Und auch die Gruppe als Ganzes verlor sich relativ schnell aus den Augen. Zwar gab es eine Reihe von Rundmails und Pressemitteilungen. Die Dynamik der zwei Tage verlor sich indes schnell. Das war und ist schade. Gleichzeitig zeigte uns diese Entwicklung die Dynamik von Projekten auf: Auch wenn man ein Wow-Projekt aufgesetzt hat und daran arbeitet, heißt das nicht, dass das Projekt ab diesem Punkt ein Selbstläufer ist und der Wow-Moment für ewig weiterlebt.[137]

Warum sind Wow-Momente nicht nachhaltig?

Wow-Momente allein sind nicht überlebensfähig. Sie müssen ernährt, unterstützt und gelebt werden. Sie wollen gehegt und gepflegt werden. Sie können größer oder kleiner werden. Sie können sich aber auch ganz auflösen. Dies ist ein Grund mehr, sich um die Entwicklung und kontinuierliche Verbesserung von Wow-Momenten zu kümmern. Nicht aus Angst, dass sie verpuffen und verschwinden, sondern aus Freude an ihrer Gestaltung. Hierfür sind sowohl Beobachtung und Reflexion als auch Handeln erforderlich.

Wenn das Handeln rein kopfgesteuert ist, könnte es allerdings schwerfallen, ein Gleichgewicht aller drei MVPs zu halten. Für eine Aktivität wie z. B. ein Projekt mag dies ausreichend sein. Nicht aber für die Entwicklung, das Zusammenbringen und Zusammenhalten der individuellen und der Team-MVPs. Hier bedarf es einer Fähigkeit, die man nicht lernen kann. Es ist eine Fähigkeit, die wir alle in uns haben. Es ist die Fähigkeit, Mensch zu sein. Sie ermöglicht uns, einen menschlichen Raum im Alltäglichen und in der Arbeit zu öffnen und zu gestalten. Es ist ein Raum, in dem wir unser menschliches Potenzial entfalten können. Diesen Raum schauen wir uns im nächsten Kapitel näher an. Wir lernen, was ihn ausmacht, wie wir ihn gestalten und mit Leben füllen können. Und wir werden sehen, wie er helfen kann, die Zukunft aktiv zu gestalten, anstatt nur Spielball von ihr zu werden.

---

137 Es gab und gibt seitens Motivate2B den Plan, ein HIP Camp in abgeänderter Form in Zukunft noch einmal aufzulegen, siehe https://motivate2b.com/academy-human-business/.

13 Menschliche Gestaltungsräume

> *»Man wird nie neues Land entdecken,*
> *wenn man immer das Ufer im Auge behält.«*
> Unbekannt

Kernpunkte

- Der menschliche Raum ist ein Ort der inneren Ruhe und Stille, in dem ich mich sicher und geborgen fühle.
- Einen menschlichen Raum kann ich nicht erzwingen. Ich kann ihn öffnen und erkunden. Das erfordert das aktive Sein im Hier und Jetzt sowie ein »aktives« Loslassen und Entspannen. Mit dem Loslassen eröffnet sich ein scheinbar unendlicher Raum von Ideen, Inspirationen und Innovationen, die einem vorher nicht zugänglich waren oder nicht gesehen wurden.
- Der menschliche Raum ist ein Raum für Potenzialentfaltung und Kreativität auf der individuellen Ebene, als Paar oder in der Gruppe.
- Der menschliche Raum öffnet ein Tor zur individuellen oder, wenn ich in einer Gruppe bin, zur gemeinsamen Kreativität in einer Atmosphäre des Vertrauens, der Offenheit und der Lernbereitschaft.
- Einen menschlichen Raum als Paar oder in der Gruppe zu eröffnen ergibt eine sehr viel größere Vielfalt von Lern- und Gestaltungsräumen, als wenn man auf der individuellen Ebene bleibt. Es ist eine ko-kreative Umgebung, in der das gemeinsame Experimentieren und Gestalten ein viel tieferes und nachhaltigeres Verständnis von etwas Neuem ermöglicht. Es ist die Grundlage von Synergie.
- Prototyping, d. h. das Erarbeiten von Prototypen, ermöglicht, die Zukunft im Tun zu erkunden, zu begreifen und zu gestalten. Im Wesen ist Prototyping eine Form des generativen Lernens. Es ermutigt und erfordert ein offenes, leichtes, spielerisches und experimentierfreudiges Herangehen an etwas Neues.

Was ist ein menschlicher Raum oder »Human Space«?

Im letzten Kapitel habe ich angedeutet, was einen menschlichen Raum ausmacht. In diesem Kapitel möchte ich dich auf eine Erkundungstour in diesen Raum einladen. Wir schauen uns an, was einen menschlichen Raum so besonders macht. Und vor allem wie wir ihn eröffnen können. Sei es für uns allein, mit Mitmenschen oder Paaren oder in Gruppen und Teams.

Fangen wir an: Wie kann man einen menschlichen Raum beschreiben?

Nun, es ist ein Ort der inneren Ruhe und Stille, in dem ich mich sicher und geborgen fühle. Der Raum ist nicht an einen äußeren Ort gebunden, er ist in mir bzw. – wenn wir einen menschlichen Raum mit anderen Menschen teilen und gestalten – zwischen und unter uns. Dieser Raum ist energiegeladen und doch ganz ruhig. Wenn wir einmal in diesem Raum sind, scheint die Zeit stillzustehen. Hektik und Getriebensein bleiben draußen, der Raum füllt einen mit innerer Gelassenheit und Klarheit über das Hier und Jetzt. Ich kann frei atmen, denken und spüren. Ich fühle mich nicht eingeengt, sondern ungebunden und grenzenlos.

Flow-Erfahrung im menschlichen Raum

Spitzensportler bezeichnen diesen Raum manchmal auch als Flow-Stadium. Sie bewegen sich in einer »Zone einzigartiger Energie«. Im Kapitel 8.1.3 habe ich erklärt, dass nicht nur Sportler eine solche Flow-Erfahrung machen können. Und diese Erfahrung ist, wie wir später sehen werden, nicht auf die individuelle Ebene begrenzt.

Das Flow-Stadium ist eine Art Moment, in dem nichts passiert und doch alles da ist. Es ist ein Moment des hundertprozentigen Fokus auf einen Zustand oder eine Aktivität. Suche ich nach Ideen, Einsichten, Antworten oder Lösungen, ist dies ein Raum, in dem sie aus dem Nichts erscheinen, sich zu erkennen geben oder mir in den Sinn kommen können. Es ist ein Raum, in dem ein Funken ein Feuer der Kreativität und Inspiration in mir (und einem Partner) oder in einer Gruppe entfachen kann.

Im HIP Camp konnten wir einen solchen menschlichen Raum in der Gruppe erfahren. Er öffnete sich während einer Übung, in der wir uns in generativem Zuhören mit unserem Gegenüber versuchten. Dabei hörten wir unserem Gegenüber für zwei Minuten aktiv zu, ohne auf ihn mit Gestik, Mimik oder gar Fragen oder Kommentaren zu reagieren. Wir hörten aktiv zu, waren anwesend und nahmen jedes Wort, jede Silbe und die ganze Person, die uns gegenübersaß, aktiv wahr. Nach zwei Minuten tauschten wir die Rollen. Für viele der Teilnehmenden war dies eine einzigartige Erfahrung. Natürlich hatten wir schon vorher Menschen aktiv zugehört. Das Besondere bei der Übung war die Anweisung, eben nicht sofort auf das Kommunizierte zu reagieren, sondern es einfach wahrzunehmen und der sprechenden Person einen Raum zu geben, in der er oder sie sich ausdrücken konnte.

Unmittelbar nach dieser Übung luden wir die Teilnehmenden zu Yoga, Musik oder einem stillen Spaziergang im Wald ein. Ziel war es, ihnen die Chance zu geben, bei oder in sich selbst anzukommen. Wir wollten damit eine Art Plattform anbieten: Jeder

Einzelne konnte sich hier über seine persönlichen Motivationen, Visionen und Ziele klarer werden. Die Aktivitäten, die Umgebung, wir Teilnehmenden selbst schafften damit eine Stimmung innerer Ruhe, Gelassenheit und Freude, die sich auf die ganze Gruppe auswirkte. Daraus entwickelte sich im Laufe des Abends und auch am nächsten Morgen frische Energie in der Gruppe. Neue Ideen, Eingebungen und Antworten auf Fragen sprudelten nur so aus uns heraus. Es war mitunter so, als hätte jemand eine Tür zur Kreativität geöffnet.

Die Struktur des HIP Camps trug dazu bei, dass Ideen, Einsichten und Antworten auf Fragen in konkrete Ergebnisse umgesetzt oder für eine spätere Realisierung festgehalten wurden. Die Energie des menschlichen Raums wurde damit am Leben gehalten und konnte expandieren.

Wie kann ich menschlichen Raum eröffnen?

Erzwingen kann ich einen menschlichen Raum nicht. Ich kann ihn öffnen und erkunden. Er erfordert ein »aktives« Loslassen und Entspannen, um etwas zu kreieren – was an sich scheinbar ein Widerspruch ist. Ganz so ist es dann aber auch nicht.

Hilfsmittel für das Eröffnen eines menschlichen Raums sind z. B. das aktive und offene Beobachten oder das Reframing von Fragen, also die Umformulierung von Fragen, um andere Perspektiven zu ermöglichen. Es sind auch die Kunst und die Potenziale des Dialogs auf der individuellen, zwischenmenschlichen und Gruppenebene, die menschliche Räume eröffnen.

Zugegeben hört sich die Beschreibung eines menschlichen Raums schon etwas ungewöhnlich an. Dabei ist es alles andere als das. Es erscheint oder fühlt sich eher wie ein völlig normaler Raum oder Zustand an – leider lässt sich das nicht so recht in Worte fassen. Das Beste und Einfachste ist, du suchst selbst diesen Raum oder eröffnest ihn, um ihn erfahren und begreifen zu können. Fangen wir mit uns selbst an und schauen wir, wie wir als Individuum unseren eigenen menschlichen Raum eröffnen und offenhalten können.

Menschlicher Raum für mich als Individuum

Um die Idee des menschlichen Raums besser zu verstehen, hilft es vielleicht, sich das Gegenteil eines menschlichen Raums vorzustellen: Dies wäre z. B. eine Situation, die von Hektik und Stress gekennzeichnet ist. Ich rase von einem Termin zum anderen, jeder scheint etwas von mir zu wollen, ich versuche, gleichzeitig an mehrere Dinge zu denken oder sie zu jonglieren, komme einfach nicht zur Ruhe. Wenn ich abends nach Hause komme, bin ich schlapp, ausgelaugt, energielos und unmotiviert. Auf der einen Seite bin ich mir bewusst, dass ich mich in einer Art Hamsterrad befinde und da ausbrechen will. Auf der anderen Seite habe ich keinen blassen Schimmer, wie das gehen soll, bzw. bräuchte dafür Zeit – und die gibt es ja nicht, weil ich z. B. ausreichend Schlaf brauche, um am nächsten Tag wieder fit zu sein. Das Hamsterrad dreht sich also weiter, wird schneller und schneller.

Das Hamsterrad verlangsamen und zum Stehen bringen

Schauen wir uns zwei einfache Optionen an, um das Hamsterrad zumindest für kurze Zeit zum Stehen zu bringen:

Option 1: In all dem Alltagsstress setze ich mich hin und gönne mir einen Kaffee oder einen anderen Genuss. Ich genieße den Kaffee, so gut es geht, in vollen Zügen, rieche das Aroma, schmecke den heißen Kaffee, atme für ein paar Momente durch, versuche, mich zu entspannen. Keine Frage, dies kann helfen zu entspannen und das Hamsterrad, sagen wir, etwas zu verlangsamen. Richtig stehen bleibt das Hamsterrad nicht. Spätestens wenn wir wieder aufstehen und zum nächsten Termin gehen, übernehmen die Gedanken wieder das Ruder. Von einem menschlichen Raum bleibt nicht viel übrig.

Option 2: Auch hier wollen wir zur Ruhe kommen. Ich setze mich auf einen Stuhl, Hocker oder auf den Boden. Am besten setze ich mich so, dass meine Wirbelsäule gerade ausgerichtet ist und meine Schultern entspannt sein können.

Die erste Übung ist es, erst einmal anzukommen. Ich werde mir bewusst, wo und wie ich sitze. Ich merke, dass viele Gedanken durch meinen Kopf stürmen und meine Aufmerksamkeit zu fesseln zu versuchen. Dabei schaue ich mir die Umgebung an, in der ich gerade sitze.

In einem nächsten Schritt versuche ich, meinen Sitz bewusst wahrzunehmen. Wie gerade sitze ich? Wo spüre ich Spannung im Körper? Wo tut mir womöglich etwas weh? Dies ist eine Art erstes Ankommen in meinem Körper.

Als Nächstes höre ich auf meinen Atem. Ich höre und spüre, wie ich ein- und ausatme. Sei es, dass sich mein Brustkorb auf und ab bewegt oder meine Bauchdecke oder eine Kombination von beiden. Dabei versuche ich, den Atem nicht zu kontrollieren, sondern lediglich zu beobachten und wahrzunehmen. Wenn ich mag, schließe ich dabei meine Augen. Wirklich erforderlich ist es nicht, aber es hilft mir z. B., meinen Atem leichter zu verfolgen.

Im nächsten Schritt konzentriere ich mich auf mein Herz, spüre oder höre vielleicht sogar, wie es schlägt, und mit der Zeit, wenn ich ruhiger werde, wie es etwas langsamer schlägt. Von hier aus beginne ich mit einem »Body Scan«. Das heißt, ich fühle in meinen ganzen Körper hinein, spüre in jedes Körperteil hinein. Dafür kann ich vom Herzen Richtung Füße oder Kopf gehen oder ich fange bei meinen Füßen an und bewege mich in Gedanken langsam nach oben zu meinem Kopf oder eben umgekehrt. Die Richtung spielt dabei weniger eine Rolle als das Hineinspüren in meinen Körper. Ziel ist es, den ganzen Körper bewusst(er) zu spüren und wahrzunehmen.

Dass ich dabei innerlich ruhiger werde, ist ein guter und absichtlicher Nebeneffekt. Ich steuere ihn aber nicht aktiv, sondern lasse ihn zu.

Dies hilft mir dann auch bei dem Versuch, meine Gedanken loszulassen. Leichter gesagt als getan. So ergeht es mir zumindest nicht selten – gerade an hektischen Tagen. Um meine Gedanken loszulassen, beobachte ich, wie sie kommen und gehen. Dabei gebe ich nicht der Versuchung nach, mich an sie zu haften. Ab und zu versuche ich, den nächsten Gedanken zu erahnen – das ist eine nette Abwechslung. Oder ich versuche, den Raum zwischen den Gedanken zu identifizieren und wahrzunehmen. Fällt mir das schwer, konzentriere ich mich wieder auf meinen Atem. Ein- und ausatmen, um dann wieder meinen Gedanken freien Lauf zu lassen, ohne an ihnen zu hängen.

Komme ich so zur Stille, kann ich versuchen, die Räume oder das »Nichts« zwischen den Gedanken größer werden und mich darin fallen zu lassen. Anfangs mögen dies nur Sekundenbruchteile sein, später kann dies länger werden. Das sind Momente, in denen ich ganz im Hier und Jetzt bin, ohne von den Aktivitäten des Geistes, also von meinen Gedanken, abgelenkt zu werden.

Dieser Moment des Im-Hier-und-Jetzt-Seins ist der eigene menschliche Raum. Zeit hört auf zu existieren ebenso wie alle geistigen Begrenzungen, Sorgen oder Ängste. Es ist eher so, dass das Erleben dieses Hier und Jetzt neue und unbegrenzte Räume öffnet.

Nutzen des menschlichen Raums

Allein den eigenen menschlichen Raum zu erfahren ist ein Genuss und erfüllt mich mit Wohlbefinden. Es erfüllt mich mit innerer Ruhe, Gelassenheit und Energie. Wenn ich diese Energie nutzen will, um Tore zur inneren Kreativität zu öffnen, kann ich z. B. zweierlei Dinge tun:

Option A: Bevor ich wie bei der oben beschriebenen Option 2 innere Ruhe in mir finde, stelle ich mir eine Frage, die mich bewegt und zu der ich Antworten suche. Sobald ich sie gestellt habe, versuche ich loszulassen und in mich hineinzuspüren. Manchmal ist es dann so, dass mir wie aus dem Nichts eine Antwort oder ein Hinweis auf eine Lösung kommt, die zu meiner Frage passt. Hört sich seltsam an? Nun, ist es nicht wirklich.

Im Frühjahr 2018 pendelte ich wochentags ca. 45 Minuten mit dem Zug zu meinem Kunden. Nach Lesen oder geistigen Aktivitäten war mir noch nicht nach. Schlafen kam für mich nicht infrage. Zum einen wollte ich wach beim Kunden ankommen und zum anderen war ich nicht wirklich so müde, dass ich eine Dreiviertelstunde nach dem Aufstehen gleich schon weiterschlafen wollte. Die Möglichkeit, meine innere Ruhe zu finden, indem ich meditierte, sah ich als willkommene Alternative. Jeden Morgen stellte ich mir so unterschiedliche Fragen. Manchmal waren es Fragen zu meinen laufenden Projekten. Das führte dann dazu, dass ich mit dieser Art von Meditation meinen Geist ankurbelte und mein Kopf schon früh am Morgen das Zepter in die Hand nahm. Richtig zur inneren Ruhe fand ich so nicht wirklich. Also stellte ich mir dann immer öfter Fragen über mich selbst. Zum Beispiel wie ich meine innere Ruhe finden, wie ich authentischer sein, wie ich verlorene Energie wiederfinden kann usw. Die Antworten, die ich in meinen Meditationen bekam, schrieb ich noch im Zug auf. Als ich später meine Notizen noch einmal las, war ich nicht selten über die Tiefe der Einsichten erstaunt, die ja nicht von außen, sondern aus mir selbst kamen. Weniger vom Kopf als von oder aus meinem Herzen. Die meisten dieser Fragen und Antworten befinden sich im Kapitel 8. Es sind Orientierungspunkte auf meiner Reise zu mir selbst.

Option B: Eine weitere Möglichkeit, das Potenzial der inneren Ruhe anzuzapfen, ist noch einfacher und bequemer. Wie bei der ersten Option geht es dabei um die Suche von Antworten auf Fragen, die mich bewegen. Statt Antworten in der Meditation zu suchen, bekomme ich sie im Schlaf. Hierfür schreibe ich unmittelbar vor dem Schlafengehen meine Fragen auf einen Block oder ein Stück Papier neben meinem Bett. Bevor ich das Licht ausmache und es mir gemütlich mache, bedanke ich mich im Voraus innerlich, dass ich bis zum nächsten Morgen Antworten auf diese Fragen bekommen werde. Wenn ich dann morgens aufwache, ist das Erste, was ich tue, das Papier oder den Block mit den Fragen zu nehmen, die Fragen noch einmal durchzulesen und dann loszuschreiben, was mir zu den Fragen in den Sinn kommt. Dabei ist es so früh morgens weniger der Kopf, der mir die Wörter »diktiert«. So früh ist mein Geist noch gar nicht in der Lage, aktiv zu sein. Es fühlt sich eher so an, dass die Antworten oder Impulse aus meinem Herzen oder meinem Sein selbst kommen.

Der Zustand morgens kurz nach dem Aufwachen ist ein wunderbarer menschlicher Raum. Ich bin wach (mehr oder weniger), bin mir dessen bewusst (mehr oder weniger), hafte noch etwas im Schlaf und somit meinem tieferen Bewusstsein. Genau jetzt aktiviere ich meine Kreativität im Schreiben. Limitierende Gedanken kommen erst gar nicht hoch. Dafür ist es in der Regel noch zu früh. Ich lasse meine Worte einfach fließen, schreibe alles nieder, was mir in den Sinn kommt, und schaue dann, was sich ergibt.

Ich gebe zu, dass dies nicht weniger seltsam klingen mag, als Antworten in der Meditation am Tag zu bekommen. Es ist vielleicht auch seltsam, aber es funktioniert. Und es ist ein wunderbares Beispiel, was ich erreichen kann, wenn ich mich in meinem eigenen menschlichen Raum befinde – in der Tat ein Tor zur eigenen inneren Kreativität.

Menschlicher Raum in der zwischenmenschlichen Beziehung

In zwischenmenschlichen Beziehungen wie z. B. bei einem Paar kann der Dialog helfen, menschliche Räume zu eröffnen. Dabei ist ein Dialog weit mehr als nur zuhören. Otto Scharmer (2009, 2011) spricht von vier verschiedenen Ebenen des Zuhörens.[138]

Auf der ersten Ebene höre ich, dass mein Gegenüber spricht. Ich nehme ihn oder sie wahr. Ab und zu verarbeite ich auch das Gesagte, gebe ihm aber keine weitere Bedeutung. Im Wesentlichen geht es darum, die eigenen Meinungen und Bewertungen zu bestätigen. Dieses Zuhören ist allenfalls oberflächlich. Ob es zu einer offenen zwischenmenschlichen Beziehung beiträgt, darf zumindest bezweifelt werden. Vielmehr bewegt sich eine solche Beziehung in einem engen Raum der Vergangenheit und festgefahrener Meinungen, Bewertungen und Gewohnheiten. Man tauscht leere Phrasen aus Höflichkeit oder Routine aus. Ehrlichkeit oder Authentizität sind unerheblich. Es ist eine Umgebung, die toxisch für Erkundung, Innovation und neue Lösungen ist. Scharmer bezeichnet diese Ebene als »**Downloading**«.

Auf der zweiten Ebene des Zuhörens verarbeite ich das Gehörte. So kann ich z. B. feststellen, dass mein Gegenüber die gleiche oder eine andere Meinung als ich zu einem Thema habe. Die Gesprächspartner sind durchaus offen, weil sie Unterschiede bemerken, ohne wirklich auf sie einzugehen. Diese Art von Zuhören bezeichnet Scharmer als **»faktisches Zuhören«.**

Versuche ich aktiv zu verstehen, warum mein Gegenüber so und nicht anders spricht oder denkt, und seine Meinung aus seiner oder ihrer Perspektive zu betrachten, sprechen wir vom »**empathischen Zuhören**«. Ich öffne sowohl meinen Geist als auch mein Herz. Ich versuche, mich in die andere Person hineinzuversetzen, um ihn oder sie besser verstehen zu können. Ich sehe die Welt aus dem Blickwinkel des anderen. Das hilft mir, meinen eigenen Standpunkt zu reflektieren.

---

138 Scharmer, C. O. (2009). *Theory U: Leading from the Future as It Emerges*. Berrett-Koehler.
Scharmer, C. O. (2011). *Theorie U: Von der Zukunft her führen: Presencing als soziale Technik*. Carl Auer.

Eine noch tiefere Ebene des Zuhörens ist das »generative Zuhören«. Nicht nur höre ich meinem Gegenüber faktisch und empathisch zu, ich lasse ihm oder ihr Raum, sich zu entfalten. Das kann ich zum Beispiel erreichen, indem ich nicht sofort auf das Gesagte reagiere, sondern das Gesagte erst einmal stehen lasse. Dadurch gebe ich dem Gesagten die Chance nachzuhallen oder dem Gegenüber die Chance weiterzureden.

Die **aktive Stille** ist ein wesentliches Merkmal des generativen Zuhörens. »Aktiv« deswegen, weil es nicht einfach ein Schweigen ist. Vielmehr ermöglicht die Stille, das Gesagte wirken zu lassen – sie gibt dem Gegenüber die Chance, fortzufahren oder neue Ideen, Impulse oder Gedanken kommen zu lassen, die sich erst in der Stille zeigen. Diese Art des Zuhörens generiert also etwas Neues – deswegen heißt es auch »generatives Zuhören«.

Die Voraussetzung für generatives Zuhören ist, dass ich nicht nur meinen Geist und mein Herz öffne, sondern auch meinen Willen. Ein offener Wille ist dadurch gekennzeichnet, dass ich im Dialog nicht aktiv versuche, meinen eigenen Standpunkt zu verteidigen und jemanden davon zu überzeugen. Stattdessen gehe ich offen in einen Dialog und bin bereit, meine eigene Auffassung einfach eine Meinung sein zu lassen. Ich öffne mich, Neues zu hören, zu erfahren, zu lernen. Sei es von der anderen Person oder als Resultat oder in der Dynamik des Gesprächs. Diese Art des generativen Zuhörens eröffnet einen menschlichen Raum, in dem Neues entstehen kann.[139]

Als Bild für die Ebenen des Zuhörens verwendet Scharmer in Anlehnung an Edgar Schein (1985, 2018)[140] einen Eisberg. Das oberflächliche Zuhören schwimmt ganz oben, oberhalb des Wasserspiegels. Je tiefer wir gehen, je tiefer und aktiver wir zuhören, desto besser verstehen wir unser Gegenüber, können es besser begreifen.

---

139 Scharmer (2009) bezeichnet diesen Moment oder Zustand, in dem ich im Hier und Jetzt bin, das Ganze wahrnehme und offen für Neues bin, als »Presencing«. Es ist eine Wortschöpfung aus »Present« (Gegenwart) und »Sensing« (Wahrnehmung).
140 Schein, E. H. (1985). *Organizational Culture and Leadership*. Jossey-Bass.
       Schein, E. H. und Schein, P. (2018). *Organisationskultur und Leadership*. Vahlen.

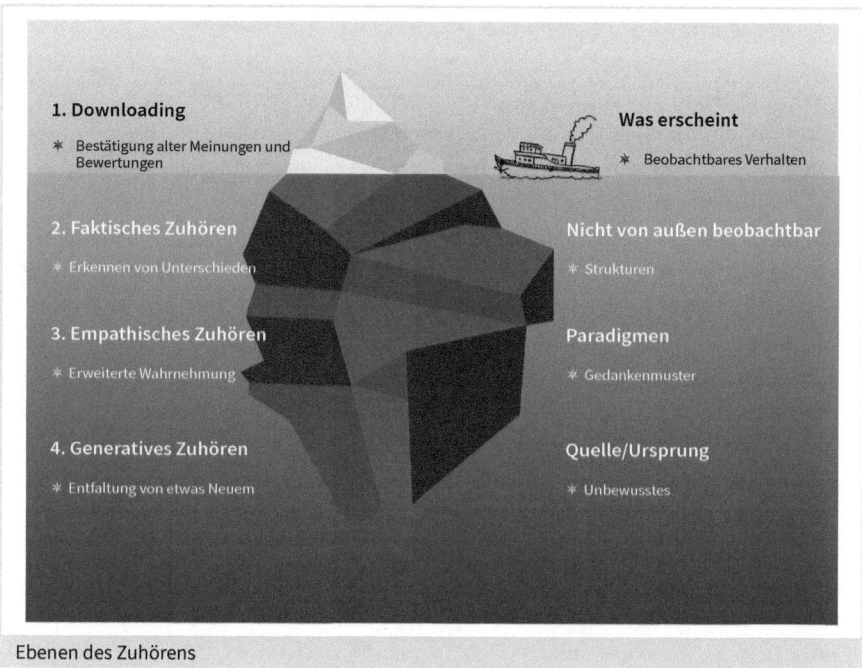

1. Downloading

* Bestätigung alter Meinungen und Bewertungen

Was erscheint

* Beobachtbares Verhalten

2. Faktisches Zuhören

* Erkennen von Unterschieden

Nicht von außen beobachtbar

* Strukturen

3. Empathisches Zuhören

* Erweiterte Wahrnehmung

Paradigmen

* Gedankenmuster

4. Generatives Zuhören

* Entfaltung von etwas Neuem

Quelle/Ursprung

* Unbewusstes

Ebenen des Zuhörens

Der menschliche Raum der Ruhe wird mit dem generativen Zuhören eröffnet – hier entsteht der Kreativitätsfunken. Der menschliche Raum holt beide Gesprächspartner ab, sowohl den Sprechenden als auch den Zuhörer, und gibt der Kommunikation Zeit und Raum zu wirken und sich so zu entfalten.

Menschlicher Raum in einer Gruppe

Sehen wir uns nun an, wie ein menschlicher Raum in einer Gruppe, also in einer Ansammlung von mindestens drei Menschen, eröffnet werden kann bzw. wie man dazu beitragen kann, dass er sich entwickeln kann.

Die oben bereits beschriebenen »Rahmenbedingungen« bzw. Faktoren, die zum Eröffnen eines menschlichen Raums für mich allein oder in einer zwischenmenschlichen Beziehung beitragen, gelten auch in der Gruppe. Eine Qualifizierung möchte ich allerdings vornehmen: Ich möchte nicht von einer x-beliebigen Gruppe sprechen, sondern von einer Gruppe, die zusammengekommen ist, um etwas zu bewegen. Dies kann der Austausch über ein Problem, eine Fragestellung oder eine Idee sein – oder mehrere – oder auch über ein oder mehrere Vorhaben. Ob es sich hierbei um ein konkretes Projekt handelt, ist weniger wichtig als die Intention für das Zusammenkommen. Das kann, muss aber nicht ein bestimmtes Ziel haben. Im Extremfall kann schon die reine Neugier oder das Interesse an einem Thema ausreichen.

Gemeinsame Intention

Ein gutes Beispiel für ein solches Zusammenkommen ist der Open-Space-Ansatz aus dem letzten Kapitel: Eine Gruppe von Menschen findet sich ein, um über ein übergeordnetes Thema zu sprechen und etwas daraus zu machen. Was konkret behandelt wird, entscheidet die Gruppe bzw. Einzelne in der Gruppe, die entweder eine bestimmte Frage, eine Idee oder ein Vorhaben zur Bearbeitung in den Raum stellen oder andere in der Gruppe einladen mitzuwirken. Dass einzelne Gruppenmitglieder sich zu einer von einem Gruppenmitglied vorgestellten Frage, einer Idee oder einem Vorhaben gesellen, zeigt zumindest ein gemeinsames Interesse am Thema. Ob sich aus dem Interesse evtl. mehr entwickelt, also z. B. eine gemeinsame Motivation, zeigt sich im Laufe der Zeit. Ausschlaggebend ist hier, dass die Kleingruppe gemeinsam an einer Intention arbeitet oder dass sie sich entwickelt. Die Intention kann sich auf Fragen, Probleme oder Ideen beschränken oder zwischen Motivation und Vision unterscheiden, so wie wir im Kapitel 11 vorgestellt.

In einer Projektlandschaft oder wenn es darum geht, eine konkrete Initiative zu einem Thema zu starten, ist es meiner Erfahrung nach sehr wichtig, dass man sich dessen bewusst ist, was einen antreibt. Das gilt sowohl für das Wissen darüber, woher man kommt (Motivation), als auch, wohin man gerne gehen möchte (Vision). Beides bildet den Grundstock für eine erfolgreiche Initiative – sei es ein einfaches Vorhaben, ein Projekt oder auch mehr wie z. B. eine Firmengründung oder eine neue Unternehmensausrichtung. Ganz wichtig: Es geht weniger um die Umsetzung von etwas Bekanntem als um die Erkundung von Neuland und um die Entwicklung von etwas Neuem.

Nachdem die Gruppe ein gemeinsames Verständnis der Intention entwickelt hat, ist der nächste Schritt das gemeinsame Angehen des Problems, der Frage oder der Idee – nicht mit vorgefertigten Meinungen oder Denkschablonen, sondern mit einer offenen Einstellung. Es geht nicht um das Bewerten oder Klassifizieren, sondern zunächst einfach um das Beobachten und Begreifen der Probleme, Fragen oder Ideen. Dies kann in der Gruppe erfolgen. Oder man geht dorthin, wo die Probleme, Fragen oder Ideen entstanden sind – zum Beispiel in Form einer Ortsbegehung: Man spricht mit Betroffenen und lernt so aus erster Hand mehr über die offenen Fragen.

Bei Projekten in Unternehmen lade ich die Gruppe z. B. ein, mit ihren Kunden direkt zu sprechen, um ein besseres Verständnis von deren Bedürfnissen zu bekommen. Es reicht nicht aus, nur zu wissen oder zu erahnen, welche Bedürfnisse Kunden haben oder haben könnten. Es ist sehr viel effektiver und manchmal sogar leichter, sich direkt mit den Kunden zusammenzusetzen und sich auszutauschen. Dabei ermutige ich die Gruppe, den Kunden auf einer empathischen und generativen Ebene zuzuhören. Denn es geht nicht um die Meinung der Erkunder, sondern um die Seite der Gesprächspartner.

Nach diesem Dialog trifft sich die Gruppe, um die Eindrücke und Erkenntnisse zu besprechen, zu reflektieren, zu sortieren und zu priorisieren. Spätestens zu diesem Zeitpunkt wird die Intention, die die Gruppe gemeinsam gebildet hat, konkreter. Konkreter insofern, als sich praktische Maßnahmen und auch Ziele ableiten lassen. Es geht nicht länger nur um die Motivation und Vision, sondern um die Praxis, um die konkreten Schritte hin zur Vision.

Je mehr die Gruppe in diesen Prozess eingebunden ist, desto wahrscheinlicher ist es, dass sie die konkreten Maßnahmen nicht nur versteht und unterstützt, sondern dass sie sich damit sogar identifizieren kann. Je mehr sich die Motivation, Visionen und Ziele auf der Projekt-, Gruppen- und individuellen Ebene ähneln oder überlappen, umso größer das Zusammengehörigkeitsgefühl. Und umso größer der menschliche Raum in der Gruppe.

Natürliche Selbstorganisation

Bei einen solchem Austausch kann man schnell herausfinden, ob und inwiefern sich auch in der Gruppe als Ganzer so etwas wie ein MVP der Zusammenarbeit ergibt oder eben nicht. Die Frage ist, wie sich die Einzelnen in der Gruppe ergänzen können, wer welche Fähigkeiten und Fertigkeiten mitbringt und wie sie eingebracht werden können. Hieraus ergeben sich Rollen, Verantwortlichkeiten und Regeln der Zusammenarbeit. Inwieweit dieser Prozess der Definition oder Entwicklung von Rollen und Verantwortlichkeiten gesteuert wird, hängt mit Sicherheit vom Vorhaben ab. Es ist aber nicht so, dass man es immer steuern oder diktieren muss. Gibt es Überlappungen der MVPs von Vorhaben, Einzelpersonen und der Gruppe, dürfte sich die Gruppe in der Regel selbst organisieren. Die Überlappung der MVPs, der gemeinsame Nenner, ist hierfür ein ausreichender Antreiber und Regler.

Im Idealfall ergänzen sich die Einzelnen in der Gruppe wie Zellen in einem Organ, die autark oder zusammenarbeiten und sich gegenseitig unterstützen und helfen. Dabei ist das Gefüge nicht starr und mechanisch, sondern dynamisch, adaptiv und flexibel. Es passt sich den gegebenen Situationen an. Die Orientierung an der Intention des Vorhabens dient hierbei als stabilisierende Kraft.

Arbeiten im offenen Dialog

Der menschliche Raum, der oben für die Ebene der Einzelperson und für die Ebene des Paares beschrieben wurde, kann für eine Gruppe also in der Überlappung der MVPs der drei Ebenen (Einzelperson, Paar, Gruppe) gefunden werden. Es ist der gleiche Raum, der Funken für sogenannte Wow-Vorhaben.

Die Arbeit in diesem Raum ist geprägt von einem Dialog innerhalb der Gruppe wie mit der »Außenwelt«. Das fängt mit dem Zusammenkommen in der Gruppe zu Beginn an und zieht sich durch die ganze Zusammenarbeit wie ein roter Faden. Im Dialog steht nicht die Bestätigung der eigenen Meinung, der Bewertung, bewährter Strukturen oder Prozesse im Mittelpunkt. Vielmehr ist es ein öffnender Prozess des Beobachtens, des Umdenkens und des Sich-Einlassens auf und Lernen von Neuem. Das ähnelt schon sehr dem generativen Lernen, wie wir es bei Kindern erleben (siehe Kapitel 7). Die Kunst im Dialog in der Gruppe besteht darin, nicht immer sofort auf äußere Reize zu reagieren, sondern sich Raum und Zeit zu geben, das Ganze wahrzunehmen und zu begreifen. Nicht nur bekommt man damit ein sehr viel tieferes Verständnis von einer Situation, man öffnet auch Räume für die Entfaltung neuer Lösungsansätze, Antworten und Ideen, die vorher nicht wahrnehmbar waren.

Was passiert im menschlichen Raum?

Der menschliche Raum ist alles andere als Chaos. Es ist ein Raum für Potenzialentfaltung und Kreativität. Und das gilt für alle Ebenen: also auf der individuellen Ebene, bei einem Paar oder in der Gruppe. Der menschliche Raum ermöglicht, nicht in alten Verhaltensmustern gefangen zu bleiben, die es schwer oder unmöglich machen, Antworten auf Fragen, Lösungen für Probleme oder Umsetzungsansätze für Ideen zu finden oder zu entwickeln. Der menschliche Raum ist eher wie eine Befreiung von alten Fesseln, die vielleicht sogar die Ursache für Fragen und Probleme waren oder sind. Mit dem Loslassen eröffnet sich ein scheinbar unendlicher Raum von Ideen, Inspirationen und Innovationen, die einem vorher nicht zugänglich waren oder nicht gesehen wurden. Es ist, als ob einem die Scheuklappen weggenommen werden und sich neue Perspektiven ergeben.

Was man aus einem menschlichen Raum schaffen kann

Ein menschlicher Raum ermöglicht es, im Hier und Jetzt zu sein. Das ist wunderschön. Und doch kann diese Erfahrung begrenzt sein, wenn ich entweder in alte Muster zurückfalle oder wenn ich nichts mit dem Raum anfange. Die schönsten und besten Ideen, Inspirationen, Antworten und Lösungsansätze bleiben nutzlos, wenn ich sie nicht ergreife, ausprobiere und so wirklich aus und mit ihnen lerne.

Es ist so ähnlich wie mit der Kunst: Sie ergibt sich nicht durch das Bereitstellen von Werkzeugen, Ideen und Inspirationen. Kunst ergibt sich erst, wenn ich etwas mit den Ideen und Inspirationen mache, sie zum Leben erwecke. Ein Maler, der Pinsel, Farbe und eine Leinwand hat, wird erst dann kreativ, wenn er seine Werkzeuge benutzt und mit ihnen arbeitet.

Und so verhält es sich auch mit dem menschlichen Raum, sei es dem eigenen, dem zwischenmenschlichen oder dem in einer Gruppe. Im Grunde genommen handelt es sich um eine Art Kunst. Nur: Kunst kann man nicht akribisch planen. Kunst entsteht in der spontanen Aktivität. Es ist ein erster Pinselstrich, gefolgt von einem zweiten, einem dritten und so fort. Wie und was entsteht, erkennt man vielleicht erst mit der Zeit. Aber man muss mit einem ersten Schritt anfangen.

Wenn wir nicht gerade Künstler sind, gilt es, den Moment des Funkens der Ideen im menschlichen Raum zu nutzen und diesen auszudrücken. Sei es durch Worte oder Taten. Es gilt, die Idee, die Antwort oder den Lösungsansatz unmittelbar umzusetzen. Wenn sich etwas nicht als Ganzes umsetzen lässt oder wir uns noch nicht sicher sind, können wir es ausprobieren, um zu schauen, ob und wie es passt. Etwas im Kleinen ohne Anspruch auf Perfektion, aber mit der Intention des Lernens auszuprobieren bezeichnet man als »**Prototyping**«. Prototypen ermöglichen es, die Zukunft im Tun zu erkunden, zu begreifen und zu gestalten.

Prototyping ist im Wesentlichen nichts anderes als generatives Lernen. Es ist ein Ausdruck der Kreativität und Innovation – als Gegenpol zum fixen Planen, das in einer sicheren und bekannten Umgebung funktionieren mag, nicht aber in der VUKA-Welt. Das generative Lernen durch Prototyping hilft uns nicht nur, Neues zu erkunden, zu erfahren und zu begreifen und so Licht in eine dunkle VUKA-Umgebung zu bringen, sondern es liefert auch noch konkrete Ergebnisse.

Ko-Kreation in der Gruppe

Sich selbst einen menschlichen Raum zu eröffnen und kreativ zu gestalten ist eine energiespendende und erfüllende Praxis. Allerdings bleibt es letztlich bei der eigenen Perspektive. Will ich dagegen in einer Gruppe einen Wandel erreichen und gemeinsam die Zukunft gestalten, reicht es nicht aus, nur einen eigenen, individuellen menschlichen Raum zu eröffnen. Ich benötige die Hilfe anderer, insbesondere dann, wenn es um komplexere Herausforderungen geht.

Einen menschlichen Raum als Paar oder in der Gruppe zu eröffnen ergibt eine sehr viel größere Vielfalt, mehr Lern- und Gestaltungsräume. Es handelt sich um eine ko-kreative Umgebung, in der das gemeinsame Experimentieren und Gestalten ein viel tieferes und nachhaltigeres Verständnis von etwas Neuem ermöglicht – das ist die Grundlage für Synergie. Das gemeinsame Prototyping schafft ein innovatives Umfeld mit konkreten Ergebnissen. Die Zukunft wird nicht erdacht, sondern mit kleinen Schritten peu à peu erfahren und greifbarer gemacht.

Vor dem Hintergrund dieser Überlegungen sollte es an sich das Selbstverständlichste sein, dass Unternehmen und Organisationen alles daransetzen, um solche ko-kreativen Räume und Umgebungen zu schaffen. Im eigenen Interesse. Oder zumindest immer dann, wenn sie den Wandel in der digitalen Welt annehmen und meistern wollen.

Nur sieht die Realität noch anders aus. Wir haben gesehen, dass die Grundvoraussetzung für einen Schritt hin zum Wandel und zur Gestaltung darin besteht, sich darüber bewusst zu sein, dass alteingesessene Verhaltensmuster nicht länger mit neueren Herausforderungen zurechtkommen und dass sie uns keine Orientierung mehr bieten. Ohne diese Erkenntnis oder auch ohne einen gewissen Schmerz, den neuere Herausforderungen verursachen, ist es unwahrscheinlich, dass sich etwas in einem Unternehmen oder in einer Organisation bewegt. Zumindest nicht initiiert von der Führung eines Unternehmens oder einer Organisation.

Alternativ mag sich ein Unternehmen entscheiden, zunächst auf Projektebene neue Wege zu gehen. Projekte haben den Charme, dass sie überschaubarer, zudem zeitlich begrenzt sind und doch konkrete Ergebnisse liefern können. Sie bieten sich insofern als eine Art Spielwiese an.

Wenn ein Unternehmen auch dazu nicht bereit ist, kann man sich immer noch selbst einen eigenen menschlichen Raum schaffen und durch das eigene Handeln andere zum Mitmachen animieren und so langsam von unten nach oben Wandel gestalten.

Einzelne Projekte oder der Wandel von unten sind keine Garantie für ein nachhaltiges Umdenken und Handeln, aber ein Anfang. Letztlich bedarf es eines ganzheitlichen Wandels. Eine Blaupause hierfür gibt es leider nicht. Eine Pille, die traditionelle Umgebungen schlucken müssen.

Prototyping als Tor zur Zukunft

Allein der Ansatz und die Praxis des Prototyping dürften in vielen traditionellen Umgebungen auf Skepsis und vielleicht sogar auf offene Ablehnung und Widerstand stoßen. Es trotzdem zu wagen bedarf Mut und Führung. Dabei darf man nicht vergessen, dass Prototyping nicht verlangt, dass man gleich eine ganze Umgebung oder ein ganzes System auf den Kopf stellt. Es ist ein inkrementelles, vorsichtiges Vorgehen. In dem Moment, in dem ich versuche, ein Prototyping in feste Bahnen, Strukturen und Prozesse zu pressen, verpasst man das Wesentliche des Prototyping. Man beschneidet das Potenzial, das sich mit dem Prototyping und somit dem generativen Lernen entfaltet.

Das Prototyping ermutigt und erfordert ein offenes, leichtes, spielerisches und experimentierfreudiges Herangehen. Wenn ich Angst vor Fehlern habe, werde ich diese Welt nicht mögen und folglich ablehnen. Aber dann ist es auch fraglich, ob ich mir schon meinen eigenen menschlichen Raum, geschweige denn den einer Gruppe, eröffnet habe.

Meine Erfahrung ist es, dass man Zweifler und Zögerer am ehesten mit Ergebnissen ermutigen kann, sich zu öffnen. Es geht dabei nicht darum, eine Palastrevolution anzuzetteln, sondern um einen allmählichen Wandel und eine Weiterentwicklung, der kaum einer völlig abwehrend gegenüberstehen dürfte. Selbst dann, wenn es bereits bewährte und altgediente Best Practices gibt, dürfte immer ein Interesse daran bestehen, Best Practices noch besser zu machen.

Ist dies doch nicht gewollt, hat man immer noch die Wahl, für sich allein den Weg zu gehen, sich seinen menschlichen Raum zu eröffnen und ihn zu gestalten. Es geht weniger um Widerstand gegen etablierte Strukturen als um die persönliche Wahl, wie man leben will, und das zu gestalten. Denn selbst dann – nur auf der individuellen Ebene – sind die Früchte des menschlichen Raums reichlich und unermesslich. Wir beschenken uns damit selbst und tun uns einen großen Gefallen. Ganz unbemerkt dürfte das nicht bleiben. Und das ist gut so. Denn wenn wir mit unserer Einstellung, unserem Handeln und unseren Ergebnissen andere einladen und ermutigen, diesen Weg zu gehen, vermehren wir die Früchte. Aus Einzelnem wird gemeinsames Gestalten. Nicht in der Theorie, sondern in der Praxis, im Hier und Jetzt und für unsere Zukunft.[141]

Weiterführende Übungen

- Experimentiere mit den Hilfsmitteln für das Eröffnen eines menschlichen Raums. Hierzu gehören u. a. das Reframing von Fragen oder Dialoge auf der zwischenmenschlichen oder Gruppenebene.
- Menschlicher Raum für mich als Individuum (Kapitel 13.4): Halte in einer Situation, die von Hektik und Stress gekennzeichnet ist, inne. Gönn dir eine aktive Pause – und sei sie noch so kurz. Genieße einen Kaffee oder einen kurzen Spaziergang oder folge deinem Atem, spüre deinen Körper und versuche, deine Gedanken loszulassen und nur im Augenblick zu sein.
- Menschlicher Raum für mich als Individuum (Kapitel 13.4): Bevor du dich für ein paar Minuten zurückziehst, stell dir eine Frage, die dich bewegt und zu der du Antworten suchst. Sobald du sie gestellt hast, versuche sie loszulassen und in dich hineinzuspüren. Manchmal ist es dann so, dass dir wie aus dem Nichts eine Antwort oder ein Hinweis auf eine Lösung kommt, die zu deiner Frage passt. Alternativ schreibe deine Frage unmittelbar vor dem Schlafengehen auf einen Block neben deinem Bett. Sobald du am nächsten Morgen aufwachst, nimm den Block und schreibe die Antworten oder Impulse, die dir in den Sinn kommen, auf.

---

141 Dies ist eine der zentralen Forderungen der globalen »Fridays for Future«-Bewegung: Nicht über den Klimawandel reden und hoffen, dass wir ihn in den Griff bekommen, sondern jetzt handeln.

- Menschlicher Raum in der zwischenmenschlichen Beziehung (13.5): Übe dich im generativen Zuhören. Führe einen Dialog mit einem Partner oder einem Kunden. Eine Anleitung für einen Dialog mit Kunden oder Stakeholdern findest du in englischer Sprache unter https://www.presencing.org/resource/tools/dialogue-interview-desc.
- Menschlicher Raum in einer Gruppe (Kapitel 13.6): Lade deine Gruppe zu einem Dialog mit Kunden ein. Findet heraus, was den oder die Kunden wirklich bewegt, was seine oder ihre Bedürfnisse sind. Ermutige die Gruppe, den Kunden auf einer empathischen und generativen Ebene zuzuhören. Tauscht euch als Gruppe nach dem Dialog über eure Eindrücke und Erkenntnisse aus, reflektiert, sortiert und priorisiert sie.

  Leitet konkrete Handlungen ab und, wenn möglich, versucht euch im Prototyping (Kapitel 13.10). Denkt daran, dass es beim Prototyping nicht um Perfektion geht, sondern dass das Lernen im Vordergrund steht. Es ermöglicht euch, die Zukunft im Tun zu erkunden, zu begreifen und zu gestalten.

14 Die goldene Regel für das digitale Zeitalter

»Behandelt die Menschen so, wie ihr selbst von ihnen behandelt sein wollt.«

Lukas 6:31

Kernpunkte !

- Die goldene Regel bietet eine wichtige Orientierung an, wie wir Unternehmen, Leben und Arbeiten gestalten können und wollen. Und sie kann uns helfen, eine Symbiose von Mensch und Business herzustellen und somit die Grundlage für ein Human Business zu legen.
- Die goldene Regel ist ein unveränderliches altes Prinzip, das in der menschlichen Geschichte verwurzelt ist und uns alle vereint. Es ist das einzige Prinzip, das tatsächlich weltweit geteilt wird.
- In der modernen Version der goldenen Regel ist unser Planet enthalten: »Behandle andere und den Planeten so, wie du behandelt werden möchtest.«
- Die goldene Regel ist Werkzeug und Katalysator, um unser urmenschliches Bedürfnis von Respekt und Liebe, Gemeinschaft und Verbindungen zu anderen Menschen zu erreichen. Technologien können dabei helfen.
- Die goldene Regel hat drei Voraussetzungen: Sie erfordert Einfühlungsvermögen, Mut und Tatkraft.
- Neben der Frage »Wie wollen wir leben?« sollten wir fragen, »Wie können wir unsere Zukunft verantwortungsbewusst gestalten?«. Die goldene Regel dient als Orientierung für die Beantwortung dieser Fragen.
- Bei der Umsetzung der goldenen Regel müssen wir mit oder bei uns selbst anfangen. Wir können unser Bestes für uns selbst geben, aber wir müssen auch unser Bestes für die Gemeinschaft geben.
- Menschsein beginnt mit uns. Es bleibt aber unvollkommen, wenn wir es nicht mit anderen teilen. Auch deswegen ruft die goldene Regel zum gemeinsamen Handeln und Gestalten unserer Zukunft auf. Es ist ein Wegbewegen vom »egoistischen Ich« hin zum »gemeinschaftlichen Wir«.
- Die meisten Menschen möchten, dass andere sie mit Integrität, Respekt, Ehrlichkeit, Großzügigkeit und Freundlichkeit behandeln.
- Skalieren wir die goldene Regel von der zwischenmenschlichen hin zur unternehmerischen Ebene, ist sie ein Aufruf zu menschlichem und ethischem Unternehmertum – mit einer von Vertrauen und Respekt geprägten Unternehmenskultur. Es geht um eine Symbiose von Kunden, Mitarbeitern und Unternehmen, die im Zusammenspiel und in gegenseitiger Rücksichtnahme in Form von Respekt und Unterstützung alle Nutznießer sind. Deswegen ist die goldene Regel ein zentraler Wert des Human Business.
- So alt die goldene Regel ist, so aktuell ist sie noch heute. Und so wertvoll ist sie für uns Menschen als goldene Regel für die gemeinsame Gestaltung des digitalen Zeitalters. Sie hilft, den Fokus weg von künstlichen Maschinen zu nehmen und zurück auf uns Menschen und unsere Umwelt zu richten.

Was ist die goldene Regel?

Die goldene Regel, dass wir den Nächsten so behandeln sollen, wie wir selbst behandelt werden wollen, ist ein uraltes Prinzip menschlicher Interaktion. Das Besondere an der Regel, dass sie tatsächlich weltweit über alle Grenzen, Kulturen und Religionen geteilt wird.

!

Eine kurze Geschichte der goldenen Regel[142]

- 1800 v. Chr. Ägypten, das mittelägyptische Literaturwerk »Erzählung vom beredten Bauern« enthält eine erste Version: Tu dem Handelnden, was er tut.
- 563–483 v. Chr. Buddha, *Dhammapada, Nördlicher Kanon*, 5:18: Tue niemandem weh, was dich selbst schmerzt.
- 551–479 v. Chr. Konfuzius, *Analekte* 15:23: Tu anderen nicht das an, was sie dir nicht antun sollen.
- 500 v. Chr. Taoismus in China: Betrachte den Gewinn deines Nachbarn als deinen Gewinn und den Verlust deines Nachbarn als deinen Verlust.
- 400 v. Chr. Hinduismus, *Mahabharata bk.* 13: *Anusasana Parva*, 113: In Glück und Elend, im Angenehmen und im Unangenehmen sollte man Wirkungen beurteilen, als ob sie zu sich selbst kämen.
- 30 v. Chr.–10 n. Chr. Judaismus, Rabbi Hillel in *Sanhedrin des babylonischen Talmud*, 56a. Was dir selbst zuwider ist, tue keinem anderen an. Das ist die ganze Thora. Der Rest ist Kommentar.
- 4 v. Chr.–65 n. Chr. Christentum, *Matthäus* 7:12: Alles, was ihr wollt, das euch die Leute tun sollen, das tut ihnen auch!
- 222–235, römischer Kaiser Alexander Severus: übernimmt die goldene Regel und lässt sie an öffentlichen Gebäude anbringen.
- 610 Muhammed, *Hadiths, Bukhari* 1:2:12, *Muslim* 1:72 f., und *An-Nawawi* 13: Keiner von euch ist ein wahrer Gläubiger, es sei denn, er wünscht seinem Bruder, was er sich wünscht.
- 1200 Inka-Führer Manco Capac in Peru, *Wattles 1996*: Jeder sollte anderen etwas antun, so wie er es von anderen erwarten würde.
- 1651 Thomas Hobbes, *Leviathan*, Kapitel 15: Wenn du Zweifel an der Richtigkeit deines Handelns gegenüber einem anderen hast, nimm an, dass du dich an dessen Stelle befindest.
- 1763 Voltaire, *Du Roy*: Das einzige grundlegende und unveränderliche Gesetz für Menschen lautet: »Behandle andere so, wie du behandelt werden würdest.«
- 1871 Charles Darwin, *Die Abstammung des Menschen*: argumentiert, dass sich die menschliche Moral von einer begrenzten Stammesangelegenheit zu einer höheren, universellen Angelegenheit entwickelt, die in der goldenen Regel zusammengefasst ist.
- 1900 Redewendung des Volks der Yoruba, Nigeria: Wer einen spitzen Stock nimmt, um ein Vogelbaby zu kneifen, sollte es zuerst selbst ausprobieren, um zu fühlen, wie weh es tut.
- 1948 Vereinte Nationen, Menschenrechtserklärung der Vereinten Nationen: Alle Menschen werden frei und gleich in Würde und Rechten geboren … und sollten brüderlich miteinander umgehen.
- 1963 Aldous Huxley, Schriftsteller und Philosoph: Es ist klar geworden, dass die goldene Regel nicht nur für den Umgang von Menschen und Gesellschaften untereinander gilt, sondern auch für den Umgang mit anderen Lebewesen und dem Planeten.

---

142 Polman, K. und Vasconncellos-Sharpe, S. (2017, 84–87). *Imaginal Cells: Visions of Transformation*. Reboot the Future.

- 2009 *A Common Word: Muslims and Christians on Loving God and Neighbor*, ein Buch von 300 islamischen Führern und 460 Organisationen über die islamische goldene Regel: Niemand von euch hat Glauben, bis ihr für euren Nachbarn das liebt, was ihr für euch selbst liebt.
- 2015 zweite Enzyklika *Laudato si* von Papst Franziskus zum Klimawandel: Die goldene Regel weist uns in eine klare Richtung. Lassen Sie uns andere mit der gleichen Leidenschaft und dem gleichen Mitgefühl behandeln, mit dem wir behandelt werden möchten. Lasst uns für andere die gleichen Möglichkeiten suchen, die wir für uns selbst suchen. Lasst uns anderen helfen, zu wachsen, so wie uns selbst geholfen werden möchte.

Im Angesicht des rapiden Wandels im digitalen Zeitalter stellt sich die Frage, ob eine so alte Regel heute noch zeitgemäß ist und uns als Orientierung für unser Miteinander im Allgemeinen und die Entwicklung von Human Business im Speziellen dienen kann. Die Antwort auf diese berechtigte Frage ist einfach: Ja. Denn auch in Zukunft werden wir es mit menschlichen Interaktionen zu tun haben. Insofern hat die goldene Regel sehr wohl eine Daseinsberechtigung. Und sogar mehr. Sie kann uns gerade in der VUKA-Welt, in der täglich neue Herausforderungen auf uns zukommen, in der die Digitalisierung den Menschen mitunter obsolet macht oder an den Rand drückt, eine wichtige Orientierung bieten, wie wir Unternehmen, Leben und Arbeiten gestalten können und wollen. Und sie kann uns helfen, eine Symbiose von Mensch und Business herzustellen und somit die Grundlage für ein Human Business zu legen. Um dies zu verstehen, lohnt es sich, einen näheren Blick auf die goldene Regel zu werfen. Hierfür habe ich eine Expertin in diesem Feld interviewt: Kim Polman.

Imaginale Zellen der Menschlichkeit – Interview mit Kim Polman, Gründerin von Reboot the Future

Im Jahr 2016 luden Kim Polman und Stephen Vasconcellos-Sharpe fünfundzwanzig der weltweit angesehensten Führungskräfte und Denker ein, auf der Grundlage des Verständnisses der potenziellen Macht der goldenen Regel potenzielle Fahrpläne für Unternehmen und Regierungen zu erstellen. Das Ergebnis war ein wegweisendes Buch – *Imaginal Cells: Visions of Transformation*[143]. Eine aufregende und zum Nachdenken anregende Anthologie, in der untersucht wird, wie ein mitfühlender Umgang mit Wirtschaft, Politik und Umwelt unseren Planeten verändern kann.

Kim Polman ist die Gründerin von »Reboot the Future«

---

143 Polman, K., & Vasconncellos-Sharpe, S. (2017). *Imaginal Cells: Visions of Transformation*. London: Reboot the Future.

In diesem Buch gingen die Autoren der Frage nach: Was passiert, wenn wir uns von der goldenen Regel leiten lassen, unser Denken und Verhalten zu ändern?

Motiviert und unterstützt von der Inspiration und Führung der Autoren, darunter Al Gore, Paul Polman, Desmond Tutu, Muhammad Yunus und vieler mehr, wurde *Reboot the Future*[144] gegründet, um ihre gemeinsame Sache aufzugreifen.

Die moderne goldene Regel

Thomas: Wie lautet die moderne goldene Regel? Wie unterscheidet sie sich von der ursprünglichen goldenen Regel?

Kim: Nun, es gibt nicht eine ursprüngliche goldene Regel. … Es gibt viele verschiedene Versionen. Es gibt positive Versionen der goldenen Regel. Also: »Behandle andere so, wie du behandelt werden möchtest.« Und es gibt auch die negative Version. »Tue anderen nichts an, was auch dir schaden würde.« Der Stamm der Yoruba in Nigeria sagt, »wenn du einen kleinen Vogel mit einem spitzen Stock zwickst, probiere es erst bei dir selbst aus, um zu spüren, wie weh es tut«.

Im Allgemeinen betont die goldene Regel, dass es wichtig ist, mehr die andere Person zu betrachten, anstatt nur sich selbst im Mittelpunkt zu sehen. In der modernen Version der goldenen Regel haben wir den Planeten hinzugefügt, der alles Leben ist. Inspiriert wurde das vor einigen Jahren von der Enzyklika von Papst Franziskus über den Klimawandel. Er bezog die gesamte Idee der Erde ein und definierte das Wort aus der Genesis neu, wo es darum geht, dem Menschen die Herrschaft über die ganze Erde zu geben. Er interpretierte »Beherrschung« als »Dienen«.

Ich wuchs in der Natur auf und fragte mich immer schon, warum die Menschheit das Recht hätte, die ganze Natur zu beherrschen. Und wenn du dir die Geschichte der Menschheit ansiehst, denke ich, dass es genau das ist, was wir getan haben, und dass wir dies heute auf sensiblere Weise tun müssen. Andernfalls verschwin-

---

144 *Reboot the Future* verfolgt zwei große Ziele:
   (1) Aufbau eines Netzwerks von Führungskräften, die
   -   die goldene Regel öffentlich als Leitprinzip fördern,
   -   die goldene Regel als Richtschnur für ihre Unternehmen und Institutionen verankern,
   -   die goldene Regel zu einem wichtigen Erfolgsmaß für ihre Stakeholder machen
   (2) Erschaffen einer Bewegung von Menschen, die
   -   von der goldenen Regel inspiriert sind,
   -   ihre Lebensweise verändern und sich für die Welt um sie herum sorgen,
   -   die goldene Regel als Lackmustest nutzen, um die Führer und Mächtigen dieser Welt zur Rechenschaft zu ziehen.
   Online verfügbar unter: https://www.rebootthefuture.org

det die Natur selbst. Und was bleibt uns dann noch übrig? Unsere moderne Version der goldenen Regel besagt also, dass wir den anderen und die Erde so behandeln sollen, wie wir behandelt werden möchten.

Eine prinzipielle Orientierung in der heutigen VUKA-Welt

Thomas: Was ist das Besondere an der goldenen Regel, das sie zu einer grundsätzlichen Orientierung in der heutigen VUKA-Welt macht?

Kim: Nun, bei VUKA geht es um eine Welt, die sich ständig verändert. Wie navigieren wir in ihr? Wie gehen wir damit um?

Die Menschen sind im Moment einem hohen Grad an Stress ausgesetzt. Sie müssen sich ständig anpassen. Aufgrund der Technologie rast der Wandel geradezu. Der Klimawandel schreitet ebenso schnell voran und die Finanzbranche ist auf wenige reiche Leute ausgerichtet und der Rest von uns fällt zurück. So stellt sich zwangsweise die Frage: Wie gehen wir mit all diesen Dingen um?

Ich finde es toll, wie Thomas Friedman in seinem Buch *Thank You for Being Late*[145] darauf eingeht. Er spricht über die Volatilität, Unsicherheit, Mehrdeutigkeit und Komplexität und all diese Kräfte, die zusammenkommen. Seine erste Antwort auf die Frage, wie wir damit umgehen, ist die goldene Regel. Er drängt darauf, dass mehr von uns die goldene Regel leben müssen. Er fragt, ob es naiv wäre zu glauben, dass dies die Welt verändern könnte. Und seine Antwort lautet: Es ist naiv zu glauben, dass wir ohne sie überleben können.

Ich trage seine Worte ebenso wie die von Buddha, Jesus, Konfuzius und Sokrates bei mir. Ich trage diese Leute die ganze Zeit bei mir, weil das eine uralte Weisheit ist. Es ist ein unveränderliches altes Prinzip, das in der Geschichte verwurzelt ist und uns alle vereint. Es ist das einzige Prinzip, das tatsächlich weltweit gilt. Es ist die Wurzel jeder Religion. Es ist historisch. Und ich denke auch politisch. Wenn du die goldene Regel einer politischen Seite vorlegst, werden die Menschen dort zustimmen. Natürlich könnten sie die Regel unterschiedlich interpretieren, aber als Grundprinzip würden sie wahrscheinlich damit einverstanden sein.

Die goldene Regel findet sich in jeder Kultur. Wir überleben nur, wenn wir an andere denken. In indigenen Kulturen machen die Menschen ihre täglichen Geschäfte nicht nur für sich selbst, sondern auch für ihre Gemeinschaft. So über-

---

145 Friedman, T. L. (2015). *Thank You for Being Late: An Optimist's Guide to Thriving in the Age of Accelerations.* Picador.

lebt die Gemeinschaft: Wir tun Dinge füreinander. Dies ist ein sehr starker Punkt im Konfuzianismus. Tue nicht dein Bestes, um dich selbst zu verherrlichen, sondern um deiner gesamten Gemeinschaft zu helfen.

Die goldene Regel ist sehr stark und nötigt uns dabeizubleiben. Ich denke, in unserer VUKA-Welt wäre es sehr einfach, die Hüte abzuwerfen und zu sagen: »Oh, ich weiß nicht, ich komme damit nicht klar.« Aber wenn du dem Grundprinzip der goldenen Regel folgst, kann es dir täglich helfen, richtige Entscheidungen zu treffen und entsprechend zu handeln, eben weil die goldene Regel ein Prinzip auf so hohem Niveau ist.

Die vergessene goldene Regel

Thomas: Es scheint, dass die goldene Regel in unserer Welt in Vergessenheit geraten ist, gerade in der Wirtschaft. Warum ist das deiner Meinung nach der Fall?

Kim: Ich habe gerade *The Healing Organization* von Rajendra Sisodia und Michael Gelb[146] gelesen. Sie schreiben unter anderem über die Entstehung der US-Verfassung mit Benjamin Franklin und John Adams. Damals hatten sich die beiden im Vorfeld mit einer Gruppe amerikanischer Indianer beraten, die eine Irokesen-Konföderation von sieben Stämmen gebildet hatten, um zu versuchen zusammenzuarbeiten und Frieden zu schließen. Sie hatten ein Regierungssystem, das zum großen Teil in die US-Verfassung übernommen wurde.

Leider vergaßen sie dabei zwei Elemente:

Eines war der Frauenrat, der die endgültige Zustimmung zu allen Entscheidungen geben musste, auch wenn formal die Männer regierten. Es bestand also ein Gleichgewicht zwischen männlichen und weiblichen Qualitäten.

Zweitens stellten sie bei jeder Entscheidung die Frage, wie sich dies auf die siebte Generation auswirken würde. Mit anderen Worten, es war langfristiges Denken.

Beide Elemente wurden nicht in die US-Verfassung aufgenommen.

Das Zweite, was zum Zeitpunkt der Abfassung der Verfassung passierte, war, dass Adam Smith seine Theorie des Kapitalismus formulierte. Es ging nicht nur darum, Geld zu verdienen, sondern Geld als Belohnung zu verdienen. Geld hat Kreativität

---

146 Sisodia, R. und Gelb, M. J. (2019). *The Healing Organization: Awakening the Conscience of Business to Help Save the World*. HarperCollins Leadership.

freigesetzt, es hat die Möglichkeit von Personen freigesetzt, die eine gute Idee hatten, diese Idee tatsächlich zu entwickeln und daraus Geschäfte zu machen. Aber Smith hatte das mit sozialer Gerechtigkeit in Einklang gebracht.

Leider war diese Vorstellung von sozialer Gerechtigkeit oder sagen wir die weiblichen Eigenschaften der gegenseitigen Fürsorge auch in der US-Verfassung nicht enthalten. Folglich ging die ursprüngliche Idee des Kapitalismus verloren.

Ich denke, dies ist eine ziemlich gute Erklärung dafür, wie die goldene Regel und das Prinzip des Gleichgewichts über einen langen Zeitraum verloren gegangen sind.

Viktor Frankl beschreibt in seinem Buch *… trotzdem Ja zum Leben sagen*[147], wie er die Konzentrationslager überlebt hat. Auf den letzten Seiten seines Buches spricht er über die Freiheitsstatue, die mit der Statue der Verantwortung in Einklang gebracht werden muss. Ja, wir können unser Bestes für uns selbst geben, aber wir müssen auch unser Bestes für die Gemeinschaft geben. Gleiches gilt für die Wirtschaft.

Wiederbeleben der goldenen Regel und Voraussetzungen

Thomas: Was braucht es, um die goldene Regel in der heutigen Welt sowohl auf individueller als auch auf Gruppen- und Geschäftsebene wiederzubeleben?

Kim: Wir haben jeden Tag die Gelegenheit, uns für die goldene Regel zu entscheiden.

Die Historikerin Karen Armstrong studierte alle Religionen der Welt. Sie fand heraus, dass das Einzige, was sie alle gemeinsam haben, die Idee des Mitgefühls ist. In ihrem Buch *Twelve Steps to a Compassionate Life*[148] beschreibt sie die Idee des Kampfes zwischen Reptilien- und Säugetiergehirnen.

Das Reptiliengehirn ist dasjenige, bei dem es um das Überleben der Stärksten geht. Es geht also um Kampf, Flucht, Nahrung und Fortpflanzung. Es geht um dein Überleben als Individuum. Auf der anderen Seite gibt es das Gehirn eines Säugetiers, bei dem es darum geht, jemanden zu pflegen, zu füttern, zu unterrichten, auf ihn aufzupassen und an andere und an die Gemeinschaft zu denken. Es ist also die liebevolle Seite, die fürsorgliche Seite.

---

147 Frankl, V. E. (2018 [1977]). *… trotzdem Ja zum Leben sagen: Ein Psychologe erlebt das Konzentrationslager*. Kösel.
148 Armstrong, K. (2011). *Twelve Steps to a Compassionate Life*. Anchor Books.

Ich finde, du musst mit dir selbst beginnen und entscheiden, auf welcher Seite dieses Spektrums du dich befinden möchtest. Möchtest du der Zerstörer oder der Erbauer, der Nehmer oder der Geber sein, der Kriegstreiber oder der Friedensstifter, der Lösungen findet? Willst du derjenige sein, der schreit oder derjenige, der zuhört, willst du einschüchtern oder zusammenarbeiten, willst du intolerant oder tolerant sein, egoistisch oder großzügig, eine spaltende oder verbindende Person?

Aus meiner Sicht hilft uns die goldene Regel, uns in Richtung der Säugetierseite zu bewegen, sobald wir diesen Überlebensmodus überwunden haben. Wir haben immer eine Wahl. Sobald du das verstanden hast und du dich hoffentlich entscheidest, auf der Seite der Säugetiere zu stehen, wird dies in deinen Beziehungen mit anderen Menschen reflektiert. Übe die goldene Regel also mit deiner Familie und zu Hause. Dann nimmst du sie hinaus in deine Arbeitswelt – sei es als Mitglied eines Teams oder in einer Führungsrolle im Team.

Dabei gibt es eine Sache, die wirklich wichtig ist, über die goldene Regel zu wissen. Nämlich, dass sie drei Voraussetzungen hat: Das erste, was sie voraussetzt und erfordert, ist Empathie. Dies bedeutet zuzuhören, was der andere braucht.

Zweitens erfordert es Mut, sich zu engagieren. Denn Empathie allein erfordert nicht unbedingt Handeln oder Engagement. Wir können einfühlsam miteinander umgehen, gehen dann aber getrennte Wege und mischen uns nicht ein.

Aus diesem Grund ist die dritte Voraussetzung für die goldene Regel das Handeln.

Also erst Empathie, dann Mut und dann Handeln.

Praktische Beispiele

Thomas: Wie kann ich als Einzelperson durch die Anwendung der goldenen Regel etwas in meinem täglichen Leben bewirken? Ist das überhaupt möglich? Kannst du ein paar Beispiele nennen, wo du die goldene Regel in Aktion erlebt oder miterlebt hast?

Kim: *The Healing Organization*[149] gibt viele Beispiele für Organisationen, die ihre Arbeitsweise ändern. In jedem dieser Beispiele geht es darum, diese Werte in Handlungen umzusetzen und ein angenehmeres Umfeld zu schaffen. Mein

---

149 Sisodia, R. und Gelb, M. J. (2019). *The Healing Organization: Awakening the Conscience of Business to Help Save the World*. HarperCollins Leadership.

Lieblingsbeispiel handelt von Appletree Answers, einem Telefon-Servicecenter. Sie änderten ihre interne Arbeitsweise, als der Eigentümer erkannte, dass es einen großen Unterschied zwischen der Behandlung der Lohnarbeiter und der Stundenarbeiter gab. Er sah, dass es völlig unfair war, dass Stundenarbeiter am Rande des Überlebens arbeiteten, während die Lohnarbeiter dem weniger oder gar nicht ausgeliefert waren. Das wollte er ändern. Das Unternehmen hatte Unternehmenswerte. Bei einer Untersuchung stellte man jedoch fest, dass sie einfach zu abstrakt waren und nicht wirklich viel über die Kultur aussagten. Daraufhin war er entschlossen, eine heilende und verbindende statt einer verletzten und ausgrenzenden Firma zu sein. Er änderte eine Menge Dinge: von der Art und Weise, wie IT betrieben wird, bis hin zur Gehaltsabrechnung. Die Mitarbeiter wurden produktiver und loyaler zum Unternehmen. Es gab weniger Fluktuation und die Abläufe im Unternehmen wurden effizienter und profitabler.

Ich habe einen Freund, der als Private Equity Investor arbeitet. Er ist ein ziemlich impulsiver Mensch und kann sehr leicht wütend werden. Als er unser Buch *Imaginal Cells: Visions of Transformation* las, dachte er viel über die goldene Regel nach. Er reflektierte über sich selbst und stellte fest, dass er die Art und Weise, wie er Geschäfte machte, völlig verändern konnte. Heute investiert er nur noch in Unternehmen, die einen positiven Wertbeitrag für die Welt leisten. Sein Motiv ist nicht länger, nur Geld zu verdienen, sondern etwas zu verändern. Er integriert die goldene Regel auf allen Ebenen. Er ist zu seinen Mitarbeitern höflich. Er investiert mehr in die Ausbildung seines Teams. Er teilt seine Gewinne auf gerechte Weise.

Ich gebe dir ein weiteres Beispiel: Neulich ging ich zu einer Veranstaltung in London, bei der ein Geschäftsmann geehrt wurde. Es waren ungefähr fünfzig Leute da, die er sein ganzes Leben lang betreut hatte. Ich habe mit drei seiner Mentees gesprochen und fragte, was sie von ihm gelernt hätten. Und alle sagten: »Das Erste, was er uns sagte, war zu heiraten. Wobei es ihm nicht darum ging, dass wir heiraten. Es ging darum zu lernen, wie man liebt. Denn wenn man verheiratet ist, wird man sofort weniger selbstsüchtig und ist bereit, sich zu verpflichten, etwas zu geben.« Sie waren sehr dankbar, weil sie viel über Liebe gelernt hatten.

Einer von ihnen arbeitete bei McKinsey in einer Atmosphäre, die sehr ergebnisorientiert, intensiv und leistungsorientiert war. Er erzählte: »Ich habe ein kleines Team, das ich liebe. Ich habe ein persönliches Interesse an ihnen. Umgekehrt haben sie ein persönliches Interesse an mir. Wir haben eine sehr gute Beziehung.« Er erklärte, dass er sich in diesem Punkt sehr von allen seiner anderen Kollegen unterscheide. Er sagte, er kenne niemanden, der eine solche Bindung zu seinen Mitarbeitern entwickeln würde. Und natürlich war sein Team sehr erfolgreich.

Es ist ganz einfach, sich persönlich für seine Mitarbeiter zu interessieren. Und es wird in Loyalität und Engagement und in dem Wunsch zurückgezahlt, hart zu arbeiten, um das Unternehmen erfolgreich zu machen.

Die goldene Regel und die imaginalen Zellen

Thomas: Dein Buch über die goldene Regel heißt *Imaginal Cells*, imaginale Zellen. Was haben imaginale Zellen mit der goldenen Regel zu tun?

Kim: Imaginale Zellen sind latente Zellen eines zukünftigen Schmetterlings. Wenn sich eine Raupe in ihrem Kokon auflöst und diesen chaotischen Eintopf kreiert, wird die imaginale Zelle aktiv. Die alten Zellen spüren die Anwesenheit der neuen Zelle und beginnen tatsächlich, die neue Zelle anzugreifen. Aber die imaginalen Zelle sendet eine Frequenz aus und die imaginalen Zellen finden sich gegenseitig, sodass sie sich gruppieren, zusammenarbeiten und sich dann vermehren können. Schließlich erreichen sie einen Wendepunkt und die alten Zellen der Raupe weichen zurück und lösen sich auf.[150]

Die gemeinsame Frequenz der imaginalen Zelle ist für uns die goldene Regel. Denn wenn genug Menschen nach der goldenen Regel leben, finden wir uns und arbeiten zusammen.

Menschen, die transformiert werden, nennen wir »Imaginale«. Es ist ein Spiel mit dem Wort »Imagination«, weil imaginale Zellen latent sind und die Vision des Schmetterlings haben.

Wenn genügend »Imaginale« zusammenarbeiten, können wir den Wendepunkt erreichen, an dem sich mehr von uns in Richtung dieser Schmetterlingswelt bewegen möchten. Die Hoffnung ist, dass wir die alte Art und Weise, Dinge zu tun, überlisten und überwinden.

Die Metapher einer imaginalen Zelle steht für mich für die Hoffnung, dass wir alle diesen Populismus überwinden, der gegen neue Wege kämpft, weil man in der neuen Welt großzügig und nicht egoistisch sein muss.

---

150 Eine gute Erklärung dieses Prozesses findet sich im Artikel von N. Perlas (2005). *Der »Schmetterlings-Effekt« und die gesellschaftliche Umgestaltung*, online verfügbar unter: https://www.sozialimpulse.de/fileadmin/pdf/Schmetterlingseffekt.pdf

Auf der Suche nach einer Abkürzung

Thomas: Die Metamorphose einer Raupe ist eine Phase der vollständigen Auflösung. Glaubst du nicht, dass dieses Bild etwas zu beängstigend für Traditionalisten sein könnte, die sehr wohl an der goldenen Regel interessiert sind, aber Angst haben, alles aufgeben zu müssen, wofür sie so hart und so lange gearbeitet haben? Die Frage ist, gibt es keine Abkürzung?

Kim: Eine Abkürzung für Frieden und Harmonie in der Welt? Konfuzius hat vor zweieinhalbtausend Jahren die goldene Regel unterrichtet, und wir kämpfen immer noch mit seinen Lehren. Also, nein, ich denke, dass dies ein ewiges Ziel ist.

Lass uns realistisch sein. Es wird immer Menschen geben, die dem nicht zustimmen. Aber es geht darum, genug Leute zu finden, die es wollen. Das ist wirklich die Hoffnung.

Imaginale Zelle und Menschlichkeit

Thomas: In welcher Beziehung steht die Metamorphose zum Menschen? Ist es die imaginale Zelle unserer Menschheit oder der Kern des Menschseins?

Kim: Ja, es ist wirklich der Kern.

Kehren wir zur Analogie mit den Säugetiere zurück: Wir haben einen fürsorglichen Sinn in uns eingebaut. Man hat Studien an kleinen Kindern durchgeführt, in denen sie die Wahl hatten, ob sie egoistisch oder fürsorglich sind und teilen. Eine große Mehrheit der Kinder wollte teilen. Kinder haben ein hohes und angeborenes Gefühl für Fairness und Gerechtigkeit. Aber es ist zerbrechlich und die Umgebung kann es völlig auslöschen, wenn die Menschen um sie herum nicht aufpassen. Es kommt darauf an, wer ihre Vorbilder sind.

Thomas: Wenn ich das richtig verstanden habe, ist die imaginale Zelle eine ruhende Zelle mit einer anderen DNA als die Raupe und erwacht während der Metamorphose. Wenn wir dieses Bild mit uns in Verbindung bringen, stelle ich mir die Frage, wie wir unseren inneren Schmetterling finden. Wie finden wir Zugang zu unseren eigenen imaginalen Zellen?

Kim: Ich denke, dass der wichtigste Teil darin besteht zu lernen, ehrlich zu sein. Du musst ehrlich mit dir selbst sein. Und dann beginne mit der goldenen Regel und behandle andere so, wie du behandelt werden möchtest.

Also, was will ich? Ich denke, die meisten Menschen möchten, dass andere sie mit Integrität, Respekt, Ehrlichkeit, Großzügigkeit und Freundlichkeit behandeln. Die meisten Leute wollen das.

Unser Bildungssystem ist darauf ausgerichtet zu gewinnen, der Beste zu sein, besser zu sein als jeder andere. Und das ist in Ordnung. Aber man muss das mit einem Sinn für »Okay, lass uns alle dabei mitnehmen« verbinden.

Ich hatte ein langes Gespräch mit einem Mann in New York, der mit Leuten aus der Finanzbranche zusammenarbeitet. Er erklärte, dass es schwierig sei, ehrlich mit sich selbst umzugehen. Es ist wirklich schwierig. Aber wenn du ehrlich mit dir selbst bist, erkennst du, was du wirklich willst, und du willst herausfinden, wie du dorthin gelangen kannst.

Ich fragte ihn, was er herausgefunden hatte, was die Leute wirklich wollten. Er sagte, es gehe nicht um Dinge, Geld und Status. Tief in uns sind wir soziale Wesen. Wir wollen Liebe in unserem Leben. Wir wollen Kameradschaft. Wir brauchen Verbindungen zu Menschen. Es geht also darum herauszufinden, was wirklich wichtig ist, um dann herauszufinden, wie wir dorthin gelangen können.

Ausgleich

Thomas: Manchmal frage ich mich, warum wir unserem natürlichen Wesen nicht öfter vertrauen und stattdessen versuchen, alles für ein falsches, unnatürliches Sicherheitsgefühl zu kontrollieren. Es muss ein Gleichgewicht zwischen beiden geben.

Kim: Ja. Wir müssen nur verstehen, woher bestimmte Konzepte kommen und ein Gleichgewicht finden.

Junge Menschen haben oft die Idee, die Welt retten zu wollen. Dann steigen sie in ein Unternehmen ein und müssen bestimmte Dinge tun, um ihren Job zu behalten, die nicht unbedingt mit ihren persönlichen Werten in Einklang stehen. Glücklicherweise stellen immer mehr Menschen die Werte des Unternehmens infrage, für das sie arbeiten, und versuchen, diesen Unternehmen dabei zu helfen, über die sogenannte »Bottom Line« des Geldverdienens hinaus zu denken.

Ende 2018 organisierten beispielsweise Google-Mitarbeiter in Google-Niederlassungen auf der ganzen Welt einen Streik, um zu protestieren, wie das Unternehmen mit sexueller Belästigung umging. Google-Mitarbeiter weltweit kündigten aus Protest gegen die Behandlung von Frauen und die Behandlung von Fällen sexueller Übergriffe.

Denken wir daran, was ich zuvor gesagt habe: Die goldene Regel erfordert nicht nur Einfühlungsvermögen, sondern auch Mut und Tatkraft.

Die goldene Regel und Menschlichkeit im digitalen Zeitalter

Thomas: Wie kann uns die goldene Regel helfen, im digitalen Zeitalter menschlich zu werden und zu sein?

Kim: Schau, bei unserem menschlichen Bedürfnis geht es wirklich um Konnektivität und unseren Wunsch, miteinander zu kommunizieren. Das machen wir heute mehr denn je. Genau darum ging und geht es in den Social Media und im Internet – uns zu verbinden. Und sie haben es erstaunlich gut gemacht. Die Frage ist jedoch, wie authentisch die Kommunikation ist. Denn wenn sie nur kurz ist, wird das Gesagte leicht falsch interpretiert und es bleibt keine Zeit mehr, sich wirklich mit vollständigen Erklärungen zu befassen.

Tatsächlich gibt es im digitalen Zeitalter also eine Rückkopplung von mangelnder echter Verbundenheit und schrecklicher Kommunikation. Mit anderen Worten: Technologie fördert die Verbindung in großem Umfang. Aber sie treibt uns auch auseinander. Das ist eine große Herausforderung für uns in der digitalen Welt. Social Media belohnen schlechtes Benehmen, indem mehr Klicks für Menschen interessanter sind als aufrichtiges Mitgefühl für gute Dinge.

Es stellt sich die Frage, ob es neue Algorithmen gibt, die diese negativen Seiten bewältigen können. Es ist eine Herausforderung für die Entwickler von Technologien und insbesondere künstlicher Intelligenz, die Vorurteile und negativen Dinge, die künstliche Intelligenz vom Menschen lernt, zu beseitigen.

Bisher werden die negativen Seiten, die Reptilieneigenschaften, in diesen Lerntechnologien hervorgehoben. Aber wir müssen uns fragen, wie wir das umstellen, damit künstliche Intelligenz die gute Seite lernt. Und wie verankern wir diese Entwicklung in der Form traditioneller, aufrichtiger Kommunikation und nicht als – wie heute üblich – oberflächliche Interaktion im Internet?

In deinem Buch weist du immer wieder darauf hin, dass es wichtiger ist zu fragen, wie wir leben wollen, statt zu fragen, wie die Zukunft aussehen wird. Ich füge die Frage hinzu: »Wie können wir die Zukunft verantwortungsbewusst gestalten?«

Meistens spaltet die Technologie die Menschen. Nimm gezielte Werbung oder das Verbreiten von Verschwörungstheorien, irreführenden Nachrichten und veralteten Überzeugungen.

Ich denke, hier bewirkt Technologie heutzutage tatsächlich etwas im Vergleich zu früher, ich meine die Zeit von Buddha oder Sokrates oder Konfuzius. Sie hatten aufgrund fehlender Technologie nur einen begrenzten Einfluss, sie konnten nur mit einer bestimmten Anzahl von Menschen in ihrem Leben sprechen und nur begrenzt reisen. Aber jetzt stehen uns diese erstaunlichen Technologien zur Verfügung, durch die wir mit der ganzen Welt sprechen können. Wir haben heute die unglaubliche Möglichkeit, die goldene Regel überall bekannt zu machen. Daher denke ich, dass Technologien im Vergleich zu früheren Zeiten eine treibende Kraft für das Gute und ein großer Einfluss sein können.

Thomas: Kurz gesagt, in einer VUKA-Welt suchen die Menschen nach einer Orientierung und nach Prinzipien, nach denen sie leben können. Hier kommt die goldene Regel ins Spiel. Ich glaube, dass die goldene Regel nicht nur ein Werkzeug ist. Es ist ein Konnektor oder, wie du es sagst, ein Katalysator für uns, auf die nächste Ebene zu gelangen, auf der wir wieder als Menschen agieren können. Und Technologie kann dabei helfen. Würdest du dem zustimmen?

Kim: Ja!

Symbiose innerer und äußerer Gestaltungsräume

Eine Symbiose ist eine Wechselbeziehung zwischen zwei unterschiedlichen Organismen, die voneinander abhängig sind bzw. einen Nutzen aus dem jeweils anderen ziehen. Das heißt, beide Partner haben somit einen Vorteil, den sie für sich allein genommen nicht hätten. Wie ich am Ende des zweiten Teils geschrieben habe, ist es wichtig und notwendig, sich zunächst über die inneren Gestaltungsräume klar zu werden und sie zu füllen. Nur: Wenn wir dort bleiben und unsere Einsichten nicht in die Welt tragen, bleibt dies eine individuelle Übung mit nur begrenzter Reichweite. Dann wäre aber das Ziel, das digitale Zeitalter zu nutzen, um wieder mehr Mensch sein zu können und die Zukunft entsprechend zu gestalten, nicht länger erreichbar. Umgekehrt wäre es oberflächlich, nur über die äußeren Gestaltungsräume nachzudenken und sie zu gestalten, ohne dass wir die individuellen, persönlichen Gestaltungsräume mit berücksichtigen. Beide Gestaltungsräume, innere wie äußere, erlauben uns, unsere Menschlichkeit und Kreativität zu entfalten. Aber erst im Zusammenspiel können wir das ganze Potenzial, das in ihnen liegt, entfalten. Insofern sollten wir beide Räume betrachten und es stellt sich die Frage der Symbiose und wie wir sie sicherstellen können.

Hier kommt die goldene Regel ins Spiel, die sowohl für beide Gestaltungsräume für sich genommen als auch für ihr Zusammenspiel wertvolle Impulse gibt. Die goldene Regel bietet eine wichtige Orientierung, wie wir Unternehmen, Leben und Arbeiten gestalten können und wollen. Und sie kann uns helfen, eine Symbiose von Mensch und Business herzustellen und somit die Grundlage für ein Human Business zu legen. Human Business ist deswegen ein Beispiel für eine Symbiose innerer und äußerer Gestaltungsräume.

Die goldene Regel und die Gestaltung des Lebens

Bei der Gestaltung des Lebens geht es in erster Linie um uns selbst als Individuum. Wenn die goldene Regel an uns appelliert, den Nächsten so zu behandeln, wie man selbst behandelt werden möchte, setzt dies voraus, dass wir wissen, wie wir behandelt werden wollen. Es ist gut, wenn wir mit anderen Menschen Mitgefühl haben. Wenn wir aber selbst nie Mitgefühl mit uns selbst empfunden haben, ähnelt das Mitgefühl eher einem Aufopfern als echtem Mitgefühl. Gleiches gilt für die Beantwortung der Frage, wie wir leben wollen. Mitunter mag es leichter sein, die Frage für andere zu beantworten. Wenn die Antwort aber uns selbst nicht einschließt, ist die Frage nur halb beantwortet.

Wie Kim Polman im Interview erklärte, müssen wir bei der Umsetzung der goldenen Regel bei uns selbst anfangen. Die naheliegendste Beziehung, die wir haben, ist die zu uns selbst. Sie ist, wie wir im zweiten Teil gesehen haben, manchmal auch die schwierigste. Und doch ist sie auch die Grundlage für eine authentische Beziehung zu anderen Menschen. Das Leben zu gestalten beginnt mit uns. Es bleibt aber unvollkommen, wenn wir es nicht mit anderen teilen. Man kann gewissermaßen sagen, dass Lebensgestaltung manchmal die Symbiose von mindestens zwei Menschen benötigt. Wie Kim Polman erklärte, möchten die meisten Menschen, dass andere sie mit Integrität, Respekt, Ehrlichkeit, Großzügigkeit und Freundlichkeit behandeln. Genau dazu ruft die goldene Regel ja auf: Behandle den Nächsten so, wie du behandelt werden möchtest. Das eine geht nicht ohne das andere. Beide allein genommen sind wichtig, aber erst im Miteinander kann es zu einer Symbiose kommen.

Die goldene Regel und Unternehmensgestaltung

Auf den ersten Blick scheint die goldene Regel nur auf zwischenmenschliche Beziehungen von Paaren, in Familien, unter Freunden, in Gruppen oder Gesellschaften Anwendung zu finden. Unternehmen scheinen nicht die primäre Adresse zu sein. Doch dieser Schein trügt. Auch wenn die meisten Unternehmen ihre Mitarbeiter nach wie vor als Ressourcen behandeln, ändert das nichts an der Tatsache, dass wir es mit Menschen zu tun haben. Und wo Menschen sind, gibt es zwischenmenschliche Beziehungen. Wer Mitarbeiter nur als Ressourcen sieht, verschließt die Augen vor der Realität. Gleichzeitig verpassen Unternehmen, die so handeln, eine Riesenchance, ihre Performance nachhaltig zu verbessern. Studien[151] zeigen, dass das Engagement der Mitarbeiter einen signifikanten Einfluss auf die Leistung von Unternehmen und somit auf die ganze Wirtschaft hat. Umso ernüchternder ist es festzustellen, dass weltweit nur 15 % der Mitarbeiter wirklich engagiert in ihrer Arbeit ist.[152] Die Mehrheit der arbeitenden Bevölkerung ist nicht mit vollem Engagement bei der Sache. 18 % sind sogar aktiv unengagiert.[153]

Bohrt man tiefer, um herauszufinden, woran das liegt, sind die Erkenntnisse dann doch überraschend. Denn es ist weniger der Mangel an teuren Investitionen in Unternehmen als vornehmlich weiche Faktoren, die in Unternehmen fehlen. Insbesondere der jüngeren Generation der arbeitenden Bevölkerung[154] fehlen

* Respekt und Anerkennung des Einzelnen,
* Toleranz, Inklusion und Offenheit sowie
* unterschiedliche Ideen oder Denkweisen.[155]

Die jüngere Generation ist es auch, die von Unternehmen verlangt, dass sie über den traditionellen Tellerrand schauen. Sie erwarten eine Balance ihrer Ziele. Neben der

---

151 Harter, J. und Pendell, R. (2019). *10 Gallup Reports to Share With Your Leaders in 2019.*
     Gallup (2018). *Die Arbeitswelt von morgen. Vertrauen.*
     Gallup (2017). *State of the Global Workplace.*
     O'Boyle, E. und Harter, J. (2018). *39 Organizations Create Exceptional Workplaces.* 26. November 2019
     Deloitte (2018). *2018 Deloitte Millennial Survey. Millennials disappointed in business, unprepared for Industry 4.0.*
     Volini, E. et al. (2019). *From employee experience to human experience: Putting meaning back into work. 2019 Deloitte Global Human Capital Trends. Deloitte.Insights.*
     Deloitte University EMEA (2018). *European Workforce Survey: Voice of the workforce in Europe. Understanding the expectations of the labour force to keep abreast of demographic and technological change.*
     Hagel, J. et al. (2016). *2016 Shift Index: The paradox of flows: Can hope flow from fear?*
152 Gallup (2017). *State of the Global Workplace.*
153 Deutschland ist keine Ausnahme. Zwar sind die Produktivität und Kreativität im Vergleich zu anderen Ländern weltweit höher, der Anteil nicht engagierter Mitarbeiter liegt aber im Durchschnitt bei ganzen 85 % (70 % nicht engagiert, 15 % aktiv un-engagiert).
154 Dazu zählen die sogenannten Millennials, die zwischen 1983 und 1994 geboren wurden, sowie die sogenannte Generation Z aus den Jahrgängen 1995 bis 1999.
155 Deloitte Global (2018). *2018 Deloitte Millennial Survey. Millennials disappointed in business, unprepared for Industry 4.0.*

bereits erwähnten Inklusion und Vielfalt am Arbeitsplatz gehören hierzu, die Gesellschaft und Umwelt positiv zu beeinflussen, die Kreation innovativer Ideen, Produkte und Dienstleistungen sowie die Schaffung von Arbeitsplätzen, Karriereentwicklung und Verbesserung des Lebens der Menschen. Nicht die Unternehmen stehen mehr im Mittelpunkt, sondern die Menschen, die Gesellschaft und die Umwelt.

Entwicklung einer von Vertrauen und Respekt geprägten Unternehmenskultur

Skalieren wir die goldene Regel von der zwischenmenschlichen hin zur unternehmerischen Ebene, ist sie ein Aufruf zu menschlichem und ethischem Unternehmertum, eben Human Business. Der ehemalige CEO von Unilever und Vorsitzender des World Business Council for Sustainable Development, Paul Polman, sagt hierzu: »Wir müssen zu einer Denkweise der Partnerschaft für das Gemeinwohl übergehen, die auf gemeinsamer Rechenschaftspflicht und Verantwortung beruht, um unsere Unternehmen in den Dienst der Gesellschaft zu stellen, und nicht umgekehrt.«[156]

Mit Esoterik hat dies nicht zu tun. Es sind harte Fakten, die die Vorteile ethischen und menschlichen Unternehmertums belegen. Freilich ist es eine Kunst, ein Gleichgewicht von kurz-, mittel- und langfristigen Zielen zu erreichen. Als Ausrede, diese Herausforderung nicht anzugehen, darf das aber nicht gelten. In der Tat hilft ein solches Gleichgewicht, Stabilität und Orientierung in der VUKA-Welt zu entwickeln. Insofern ist es nur von Vorteil und im eigenen Interesse, wenn Unternehmen vertrauensvolle Beziehungen zu Kunden, Mitarbeitern und der Gemeinschaft unterhalten. Umgekehrt hat diese Ausrichtung direkten Einfluss auf das tägliche operative Geschäft. »Wenn Ziel und Aufgabe eines Unternehmens die Verbesserung des Lebens seiner Kunden ist, dann wird Vertrauensmissbrauch oder durch unseriöses Verhalten verursachter gesellschaftlicher Schaden nicht nur zu einem ethischen Problem, sondern auch zu einer Frage der Geschäftsstrategie.«[157] Es geht um die Entwicklung einer von Vertrauen und Respekt geprägten Unternehmenskultur, es geht um eine Symbiose von Kunden, Mitarbeitern und Unternehmen, die im Zusammenspiel und in gegenseitiger Rücksichtnahme, Respekt und Unterstützung alle Nutznießer sind. Deswegen ist die goldene Regel ein zentraler Wert des Human Business.

---

156 Polman, P. (2017, 104). »If We Want To Go Far«. In K. Polman und S. Vasconncellos-Sharpe (Hrsg.), *Imaginal Cells: Visions of Transformation* S. 100–105). Reboot the Future.
157 Gallup (2018, 8). *Die Arbeitswelt von morgen. Vertrauen* online verfügbar unter: https://www.gallup.com/workplace/246110/future-work-trust-download-deutsch.aspx.

Wider die Schmarotzer

Das extreme Gegenteil einer solchen Symbiose wäre Parasitentum.[158] Statt eines Miteinanders stehen Unternehmen hier nach wie vor im Mittelpunkt des Denkens und Handelns. Mitarbeiter werden lediglich als Ressourcen behandelt. Auswirkungen auf die Umwelt oder Gesellschaft werden heruntergespielt, solange die kurzfristigen Ziele wie z. B. ein hoher Aktienkurs erreicht werden. Leider ist diese Form des Schmarotzertums und Ausnutzens von Mensch und Umwelt noch weit verbreitet.

Die 17 Ziele nachhaltiger Entwicklung

Ein Lichtblick für einen Wandel zu einer besseren Welt ist der im Jahr 2016 von den Vereinten Nationen verabschiedete Katalog von 17 Zielen für nachhaltige Entwicklung. Zu den wichtigsten Themengebieten auf sozialer, ökonomischer und ökologischer Ebene gehören:
* Frieden
* Ernährungssicherheit und nachhaltige Landwirtschaft
* Wasser und Verbesserung der Hygiene
* Energie
* Bildung
* Armutsbekämpfung
* Gesundheit
* Mittel zur Durchführung des SDG-Prozesses
* Klimawandel
* Umwelt/Management natürlicher Ressourcen
* Beschäftigung

---

158 https://de.m.wikipedia.org/wiki/Parasitismus

Die 17 Ziele nachhaltiger Entwicklung (Quelle: https://sdg-portal.de)

Seit der Verabschiedung der Entwicklungsziele gibt es eine Vielzahl an Aktionen auf internationaler, nationaler, regionaler und lokaler Ebene, um die Ziele in konkrete Maßnahmen umzusetzen.[159] Auch hier sehen wir die goldene Regel in Aktion: Behandeln wir uns Menschen und unseren Planeten so, wie jeder Einzelner von uns behandelt werden möchte.

Vom Ich zum Wir

In einer Welt, die sich immer rasanter ändert, komplexer und undurchschaubarer wird und in der Technologie uns sowohl verbindet als auch einsam macht, scheint es ein hoffnungsloses Unterfangen für einen Einzelnen zu sein, die Welt zumindest ein klein wenig besser zu machen. Die goldene Regel lehrt uns aber etwas anderes. Es gilt nicht die Frage »Wie kann ich etwas bewirken?« zu beantworten, sondern »Wie können wir gemeinsam etwas bewirken?«.[160] Mit anderen Worten: Die goldene Regel hilft uns, vom Ich zum Wir zu gehen.

Erinnern wir uns an die drei Voraussetzung für die goldene Regel, bekommen wir ein rundes Bild:

1. **Die erste Voraussetzung ist Einfühlungsvermögen.** Das ist ein Aufruf, für sich für andere zu öffnen, sie zu sehen und zu hören. Aber Empathie wie auch Symbiose bedeuten weder, dass man sich selbst aufgibt noch mit dem anderen verschmelzen muss, um so z. B. eine stabile Bindung zu ermöglichen. Ebenso wie zwei Tänzer als ein Tanzpaar eine Einheit bilden können, letztlich bleiben sie zwei einzelne Tänzer. Nur, im Miteinander sind sie mehr als die Summe der einzelnen Teile. Das ist Symbiose und Synergie.
2. **Die zweite Voraussetzung der goldenen Regel ist Mut.** Hierfür bedarf es Vertrauen in die eigenen Fähigkeiten und Neigungen wie Neugier und Kreativität. Es ist die Courage, alte Bedenken und Verhaltensmuster, die uns im Menschsein begrenzen, infrage zu stellen, zu überwinden und Neuland zu betreten.
3. **Die dritte Voraussetzung ist Handeln.** Die Zukunft erkunden wir nicht durch Lamentieren oder Überanalysieren. Ideen und Worte sind nicht viel wert, wenn sie nicht umgesetzt werden. Dabei ist es wichtig, mit Weitsicht zu handeln. Die Tradition des Stammes der Irokesen Nordamerikas, sich zu fragen, wie die siebte Generation in der Zukunft von etwas profitieren kann, kann eine gute Orientierung bei weitreichenden Entscheidungen sein.

---

159 Siehe https://sdg-portal.de für Beispiele.
160 Der Gründer der »WE«-Bewegung, Craig Kielburger, schreibt: »Indem junge Menschen ermutigt werden, sich als Gruppe mit großen Themen zu befassen, verwandelt sich Service Learning von ›Wie kann ich einen Unterschied machen?‹ in ›Wie können wir einen Unterschied machen?‹. Durch Änderung eines Wortes, ändert sich alles.« Kielburger, C. (2017, 115). Young at Heart. In K. Polman & S. Vasconcellos-Sharpe (Hrsg.), *Imaginal Cells: Visions of Transformation* (S. 110–115). London: Reboot the Future.

So alt die goldene Regel ist, so aktuell ist sie noch heute. Und so wertvoll ist sie für uns Menschen als Richtschnur für die die Gestaltung des digitalen Zeitalters.

Weiterführende Ideen und Übungen

- Wo hast du die goldene Regel bereits in der Vergangenheit angewendet? Wo lebst du nach ihr heute?
- Wie kannst du die goldene Regel in deinem privaten, sozialen oder beruflichen Bereich anwenden? Was könnte sich dadurch verändern?
- Wie können wir unsere Mitmenschen, Unternehmen und Organisationen und Politiker anregen, mehr nach der goldenen Regel zu handeln?
- 1948 führte ein Gymnasiallehrer in Los Angeles ein Experiment durch: Die Schüler sollten nach der goldenen Regel leben, ohne es ihren Eltern zu sagen. Später gelobten viele, für immer so zu leben.
  Überlege, wo du ein ähnliches Experiment durchführen kannst.

Teil 4: Metamorphose. Vom traditionellen zum Human Business

Nachdem wir in den vorherigen Teilen die Grundlagen des Human Business kennengelernt und Impulse gesammelt haben, unser Leben und Arbeiten im digitalen Zeitalter zu gestalten, wenden wir uns jetzt der Frage zu, was uns bei der Metamorphose vom traditionellen zum Human Business helfen kann. Als Einstieg hierfür dient in Kapitel 15 das agile Framework für modernes Arbeiten. Wir erkunden, inwiefern agiles Arbeiten ein Pfad zu Human Business sein und somit als Türöffner zum Human Business dienen kann. Agil bietet der menschlichen Kreativität eine Struktur für die freie Entfaltung in kleinen, interdisziplinären, sich selbst organisierenden und vernetzten Teams. Im Gegensatz dazu würgt Bürokratie freie Kreativität ab, indem sie der Kreativität keinen Freiraum zur Entfaltung und Gestaltung gibt. Agiles Arbeiten allein ist aber noch nicht ausreichend für den Wandel hin zu einem modernen, am Menschen orientierten Handeln in der Arbeit und Wirtschaft.

In Kapitel 16 verbinden wir deswegen die Leitlinien des Human Business mit den Prinzipien des agilen Arbeitens. Wie wir sehen werden, trägt diese Kombination zum Wandel vom traditionellen Handeln hin zur am Menschen orientierten Gestaltung der Zukunft und zur Etablierung des Human Business bei. Menschliche Führung zeichnet sich durch einen klaren Fokus auf Kundenbegeisterung aus, eine ganzheitliche und nachhaltige Wertschöpfung, die Förderung menschlicher Gestaltungs- und Arbeitsräume sowie kontinuierliche Selbstverbesserung. Dabei ist menschliche Führung rollenunabhängig. Jeder kann sie praktizieren.

Allerdings geht das nicht automatisch. Wenn wir in Kapitel 17 von Human-Business-Design sprechen, dürfen wir nicht den Fehler machen und glauben, dass wir ein Human Business am Reißbrett planen können. Transformation ergibt sich aus Lernen und Wachsen. Praktiken helfen dabei, diese Transformation zu gestalten. Aber ohne die Werte und Prinzipien des Human Business zu verinnerlichen, verpufft jede Bemühung für einen nachhaltigen Wandel. Das gilt sowohl für etablierte Unternehmen als auch für Start-ups oder neue Projekte.

Die Frage, ob wir von der VUKA-Welt überfordert sind oder wir uns von ihr überfordern lassen, ist eine Frage der Perspektive und Einstellung. Das abschließende Kapitel 18 erinnert uns daran, dass wir selbst unsere Perspektive und Einstellung wählen und somit kontrollieren können. Entweder wir orientieren uns an der Vergangenheit oder wir nehmen die Gegenwart an und schauen in die Zukunft. Die VUKA-Welt ist der neue Normalzustand. Sie ist ein Weckruf zur aktiven Gestaltung unseres Lebens und Arbeitens. Es bleibt die Frage zu klären, ob Menschsein im digitalen Zeitalter möglich ist.

15 Agile Türöffner

*»Im aufstrebenden agilen Zeitalter konzentriert sich die Dynamik auf Menschen,
die anderen Menschen Freude bereiten.«*
Steve Denning

Kernpunkte   !

- Grundmotivationen der Autoren des agilen Manifests ist es, den Menschen als solchen
  zu behandeln und nicht nur als »Kapital«.
- In der heutigen Welt ist es von zentraler Bedeutung, wie die Menschen die Arbeit verrichten und wie sie sich zur Arbeit stellen, was sie fühlen. Die Grundidee von Agil ist, dass die
  Menschen, die arbeiten, die Menschen, für die gearbeitet wird, begeistern.
- Agil zeichnet sich durch drei wesentliche Merkmale aus:
  - das Arbeiten in kleinen, interdisziplinären und sich selbst organisierenden Teams
  - ein ausgeprägter Fokus, den Kunden zu begeistern und Mehrwert für ihn zu generie-
    ren
  - das Verständnis der Organisation als ein fließendes und transparentes Netzwerk von
    Akteuren, die zusammenarbeiten, um das gemeinsame Ziel zu erreichen, Kunden zu
    begeistern
- Im Kern ist Agil kein Methodenkoffer, sondern ein Regelwerk oder Framework für modernes Arbeiten.
- Bürokratie ist eine Hierarchie, in der Menschen nicht der Raum und die Befugnis
  eingeräumt wird, ihre Talente einzusetzen. Dies ist ein weiterer Grund, warum Bürokratien und Hierarchien mit der heutigen Welt überfordert sind und sie nicht bewältigen
  können.
- Das agile Framework bietet Kreativität eine Struktur für die freie Entfaltung in kleinen,
  interdisziplinären, sich selbst organisierenden und vernetzten Teams. Im Gegensatz
  dazu würgt Bürokratie freie Kreativität ab, indem sie der Kreativität keinen Freiraum zur
  Entfaltung und Gestaltung gibt.
- Die Einführung und das Verinnerlichen agilen Arbeitens benötigt Zeit, Disziplin, Mut und
  Durchhaltevermögen, die aktive Zusammenarbeit in kleinen, interdisziplinären und
  vernetzten Teams und, last, but not least eine ehrliche und nachhaltige Ausrichtung der
  Arbeit auf den oder die Kunden.

In den vorherigen Kapiteln war immer mal wieder von der einengenden Wirkung
von Bürokratie und tayloristischer Unternehmensführung und dementsprechen-
den Managements die Rede. Weniger als Generalkritik diese Ansätze als vielmehr
als Hinweis auf ihre Limitationen. So sehr sie uns in den vergangenen Jahrzehnten
gute Dienste geleistet haben, so wenig helfen sie uns bei der Gestaltung einer VUKA-
Welt. Die Intention der Bürokratie war und ist es, in einer stabilen Welt Verlässlichkeit
und Sicherheit anzubieten. Traditionelles Business war und ist auf schnelles Wachs-

tum und kurzfristige Gewinne getrimmt. In einer einigermaßen vorhersehbaren Welt gelang dies gut. Nur: Diese Welt ist Vergangenheit. So kommen Bürokratie und traditionelles Business an ihre Grenzen, weil sich sowohl die Umstände als auch unsere Ansichten von modernem und nachhaltigem Wirtschaften geändert haben. Die Gretchenfrage ist, wie man sich aus diesen Fesseln lösen kann. Das Konzept des Human Business ist sowohl für Unternehmen als auch Organisationen Vision und Leitfaden. Allerdings stellt sich für traditionelles Business die Frage, welche Möglichkeiten es gibt, den Weg dorthin einzuschlagen und zu gestalten. Eine dieser Möglichkeiten ist der sogenannte agile Ansatz der Führung, des Managements und der Produktentwicklung. Zusammengefasst reden wir von »Agil«[161]. In diesem Kapitel lernen wir deswegen die Werte und Prinzipien agilen Arbeitens kennen. In die Tiefe werden wir nicht gehen. Dafür gibt es eine Vielzahl von Büchern, Websites, Konferenzen und mehr. Ein Deep Dive lohnt sich auf jeden Fall und jeder Interessierte sei ermutigt, dies zu tun.

Was heißt »agil«?

Agil ist eine globale Bewegung, die die Art und Weise, wie wir in der Wirtschaft arbeiten, nachhaltig verändert.[162] Seit 2001 hat sie signifikant an Bedeutung und Popularität gewonnen. Damals trafen sich siebzehn Menschen im amerikanischen Skigebiet Snowbird, um Ski zu fahren, sich zu entspannen, zu reden und sich über Gemeinsamkeiten moderner Softwareentwicklung auszutauschen.[163] In den Gesprächen ging es den Teilnehmern darum herauszufinden, wie man gute Produkte an Kunden in einer Umgebung liefert, »in der nicht nur von ›Menschen als wichtigstem Kapital‹ gesprochen wird, sondern die sich auch so verhält, als wären Menschen das Wichtigste und nicht nur ›Kapital‹.« Die Ergebnisse ihrer Gespräche fassten die Teilnehmer im »Agilen Manifest der Softwareentwicklung« zusammen, das zum Fundament der agilen Entwicklung werden sollte.

Das Manifest lautet wie folgt[164]:

> »Wir erschließen bessere Wege, [Dinge zu tun, die wir tun], indem wir es selbst tun und anderen dabei helfen. Durch diese Tätigkeit haben wir diese Werte zu schätzen gelernt:
>
> • **Individuen und Interaktionen** stehen über Prozessen und Werkzeugen.
> • **[Kundenwertschöpfung]** steht über einer umfassenden Dokumentation.

---

161 In diesem Buch schreibe ich »Agil« immer dann groß, wenn ich auf das agile Konzept als Ganzes referenziere.
162 Denning, S. (2016, 8. September). »Explaining Agile«. *Forbes*, online verfügbar unter: https://www.forbes.com/sites/stevedenning/2016/09/08/explaining-agile/#41434799301b
163 http://agilemanifesto.org/history.html
164 http://agilemanifesto.org/iso/de/manifesto.html. Eigene Paraphrasierung in […].

- **Zusammenarbeit mit dem Kunden** steht über der Vertragsverhandlung.
- **Reagieren auf Veränderung** steht über dem Befolgen eines Plans.

Das heißt, obwohl wir die Werte auf der rechten Seite wichtig finden, schätzen wir die Werte auf der linken Seite höher ein.«[165]

Wenngleich sich das Manifest anfangs auf die Softwareentwicklung konzentrierte, fand das Manifest in vielen anderen Branchen Anwendung und wurde weiterentwickelt.[166] Letztlich geht es im »Agilen Manifest« darum, bessere Wege zu finden, um Produkte und Dienstleistungen – eben nicht nur Software – zu entwickeln, indem man es tut, statt nur darüber zu reden, und die Erfahrungen mit anderen zu teilen. Es ist falsch zu behaupten, das Manifest werfe altbewährte Werte oder Praktiken über Bord. Es erklärt nur, dass die neuen, agilen Werte einen höheren praktischen Stellenwert haben. Damit baut das Manifest eine Brücke von der alten, traditionellen Welt hin zur agilen Welt.

---

165 Zusätzlich zu den vier agilen Werten wurden auch zwölf Prinzipien zusammengestellt, die helfen, die agilen Werte in die Tat umzusetzen. Diese lauten wie folgt (http://agilemanifesto.org/iso/de/principles.html):
1. Zufriedenstellung des Kunden durch frühe und kontinuierliche Auslieferung von wertvoller Software
2. Agile Prozesse nutzen Veränderungen (selbst spät in der Entwicklung) zum Wettbewerbsvorteil des Kunden.
3. Lieferung von funktionierender Software in regelmäßigen, bevorzugt kurzen Zeitspannen (wenige Wochen oder Monate)
4. Nahezu tägliche Zusammenarbeit von Fachexperten und Entwicklern während des Projekts, z. B. gemeinsamer Code-Besitz (Collective Code Ownership)
5. Bereitstellung des Umfelds und der Unterstützung, die von motivierten Individuen für die Aufgabenerfüllung benötigt wird
6. Informationsübertragung nach Möglichkeit im Gespräch von Angesicht zu Angesicht
7. Als wichtigstes Fortschrittsmaß gilt die Funktionsfähigkeit der Software
8. Einhalten eines gleichmäßigen Arbeitstempos von Auftraggebern, Entwicklern und Benutzern für eine nachhaltige Entwicklung
9. Ständiges Augenmerk auf technische Exzellenz und gutes Design
10. Einfachheit ist essenziell
11. Die besten Architekturen, Anforderungen und Designs entstehen in selbstorganisierten Teams
12. Selbstreflexion der Teams über das eigene Verhalten zur Anpassung im Hinblick auf Steigerung der Effektivität
166 Das Gleiche gilt für die agilen Prinzipien und Praktiken. Sie sind nicht nur für die Software geeignet und wurden dort weiterentwickelt, sondern finden sich in vielen Branchen wieder. Mit anderen Worten: Die agilen Werte, Prinzipien und Praktiken sind branchenunabhängig und universell einsetzbar, wo immer man neue und bessere Wege finden will, Angebote oder Praktiken zum Wohle der Kunden oder Endbenutzer zu verbessern.

Eine neue Einstellung zum Wirtschaften – Interview mit Steve Denning

Steve Denning (Foto © Steve Denning)

In den letzten Jahren wurde Agil in der Wirtschaft zunehmend populärer. Gleichwohl wird die Reichweite von Agil nicht immer verstanden. Viele Anwender sehen Agil in erster Linie als eine von vielen Methoden, um ihre unternehmerischen Ziele zu erreichen. Auch wenn Agil viele methodische Ansätze mit sich bringt, ist Agil sehr viel mehr als ein Werkzeugkoffer. Warum und inwiefern dies der Fall ist, darüber sprach ich mit Steve Denning.

Denning ist Managementvordenker und gilt in der agilen Welt als einer der wichtigsten Wegbereiter. Er ist ein ehemaliger Manager der Weltbank und Autor mehrerer Bücher, darunter *The Leader's Guide to Radical Management* und sein neuestes *The Age of Agile*[167]. Seine regelmäßige Kolumne in *Forbes* wird weltweit von Tausenden Menschen gelesen und referenziert.

Drei Faktoren von Agil

Thomas: Warum Agil?

Steve: Weil sonst nichts funktioniert. Die Welt hat sich verändert. Top-down-Bürokratie, Führung mit Befehl und Kontrolle funktionieren in dieser Welt nicht. Also musste etwas anderes entwickelt werden. Das heißt, flexiblere und anpassungsfähigere Ansätze, die sich auf die Talente der Menschen stützen, die die eigentliche Arbeit verrichten, und Menschen, für die die Arbeit geleistet wird, wirklich begeistern und gut für die Gesellschaft sind, in der die Arbeit geleistet wird. Diese drei Faktoren führen zu etwas, das zeitgemäß und umsetzbar ist.

---

167   Denning, S. (2010). *The Leader's Guide to Radical Management: Re-inventing the Workplace for the 21st Century*. Jossey-Bass.
Denning, S. (2018). *The Age of Agile: How Smart Companies Are Transforming the Way Work Gets Done*. American Management Association.

Der Kern von Agil – die drei Gesetze

Thomas: Was ist Agil in seinem Kern?

Steve: Eine Denkweise oder ein Mindset, eine Reihe von Einstellungen und Werten, eine Philosophie oder eine Art, die Welt zu betrachten – all diese Begriffe passen. Die agile Denkweise besteht aus drei Elementen oder Gesetzen, nämlich dem Gesetz des Kunden, dem Gesetz des kleinen Teams und dem Gesetz des Netzwerks. Es unterscheidet sich deutlich von der Denkweise, mit der Bürokratien von oben nach unten besetzt sind und gedeihen.

Thomas: Warum sind diese drei Gesetze für das Verständnis von Agil so wichtig?

Steve: Im 20. Jahrhundert war die Firma das Zentrum des Universums. Dann verlagerte sich die Macht auf den Kunden. Jetzt ist der Kunde das Zentrum des Universums. Der Kunde ist der Chef. Im 20. Jahrhundert war die Firma der Chef. Heute hat der Kunde Optionen und verfügt über zuverlässige Informationen über diese Optionen. Er kann über soziale Medien mit anderen Kunden kommunizieren, um so den verbalen Dialog über diese Optionen zu beeinflussen. Auch wenn einzelne Kunden machtlos erscheinen, gemeinsam sind sie sehr mächtig. Dies ist der Grund, warum dies zum Unternehmenszweck wird. Dies ist eine alte Idee, die Peter Drucker schon 1954 formulierte. Damals hatte sie jedoch keinen großen Erfolg. Mit dem zunehmenden Einfluss des Kunden wird jedoch immer deutlicher, dass der Kunde der Unternehmenszweck ist.

Du beginnst mit dem **Warum**, wie Simon Sinek[168] sagt. Das Warum für die Existenz des Unternehmens ist der Kunde. Es ist die Tatsache, dass man einen Kunden hat, der bereit ist, für die Dienstleistungen oder das Produkt zu zahlen.

Dann lautet die Frage, **wie** man den Kunden begeistert. Und der erste Schritt sind kleine Teams, die auf die Talente der Menschen zurückgreifen, die die Arbeit erledigen, nah am Kunden sind und herausfinden können, was sie begeistern würde. Sie arbeiten in kurzen Zyklen und nah am Kunden und erhalten auf diese Weise Feedback vom Kunden und arbeiten kontinuierlich daran, dem Kunden mehr Wert zu liefern.

Dann lautet die Frage, **wo** dieses Teams arbeiten. Sie arbeiten in einem Netzwerk und nicht wie im 20. Jahrhundert in Hierarchien und Bürokratien. Das Netzwerk ermöglicht es den Teams, die Talente der Menschen einzubringen, die daran arbeiten, den Kunden zu begeistern und Wert für das Unternehmen und Wohlbefinden für das Überleben zu schaffen.

---

168 Sinek, S. (2009). *Start with Why: How Great Leaders Inspire Everyone to Take Action*. Portfolio/Penguin.

Die Rolle des Menschen in der Agilität

Thomas: Welche Rolle spielen wir als Mensch im agilen Ansatz im Vergleich zum traditionellen?

Steve: Sowohl Kunden als auch diejenigen, die die Arbeit verrichten, sind Menschen. Die Grundidee von Agil ist, dass die Menschen, die arbeiten, die Menschen, für die gearbeitet wird, begeistern. Es ist ethisch einwandfrei und sinnhaft, andere Menschen zu begeistern. Dies schafft erfüllende Arbeit und Zufriedenheit bei den Kunden und sie sind bereit, Geld zu bezahlen. Das unterscheidet sich erheblich von der Denkweise des 20. Jahrhunderts, bei der die Menschen, die die Arbeit verrichteten, als Dinge behandelt wurden, als menschliche Ressourcen, die weggeworfen wurden, sobald sie nicht mehr nützlich waren. Außerdem war es weitgehend irrelevant, was sie von der Arbeit hielten.

In der heutigen Welt ist es von zentraler Bedeutung, wie die Menschen die Arbeit verrichten und wie sie sich zur Arbeit stellen, was sie fühlen. Denn die Arbeit hängt davon ab, dass die Menschen, die arbeiten, inspiriert sind, mehr Freude für die Kunden zu schaffen. Und so werden die Gefühle der Menschen, die die Arbeit verrichten, plötzlich zentral. Hierarchisch denkende und agierende Menschen werden hier nicht funktionieren. Bürokratie ist eine Hierarchie, in der Menschen nicht der Raum und die Befugnis eingeräumt werden, ihre Talente einzusetzen. Dies ist ein weiterer Grund, warum Bürokratien und Hierarchien mit der heutigen Welt überfordert sind und sie nicht bewältigen können. Sie können nicht die Talente anziehen, die sie dazu bräuchten.

Was kommt nach der agilen Transformation?

Thomas: Wenn wir über eine agile Transformation reden, stellt sich die Frage, was nach dieser Transformation kommt. Was kommt als Nächstes?

Steve: Du verbesserst dich einfach weiter, es gibt kein Ende. Es ist eine endlose Reise. Wenn man jemals aufhört, sich weiterzuentwickeln, geht man rückwärts, und man verliert sein Geschäft. Es gibt also kein Ende. Dies bedeutet auch, dass, wenn jemand sagt, »wir sind agil geworden«, er nicht wirklich weiß, wovon er spricht.

Thomas: Du würdest also nicht sagen, dass Agil nur eine Modeerscheinung ist?

Steve: Nein, es ist tief in den sozialen und wirtschaftlichen Strukturen des 21. Jahrhunderts verwurzelt. Es gibt kein Zurück. Mehr als 90 % der Führungskräfte erkennen das. Sie möchten agil sein, obwohl sie nicht wissen, wie sie agil werden können. Das Problem ist, dass es eine ganze Weile dauert. Es ist ziemlich schwierig, sich von einer Bürokratie zu einer agilen Organisation zu entwickeln.

> Es gibt viele Firmen, die behaupten, agil zu sein, es aber nicht wirklich sind. Ich bezeichne das als »agil im Namen« oder »Fake-Agil«. Das ist etwas, das die äußeren Zeremonien von Agil praktiziert, aber nicht wirklich agil ist. Es ist Bürokratie mit einem anderen Etikett.

Agiles Framework der Arbeitsebene

Wie Steve Denning erklärte, ist Agil sehr viel mehr als eine Ansammlung moderner Methoden. Im Kern ist Agil eben kein Methodenkoffer, sondern ein Framework und eine Philosophie. Also eine Art Regelwerk für modernes Arbeiten, vergleichbar mit dem Regelwerk in einer Sportart, sagen wir Fußball. Hier wird beschrieben, wie groß das Spielfeld ist, welche Regeln zu beachten sind. Wie das Spiel letztlich gestaltet wird, nun, das hängt von den Teams und seinen Spielern ab. Und hier gibt es wahrlich große Unterschiede.

Auf der operativen Arbeitsebene steht das agile Framework auf drei Säulen:
1. **Rollen und Verantwortlichkeiten**: Beschreibung von Kernrollen
2. **Anforderungen**: Erklärung, wie Anforderungen an Produkte oder Dienstleistungen festgehalten, priorisiert und gepflegt werden
3. **Liefermodus**: Erklärung, wie Produkte oder Dienstleistungen (z.B. Software) geliefert werden

Gehen wir kurz auf diese drei Säulen ein.

Rollen und Verantwortlichkeiten
Im operativen agilen Framework gibt es in der Regel drei Kernrollen:

Product Owner
- Er oder sie ist verantwortlich für die Produktvision. Das heißt, der Product Owner muss sicherstellen, dass es eine Produktvision gibt.
- Er oder sie repräsentiert den oder die Kunden. Er bündelt die Anforderungen und Bedürfnisse des Kunden, fasst sie zusammen und priorisiert diese.
- Er oder sie repräsentiert das Management gegenüber dem Team.

Teammoderator

Der Moderator ist kein traditioneller Projektmanager. Er ist eher vergleichbar mit dem Kapitän einer Sportmannschaft. Somit ist er verantwortlich dafür,
- Hindernisse im Team zu beseitigen,
- Unterbrechungen im Team und der Produktentwicklung zu verhindern,
- das Team zu moderieren,

- den Prozess bzw. das agile Framework zu unterstützen und
- das Management zu managen. In dieser Rolle ist er die erste Schnittstelle hin zum Product Owner, der gegenüber dem Team das Management repräsentiert.

Team

Es hat sich ergeben, dass die optimale Teamgröße zwischen fünf und neun Mitarbeiterinnen und Mitarbeitern liegt.[169] Im Idealfall kann das Team an einem Ort zusammenarbeiten, ist interdisziplinär zusammengesetzt und organisiert seine Arbeit allein. Dieses sich selbst organisierende Team ist dafür verantwortlich,

- seine operativen Aufgaben zu definieren,
- Aufwände für seine Arbeiten zu schätzen,
- das oder die beauftragten Produkte zu entwickeln,
- die Qualität der eigenen Arbeit und des oder der zu entwickelnden Produkte zu sichern und
- das agile Framework mit seinen Regeln und Prozessen weiterzuentwickeln und zu verbessern.

Ob ein Team weitere Rollen definiert, liegt in seiner Verantwortung und ist von Projekt zu Projekt oder von Produktentwicklung zu Produktentwicklung anders. Die drei genannten Rollen Product Owner, Teammoderator und Team bilden den Grundstock der meisten agilen Teams. Wichtig zu verstehen ist, dass Rollen und Verantwortlichkeiten sowie Regeln der Zusammenarbeit nicht fix sind und bürokratisch forciert werden. Sie sind flexibel und adaptiv und richten sich nach den Anforderungen, Bedürfnissen und Aufgaben des Teams. Dies unterscheidet sie von einem bürokratischen Regelwerk.

Anforderungen

Kundenanforderungen werden beim agilen Ansatz in einem sogenannten **Product Backlog**, einer Liste aller Anforderungen, festgehalten. Verantwortet wird das Backlog vom Product Owner. Er muss sicherstellen, dass das Product Backlog erstellt, priorisiert und gepflegt wird. Dabei ist zu beachten, dass sich die Anforderungen im Laufe des Projekts oder der Produktentwicklung ändern können – sei es thematisch oder hinsichtlich der Prioritäten. Das bedeutet, dass die Anforderungen im Product Backlog nicht für alle Zeit in der Zukunft fix und in Stein gemeißelt sind. Vielmehr bietet ein Product Backlog eine begrenzte Sicht auf zukünftige Anforderungen des oder

---

169 Die optimale Größe eines kleinen agilen Teams hat sich über viele Jahre und branchenübergreifend ergeben. Das bedeutet nicht, dass nur in kleinen Teams agil gearbeitet werden kann. Eine optimale Teamgröße bedeutet nicht, dass diese Größe fix und unflexibel wäre. Vielmehr deutet sie darauf hin, für welche Gruppengröße sich erfahrungsgemäß das Arbeiten im Team am ehesten eignet. Ist die Gruppengröße kleiner oder größer, kann das funktionieren, vorausgesetzt, es gibt klare Rollen und Verantwortlichkeiten sowie Regeln der Zusammenarbeit.

der Kunden. Die regelmäßige Pflege des Product Backlog, also eine Überprüfung der Kohärenz und Konsistenz, der Sortierung und der Priorisierung der Anforderungen, obliegt dem Product Owner. Dabei wird er in der Regel vom Team unterstützt.

Lieferung

Statt ein neues Produkt oder Dienstleistung erst am Ende eines Projekts bzw. einer Produktentwicklung zu liefern, ist es das Verständnis von Agil, dass man dem Kunden in regelmäßigen Zeitintervallen oder Iterationen etwas mit Mehrwert liefert. Diesen Liefermodus bezeichnet man als **iterativ** und **inkrementell**. Zum Beispiel will man dem Kunden schon nach recht kurzer Zeit ein Stück funktionierender Software liefern können, auch wenn das Gesamtwerk noch nicht fertig ist. Dies ist immer dann von großem Vorteil, wenn die Anforderungen des Kunden noch unklar sind oder sich noch ändern können. Auch wird der Kunde mithilfe der Zwischenergebnisse über den Fortschritt der Entwicklung auf dem Laufenden gehalten.[170]

Agile Struktur als Voraussetzung für Kreativität

So einfach das agile Framework aussieht, so schnell kann man es als Blaupause missverstehen. Das ist es nicht. Agil ist keine Ingenieursleistung, das in komplizierten Prozessen und Anweisungen beschrieben werden kann. Es definiert eine Struktur oder einen Rahmen, innerhalb dessen sich die Teams bewegen können. Die Kreativität wird durch das agile Framework nicht eingeschränkt, sondern gefördert. Man kann das agile Framework auch mit einer Struktur wie dem ABC vergleichen, mit dem ich Wörter und Sätze bilden und mich so ausdrücken kann. Der Kreativität sind mit den einfachen Regeln keine Grenzen gesetzt. Andere Beispiele für solche Strukturen sind die drei Grundfarben, die ich beliebig miteinander kombinieren, mischen und so eine unendliche Anzahl an Farbtönen kreieren kann, oder die Noten auf einer Tonleiter und verschiedene Rhythmen, mit denen ich unendlich viel Musik zaubern kann. Und selbst die Leinwand eines Malers und seine Werkzeuge wie Farben und Pinsel bilden eine Struktur. Wie der Maler diese Struktur, diese Leinwand oder diesen künstlerischen Spielraum gestaltet, liegt an ihm.

Eine Struktur behindert nicht Kreativität. Eine Struktur ist eine Voraussetzung für Kreativität. Anders ausgedrückt: Ohne Struktur gibt es keine Kreativität. Das agile Frame-

---

170 Zu Beginn einer jeden Iteration prüfen das Team und der Product Owner gemeinsam den Umfang für die kommende Iteration. Wenn beide ein tieferes Verständnis der Anforderungen entwickelt haben, schätzt das Team den Aufwand und plant die nächste Iteration. Während der laufenden Iteration kann sich der Umfang der Iteration nicht mehr ändern. Das heißt, das Team friert den geplanten Umfang ein. Mögliche Änderungswünsche von außerhalb des Teams oder neue Kundenanforderungen werden vom Product Owner angenommen und im Product Backlog für zukünftige Iterationen priorisiert. Am Ende der Iteration liefert dann das Team die geplante und versprochene Teillieferung an den Product Owner als Repräsentant des oder der Kunden ab. Anschließend beginnt der Zyklus von Neuem.

work ist eine solche Struktur. Im Gegensatz dazu würgt Bürokratie freie Kreativität ab, indem sie den erforderlichen Freiraum zur Entfaltung und Gestaltung von Kreativität einengt oder ihn ganz wegnimmt.

Agil ist allerdings nicht die Lösung für alle Bereiche des Arbeitens. In Umgebungen, in denen es keine Änderungen gibt und auch nicht mit ihnen gerechnet werden muss oder man sie partout ausklammern will, kann ein agiler Ansatz weniger effektiv sein als z. B. in einer VUKA-Umgebung.

Auch beansprucht Agil nicht ein bestimmtes Maß an Vollständigkeit und die agilen Praktiken entwickeln sich ständig weiter. Agil ist alles andere als vollständig, muss es aber auch nicht sein. Die Struktur des agilen Frameworks ist ausreichend für die Entwicklung und Gestaltung neuer Produkte und Dienstleistungen. So gibt es eine Vielzahl agiler Praktiken. Eine Praxis oder Methodik als die einzig wahre herauszustellen, wäre falsch und nicht kompatibel mit den agilen Werten und Prinzipien. Vielmehr ist es so, dass das agile Mindset, seine Werte und Prinzipien den Rahmen für unendlich viele agile Praktiken anbietet. Grafisch können wir das wie folgt darstellen.[171]

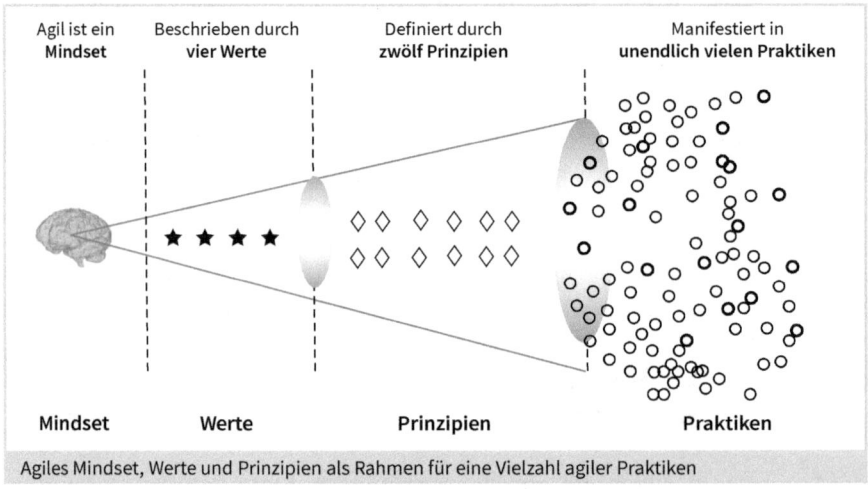

Agiles Mindset, Werte und Prinzipien als Rahmen für eine Vielzahl agiler Praktiken

Wird Agil aber praktiziert, ohne die agilen Prinzipien und Werte zu verinnerlichen und zu leben, ist das nicht agil, sondern eine Form von Fake-Agil.

---

171 Nach Ahmed Sidky, Mitgründer des Business Agility Institute, gezeigt in Denning, S. (2019). »Understanding The Agile Mindset«. *Forbes*, online verfügbar unter: https://www.forbes.com/sites/stevedenning/2019/08/13/understanding-the-agile-mindset/#6cbe8c065c17; außerdem vorgestellt in Denning, S. et al. (2015). *The Learning Consortium for the Creative Economy: 2015 Report.* online verfügbar unter: https://www.scrumalliance.org/why-scrum/learning-consortium/learning-consortium-report-2015

Voraussetzungen für Agil

Agiles Arbeiten fällt nicht vom Himmel. Die Einführung und das Verinnerlichen agilen Arbeitens benötigen Zeit, Disziplin, Mut und Durchhaltevermögen, gerade dann, wenn man bislang in eher traditionellen Umgebungen gearbeitet hat.

Agiles Arbeiten bedarf einer aktiven Zusammenarbeit. Idealerweise sind agile Teams stabil, das heißt, sie können über einen gewissen Zeitraum zusammenarbeiten, sich so besser einarbeiten und ihre Teamarbeit und -ergebnisse kontinuierlich verbessern.

Agile Teams sind interdisziplinär zusammengesetzt. Dies ermöglicht es dem Team, neue Produkte und Dienstleistungen von Anfang bis Ende zu entwickeln und zu verantworten. Auch eröffnen interdisziplinäre Teams neue Perspektiven und Ansätze. Dies ist insbesondere dann von Vorteil, wenn man nach echten Innovationen suchen und sie entwickeln will.

Eine der wichtigsten Voraussetzungen für erfolgreiche agile Teams und agiles Arbeiten ist die ehrliche und nachhaltige Ausrichtung auf den Kunden. Es geht hier in erster Linie nicht darum, die Bedürfnisse des eigenen Unternehmens oder der Organisation zu befriedigen, sondern den Kunden zu begeistern. Letztlich gibt es ohne Kunden auch kein Unternehmen. Und so ist auch das Mantra eines agilen Unternehmens, sich auf seine Kunden zu fokussieren und sie zu begeistern.[172]

Agil stellt die traditionelle Unternehmensführung auf den Kopf

Dass Agil die traditionelle Unternehmensführung auf den Kopf stellt, hört sich weniger radikal an, als es wirklich ist. Denning (2010) beschreibt den geänderten Fokus weg vom Unternehmen und hin zum Kunden gar als kopernikanische Revolution im Management. In der Vergangenheit bzw. in traditionellen Unternehmen hat sich der Kunde um das Unternehmen gedreht. Das Unternehmen entschied, was der Kunden kaufen konnte. In Zeiten unvollständiger Informationen eine wunderbare Lösung. Nur heute, wo die Kunden dank Internet immer besser informiert sind, gewinnen sie auch an Macht und Einfluss. Es ist nicht länger der Kunde, der sich um das Unternehmen dreht – das Unternehmen dreht sich um den Kunden. War der Firmenzweck im traditionellen Management vor allem die Herstellung und der Verkauf von Produkten und Dienstleistungen, ist er im modernen, agilen Management die Kundenbegeisterung. Dies spiegelt sich u. a. in kundengetriebenen Iterationen wider – im Gegensatz zu

---

172 Hierzu siehe auch Gallup (2018). *Die Arbeitswelt von morgen. Agilität*, online verfügbar unter: https://www.gallup.com/workplace/241691/arbeitswelt-morgen-ausgabe-zum-thema-agilitat.aspx

generalstabsmäßig erstellten großen Plänen, die langwierig und oft an den wahren Kundenbedürfnissen vorbei umgesetzt wurden.

Die kopernikanische Wende im Management hat weitere Auswirkungen auf die Organisation und Führung im Unternehmen. Während die Arbeitsstrukturen in traditionellen Unternehmen durch Hierarchie und Bürokratie geprägt waren, findet man in agilen Unternehmen zunehmend autonome und sich selbst organisierende Teams. Ohnehin haben Mitarbeiter in agilen Unternehmen einen anderen Stellenwert. Statt sie als Ressourcen zu behandeln, werden sie als Menschen behandelt und wertgeschätzt – im Übrigen eine der Grundmotivationen der Autoren des »Agilen Manifests«: nicht nur von Menschen als wichtigstem Kapital zu sprechen, sondern sich auch so zu verhalten und die Menschen als das Wichtigste im Unternehmen zu sehen und zu behandeln.

Im agilen Management werden die Mitarbeiterinnen und Mitarbeiter mit eingebunden. Die Kommunikation findet im Dialog und nicht länger selektiv von oben nach unten statt. Hiermit wird der Entwicklung der letzten Jahrzehnte Rechnung getragen. Waren in Zeiten der frühen Industrialisierung die Mehrheit der Arbeiter wenig bzw. gar nicht gebildet, haben heute alle Mitarbeiter einen hohen oder sogar sehr hohen Bildungsstand. Ein Grund mehr, sie entsprechend und gleichwertig zu behandeln und nicht länger als minderwertige Ressourcen.

Das Vertrauen in die eigenen Mitarbeiterinnen und Mitarbeiter und die Transparenz der Arbeit wird einem Unternehmen vielfach zurückgezahlt. Agile Teams haben nachweislich nicht nur eine höhere Produktivität und liefern bessere Qualität, sie sind auch innovativer. Gerade in Zeiten ständigen Wandels sicherlich nicht das Schlechteste.

Dabei geht es beim agilen Arbeiten in erster Linie nicht um höhere Produktivität. Wer dies unter »agil« versteht, zeigt, dass er oder sie noch im alten, tayloristischen Denken gefesselt ist. Ja, agiles Arbeiten geht in der Regel einher mit einer deutlich höheren Produktivität. Ausschlaggebend ist aber, dass es mehr Mehrwert für den Kunden, das Unternehmen und die Mitarbeiter selbst gibt – bei gleichzeitig weniger Arbeit.[173] Das agile Arbeiten dahin auszureizen, den kreativen Freiraum mit zusätzlicher Arbeit zu füllen, würgt das agile Arbeiten ab und wir wären zurück in der alten Welt. Das hätte nichts mit Agil zu tun, sondern ist »Fake« und nichts anderes als traditionelles Management in neuen Kleidern.[174]

---

173 Gerade während der Corona-Krise konnte man sehen, welche Unternehmen und Organisationen bereits agil gearbeitet und so flexibel und adaptiv auf die Krise reagiert haben.

174 Siehe hierzu auch Denning, S. (2019, 8. September). »The Five Biggest Challenges Facing Agile«. *Forbes*, online verfügbar unter: https://www.forbes.com/sites/stevedenning/2019/09/08/the-five-biggest-challenges-facing-agile/#763338997b04

Vergleichen wir abschließend traditionelles mit modernem, agilen Management in einer Tabelle.

	Traditionelles Management	Modernes, agiles Management
Firmenzweck	Herstellung und Verkauf von **Produkten und Dienstleistungen**	**Kundenbegeisterung** »Es gibt nur eine gültige Definition eines Geschäftszwecks: einen Kunden zu schaffen.« Peter Drucker, *The Practice of Management* **Konkrete Beispiele für Auswirkungen:** <ul><li>Fokus auf Kundenbegeisterung und -mehrwert</li><li>Lieferung höchster Qualität in Produkten und Dienstleistungen</li><li>Time to Market (Wie schnell kann ich mein Produkt oder meine Dienstleistung auf den Markt bringen?)</li></ul>
Organisation	ein großer Plan	kundengetriebene Iterationen
Arbeitsstruktur	Bürokratie und Hierarchie	autonome Teams
Transparenz	das, was nötig ist, um Arbeit zu verrichten	radikale Transparenz, offene Kommunikation
Kommunikation	top-down, Mikromanagement	interaktiv: Geschichten, Fragen, Dialog
Auswirkung auf Mitarbeiter	bis zu 30 % und mehr sind »disengaged«	hohe Produktivität, kontinuierliche Innovation

Vergleich von traditionellem mit modernem, agilem Management

Verlassen wir die operative Ebene des agilen Arbeitens und wenden uns im nächsten Kapitel Fragen der Führung im agilen Umfeld zu. Dabei verbinden wir die Werteversprechen von Human Business mit den Werten und Prinzipien des agilen Arbeitens. Wie wir sehen werden, trägt diese Kombination zum Wandel von traditionellem, tayloristisch-geprägtem Handeln hin zur menschenzentrierten Gestaltung der Zukunft und zur Etablierung von Human Business bei.

Weiterführende Ideen und Übungen

Der international anerkannte Scrum-Trainer Peter Stevens entwickelte 2016 einen Fragebogen für die Selbsteinschätzung der eigenen Agilität. [175]

!   **Fragebogen zur Einschätzung der eigenen Agilität**

Wie »agil« sind Sie?
Was bedeutet es, eine »agile Denkweise oder Einstellung« zu haben? Diese Selbsteinschätzung soll Ihnen helfen, über Ihre Agilität nachzudenken. Wenn Ihre Werte mit dem Agilen Manifest übereinstimmen, können Sie behaupten, agil zu denken. Sie können diesen Fragebogen auch verwenden, um eine Organisation oder ein Führungsteam zu bewerten.

Was ist eine agile Denkweise oder Einstellung?
Eine Person, die eine agile Denkweise und Einstellung hat, sollte mindestens den ersten Satz des Agilen Manifests verstanden und verinnerlicht haben. Das heißt, bei der agilen Denkweise und Einstellung lernt man immer weiter dazu.
Jemand mit einer agilen Denkweise weiß, was er tut (neben Geld zu verdienen)! Welchen Wert bringen Sie denen, die für Sie wertvoll sind? Jemand mit einer agilen Denkweise findet bessere Möglichkeiten, das zu tun, was er tut, indem er es tut und anderen hilft, dasselbe zu tun. Hier geht es darum, die eigenen Kompetenzen zu verbessern, Zeit zu haben, um Ihre Fähigkeiten und Technologien zu verbessern und jenseits der eigenen vier Wände zu lernen und Wissen zu teilen.
Schließlich weiß jemand mit einer agilen Denkweise, was für ihn von Wert ist. Sie haben über die Werte und Prinzipien des Agilen Manifests nachgedacht und festgestellt, dass Ihre eigenen Überzeugungen weitgehend im Einklang mit denen des Manifests stehen. Werte sind ein Leitfaden für die Entscheidungsfindung, daher bringen Sie Ihre Entscheidungen mit dem Agilen Manifest in Einklang. Vielleicht haben Sie zusätzliche Werte. Vielleicht haben Sie einen Grund, einem oder mehreren Werten in Ihrem Kontext nicht zuzustimmen. Je weniger relevant die agilen Werte für Sie sind, desto mehr sollten Sie sich fragen, ob Sie wirklich eine agile Einstellung haben!
Schließlich weiß jemand mit einer agilen Denkweise, warum er das wertschätzt, was er wertschätzt. Werte müssen nicht blind befolgt werden. Sie können sehr wohl noch andere Werte als die vier für wichtig erachten, die im Agilen Manifest enthalten sind.

Peters fünf Fragen
1. Was tun Sie für diejenigen, die Sie wertschätzen? Die Antwort muss ein Verb enthalten und lautet nicht »Geld verdienen«.
2. Finden Sie bessere Möglichkeiten, das zu tun, was Sie tun, indem Sie es tun?
3. Finden Sie bessere Möglichkeiten, das zu tun, was Sie tun, indem Sie anderen helfen, dasselbe zu tun?

---

175 https://saat-network.ch/2016/08/peters-5-question-agility-assessment/

4. Haben Sie über die Werte und Prinzipien des Agilen Manifests nachgedacht und darüber, was sie für Sie bedeuten?

5. Können Sie Ihre Werte kurz erklären und warum sie für Sie wichtig sind?

Verwendung dieser Bewertung

Peters fünf Fragen zur agilen Selbsteinschätzung möchten Sie inspirieren, über Ihr Agilitätsniveau nachzudenken. Es geht nicht um eine bestimmte Praxis, Sie bekommen auch keine Punkte dafür. Die Fragen sollen Ihnen helfen, über Ihre Werte und Prinzipien nachzudenken, und Ihnen etwas zum Nachdenken mit auf Ihren Weg zur Agilität geben.

Peters Bewertungsbogen:

Ihr Name:

Ihr Unternehmen/Ihre Organisation:

Für wen antworten Sie?

☐ für mich ☐ für mein Team ☐ für jemand anderen

(_____)

☐ für mein Unternehmen ☐ für mein Management

1. Was machen Sie/sie außer Geld zu verdienen? (Ihre Antwort muss ein Verb enthalten)

Wie gut beschreiben diese Aussagen Sie/sie?	Wie Dinge sind	Wie ich sie gerne hätte
2. Wir finden bessere Wege, um das zu tun, was wir tun, indem wir es selbst tun.	0–2–4–6–8– 10	0–2–4–6–8– 10
3. Wir finden bessere Wege, um das zu tun, was wir tun, indem wir anderen helfen, dasselbe zu tun (über unsere Grenzen hinaus).	0–2–4–6–8– 10	0–2–4–6–8– 10
4. Wir haben unsere eigenen Werte im Kontext des Agilen Manifests untersucht.	0–2–4–6–8– 10	0–2–4–6–8– 10
5. Wir können erklären, warum wir glauben, was wir glauben.	0–2–4–6–8– 10	0–2–4–6–8– 10
Hilfe zu Frage 4: Wie wichtig sind die agilen Werte für Ihre tägliche Entscheidungsfindung?		

Wie gut beschreiben diese Aussagen Sie/sie?	Wie Dinge sind	Wie ich sie gerne hätte
Individuen und Interaktionen stehen über Prozessen und Werkzeugen.	0–2–4–6–8– 10	0–2–4–6–8– 10
[Der sichtbare Wert für den Kunden] steht über einer umfassenden Dokumentation.	0–2–4–6–8– 10	0–2–4–6–8– 10
Zusammenarbeit mit dem Kunden steht über der Vertragsverhandlung.	0–2–4–6–8– 10	0–2–4–6–8– 10
Reagieren auf Veränderung steht über dem Befolgen eines Plans.	0–2–4–6–8– 10	0–2–4–6–8– 10
Unsere höchste Priorität ist es, den Kunden durch frühzeitige und kontinuierliche Lieferung des sichtbaren Werts für den Kunden zu begeistern.	0–2–4–6–8– 10	0–2–4–6–8– 10
Wir begrüßen sich ändernde Anforderungen, auch spät in der Produktentwicklung. Wir nutzen Veränderungen zum Wettbewerbsvorteil des Kunden.	0–2–4–6–8– 10	0–2–4–6–8– 10

Bonusfrage

Wie wahrscheinlich ist es Ihrer Meinung nach, dass ein Kunde oder potenzieller Kunde Sie als »agil« bezeichnet?

Sehr unwahrscheinlich			Möglich			Wahrscheinlich		Sehr wahrscheinlich	
1	2	3	4	5	6	7	8	9	10

Welchen Grund würden die Kunden nennen?

16   Führung für den Wandel

»Ein Anführer zu werden ist synonym mit sich selbst zu werden.«
Warren Bennis, Pionier im Bereich Führungstheorie

Kernpunkte   **!**

- Im agilen Umfeld sind Einstellungen wichtiger als Technologien. Ohne die Management-
  philosophie und -praxis der Mitarbeiterbefähigung (Empowerment) erreichen Methoden
  und Vorgehenspraktiken nichts.
- Eine starke und begeisternde Führung im agilen Umfeld unterscheidet sich von traditioneller Top-down-Führung insofern, als sie ständig die Balance zwischen den Interessen
  von Kunden, Mitarbeitern und Unternehmen sucht.
- Menschliche Führung zeichnet sich aus durch einen klaren Fokus auf Kundenbegeisterung, ganzheitliche und nachhaltige Wertschöpfung, die Förderung menschlicher
  Gestaltungs- und Arbeitsräume sowie die kontinuierlichen Selbstverbesserung aus.
- Menschliche Führung ist rollenunabhängig. Jeder kann sie praktizieren.
- Die einzige Möglichkeit, Menschen dazu zu bringen, an großen, riskanten Dingen zu
  arbeiten – an kühnen Ideen –, und sie dazu zu bringen, mit den schwierigsten Stellen des
  Problems anzufangen, besteht darin, dies für sie zum Weg des geringsten Widerstands
  zu machen.
- Der traditionell verstandene Sinn und Zweck eines Unternehmens – Profitmaximie-
  rung – mag kurzfristig gelten und durchaus seinen Zweck erfüllen. Im Hinblick auf das
  Ganze ist er irreführend. Denn er ist weder ganzheitlich noch nachhaltig und nur eine
  Vorbereitung oder Zwischenschritt zum eigentlichen Sinn und Zweck des Unternehmens
  hin, nämlich den Dienst am Menschen durch den Menschen.
- In einem Human Business arbeiten die Mitarbeiter für die Menschen, sowohl im als auch
  außerhalb des Unternehmens. Es ist ein ganzheitliches und sinnerfülltes Arbeiten.
- Ein agiles Unternehmen kann erst dann zu einem Human Business werden, wenn sich
  seine Werte und Prinzipien an die eines Human Business anpassen.
- Die Elemente eines Human Business sind in den agilen Werten und Prinzipien enthalten. Agile Werte und Prinzipien können helfen, ein Umfeld zu kreieren, in dem sich das
  menschliche Potenzial entfalten kann. Sie dienen somit als Türöffner oder Katalysator
  für ein Human Business.

Auf der Suche nach effektiven Führungs- und Managementpraktiken im 21. Jahrhundert

Im Frühjahr 2015 gründeten elf Unternehmen[176] eine internationale Lerngemeinschaft unter dem organisatorischen Mantel der Global Scrum Alliance. Die Unternehmen kamen aus ganz unterschiedlichen Branchen auf der ganzen Welt. Allen gemeinsam war das Interesse und Neugier, wie sich die Führungs- und Management-Praktiken im 21. Jahrhundert ändern, und zwar hinsichtlich

- der Arbeitsstruktur,
- der Arbeitskoordination,
- der Kommunikation,
- der Rolle von Unternehmenszielen und
- des systemischen Wandels.

Nach mehreren Treffen und Besuchen ausgewählter Werke und Unternehmen der Lerngemeinschaft erstellte man einen Abschlussbericht, der beim Global Peter Drucker Forum im November 2015 in Wien vorgestellt wurde.[177]

Die zwei Kerneinsichten waren:

1. Einstellungen sind wichtiger als Technologien. Mit anderen Worten: Ohne die Managementeinstellung der Mitarbeiterbefähigung (Empowerment) erreichen Methoden und Vorgehenspraktiken nichts.
2. Starke, begeisternde Führung ist der Schlüssel.

---

176 Die Lerngemeinschaft umfasste eine vielfältige Gruppe von elf Unternehmen in verschiedenen Branchen auf der ganzen Welt. Die Gründungsunternehmen waren
  - agile42
  - Brillio
  - C. H. Robinson International
  - Ericsson
  - hhpberlin
  - Magna International
  - Menlo Innovations
  - Microsoft
  - Riot Games
  - SolutionsIQ
  - SWIFT

  Ich selbst war als Repräsentant von Magna International Mitglied in der Lerngemeinschaft.
177 Abschlussbericht erhältlich unter https://www.scrumalliance.org/why-scrum/learning-consortium/learning-consortium-report-2015.

Moderne Führungsphilosophie

Führungseinstellung ist sowohl ein weiter als auch ein weicher Begriff. Eine harte, glasklare Definition fällt schwer. Was die Mitglieder der Lerngemeinschaft in erfolgreichen Unternehmen immer wieder beobachteten, waren die folgenden sieben Elemente:

- Der Fokus des gesamten Unternehmens lag auf der Generierung von Mehrwert und Innovation für die (End-)Kunden.
- Empowerment: Manager befähigten ihre Mitarbeiter, statt sie zu kontrollieren.
- Autonome, sich selbst organisierende Teams und Teamnetzwerke konnten sich frei entwickeln und wurden aktiv gefördert.
- Die Koordination der Arbeit erfolgte durch iterative, kundenfokussierte Praktiken.
- Transparenz und kontinuierliche Verbesserung der Arbeit wurden gelebt.
- Die offene Kommunikation und offener Dialog wurden im Unternehmen gepflegt.
- Die Arbeitsumgebungen waren offen eingerichtet und gestaltet und förderten so die Zusammenarbeit in Teams und im ganzen Unternehmen.

Nicht ganz verwunderlich sind dies alles Elemente, wie wir sie schon auf der operativen Arbeitsebene in der agilen Welt beobachten können und im vorherigen Kapitel beschrieben haben. Steve Denning erklärte im Interview, wie wichtig es in der heutigen Welt ist, wie die Menschen die Arbeit verrichten und wie sie sich zur Arbeit stellen, was sie fühlen. Agil unterstützt dies. Denn die Grundidee von Agil ist, dass die Menschen, die arbeiten, die Menschen, für die gearbeitet wird, begeistern

Starke und begeisternde Führung

Eine starke und begeisternde Führung im agilen Umfeld unterscheidet sich von traditioneller Top-down-Führung insofern, als sie ständig die Balance zwischen den Interessen von Kunden, Mitarbeitern und Unternehmen sucht. Dass dies nicht immer gelingt, liegt auf der Hand. Eine starke und begeisternde Führung schafft es aber immer wieder, ein Gleichgewicht herzustellen. Nicht auf Kosten anderer oder als Kompromiss, sondern als Synergie von Kunden, Mitarbeitern und Unternehmen und ständiger Verbesserung.

Diese vier Elemente – Kunde, Mitarbeiter, Unternehmen bzw. Wertschöpfung und ständige Verbesserung – haben wir schon im Kapitel 2 als Werteversprechen des Human Business kennengelernt. Kombinieren wir die Erkenntnisse der Lerngemeinschaft mit den Werteversprechen von Human Business, können wir eine Reihe von Prinzipien moderner Führung für ein menschliches Umfeld ableiten, die helfen, das menschliche Potenzial in einer Organisation zum Wohle von Kunden, Unternehmen und Mitarbeitern zu entfalten. Wir können so zur Entwicklung eines menschlichen Umfelds beitragen, das sowohl von Vertrauen und Respekt als auch von Höchstleistungen geprägt ist. Höchstleistung weniger im Sinne der Optimierung von funktionierenden Wesen oder Maschinen – Höchstleistung mehr im Sinne von Potenzialentfaltung, Ausdruck und Bündelung von Kreativität und Synergien in der Gemeinschaft. Schauen wir uns die wichtigsten Führungsprinzipien und eine Reihe von Werkzeugen an, die uns dabei helfen können.

Prinzipien und Werkzeuge menschlicher Führung

Kundenbegeisterung

Kundenbegeisterung fängt mit dem oder den Kunden an. Es geht hier nicht nur um Interessen und Anforderungen von Kunden. Es geht um deren Bedürfnisse. Um diese zu begreifen, adressieren und helfen lösen zu können, müssen wir den Kunden verstehen, uns in seine Lage versetzen, in seinen Schuhen gehen.

So selbstverständlich ein Kundenfokus ist, so frustrierend ist es festzustellen, dass viele Unternehmen, Manager und Teams vergessen haben oder schlicht nicht wissen, wer ihre Kunden sind, geschweige denn welche Bedürfnisse sie haben. Nicht selten werden Kunden mit den Interessen der Vorgesetzten, des Unternehmens oder der Aktionäre verwechselt. Sicherlich können sie auch Kunden in ihren Augen sein. Es sind aber keine Kunden, die ein Unternehmen oder eine Organisation am Leben halten. Selbst Aktionäre, die ein Unternehmen mit Geld ausstatten, werden sich dann von einem Unternehmen abwenden, wenn es nicht länger in der Lage ist, die eigentlichen Kunden zu bedienen. Sich deshalb auf die Befriedigung der Interessen und Erwartungen von Aktionären zu konzentrieren und dies als Treiber zu missbrauchen, ist kurzsichtig gedacht und betriebswirtschaftlich mittel- und langfristig fahrlässig. Gewinner eines solcher Fokus sind ein paar wenige Aktionäre und Manager, die einen Bonus einfahren, weil sie die kurzfristigen Gewinne optimiert, dabei aber vergessen haben, in die Zukunft zu investieren.

Ebenso wäre es gerade im digitalen Zeitalter kurzsichtig, nur auf die bestehenden Kunden zu achten und ihre Bedürfnisse zu befriedigen, sie vielleicht sogar zu begeistern. Sei es mit existierenden oder auch mit neuen, innovativen Produkten und Dienstleistungen. Die Märkte sind heute volatiler und dynamischer denn je. In einer solchen Umgebung verlangt es der unternehmerische Geist, auch neue Kunden zu gewinnen. Sei es, indem man existierende Produkte und Dienstleistungen auch in neuen Märkten einführt oder mit marktkreierenden Innovationen sowohl neue Märkte als auch neue Kunden gewinnt.

Denning fasst die verschiedenen Sichten auf einen Kunden wie folgt zusammen[178]:

	existierende Produkte und Dienstleistungen	neue Produkte und Dienstleistungen
neue Kunden	Expansion in neue Märkte	marktkreierende Innovation
bestehende Kunden	Konsolidierung	inkrementelle Innovation

Konzentriert sich ein Unternehmen mit seinen existierenden Produkten und Dienstleistungen auf seine bestehenden Kunden, konsolidiert es seinen Markt. Die Kunden werden mit neuen Produkten und Dienstleistungen in Form von inkrementellen Innovationen bedient. Die Kundenorientierung und Unternehmensausrichtung gewinnen an Dynamik, wenn ein Unternehmen seine existierenden Produkte und Dienstleistungen auch an neue Kunden bringen will. Es kann so in neue Märkte expandieren. Noch dynamischer wird es, wenn es ein Unternehmen schafft, neue Produkte und Dienstleistungen an vorher noch nicht bestehende Kunden zu verkaufen. Das Unternehmen schafft sich hiermit einen neuen Markt. Aufgrund des schnelllebigen Markts und der VUKA-Umwelt plädiert Denning dafür, dass sich Unternehmen zunehmend um marktkreierende Innovation kümmern sollten, wollen sie langfristig am Markt bestehen.[179]

Der Fokus, den Kunden einen echten Mehrwert zu liefern und nachhaltig zu begeistern, findet sich in mehreren Werkzeugen, die wir schon kennengelernt haben, wieder:
- **Produkt- oder Projekt-Charters**, also eine kurze Beschreibung eines Vorhabens, der Initiative oder des Projekts. Nicht nur beinhaltet eine Charter Auskunft über die Motivation, Vision und konkreten Ziele des Vorhabens, sie benennt auch die eigentlichen Kunden und grenzt diese von Stakeholdern ab, also Menschen oder Organisationseinheiten, die ein gewisses Interesse am Projekt haben, aber keine Abnehmer der neuen Produkte oder Dienstleistungen sind.

---

178 Denning, S. (2018, 70). *The Age of Agile: How Smart Companies Are Transforming the Way Work Gets Done.* American Management Association.
179 Denning lehnt sich an die sogenannte »Blue Ocean«-Managementstrategie von Kim und Mauborgne (2018, *Blue Ocean Shift: Jenseits des Wettbewerbs*. Vahlen) an. Grundgedanke ist es, dass sich Unternehmen nicht nur in etablierten Märkten bewegen und sich behaupten, sondern sich darum bemühen sollen, neue Märkte zu erschließen und so Innovation voranzutreiben. Während etablierte, von »blutiger« Konkurrenz geprägte Märkte mit einem roten (blutigen) Ozean verglichen werden, stehen neue, frische Märkte für einen blauen und sauerstoffreichen Ozean. Weitere Informationen hierzu unter https://de.wikipedia.org/wiki/Blue-Ocean-Strategie.

- **Product Backlogs** halten die Anforderungen und Bedürfnisse von Kunden in einer sortierten und nach Wertschöpfung priorisierten Liste zusammen und aktualisieren sie kontinuierlich.
- Die Arbeit wird durch **iterative, kundenfokussierte Praktiken** koordiniert.
- Die **Qualität** der eigenen Produkte und Dienstleistungen wird sichergestellt und auch geliefert.
- Es wird eine **ganzheitliche, marktöffnende Strategie** zur Analyse, Erkundung, Generierung und Sicherung von Märkten und Kunden angewandt. »Ganzheitlich« bedeutet, dass sowohl bestehende als auch neue Märkte und Kunden im Fokus der Analyse, Erkundung und Generierung stehen.

Ganzheitliche und nachhaltige Wertschöpfung

Ein Unternehmen kann auf Dauer nicht von kurzfristigen Gewinnen leben. Zweifellos sind vierteljährlich berichtete Ergebnisse wichtig. Aber sie müssen perspektivisch gesehen werden. Nicht die kurzfristigen Gewinne (EBIT) sind die Treiber des Geschäfts, sondern die Gesundheit des Unternehmens, das seine Kunden, Mitarbeiter und die gesamte Organisation umfasst. Ein Unternehmen muss sowohl die kurz-, mittel- als auch langfristige Wertschöpfung im Blick haben. Jede Organisation und jedes Unternehmen sollte wissen, woher es kommt, wohin es will und welche konkreten Ziele es verfolgt. Dies ist das MVP einer Organisation, das wir Kapitel 11 kennengelernt haben. Dieses MVP wie auch der Fokus auf eine ganzheitliche und nachhaltige Wertschöpfung sollten sich u. a. in folgenden Werkzeugen und Praktiken wiederfinden und widerspiegeln:

- **Ausgeglichene Anreizsysteme** sowohl für einzelne Mitarbeiter, Teams als auch Unternehmen als Ganzes mit kurz-, mittel- und langfristigen Zielen berücksichtigen die vier Werteversprechen des Human Business: Kundenbegeisterung, wirtschaftliche Wertschöpfung, menschlicher Gestaltungs- und Arbeitsraum und kontinuierliche Verbesserung.
- **Produkt- oder Projekt-Charters** sorgen dafür, dass die Ziele und Nutzen von allen Vorhaben im Einklang mit dem MVP der Organisation oder des Unternehmens sind und sie unterstützen.
- **Kontinuierliche Verbesserungen und Innovation** müssen gefördert und gelebt werden. Nicht nur für Produkte und Prozesse, sondern auch für die Mitarbeiter und die Arbeitsumgebung. Produkte und Prozesse allein innovieren nicht – es sind Menschen, die den Unterschied machen. Ein **ganzheitlicher Innovationsansatz** berücksichtigt dies. Deswegen ist es selbstverständlich, dass Mitarbeiterinnen und Mitarbeiter im Innovationsprozess eingebunden und anerkannt werden.

Menschlicher Gestaltungs- und Arbeitsraum

> *»Erzähle deinen Mitarbeitern nicht, wie sie Dinge zu tun haben.*
> *Sag ihnen, was sie tun sollen, und*
> *lass sie dich dann mit Ergebnissen überraschen.«*
> George Patton, amerikanischer General

Mitarbeiterinnen und Mitarbeiter sind keine funktionierenden Ressourcen, sondern Menschen und wollen als solche anerkannt werden. Wir tun deswegen gut daran zu helfen, das menschliche Potenzial zu entfalten. Die eigentliche Entfaltung dieses Potenzials obliegt jedem Einzelnen. Was Führung aber sehr wohl tun kann, ist, eine Umgebung zu schaffen, in der diese Potenzialentfaltung wahrscheinlicher wird. Hierzu gehören u. a. folgende Praktiken und Einstellungen:

- Mitarbeiter mit **Vertrauen, Respekt** und als **menschliche Wesen** behandeln, deren Kreativität und Potenziale entfalten
- **Mitarbeiter- und Führungsentwicklung** fördern
- **Empowerment** von Mitarbeitern: Mitarbeiter befähigen, statt sie zu kontrollieren
- die Entwicklung von autonomen, sich selbst organisierenden Teams und Teamnetzwerken fördern und unterstützen
- **offene Arbeitsumgebungen** schaffen, die die Zusammenarbeit und den Dialog fördern
- **inspirierende Führung** – weg von der Ausübung von Machtwerkzeugen wie Zwang, Drohung, Bestrafung und Anordnung oder Managementwerkzeugen wie Kontrollsystemen und starrer Planung und hin zu Führungswerkzeugen wie Storytelling, Konversation und Dialog, strategischer Planungen und Lernen
- **Leistung fördern** und **anerkennen**
- **Vorbild** sein

Die beste Weise, ein menschliches Arbeits- und Gestaltungsraum zu schaffen, ist es, selbst damit anzufangen und es zu tun.[180] Klar ist es schöner und bequemer, sich ins gemachte Nest zu setzen. Wenn es das aber nun mal nicht gibt und es keiner sich antut, es für mich zu machen, muss ich es schon selbst tun. Im Tun kann ich andere Mitarbeiter motivieren und inspirieren, mich zu unterstützen und gemeinsam zu gestalten. Es ist ein Wandel von unten nach oben. Ohne Frage kann dies mühsam sein. Die Früchte dafür sollten indes Ansporn genug sein.

---

180 Die agile Arbeitsweise muss nicht auf das Arbeiten in Unternehmen begrenzt sein. Peter Stevens und Maria Matarelli beschreiben in ihrem Buch *Guide to Personal Agility* (2019), wie man das agile Framework für sein persönliches Umfeld und Leben verwenden kann.

Die folgende Abbildung vergleicht traditionelle, modernere und menschliche Management- und Führungswerkzeuge miteinander.[181]

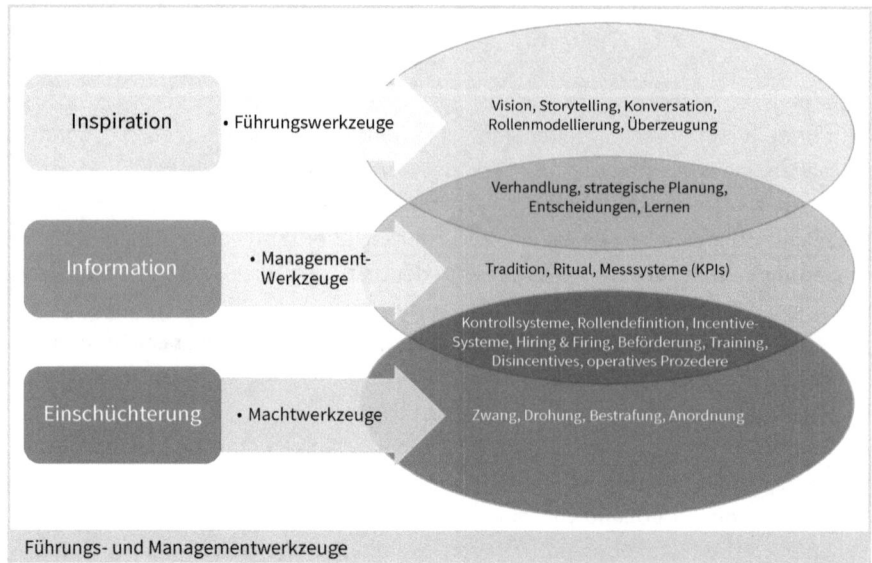

Führungs- und Managementwerkzeuge

Während traditionelle Führung Macht- und Managementwerkzeuge der Einschüchterung und des Informationsaustauschs von oben nach unten verwendet, will sowohl agile als auch menschliche Führung inspirieren. Sie verwendet Führungswerkzeuge wie Visionsentwicklung, Storytelling, Dialog, Rollenmodellierung und Überzeugung. Sofern erforderlich, werden auch Managementwerkzeuge wie Verhandlung, strategische Planung, Entscheidungen und Lernen genutzt.

Traditionelle Werkzeuge wie Zwang, Drohung, Bestrafung und Anordnung basieren auf dem Bild des Menschen als willenlose Arbeitsressource. Dem gegenüber stehen inspirierende Werkzeuge wie Storytelling oder Dialogführung, durch die Menschen als Menschen anerkannt und entsprechend behandelt werden. Als Menschen sind wir keine Maschinen, die funktionieren müssen. Wir sind anfällig, sind nicht perfekt. Und gleichzeitig können wir Höchstleistung liefern, wenn man uns denn lässt bzw. wenn das Umfeld dies ermöglicht.

Wirklich kompliziert ist es nicht, ein solches Umfeld zu schaffen. Schauen wir uns hierzu an, wie die NASA das macht und dabei Hochleistungsteams formt. Charles

---

181 https://www.forbes.com/sites/stevedenning/2011/07/23/how-do-you-change-an-organizational-culture/#5563fcda39dc.

J. Pellerin leitete das Projekt der NASA, das im Jahr 2008 das defekte Hubble-Teleskop reparierte. Nach der ersten gescheiterten Hubble-Mission ging das Projekt zur Hubble-Rettung als eines der erfolgreichsten Missionen der NASA in die Geschichte ein. In seinem Buch *How NASA Builds Teams*[182] fasst Pellerin vier Eigenschaften von Hochleistungsteams zusammen, nämlich:

- gegenseitiger Respekt, Mitarbeiter fühlen sich wertgeschätzt
- realistischer Optimismus, Commitment
- Mitarbeiter fühlen sich einbezogen, ihnen wird vertraut
- klare Organisationsstruktur und Verantwortlichkeiten

Keine dieser Eigenschaften ist technischer, sie sind alle zwischenmenschlicher Natur. An sich selbstverständlich und unprätentiös, alle diese Eigenschaften entsprechen dem gesunden Menschenverstand. Nur, zwischen dem gesunden Menschenverstand und der Praxis liegen manchmal Welten. Einen Grund, diese Eigenschaften nicht sicherzustellen, gibt es eigentlich keinen.

Leistung ist nichts Schlechtes oder Falsches. Ohne Leistung werden wir auch im 21. Jahrhundert nicht weit kommen. Darum ist es wichtig, Leistung anzuerkennen. Dies muss nicht immer mit Geld geschehen. Anerkennung bedeutet, dass Leistung gesehen und honoriert wird.

Wenn es aber schon einmal ein Bonussystem gibt, das an Leistungen gekoppelt ist, ist es wichtig, dass das Anreizsystem ganzheitliche und nicht ausschließlich egoistische oder kurzfristige Ergebnisse belohnt. Es sollte ein Mix von individueller wie auch Teamleistung und aus der Generierung von Mehrwert für Kunden, Mitarbeiter und Unternehmen sein und diese honorieren und so weitere Leistung, Teamgeist und Verantwortung fördern.[183]

Kontinuierliche Selbstverbesserung

Ein Gleichgewicht zwischen Kundenbegeisterung, wirtschaftlicher Wertschöpfung und einem menschlichen Arbeits- und Gestaltungsraum zu schaffen ist schwierig – aber lohnend. Hat man es erreicht, wäre Ausruhen das falsche Rezept. In einem dynamischen Umfeld sind die Elemente des Human Business ständigen Veränderungen von außen und innen ausgesetzt. So wie das Umfeld ist das Gleichgewicht dynamisch.

---

182 Pellerin, C. J. (2009). *How NASA Builds Teams: Mission Critical Soft Skills for Scientists, Engineers, and Project Teams*. John Wiley & Sons.

183 Laut Volini, E. et al. (2019). *From Employee Experience to Human Experience: Putting Meaning Back Into Work. 2019 Deloitte Global Human Capital Trends. Deloitte.Insights* benutzen die meisten Unternehmen weltweit immer noch ein Anreizsystem, das primär individuelle Leistung misst und honoriert (55 %). Nur in gut einem Drittel der Unternehmen wird die Leistung von Teams honoriert.

Das heißt, das Gleichgewicht zu halten ist womöglich genauso schwierig und genauso belohnend wie es zu Beginn herzustellen. Dies bedeutet nichts anderes, als dass wir ständig bemüht sein müssen, die drei Elemente im Blick zu haben – ebenso wie Veränderungen von innen und außen. Es gilt, das Gleichgewicht zu pflegen, zu stabilisieren und somit kontinuierlich zu verbessern. Voraussetzung hierfür ist eine aktive Lernkultur in der Führung wie im ganzen Unternehmen oder in der Organisation. Aktives Lernen erfordert **Mut** auf der einen Seite und »**Spielgeist**« auf der anderen Seite.

Mut deswegen, weil man von sich aus Neues ausprobieren, alte Muster ggf. hinterfragen oder verwerfen und Neuland betreten muss. Das müssen nicht immer riesige Weiterentwicklungen oder Innovationen sein. Auch kleinere inkrementelle Veränderungen können von großem Nutzen sein. Wichtig ist, dass man bereit ist zu lernen und dass dies gefördert und gefordert wird.

Spielgeist ist deswegen erforderlich, weil er uns hilft, alte Perspektiven hinter uns zu lassen, uns für Neues zu öffnen und mögliche Begrenzungen zugunsten des Ausprobierens zu sprengen.[184]

Große innovative Durchbrüche lassen sich nicht planen. Sie entstehen aus einer Vielzahl von Impulsen innerhalb und außerhalb des eigenen unmittelbaren Umfelds, setzen sich manchmal wie ein Puzzle aus vielen Teilen zusammen oder entstehen im Zusammenspiel mit anderen. Nicht umsonst ist eine der Kernforderung von Agil, in interdisziplinären Teams zu arbeiten. Es gilt, Wissenssilos aufzubrechen, Wissen miteinander zu verbinden und die Erfahrungen so zu vernetzen, dass etwas Neues, Größeres entstehen kann.

Wer innovativ sein will, macht unausweichlich Fehler. Problematisch ist es, wenn die Arbeitsumgebung kritisch auf Fehler schaut, sie möglicherweise verpönt oder sogar bestraft. Nun, wenn dies wirklich der Fall sein sollte, können wir zumindest sagen, dass ein solches Umfeld, in dem die Mitarbeiter Angst haben, Fehler zu machen oder sie zuzugeben, nichts mit Innovation am Hut hat oder auch nur haben will. Wer Neuland betreten und erkunden will, wird Fehler machen. Deswegen sollten Fehler nicht bestraft, sondern anerkannt werden. Ausschlaggebend ist nicht, ob und wie viele Fehler ich mache, sondern was ich daraus lerne und welchen Weg ich als Nächstes gehen will.

---

184 McDowell, Ehteshami und Sandell (2019) untersuchten, inwiefern das Schaffen einer eher spielerischen Umgebung zu mehr Leistung beiträgt. Sie kommen zu dem Schluss, dass Unternehmen, die bei der Schaffung einer angenehmen Arbeitsatmosphären führend sind, nicht nur Ideen an die Wand werfen, um herauszufinden, was funktioniert. Vielmehr verwenden sie Big Data und Analysen, um strategisch darüber nachzudenken, welche Aktivitäten ein Klima der Freude unterstützen, und passen sie entsprechend an (S. 140).
McDowell, T. et al. (2019). »Are you having fun yet?« *Deloitte.Insights*, January (24), 133–143.

Enthusiastische Skepsis ist der perfekte Partner des Optimismus

Wie wichtig und wertvoll eine gesunde Fehlerkultur ist, können wir am Google-Tochterunternehmen X sehen. In seinem TED2016-Vortrag »Der unerwartete Vorteil, ein Scheitern zu feiern« erklärt Astro Teller[185], wie die ausgeprägte Fehlerkultur in der »Moonshot Factory« von X die Teams zu Hochleistungen und zu vielen Innovationen führt.

> »Hier finden Sie einen Luft- und Raumfahrtingenieur, der mit einem Modedesigner und ehemaligen Militärkommandeuren zusammenarbeitet und mit Laserexperten Brainstorming durchführt. Diese Erfinder, Ingenieure und Macher haben sich Technologien ausgedacht, von denen wir hoffen, dass sie die Welt zu einem wunderbaren Ort machen können.
>
> Wir benutzen das Wort »Moonshots« [Mondschüsse], um uns daran zu erinnern, unsere Visionen groß zu halten – um weiterzuträumen. Und wir benutzen das Wort »Fabrik«, um uns daran zu erinnern, dass wir konkrete Visionen haben wollen – konkrete Pläne, die wir Wirklichkeit werden lassen wollen.
>
> Hier ist unser Moonshot-Entwurf:
>
> - Nummer eins: Wir wollen ein großes Problem auf der Welt finden, das viele Millionen Menschen betrifft.
> - Nummer zwei: Wir wollen eine radikale Lösung für dieses Problem finden oder vorschlagen.
> - Und dann Nummer drei: Es muss Grund zur Annahme geben, dass die Technologie für eine solch radikale Lösung tatsächlich gebaut werden könnte.
>
> Aber ich habe ein Geheimnis für Sie. Die Moonshot Factory ist ein unordentlicher Ort. Aber anstatt das Chaos zu vermeiden, tun wir so, als wäre es nicht da, versuchen wir, das zu unserer Stärke zu machen. Wir verbringen die meiste Zeit damit, Dinge kaputtzumachen und zu beweisen, dass wir falsch liegen. Das ist es, das ist das Geheimnis. Führen Sie zuerst die schwierigsten Teile des Problems aus. Seien Sie aufgeregt und jubeln Sie: »Hey! Wie werden wir unser Projekt heute beenden?« [...]
>
> Das Aufdecken eines Hauptfehlers in einem Projekt bedeutet nicht immer, dass das das Ende des Projekts ist. Manchmal bringt uns das tatsächlich auf einen produktiveren Weg. [...]

---

185 Teller, A. (2016). »The Unexpected Benefit of Celebrating Failure.« *TED2016*, 2016, https://www.ted.com/talks/astro_teller_the_unexpected_benefit_of_celebrating_failure.

Sie können nicht Leute anschreien und sie zwingen, schnell zu scheitern. Die Leute widersetzen sich. Sie fragen sich besorgt: »Was passiert mit mir, wenn ich versage? Werden mich die Leute auslachen? Werde ich gefeuert?«

Ich habe mit unserem Geheimnis angefangen. Ich überlasse Ihnen, wie wir es tatsächlich schaffen. Die einzige Möglichkeit, Menschen dazu zu bringen, an großen, riskanten Dingen zu arbeiten – kühnen Ideen – und sie dazu zu bringen, mit den schwierigsten Stellen des Problems anzufangen, besteht darin, dies für sie zum Weg des geringsten Widerstands zu machen.

Wir arbeiten hart an X, damit die Teams »sicher« scheitern können. Teams lassen ihre Ideen fallen, sobald Beweise dafür vorliegen, dass sie nicht funktionieren, weil sie dafür belohnt werden. Sie bekommen Applaus von ihren Kollegen. Umarmungen und High Fives von ihrem Manager, insbesondere von mir. Sie werden dafür befördert. Wir haben jede einzelne Person in Teams belohnt, die ihre Projekte beendet haben, egal ob es Teams mit nur zwei Personen waren oder Teams mit mehr als 30 Personen.

Wir glauben an Träume in der Moonshot Factory. Aber enthusiastische Skepsis ist nicht der Feind grenzenlosen Optimismus. Es ist der perfekte Partner des Optimismus. Es erschließt das Potenzial jeder Idee. Wir können die Zukunft schaffen, die in unseren Träumen steckt.«

!   **Wandel gestalten**

Moonshots, also großen Visionen, nachzugehen ist schon sehr weit gegriffen. Dabei können wir den Wandel schon im Kleinen gestalten. Lies dir das Folgende in Ruhe durch und reflektiere nach jedem einzelnen Punkt[186]:

Was wäre, wenn **ich**
- mehr zuhöre,
- positive Absichten unterstelle,
- neue Ideen unterhalte,
- des Teufels Advokaten spiele,
- mehr Feedback einfordere,
- mehr Feedback gebe,
- andere Perspektiven betrachte,
- mir erlaube, ohne Einschränkungen zu wünschen,
- in den Schuhen meines Kollegen laufe,
- Zeit draußen verbringe – außerhalb meiner Komfortzone?

---

186 Der Text ist ein Transkript des Videos von SpiritualCommerce: https://www.youtube.com/watch?v=s46M7AGG39I&list=FL-5xTt52ZDpWAVs1-OT1bvQ&index=9&t=0s

Was wäre, wenn **wir**

- uns bemühen, unsere Geschichten zu teilen,
- anderen helfen, ihre Werte zu verstehen,
- dazu ermutigen, neue Standpunkte einzunehmen,
- Erfolge öfter feiern,
- unsere Umgebung von Zeit zu Zeit ändern,
- Teamergebnisse genauso beeindruckend finden wie persönlichen Erfolg,
- dazu ermutigen, Risiken einzugehen,
- Offenheit proaktiv praktizieren,
- uns alle gegenseitig respektieren,
- ein Umfeld des Vertrauens und der Zusammenarbeit fördern,
- Unsere eigene Innovationskultur kreieren?

So können wir den Wandel passieren lassen und ihn gestalten.

Ganzheitliche und sinnerfüllte Führung

Jedes der Prinzipien menschlicher Führung für sich genommen ist wertvoll. Allerdings ist es erst die Kombination dieser Prinzipien, die eine ganzheitliche und sinnerfüllte Führung ausmacht. Bildlich gesprochen findet diese Führung in der Schnittmenge von Kundenbegeisterung, wirtschaftlicher Wertschöpfung (Business Value) und menschlichen Gestaltungs- und Arbeitsräumen (Happy Workplace) statt.

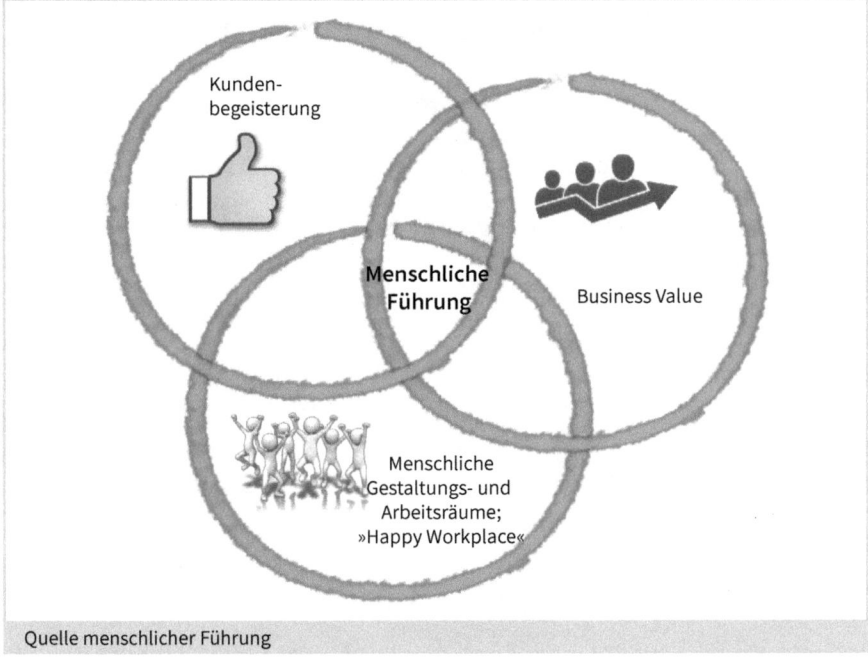

Quelle menschlicher Führung

Berücksichtigen wir den dynamischen Charakter des Umfelds und das wichtige Element der kontinuierlichen Weiterentwicklung, können wir das Venn-Diagramm als einen Möbius-Kreis darstellen (siehe Abbildung unten). Auch hier finden wir menschliche Führung in der Mitte des Kreises.

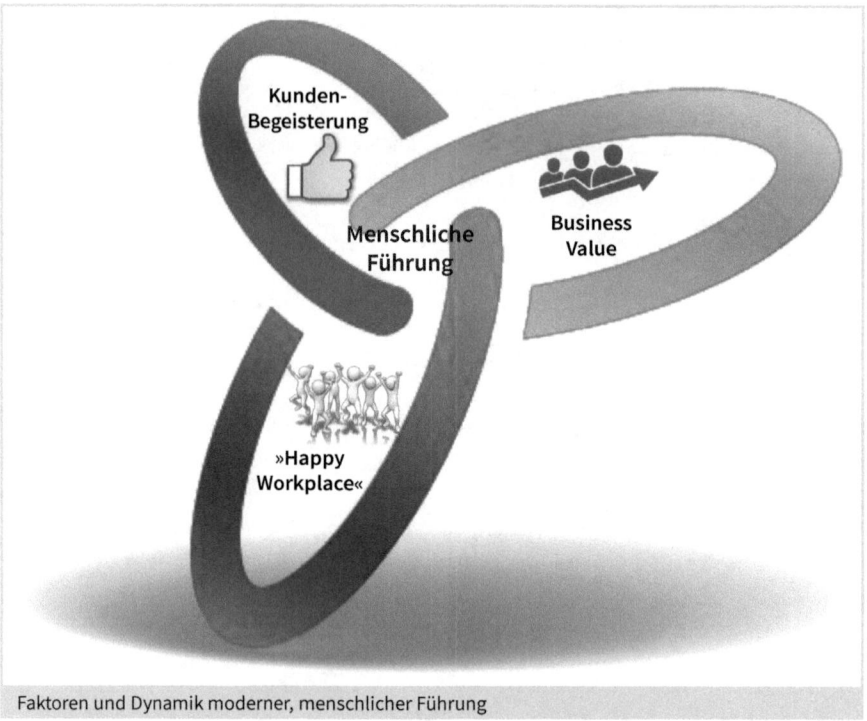

Faktoren und Dynamik moderner, menschlicher Führung

Was heißt es, Führung so zu entwickeln, dass sie nicht mehr kurzfristigen Zielen hinterherläuft und fremdgesteuert ist, sondern einem tieferen Sinn folgt? Darüber habe ich mich mit Julia von Winterfeldt unterhalten.

Sinnerfüllte Führung – Interview mit Julia von Winterfeldt, Gründerin von SOULWORX

Julia von Winterfeldt

Julia ist die Gründerin und Geschäftsführerin von SOULWORX, einem Purpose-&-Strategy-Kollektiv für Führungskräfte, Teams und Organisationen. Julias und die Mission von SOULWORX ist es, Führungskräfte dazu zu ermutigen, ihr authentisches Selbst zu zeigen und zu leben, mit dem höheren Ziel, die Arbeitswelt weiterzuentwickeln, um so einen echten Mehrwert für Menschen und Unternehmen zu generieren.

Purposeful Leadership

Thomas: Was ist sinnerfüllte Führung oder, wie man im Englischen sagt, »Purposeful Leadership«?

Julia: Eine sinnerfüllte Führung ist für mich die Fähigkeit, den Wünschen deines Herzens zu folgen. Es führt etwas an und zieht Anhänger um etwas an, das von Bedeutung ist oder eine sinnvolle Richtung hat. Die Anhänger sind erfüllt von dem, das du für notwendig hältst, um in dieser Welt umgesetzt zu werden. Du weist den Weg. Und vielleicht inspirierst du auch andere, an dieser sinnvollen Richtung teilzunehmen.

Thomas: Nehmen wir an, ich leite ein Team oder eine Geschäftseinheit, arbeite seit 20 Jahren für dieses Unternehmen und alles hat bisher gut geklappt. Bedeutet das, dass ich sinnerfüllt geführt habe?

Julia: Nun, ich würde den Begriff hinzufügen, in welche Richtung das führen soll. Also, wohin führst du? Was ist der Grund, warum du dich selbst und andere dazu bewegst? Wenn du also nur sagst, dass du ein Team geführt und das auf großartige Weise getan hast, würde das für mich nicht ausreichen. Ich möchte verstehen, wozu ihr – du und dein Team – beitragt. Was ist für das Team der Grund zu glauben, dass es der Führung folgen will – worauf will es zugehen?

Traditionelle versus moderne Führung

Thomas: Wenn ein Führer immer ergebnisorientiert gehandelt hat und tatsächlich seine Versprechen gehalten hat, sprich, sehr erfolgreich war und z. B. beigetragen hat, riesige EBITs zu generieren, würdest du sagen, dass dieses traditionelle Führungsmodell veraltet ist? Wenn ja, was hat sich oder was hat sich nicht geändert?

Julia: EBIT ist nicht der Grund, etwas zu tun. Es ist das Ergebnis von etwas. Was sich meiner Meinung nach geändert hat, ist, dass wir unterschiedliche Dynamiken erkennen, sei es Digitalisierung, Interkonnektivität, Globalisierung oder den Klimawandel, gegen den wir stärker eintreten müssen – also wie wir uns an der Bewältigung oder Lösung dieser globalen Dynamik beteiligen können. Was sich aus meiner Sicht geändert hat, ist, dass Führung noch stärker mit einer größeren Dynamik als nur mit dem, was in einer Organisation über das EBIT oder die Finanzergebnisse hinaus geschieht, synchronisiert werden muss.

Mit sinnerfüllter Führung anfangen

Thomas: Nehmen wir an, ich bin an sinnerfüllter Führung interessiert, obwohl ich skeptisch bin, aber ich möchte es trotzdem versuchen. Wo fange ich an?

Julia: Mit dir selbst. Ich würde zuerst verstehen wollen, warum du skeptisch bist. Denkst du, dass sinnerfüllte Führung eine Botschaft ist? Ist sinnerfüllte Führung eine Sache, an die man glauben muss? Ja.

Wenn du also skeptisch bist, weil du nicht weißt, was sinnerfüllte Führung ist, ist die erste Frage, mit der du dich befassen könntest, zu verstehen, warum du in der Rolle, die du heute innehast, bist. Was treibt dich an in dieser Rolle?

Zum Beispiel könnte man sagen: »Ich bin jetzt seit 20 Jahren im Automobilgeschäft tätig, also bin ich gut darin.« Okay, das ist großartig. Gehen wir noch einen Schritt weiter: Warum bist du dort 20 Jahre lang geblieben? »Weil ich die Branche recht gut kenne.« Die nächste Frage könnte lauten, warum du so lange in dieser Branche geblieben bist. Du könntest erklären, dass dies so ist, weil du gut darin bist oder weil du die Menschen magst oder weil du jetzt eine Position erreicht hast, in der du mehr Macht hast.

Dann könnte ich diesen letzten Punkt, dass du jetzt mehr Macht hast, aufgreifen und fragen, welche Auswirkungen du mit dieser Macht tatsächlich hast. Was kannst du an diesem Ort oder in deiner Machtposition erreichen? Wenn die Antwort lautet: »Nun, wir verdienen mehr Geld« oder »Ich helfe dem Unternehmen, größer und einflussreicher zu werden«, fordere ich dich heraus und frage, für wen du dies tatsächlich tust. Wenn du erklärst, dass dies im Wesentlichen für die finanziellen Interessengruppen gilt, würde ich sagen, dass dies für eine sinnerfüllte Führung nicht ausreichend ist.

Ich denke, es ist an der Zeit, dass du diese Machtposition gegenüber weiteren Stakeholdern nutzt. Finde heraus, wie du nicht nur deine finanziellen Stakeholder, sondern auch deine wirklichen Kunden und möglicherweise die Gemeinschaft, das heißt die Mitarbeiter und die Gemeinschaft darüber hinaus, also vielleicht sogar die breite Öffentlichkeit, erreichst. Was ist es, was du beitragen kannst, über deine Rolle und den Nutzen dieser Rolle nachzudenken und zu überlegen, wie du mit dieser Macht auf positive Weise einen noch größeren Einfluss haben kannst, auf das, was du tust.

Es geht also weniger um Macht als solche, sondern um Einfluss und den Sinn deines Tuns.

Thomas: Nehmen wir an, ich habe meinen Sinn oder meinen persönlichen Treiber gefunden, kann aber meine Rolle nicht ändern. Wie kann ich mein Umfeld verändern, wenn ich sinnerfüllt führe? Welche Auswirkungen können ich oder andere Menschen davon erwarten? Wie können sie sehen, ob etwas anders ist?

Julia: Nun, ich gehe davon aus, dass du, wenn du deinen persönlichen Treiber gefunden hast, entweder mehr darüber redest oder fortan dein Leben anders führen möchtest.

Bleiben wir beim Arbeitsumfeld. Du beginnst, aus deinem Treiber heraus zu führen. Du weißt, woran du wirklich glaubst, was du in die Welt bringst.

Das Erste, was du ändern solltest, ist die Art und Weise, wie du über dich selbst sprichst und den Grund, warum du in dieser Rolle bist.

Das Zweite ist, dass du nicht nur die Ziele deiner Rolle auf diesen Sinn und Zweck ausrichtest, sondern auch die Ziele des Teams. Du erklärst, warum du etwas tust und wie du es bewirken kannst, welche Ziele du für dich selbst setzen möchtest, um zum größeren Warum oder zum höheren Sinn zu gelangen. Das könnte eine zweite Veränderung im Arbeitsumfeld sein.

Das Dritte könnte sein, wie du auf der Grundlage des Sinns arbeitest, dem du als Einzelperson folgst und dem dann hoffentlich auch dein Team folgt. Vielleicht ändern sich dann auch die Werte, die du bisher verfolgt hast, und richten sich nach dem Sinn aus.

Ich gebe dir ein Beispiel: Der Wert, mehr Mut zu haben, die Art und Weise, wie du mit diesem Mut umgehst, wird anders. Er hat eine andere Endgültigkeit oder einen anderen Sinn. Daher ändern sich die Werte selbst möglicherweise nicht so stark wie die Art und Weise, wie du nach ihnen handelst.

Und zu guter Letzt kann sich die Art und Weise ändern, wie du die Dienste oder Produkte tatsächlich herstellst.

Es ist also nicht so, dass es, sobald du deinen Sinn und persönlichen Treiber gefunden hast, am nächsten Tag völlig anders sein wird. Ich denke, es beginnt einfach in dir zu arbeiten. Du wirst das als Erstes an der Kommunikation erkennen: Die Art und Weise, wie du zu dir selbst stehst, wie du dich selbst beschreibst, wird sich ändern. Denn jetzt merkst du:»Wow, jetzt weiß ich, warum ich in dieser Rolle hier bin, was und wie ich in dieser Rolle beitragen kann. Ich werde anders darüber sprechen als ich bislang meine Rolle gelebt und erfüllt habe.«

Den persönlichen Treiber finden

Thomas: Eine persönliche Frage: Wie hast du deinen Sinn oder persönlichen Treiber gefunden?

Julia: Tatsächlich habe ich mich dem »True Purpose Institute«[187] in San Francisco angeschlossen und mich bei der Suche nach meinem Sinn coachen lassen. Es war eine achtmonatige Reise und ich habe mich dabei sowohl aus der Ego-Perspektive als auch aus einer intuitiven Perspektive betrachtet. Ich wusste, dass ich, wenn ich die Antworten aus einer Ego-Perspektive und dann aus einer intuitiven Perspektive habe, sowohl in meinem logischen als auch in meinem intuitiven Verstand begreifen kann, was mein Sinn ist.

Was du während dieses Prozesses erreichen musst, ist, all die Konditionierung, all die begrenzenden Überzeugungen, die du hast, oder die Ängste, die du durchmachen musstest, diese Schmerz- und Schattenarbeit rückgängig zu machen. So kann heraus und zum Ausdruck kommen, was wirklich in dir drin ist, das du vertuscht hast oder nicht mehr anschauen möchtest oder nie bemerkt hast.

Führung für jedermann

Wenn ich von Führung spreche, bedeutet das nicht, dass ich nur eine Person meine, die ein Truppe anführt. Führung ist rollenunabhängig. Sie kann von jeder Person gelebt werden. Das gilt insbesondere für agile und menschliche Führung, bei der es keine strenge und unflexible, hierarchische Führung von oben nach unten gibt. Wenn wir also von »Führungsmentalität« und »Führung« sprechen, meinen wir nicht ausschließlich die traditionelle Führungsebene. Führung kann sowohl von einer Manage-

---

187 http://www.truepurposeinstitute.com

rin, einem Product Owner, einer Teammoderatorin oder einem Teammitglied praktiziert werden. Die Reichweite und Auswirkung der Führung mögen sich unterscheiden, die Werte und Prinzipien sind die gleichen.

Deswegen gilt auch: Je mehr Mitarbeiterinnen und Mitarbeiter in einer Organisation wissen, was Führung in einem agilen Umfeld oder Human Business ausmacht, desto besser für alle Beteiligten – seien es die Mitarbeiter, das Unternehmen als solches oder die Kunden. Praktizieren kann diese Art von Führung jeder von uns.

Ist ein agiles Unternehmen auch ein Human Business?

An dieser Stelle möchte ich die Gretchen-Frage stellen, ob denn ein agiles Unternehmen nicht automatisch auch ein Human Business ist und ob agile Führung gleichzusetzen ist mit menschlicher Führung. Ich möchte die Frage mit »Jein« beantworten.

Agil bricht mit ihrem Führungs- und Managementansatz, ihrer Mentalität und ihren Praktiken die alte, traditionelle Unternehmenswelt auf, die in der VUKA-Welt an ihre Grenzen stößt. Agil bringt damit mehr als nur frischen Wind in ein modriges Gebilde. Agil stellt die »alte«, tayloristische Welt auf den Kopf. Agil schickt Taylor gewissermaßen in den wohlverdienten Ruhestand. Obwohl: Wenn man Taylor beim Wort nimmt, der 1911 schrieb, »In the past, man has been first. In future, the system must be first.«[188], leitet Agil eine Reise in die Vergangenheit ein, an deren Ende der Mensch wieder im Mittelpunkt steht und Treiber unternehmerischen Handelns ist.

Die Frage ist, ob Agil diese Reise zu Ende geht.

Ich glaube, dass Agil noch auf der Reise ist. Der Fokus von Agil liegt nicht länger auf dem Unternehmen, sondern den Kunden, autonomen Teams und Teamnetzwerken sowie wirtschaftlicher Wertschöpfung. Natürlich kommt hier überall der Mensch vor. Es stellt sich allerdings die Frage: Welchen tiefer liegenden Sinn verfolgen agile Unternehmen?

Fakt ist, dass es bereits viele Unternehmen und Organisationen gibt, die Agil verstanden und verinnerlicht haben und es leben. Gerne werden hier auch Unternehmensriesen wie Amazon, Apple oder Google genannt. Wenn man allerdings betrachtet, wie geschickt sich diese Unternehmen aus ihrer sozialen und gesellschaftlichen Verantwortung ziehen, indem sie es verstehen, das Steuerzahlungen zu verhindern, kommen ernsthafte Zweifel auf, ob solche Unternehmen wirklich menschlich sind. Ähn-

---

188 F. W. Taylor (1911, 7). *The Principles of Scientific Management*. Harper & Brothers.

lich sieht es bei der Gestaltung der Arbeitsbedingungen von Vertriebsmitarbeitern bei Amazon aus, die systematisch ausgebeutet werden.[189] Ein »Happy Workplace« ist sicher etwas anderes. So liegt die Vermutung nahe, dass diese Unternehmen Agil eher oder primär als effektive Werkzeuge verwenden, um traditionelle Unternehmensziele zu verfolgen. Das ist durchaus legitim. Nur, dann handelt es sich nicht wirklich um ein agiles **und** menschliches Unternehmen.

Ein Unternehmen, das sich nach außen hin agil gibt, Agil predigt und in vielen Bereichen praktiziert, nicht aber die Motivation und Vision von Agil verinnerlicht, ist nicht agil, sondern praktiziert eine Form von »Fake-Agil«. Dies gilt insbesondere dann, wenn es bei der ersten Herausforderung, die ein Wandel nun einmal mit sich bringt, in alte Verhaltensmuster zurückfällt. Fake-Agil ist somit Ausdruck von Angst vor Veränderungen, zeugt von Realitätsfremdheit und zeigt einen Mangel an Mut und Commitment, die Zukunft aktiv zu gestalten.

Insofern glaube ich persönlich, dass die Reise, die Agil eingeschlagen hat, noch nicht zu Ende ist und dass der Wandel weitergeht. Agil bietet dabei wichtige und sehr wertvolle Werte, hilfreiche Philosophien der Führung und des Managements sowie Werkzeuge, die für die Reise und somit die Entwicklung zu einem menschlichen Unternehmen und Umfeld nützlich sind. In dieser Hinsicht ist Agil ein Türöffner vom traditionellen hin zum Human Business. Und es bedarf ganzheitlicher und sinnerfüllter Führung, diese Tür zu finden und den Öffnungsprozess zu erleichtern und so einen möglichst schnellen Innovationsprozess zu unterstützen.[190]

Bildlich gesprochen kann man dies mit der Verwandlung einer Raupe in einen Schmetterling vergleichen. Traditionelle Unternehmen, Raupen, fressen sich voll, wo und wann immer es geht. Zum Glück gibt es viel Futter und das Leben ist gut. Aber, und das ist entscheidend, das Fressen und Es-sich-gutgehen-Lassen sind nicht der Sinn und Zweck der Raupe – auch wenn eine Raupe das glauben mag. Vielmehr geht es darum, ausreichend Energie für die Umwandlung in einen Schmetterling zu speichern.

Auf Unternehmen übertragen bedeutet dies nichts weniger als dass der traditionell verstandene Sinn eines Unternehmens – Profitmaximierung – kurzfristig gelten mag und durchaus seinen Zweck erfüllt. Als Ganzes betrachtet ist er aber irreführend. Denn er ist weder ganzheitlich noch nachhaltig und nur eine Vorbereitung oder Zwischen-

---

189 Siehe z. B. Fung, B. (2019). »Google's tensions with employees reach a breaking point«, online verfügbar unter: https://edition.cnn.com/2019/11/26/tech/google-employee-tensions/index.html

190 In Anlehnung an das Zitat »What do you do as a leader in order to support a fast paced innovation process? What is your leadership work?‹ A good reply: ›My real leadership work is that I facilitate the opening process.‹« in Scharmer, C. O. (2009, 314). *Theory U: Leading from the Future as It Emerges*. Berrett-Koehler.

schritt zum eigentlichen Sinn und Zweck des Unternehmens – nämlich dem Dienst am Menschen durch den Menschen.[191]

Verpuppt sich die Raupe, handelt es sich nicht um eine einfache Weiterentwicklung des Lebewesens. In der Transformation löst sich die Raupe innerhalb der Puppenhülle vollkommen auf. Es ist eine vollständige Metamorphose. Nichts bleibt, wie es war. Es entsteht etwas Neues.

Vergleichen wir die Transformation der Werte und Prinzipien traditioneller Unternehmen hin zu agilen und dann zu den Human-Business-Werten und -Prinzipien, erfordert dies ebenso einen radikalen Wandel. Dieser Wandel kann in seiner Ausgestaltung nur bedingt geplant werden. Stattdessen benötigt es ein Sich-Einlassen auf den Wandel und das Loslassen von alten Mustern, Werten und Fokuspunkten. Dies wiederum erfordert Zeit und Mut. Es ist ein aktives Annehmen und Gestalten der Transformation und somit ein Ja-Sagen zum Überleben und Leben des Unternehmens. Einen Weg zurück in die Vergangenheit – also von der Puppe hin zur Raupe – gibt es nicht, auch wenn die Transformation nicht reibungslos geht. Wenn eine Raupe in ihrem Kokon zerfällt und diesen chaotischen Eintopf kreiert werden imaginale Zellen – latente Zellen des zukünftigen Schmetterlings – aktiv. Die alten Zellen spüren die Anwesenheit der neuen Zelle und beginnen tatsächlich, die neue Zelle anzugreifen. Aber die imaginalen Zellen senden eine Frequenz aus. Dadurch finden sich die imaginalen Zellen gegenseitig, sie gruppieren sich, arbeiten zusammen und können sich vermehren. Schließlich erreichen sie einen Wendepunkt und die alten Zellen der Raupe weichen zurück und lösen sich auf.

---

191 Aus wirtschaftstheoretischer Sicht verlässt diese Aussage das Labor der neoklassischen Ökonomie, die den Menschen als rationalen Akteur mit dem Sinn und Zweck der Nutzenoptimierung versteht. Als Ökonom verstehe ich den enormen Erklärungswert dieses Modells. Nur kommt es an seine Grenzen, wenn man menschliches Verhalten in einer VUKA-Welt erklären oder sogar vorhersagen will. Krampfhaft am neoklassischen Modell festzuhalten und es zu verteidigen verleugnet die Realität und ist ein Zeichen, dass man im Elfenbeinturm gefangen ist. Wenn Ökonomen (und auch ich genoss eine neoklassische Ökonomie-Ausbildung), indes zugeben und erkennen, dass die rationalen Akteure echte Menschen und mehr als nur Ressourcen in Firmen sind, öffnet sich das Betrachtungsspektrum.
Dass es auch anders geht, beweisen u. a. diese Autoren, die mich selbst stark beeinflusst haben:
Eggertsson, T. (1990). *Economic Behavior and Institutions.* Cambridge University Press.
Kahnemann, D. (2012). *Schnelles Denken, langsames Denken.* Siedler.
Kahnemann, D. und Tversky, A. (Hrsg.) (2000). *Choices, Values, and Frames.* Cambridge University Press.
North, D. C. (1990, 159). *Institutions, Institutional Change and Economic Performance.* Cambridge University Press.
Nelson, R. R. und Winter, S. G. (1982). *An Evolutionary Theory of Economic Change.* Harvard University Press.
Thaler, R. H. (2016). *Misbehaving: The Making of Behavioral Economics* (W. W. Norto). New York.
Ich selbst erkläre die Grenzen des neoklassischen Ansatzes in:
Juli, T. (1997). *The Logic of Social Interactions in Foreign Policy: The 1994–1996 US-Chinese Negotiations on Intellectual Property Rights.* University of Miami, online verfügbar unter: http://www.thomasjuli.com/Logic of Social Interactions in Foreign Policy – December 1997 – by Thomas Juli – all rights reserved.pdf
Juli, T. (1994). *A Rational Choice Model of Trade Policies: Incorporating Institutional Economics into Traditional Game Theory* (Economics Working Papers Archive Washington University in St. Louis No. ewp-it/9410005).

Die gemeinsame Frequenz der imaginalen Zelle sind hier die agilen Werte und Prinzipien und die des Human Business. Denn wenn genug Menschen in einem Unternehmen nach diesen Werten und Prinzipien arbeiten, finden sich immer mehr und arbeiten zusammen. Wenn genügend Mitarbeiterinnen und Mitarbeiter so zusammenarbeiten, können wir den Wendepunkt erreichen, an dem sich mehr von uns in Richtung dieser Schmetterlingswelt – in Richtung Human Business – bewegen möchten. Die Hoffnung ist, dass wir die alte Art und Weise, Dinge zu tun, überlisten und überwinden.[192]

Mit dem Schlüpfen des Schmetterlings aus der alten Puppenhülle erreicht die Raupe ihren eigentlichen Sinn und Zweck, nämlich Schmetterling zu sein. Die Transformation ist vollendet und neue Perspektiven ergeben sich. Natürlich gibt es auch für den Schmetterling neue Gefahren – aber ihm steht auch eine sehr viel größere Welt offen, die es zu erkunden gilt.

Ähnlich verhält es sich bei Unternehmen, die sich von einem agilen Unternehmen hin zu einem Human Business weiterentwickeln. Man arbeitet nicht länger für ein Unternehmen, sondern für die Menschen, seien es die Kunden, die Mitarbeiter oder die Gesellschaft.

In einem Human Business arbeiten die Mitarbeiter für die Menschen, sowohl im als auch außerhalb des Unternehmens. Es ist ein ganzheitliches und sinnerfülltes Arbeiten. Das ist ein feiner, aber sehr bedeutender Unterschied zu einem agilen Unternehmen. Agile Unternehmen haben alle Ansätze, sich in diese Richtung hin zu entwickeln. Aber ein agiles Unternehmen kann erst dann zu einem Human Business werden, wenn sich seine Werte und Prinzipien an die eines Human Business anpassen. Elemente eines Human Business sind bereits in den agilen Werten und Prinzipien enthalten. Agile Werte und Prinzipien können helfen, ein Umfeld zu kreieren, in dem sich das menschliche Potenzial entfalten kann. Sie dienen somit als Katalysator für ein Human Business.

Die verschiedenen Werte und Prinzipien sind in der folgenden Abbildung noch einmal zusammengefasst[193]:

---

192 Du hast sicher erkannt, dass ich Kim Polmans Ausführungen zur goldenen Regel adaptiert habe.
193 Der Vergleich der Werte, Ziele und Praktiken ist angelehnt an Barretts 7-stufigen Bewusstseinsmodell (https://www.valuescentre.com/barrett-model/).

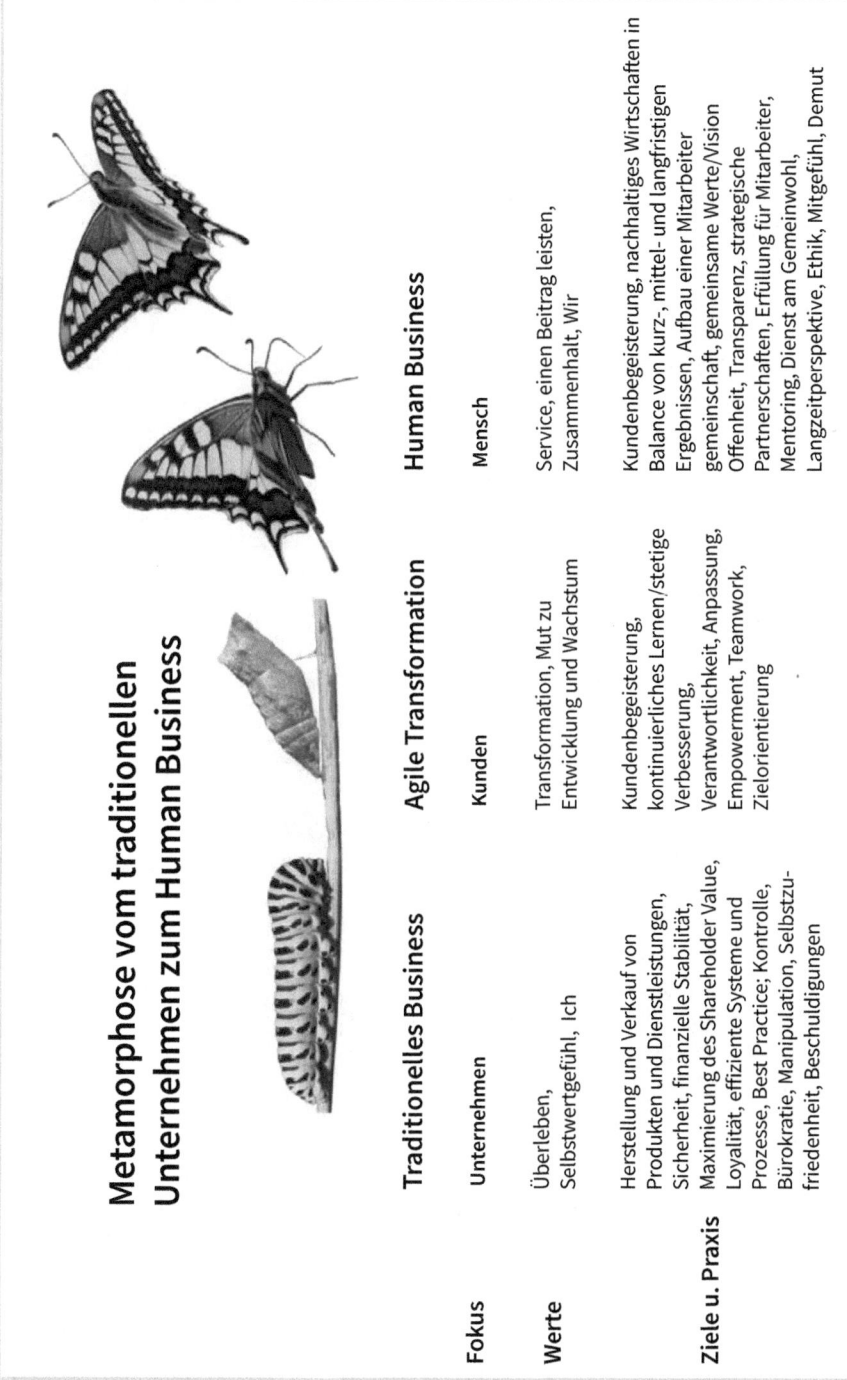

Metamorphose vom traditionellen Unternehmen zum Human Business

	Traditionelles Business	Agile Transformation	Human Business
Fokus	Unternehmen	Kunden	Mensch
Werte	Überleben, Selbstwertgefühl, Ich	Transformation, Mut zu Entwicklung und Wachstum	Service, einen Beitrag leisten, Zusammenhalt, Wir
Ziele u. Praxis	Herstellung und Verkauf von Produkten und Dienstleistungen, Sicherheit, finanzielle Stabilität, Maximierung des Shareholder Value, Loyalität, effiziente Systeme und Prozesse, Best Practice; Kontrolle, Bürokratie, Manipulation, Selbstzufriedenheit, Beschuldigungen	Kundenbegeisterung, kontinuierliches Lernen/stetige Verbesserung, Verantwortlichkeit, Anpassung, Empowerment, Teamwork, Zielorientierung	Kundenbegeisterung, nachhaltiges Wirtschaften in Balance von kurz-, mittel- und langfristigen Ergebnissen, Aufbau einer Mitarbeitergemeinschaft, gemeinsame Werte/Vision Offenheit, Transparenz, strategische Partnerschaften, Erfüllung für Mitarbeiter, Mentoring, Dienst am Gemeinwohl, Langzeitperspektive, Ethik, Mitgefühl, Demut

Wandel vom traditionellen Unternehmen zum Human Business (in Anlehnung an Barrett Seven Levels Model of Consciousness, https://www.valuescentre.com/barrett-model) (Motiv: © JPS, Adobe Stock)

Wichtig: Wir dürfen diesen Wandel nicht als einen linearen Prozess verstehen. Transformation ergibt sich aus Lernen und Wachstum. Wenn ein Unternehmen agiler wird, bedeutet dies nicht, dass es sämtliche bewährte und noch immer wertvolle Praktiken über Bord wirft. Gleiches gilt für den Übergang von der agilen Transformation zu einem Human Business. Was sich ändert, sind die Werte und Prinzipien des Unternehmens und folglich die Zusammenarbeit. Praktiken helfen dabei, diese Transformation zu gestalten. Wir werden diesen Punkt im folgenden Kapitel aufnehmen.

Die Umstände für diese Transformation, vom traditionellen zum agilen Unternehmen und dann zum Human Business, sind im digitalen Zeitalter optimal. Wir müssen denn Wandel nur zulassen, aktiv fördern und gemeinsam gestalten. Aufhalten können wir ihn nicht, wollen wir überleben. Denning schreibt hierzu:

> »Im aufstrebenden agilen Zeitalter konzentriert sich die Dynamik auf Menschen, die anderen Menschen Freude bereiten. Wenn eine Organisation – oder eine Gesellschaft – von Menschen mit dieser Denkweise bevölkert wird, kann sie eins mit sich selbst sein, eins mit denen, für die die Arbeit ausgeführt wird, eins mit denen, die die Arbeit ausführen, und eins mit der sie umgebenden Gesellschaft, in der sie tätig ist. In einer solchen Welt ist die Bedeutung von ›der Würde des Menschen‹ frisch und belebend.«[194]

Agil ist somit ein Türöffner und Katalysator für das Human Business.[195]

Weiterführende Ideen und Übungen

- Analysiere deine eigene Arbeitsumgebung mithilfe der Abbildung »Wandel vom traditionellen zum Human Business«: Was ist der Fokus? Welche Werte werden gelebt? Was sind die tatsächlichen Ziele und wie sieht die Praxis aus?
- Suche nach Unternehmen, Organisationen oder auch Teams, die die Kennzeichen eines Human Business heute schon leben.
  - Was macht sie so besonders?
  - Wer oder was hat dazu beigetragen, dass sie sich so entwickelt haben?
  - Was kannst du davon in deine eigene Arbeitsumgebung mitnehmen?
- Finde heraus, was deine eigenen Werte sind, indem du z. B. das kostenlose Werte-Assessment vom Barrett Values Centre machst. Das Ausfüllen des Fragebogens dauert fünf Minuten. Der Test ist in mehreren Sprachen erhältlich: https://www.valuescentre.com/tools-assessments/pva/.

---

194 Denning, St. (2018, 250). *The Age of Agile: How Smart Companies Are Transforming the Way Work Gets Done.* American Management Association.
195 Kritiker der Agilität werfen oft ein, dass sich das Konzept nicht skalieren ließe. Abgesehen davon, dass dieser Vorwurf nicht zwingend haltbar ist, wenn man einen Blick auf Großunternehmen wie Google, Amazon, Microsoft oder Apple wirft, erübrigt sich der Vorwurf, wenn wir Agilität als einen Türöffner oder Katalysator für ein Human Business verstehen.

17 Einstieg ins Human-Business-Design

»Ein Gärtner baut keine Pflanzen an.
Er schafft eine Umgebung, in der Pflanzen gedeihen können.«
Unbekannt

Kernpunkte   !

- Der Wandel zu einem Human Business ist keine Spielwiese für mechanische Planspiele. Genauso irreführend wäre der Glaube, dass sich die Entwicklung zu einem Human Business linear vollzieht.
- Transformation ergibt sich aus Lernen und Wachsen. Praktiken, geleitet von Werten und Prinzipien, helfen dabei, diese Transformation zu gestalten.
- Werte und Prinzipien bilden die Grundlage eines Human Business. Sie ermöglichen eine unendliche Anzahl an Praktiken.
- Eine oder mehrere Praktiken für sich genommen machen, wenn die Werte und Prinzipien des Human Business nicht verinnerlicht und gelebt werden, noch kein authentisches Human Business aus.
- Der Aufbau einer Kultur des Wandels zu einem Human Business beginnt mit dem Verständnis der zugrunde liegenden Werte der involvierten Menschen. Werte – bewusst oder unbewusst – sind die Motivation für jede getroffene Entscheidung oder Maßnahme.
- Das Konzept des Human Business ist so ausgelegt, dass es sowohl für etablierte Unternehmen als auch für Start-ups und neue Projekte geeignet ist.
- Es gibt nicht den einen und einzigen Einstieg, ein Unternehmen hin zu einem Human Business zu entwickeln – man kann einen solchen Wandel schon gar nicht generalstabsmäßig planen.
- Ein top-down angestoßener Wandel kann nur dann funktionieren, wenn das gesamte Umfeld die Notwendigkeit und den Mehrwert dieses Wandels versteht und ihn umsetzen will. Zusätzlich müssen die Anreizsysteme für alle Mitarbeiter dies nachhaltig unterstützen.
- Mit die effektivste und nachhaltigste Einstiegsmöglichkeit, einen Wandel anzustoßen, ist eine gemeinsam getragene Transformation im Dialog und über alte Hierarchiegrenzen hinweg.

Design-Grundlagen

Wenn wir von »Human-Business-Design« sprechen, dürfen wir nicht folgende gravierende Fehler machen: Annehmen, dass man ein Human Business am Reißbrett planen und dann 1 : 1 umsetzen kann. Der Wandel zu einem Human Business ist keine Spielwiese für mechanische Planspiele. Genauso irreführend wäre der Glaube, dass sich die Entwicklung zu einem Human Business linear vollzieht. Nichts könnte ferner von der Realität sein. Transformation ergibt sich aus Lernen und Wachsen. Wenn ein Unternehmen agil(er) wird, bedeutet dies nicht, dass es sämtliche bewährte und noch immer wertvolle Praktiken über Bord wirft. Gleiches gilt für den Übergang von einem agilen Unternehmen zu einem Human Business. Was sich ändert, sind die Werte und Prinzipien des Unternehmens sowie die Zusammenarbeit. Praktiken helfen dabei, diese Transformation zu gestalten. Die Werte und Prinzipien des Human Business ermöglichen eine unendliche Anzahl an Praktiken. Ein paar wenige herauszunehmen wäre wenig hilfreich, weil jedes Unternehmen, jede Organisation oder jedes Projekt seine ganz besondere Umgebung und Umstände hat und nach angepassten Praktiken verlangt. Grafisch können wir den Zusammenhang von Werten und Führungsprinzipien, Gestaltungsprinzipien und Praktiken im Human Business wie folgt darstellen:

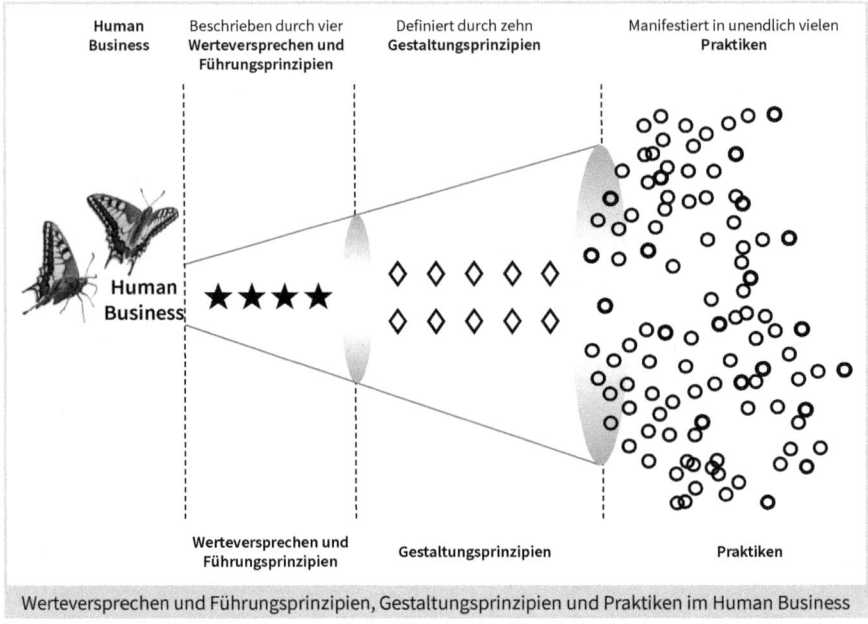

Werteversprechen und Führungsprinzipien, Gestaltungsprinzipien und Praktiken im Human Business

Eine oder mehrere Praktiken für sich genommen machen, ohne dass die Werte und Prinzipien des Human Business verinnerlicht und gelebt werden, noch kein authentisches Human Business aus. Die Werte und Prinzipien des Human Business bilden den Grundstock des Human Business. Der Einfachheit halber schauen wir sie uns noch einmal an.

> **!** **Werteversprechen/Führungsprinzipien des Human Business**
>
> 1. Wir wollen unsere Kunden begeistern.
> 2. Wir vertrauen, respektieren und kümmern uns um unsere Mitarbeiterinnen und Mitarbeiter. Wir bauen menschliche Gestaltungs- und Arbeitsräume (»Happy Workplace«).
> 3. Wir entwickeln und sichern einen nachhaltigen Geschäftswert.
> 4. Wir verbessern uns ständig weiter.

Jedes dieser Werteversprechen und Führungsprinzipien für sich ist wertvoll und kann etwas bewirken. Aber erst wenn wir alle vier realisieren, können sie ihre ganze Magie entfalten.

Grafisch können wir die Werteversprechen und Führungsprinzipien wie folgt darstellen:

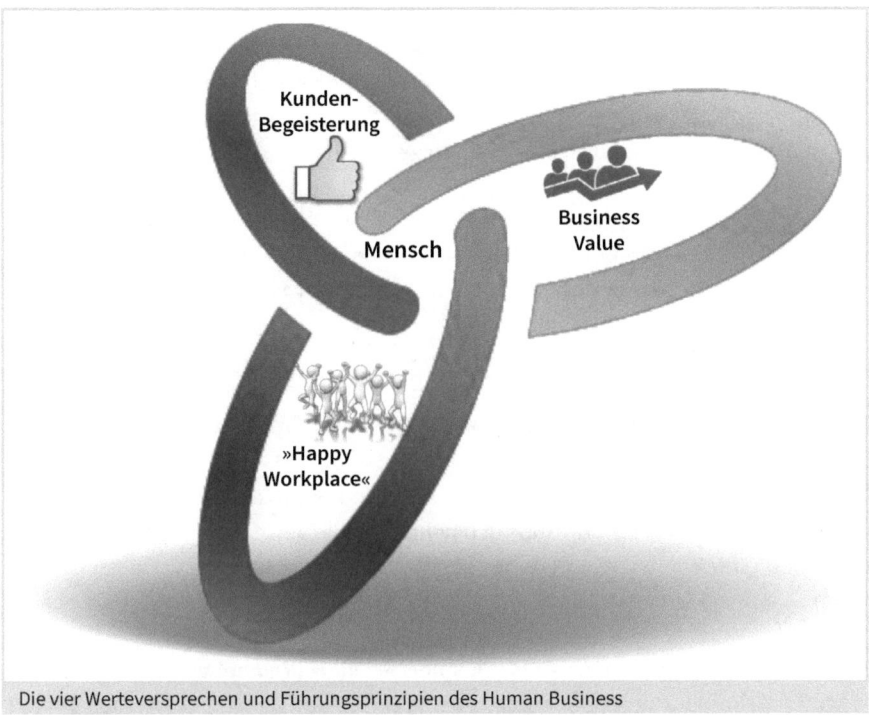

Die vier Werteversprechen und Führungsprinzipien des Human Business

Im Mittelpunkt der Schnittmengen von Kundenbegeisterung, Happy Workplace und Business Value steht der Mensch. Die Dynamik, das heißt das vierte Werteversprechung und Führungsprinzip, wird hier durch den sogenannten Möbius-Kreis beschrieben.

An dieser Stelle sei auch noch einmal an die »Zehn Gestaltungsprinzipien für ein Human Business« erinnert, die du im Kapitel 2 findest.

Rückbesinnung und Fokus auf den Menschen

Das tayloristische Weltbild und Managementparadigma hat den Menschen aus der Wirtschaft verbannt. Um uns Menschen wieder zurückzuholen und uns somit selbst eine Orientierung im digitalen Zeitalter zu geben, müssen wir uns auf uns selbst und auf die Mitarbeiter in Unternehmen konzentrieren. Wenn wir uns entwickeln und entfalten können und unsere Mitarbeiter ebenfalls, dann tut dies auch die Organisation. Aus diesem Grund beginnt der Aufbau einer Kultur des Wandels zu einem Human Business mit dem Verständnis der zugrunde liegenden Werte der involvierten Menschen. Werte – bewusst oder unbewusst – sind die Motivation für jede getroffene Entscheidung oder Maßnahme. Mitarbeiter haben ihre eigenen Werte, wenn sie ein Unternehmen betreten. Sie werden täglich von den Werten beeinflusst, die sie in ihrer Organisation erfahren. Um die gewünschte Kultur in die Tat umzusetzen, ist es wichtig, die aktuellen Werte zu verstehen und daran zu arbeiten.[196]

Dies ist auch der Grund, warum wir uns nach der Einführung in das Konzept des Human Business zunächst angeschaut haben, wie wir uns als Mensch wiederentdecken können, was uns als Mensch ausmacht und wie wir unser Leben gestalten können (Teil 2). Dies ist die Grundlage, um unser Arbeiten zu gestalten (Teil 3).

Wenn wir von Human-Business-Design sprechen, ist die Versuchung da, gleich mit der Vorstellung von Methoden und Praktiken zu beginnen. Das ist legitim. Und doch wird ein solches Design oberflächlich bleiben, wenn wir uns nicht seiner Grundlage bewusst sind und diese verstehen.

Anstöße für etablierte Unternehmen und Organisationen

Das Konzept des Human Business ist so ausgelegt, dass es sowohl für etablierte Unternehmen als auch für Start-ups und neue Projekte geeignet ist. Schauen wir uns zunächst an, wie wir den Wandel eines etablierten Unternehmens oder einer Organisation anstoßen können.

Im Fall von etablierten Unternehmen können wir einen Wandel von einem traditionell ausgerichteten Unternehmen hin zu einem Human Business schwerlich binnen kürzester Zeit erwarten. Ausgeschlossen wäre dies sicherlich nicht, aber es ist nicht realistisch.

Ideal wäre es freilich, wenn wir alle Prinzipien des Human Business gleichzeitig anfassen und versuchen würden, sie ganzheitlich umzusetzen. Das ist möglich. Allerdings darf angezweifelt werden, dass sich Kultur, Werte und Gewohnheiten von jetzt auf gleich ändern lassen. Der Widerstand gegen eine solche Änderung dürfte schlichtweg zu groß sein. Davon abgesehen ist nicht automatisch alles, was sich in der Vergangenheit bewährt hat, schlecht und muss aus dem Fenster geworfen werden. Und manche oder gar viele Praktiken, die der Gesetzgeber vorschreibt, haben aus gutem Grund eine Daseinsberechtigung.

---

196 Dies entspricht dem Grundverständnis und der Ausrichtung des Barrett Values Centre, siehe https://www.valuescentre.com.

Die vier Werteversprechen und Führungsprinzipien sowie die zehn Gestaltungsprinzipien des Human Business sind jedes für sich wertvoll, auch wenn sie als Ganzes ihre größte Entfaltung und Auswirkung haben. Die entscheidende Frage bleibt, ob und inwiefern sich ein Unternehmen wandeln möchte. Steht nach wie vor ausschließlich die kurzfristige Gewinn- und Profitmaximierung im Vordergrund und definiert sie aus Sicht der Unternehmensführung den Zweck des Unternehmens, ist ein Wandel des ganzen Unternehmens zu einem Human Business, egal ob schnell oder langsam, eher unwahrscheinlich, wenn nicht gar völlig unmöglich. Solche Widerstände zu überwinden bedarf enormer Anstrengung.

Wie hole ich andere ab? Wie überzeuge ich sie?

Anders sieht es aus, wenn sich ein Unternehmen bereits gewandelt hat. Das können sichtbare Änderungen sein wie z. B. der Aufbau von sich selbst organisierenden Teams oder die Etablierung oder Verbesserung des Kundendialogs. Oder ein Unternehmen macht sich Gedanken, wie es Talente halten oder neue anziehen kann, und sucht deswegen nach neuen Ansätzen. Oder ein Unternehmen beobachtet, dass die Konkurrenz sich bereits gewandelt hat oder stärker wird und es deswegen entweder nachziehen oder nach neuen Wegen suchen muss, weil etablierte Ansätze keine Antworten oder Lösungen für die neuen Herausforderungen bieten.

Will ich einen Wandel anstoßen, gibt es dabei mindestens drei Einstiegsmöglichkeiten:
1. Ich stoße einen Wandel von oben nach unten an. Das heißt, die Führung eines Unternehmens fordert Änderungen aktiv und treibt sie von oben nach unten an.
2. Ein Wandel vollzieht sich von unten nach oben.
3. Ein Wandel vollzieht sich im Dialog und gemeinschaftlich, das heißt über alte Hierarchiegrenzen hinweg.

Besonders beliebt bei traditionellen Unternehmen ist die erste Option. Nicht weil sie unbedingt effektiver sein muss, sondern weil sie dem traditionellen hierarchischen Denken entspricht. Das muss gar nicht falsch sein. In der Tat gibt es eine Reihe von Unternehmen, wie z. B. Salesforce, Barclays oder Unilever, die auf diese Art und Weise einen nachhaltigen agilen Wandel in Unternehmen angestoßen haben. Das hat deswegen gut funktioniert, weil das Management die agilen Werte und Prinzipien im Wesentlichen verstanden und unterstützt hat. Und weil die Botschaft von oben wirklich auf den unteren Ebenen ankam und auch die traditionellen Zwischenschichten die Änderungen a) verstanden haben und b) unterstützen und umsetzen wollten. Schwierig wird es nämlich, wenn die oberste Führungsebene etwas Neues verkündet und einfordert, die unteren operativen Ebenen überzeugt und begeistert sind, die mittlere Schichten aber eben nicht mitspielen. Sei es, weil sie nicht abgeholt wurden und die Notwendigkeit und den Mehrwert von Änderungen nicht sehen oder verstehen wollen. Sei es, dass die Anreizsysteme wie z. B. Erfolgskriterien für Bonuszahlungen noch auf traditionellen Werten und Prinzipien aufbauen und somit den angestoßenen Wandel aushöhlen oder konterkarieren.

Im Umkehrschluss bedeutet dies, dass ein **top-down angestoßener Wandel** nur dann funktionieren kann, wenn das gesamte Umfeld die Notwendigkeit und den Mehrwert dieses Wandels versteht und umsetzen will und zusätzlich die Anreizsysteme für alle Mitarbeiter dies nachhaltig unterstützen. Andernfalls wird jede neue Änderung schnell zu der alt-bekannten Sau, die durchs Dorf getrieben wird. Es wäre ein Fake.

Im Falle eines **Wandels**, der **von unten nach oben** getragen wird, z. B. in Form von Projekten, verhält es sich ähnlich. Es ist gut, wenn Projektteams die Werte und Prinzipien von Human Business verstehen, unterstützen und praktizieren. Spätestens dann aber, wenn sie mit Mitarbeitern kommunizieren oder arbeiten, die im traditionellen Tun und Handeln verhaftet sind, können sie an eine Wand stoßen. Diese zu durchbrechen, benötigt viel Aufwand, Energie, Resilienz und Überzeugungsarbeit.

Schließlich ist die dritte Einstiegsmöglichkeit, einen Wandel anzustoßen, nämlich eine **gemeinsam getragene Transformation im Dialog und über alte Hierarchiegrenzen** hinweg, mit die effektivste und nachhaltigste. Gleichwohl kann sich diese dritte Einstiegsmöglichkeit auch als eine Folgephase aus den beiden ersten Einstiegsmöglichkeiten ergeben. Aber auch hier gilt, wer glaubt, dass eine Transformation ganz ohne Hindernisse und Widerstände ablaufen kann, ist im falschen Film.

Wie überwinde ich Hindernisse und Widerstände?

Hindernisse und Widerstände auf dem Weg zum Human Business werden nicht ausbleiben. Man überwindet sie am besten, indem man mit Ergebnissen überzeugt. Das heißt, man zeigt, dass das neue Arbeiten nicht nur effektiver, effizienter und mit größerer Freude und Spaß daherkommt, sondern auch sehr gute, wenn nicht gar bessere Resultate liefert. Das allein ist immer noch kein Garant, dass der Wandel überall in der Organisation weitergetragen wird. Aber es ist ein Anfang.

Eine andere Möglichkeit, Widerstand gegen Wandel zu brechen, ist der Austausch von Erfolgsgeschichten des neuen Arbeitens. Seien es eigene Erfolgsgeschichten oder die von anderen Unternehmen, die man beobachtet. Auch dies kann durchaus mühsam sein, aber es zahlt sich aus, wenn hierdurch ein allmählicher Stimmungswandel herbeigeführt werden kann.

Last, but not least bleibt immer noch die Möglichkeit, solchen Mitarbeitern, die jeglichen Wandel verweigern und an Altem festhalten wollen wie eine Klette, neue Möglichkeiten außerhalb des Unternehmens aufzuzeigen, und sie bittet zu gehen. Für den betroffenen Mitarbeiter mag dies nicht fair oder sozial klingen. Für das betroffenen Unternehmen und die Mitarbeiter, die mit dem Wandel mitgehen wollen, ist ein solcher extreme Schritt sehr wohl sozial. Ein fauler Apfel kann einen ganzen Korb gesunder Äpfel verderben. Will man dies vermeiden, muss man handeln.

Wie und wo fange ich an?

Es gibt nicht den einen und einzigen Einstieg, ein Unternehmen hin zu einem Human Business zu entwickeln. Schon gar nicht kann man einen solchen Wandel generalstabsmäßig planen. Vielleicht würde das bei einer Maschine funktionieren, nicht aber bei einem Unternehmen mit und für Menschen. Mit einem solchen Ansatz würde man die Mitarbeiter wahrscheinlich eher vergrätzen und desillusionieren. Letztlich würde man mit alten Werkzeugen versuchen, etwas Neues anzustoßen und aktiv zu entwickeln. Nicht nur wäre ein solcher Ansatz ineffektiv, er wäre womöglich destruktiv und könnte sogar dazu führen, dass alte Strukturen verfestigt würden, statt sie aufzubrechen und für Neues zu öffnen.

Effektiver und vor allem leichter ist es, die Sache mit dem **Dialogansatz** anzugehen. Immer vorausgesetzt, man will in einem Unternehmen oder in einer Organisation erkunden, ob, wie, wo und wann man es oder sie menschlicher machen kann. Ohne diese Absicht oder zumindest ein Interesse am Erkunden wird es schwerfallen, überhaupt etwas zu ändern, geschweige denn Ansatzpunkte für Veränderung zu identifizieren. Dabei geht es noch nicht einmal so sehr darum, Schwachpunkte zu entdecken und auszumerzen. Ich denke, dass in jedem Unternehmen und in jeder Organisation »menschliche Elemente« existieren. Diese wollen identifiziert und gestärkt werden. Also ist der erste Schritt dorthin, sie zu entdecken.

Appreciative Inquiry

Wie könnte man also konkret vorgehen? Bewährt hat sich hier der Appreciative-Inquiry-Ansatz[197], durch den man innerhalb kurzer Zeit ein gutes Bild der derzeitigen Situation des Unternehmens oder der Organisation mit Blick auf die vier Prinzipien eines Human Business bekommt.

Die Appreciative-Inquiry-Fragen zum Human Business können individuell, online oder in einem Workshop erarbeitet werden. Bei der Beantwortung der Fragen steht weni-

---

197 Der Appreciative-Inquiry-Ansatz bietet sich sowohl für einen Workshop als auch für das Online-Format an. Der Workshop-Ansatz ist insofern effektiver und nachhaltiger, als sich dort durch die Interaktion ein menschlicher Raum öffnen und entfalten kann. Hierdurch wird kreative Energie freigesetzt, die wiederum bei der Gestaltung des Unternehmens oder der Organisation sehr hilfreich sein kann.

ger die Fehleranalyse im Vordergrund. Vielmehr werden bereits existierende Stärken und Praktiken erkannt und honoriert. Die Ergebnisse der Analyse dienen dann als Einstieg für die Ableitung konkreter Verbesserungsmaßnahmen.

Die Veranstaltung eines Workshops ist insofern am effektivsten und nachhaltigsten, als sich durch die Interaktion ein menschlicher Raum öffnen und entfalten kann. Hierdurch kann kreative Energie freigesetzt werden, die wiederum bei der Gestaltung des Unternehmens oder der Organisation sehr hilfreich sein kann. Schauen wir uns an, was bei einem Appreciative-Inquiry-Workshop zu beachten ist.

Die Teilnehmenden am Workshop sollten einen Querschnitt des Unternehmens oder der Organisation abbilden. Freilich kann der Workshop zunächst auch nur von der Führungsebene durchgeführt werden. Wenn die Teilnehmenden aber einen Querschnitt des Unternehmens darstellen, verspricht dies allerdings zusätzlichen, wertvollen Input. Davon abgesehen definiert sich ein Unternehmen nicht ausschließlich durch die Führungsebene und deren Manager.

Als Veranstaltungsort empfiehlt sich ein großer, bestuhlter Raum. Konkret: wenn z. B. zehn Teilnehmende dabei sein werden, sollte der Raum eine Kapazität für mindestens 20, besser 30 Personen haben. Um die Workshopergebnisse festzuhalten, benötigen wir vier Metaplanwände. Außerdem brauchen wir ausreichend Post-its/Haftnotizen oder Moderationskarten. Jede Metaplanwand steht für ein eigenes Thema:
1. Kundenbegeisterung
2. Menschlicher Gestaltungs- und Arbeitsraum (»Happy Workplace«)
3. Wertschöpfung (Business Value)
4. Kontinuierliche Selbstverbesserung

Zu Beginn teilt sich die Gruppe in vier gleich große Kleingruppen auf, die zu jeweils einer Metastellwand gehen. An den Stellwänden beantworten die Kleingruppen eine Reihe von Fragen zu den jeweiligen Themen. Ihre Antworten halten sie entweder auf Moderationskarten fest, die mit Nadeln an der Metaplanwand befestigt werden, oder auf Haftnotizen, die man dann an die Wand kleben kann.

Die einzelnen Fragen sind:
1. Was verstehen wir unter [Thema der Metaplanwand]? (Bei der Themenwand »Kundenbegeisterung« lautet die Frage z. B. »Was verstehen wir unter Kundenbegeisterung?«.)
2. Was sind die kritischen Erfolgsfaktoren für [Thema der Metaplanwand]? Mit anderen Worten, was trägt dazu bei, [Thema der Metaplanwand] zu erreichen?
3. Wie sichern wir [Thema der Metaplanwand]? Konkret, mit welchen
   a) Produkten,
   b) Mitarbeitern/Menschen und
   c) Prozessen/Arbeitsabläufen?

4. Wie messen wir [Thema der Metaplanwand]?
5. Was investieren wir, um [Thema der Metaplanwand] zu erreichen?
6. Welchen Mehrwert erhalten oder hoffen wir durch unsere Investition/unseren Einsatz zu erhalten?

Bei der Beantwortung der Fragen liegt der Fokus auf der heutigen Situation.

Um möglichst viel Input für alle vier Themen zu sammeln, gehen die Kleingruppen nach 15 bis 20 Minuten zur nächsten Wand, um dort die Fragen zum neuen Thema zu beantworten. Jeweils ein Mitglied der Kleingruppe bleibt an der ersten Wand stehen, um der neuen Gruppe die bisherigen Ergebnisse kurz vorzustellen. Nach weiteren 15 bis 20 Minuten wechseln die Kleingruppen wieder durch. Dieser Wechsel findet insgesamt dreimal statt, sodass jede Kleingruppe ihren Input zu jedem der vier Themen geben konnte.[198]

Nach der letzten Iteration werden die Ergebnisse von je einem Vertreter der einzelnen Gruppen zum jeweiligen Thema im Plenum kurz vorgestellt. So kann sichergestellt werden, dass alle Teilnehmenden auf dem gleichen Stand sind. An dieser Stelle ist es interessant zu fragen, welches Thema den Teilnehmenden am meisten am Herzen liegt. Hierfür kann man eine kurze Abstimmungsrunde einfügen. Zum Beispiel werden die Teilnehmenden gebeten, Punkte für jedes Thema zu vergeben. Das Thema, das am wichtigsten ist, bekommt 4 Punkte, das zweitwichtigste 3 Punkte, das drittwichtigste 2 Punkte und viertwichtigste 1 Punkt. Das so ermittelte wichtigste Thema kann bei der späteren Priorisierung von Maßnahmen helfen.

Die Kleingruppenarbeit geht jetzt in eine zweite Runde. Wie schon beim ersten Mal teilt sich die Gruppe in vier kleinere Gruppen. Die Kleingruppen gehen wieder zu einer der vier Metaplanwände. Im Gegensatz zur ersten Runde der Kleingruppenarbeit liegt diesmal der Fokus der Arbeit nicht länger auf der gegenwärtigen Situation. Vielmehr wird gefragt:
1. Was möchten wir verbessern? Was wäre der oder ein idealer Zustand?
2. Was oder wer hindert uns daran, einen idealen Zustand zu erreichen?

Die Antworten zu den Fragen aus der ersten Runde können als Orientierung dienen, sie müssen es allerdings nicht. Auch die Antworten zu den neuen Fragen werden auf Moderationskarten oder Post-its an den jeweiligen Stellwänden festgehalten. Nach 15 bis 20 Minuten rotieren die Kleingruppen, sie wandern also zur nächsten Themenwand, wobei wieder ein Teammitglied stehen bleibt, um der neuen Gruppe die bisherigen Ergebnisse vorzustellen. Haben sich alle Kleingruppen mit allen vier Themen

---

198 Dieses Format bezeichnet man auch als »World Café«.

beschäftigt, werden die Ergebnisse von je einem Vertreter der Kleingruppen im Plenum vorgestellt und diskutiert.

Die Ergebnisse der einzelnen Themenwände können später in einem Dokument oder in einer Tabelle festgehalten werden. Als Beispiel könnte folgendes Format dienen:

	Kunden-begeisterung	Happy Workplace	Wertschöpfung (Business Value)	Kontinuierliche Selbst-verbesserung
Was verstehen wir unter …?				
Was sind die kritischen Erfolgsfaktoren für …?				
Wie stellen wir … sicher? Konkret, durch welche • Produkte, • Mitarbeiter/Menschen, • Prozesse/Arbeitsabläufe?				
Wie messen wir …?				
Was unternehmen/investieren wir, um … zu erreichen?				
Welchen Mehrwert erhalten oder hoffen wir durch … zu erhalten?				
Was liegt uns am meisten am Herzen? Was ist für uns am wichtigsten?				

Inhaltliche Struktur für einen Appreciative-Inquiry-Workshop

! Beispiel

Vor einigen Jahren habe ich die organisatorische Leistung eines Werks eines globalen Automobilzulieferers untersucht. Ziel war es herauszufinden, warum gerade dieses Werk außerordentlich gut performte. Das Workshopformat entsprach dem gerade beschriebenen. Wir stellten zusätzlich die Frage, was andere Werke von diesem Werk lernen könnten.
Das Ergebnis des Workshops war einerseits eine Liste von Best-Practice-Beispielen, die anderen Werken als Vorbild dienen konnten. Zusätzlich entwickelten die Teilnehmer eigene konkrete Maßnahmen, wie sie ihre Performance sichern und weiter verbessern wollten. Eine Kritik möglicher Schwächen fand nicht statt. Die Schwächen wurden sehr wohl identifiziert, aber es fand keine Schuldzuweisung statt, es wurde auch nicht nach Ausreden gesucht. Eine negative und angespannte Stimmung konnte so nicht wirklich aufkommen. Man honorierte die eigene

Leistung, feierte sie und nahm diese Energie mit, um weitere Maßnahmen für das eigene Werk zu entwickeln und gleichzeitig zu überlegen, wie man anderen Werken helfen konnte.

MVP-Workshop

Will man konkrete Fragen beantworten oder nach bestimmten Lösungen suchen, bietet sich ein MVP-Workshop an. Die Struktur eines solchen Workshops haben wir schon im Kapitel 12 kennengelernt.

Man beginnt mit der Beschreibung und Analyse eines Problems oder mit einer konkreten Fragestellung und erarbeitet so die Motivation für eine Maßnahme. Außerdem wird ein idealer Zustand beschrieben, die Vision. Schließlich entwickelt man konkrete Maßnahmen oder Praktiken, mit deren Hilfe man sich der Vision nähern kann.

Beispiel   !

Vor einigen Jahren habe ich einen Workshop in einem Unternehmen moderiert, das herausfinden wollte, wie es die vielen Überstunden in den Griff bekommen und so zu einer besseren Balance zwischen Arbeit und Freizeit beitragen konnte. Der Fokus des Workshops lag auf der Entwicklung menschlicher Gestaltungs- und Arbeitsräume (»Happy Workplace«). Als Ergebnis hatte die Gruppe drei kritische Erfolgsfaktoren für diese Gestaltung erarbeitet:

1. ein gemeinsames Verständnis von Rollen und Verantwortlichkeiten in den Teams und deren Unterstützung
2. klare Kriterien für die Priorisierung von Arbeiten/Aktivitäten
3. offener, transparenter Dialog im Unternehmen statt selektiver Informationsverteilung von oben nach unten entlang der Hierarchieebenen

Diese Kriterien nutzte die Gruppe, um weitere konkrete Maßnahmen zu entwickeln und so die Überstunden im Unternehmen abzubauen. Die eingeleiteten Maßnahmen trugen dazu bei, dass das Thema Überstunden im Unternehmen nur wenige Wochen später Geschichte war. Außerdem verbesserte sich das Betriebsklima signifikant, wie man in einer späteren Mitarbeiterbefragung feststellen konnte.

Schritte zur Potenzialentfaltung

Beide vorgestellten Ansätze – Appreciative Inquiry und MVP-Workshop – haben gemeinsam, dass sie einen Dialog fördern, der kreative Energie entfalten hilft und zu konkreten Maßnahmen führt. So kann sich ein Wandel in einem Unternehmen oder einer Organisation in fünf Schritten vollziehen:[199]

---

199 Die fünf Schritte lehnen sich an die fünf Phasen in einem Theorie-U-Prozess nach Scharmer (2011) an.

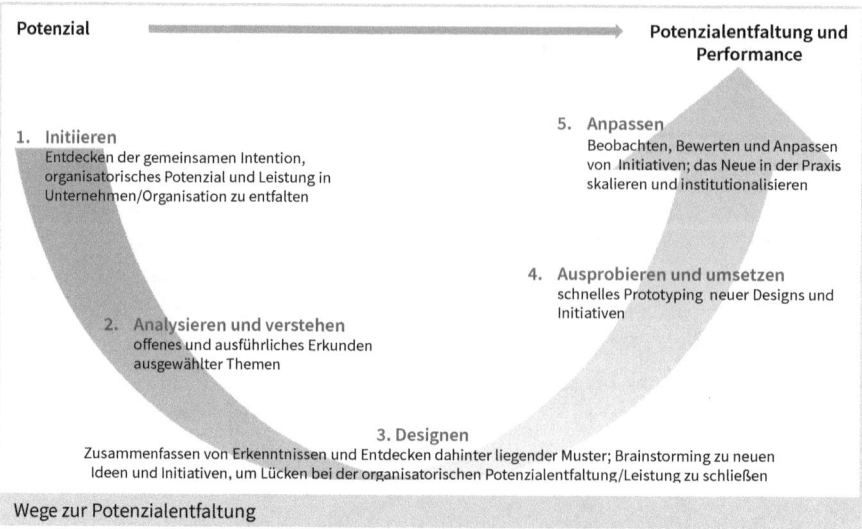

Wege zur Potenzialentfaltung

1. **Initiieren**

    Die Voraussetzung, um einen Wandel anzustoßen oder sich ihm zu öffnen, ist zunächst die Erkenntnis, dass es Zeit für einen Wandel ist. Dazu kommt die Neugier, nach etwas Neuem zu suchen, und schließlich die Bereitschaft, diesen Weg zu gehen. Das Interesse daran, das eigene organisatorische Potenzial zu entdecken und zu entfalten, ist die Grundlage für das Initiieren des Wandels.

2. **Analysieren und verstehen**

    Nicht vorgefertigte oder festgefahrene Meinungen und Vorgehensweisen sind bei der Suche nach Antworten auf Fragen oder nach Lösungen für Probleme gefragt, vielmehr steht der offene Austausch von Ideen, Fragen und Ansätzen am Anfang sowie das neugierige Erkunden ausgewählter Themen.

3. **Designen**

    Neue Erkenntnisse werden zusammengefasst, Zusammenhänge erfasst und tiefer liegende Muster entdeckt. Das Brainstorming zu neuen Ideen und Initiativen hilft, die entdeckten Lücken für die Entfaltung des organisatorischen Potenzials und der organisatorischen Leistung zu schließen.

4. **Ausprobieren und umsetzen**

    Gerade wenn es sich um Ansätze handelt, die noch nicht etabliert sind, ist es unausweichlich, diese schnell und, wenn möglich, spielerisch zu erproben. Perfektion ist hier fehl am Platz. Stattdessen helfen Fehler, schneller zu lernen und an das Ziel zu kommen.

5. **Anpassen**

   Zeigen sich Initiativen und Prototypen als erfolgreich, gilt es, sie so anzupassen, dass man sie skalieren und etablieren kann. Sind sie nicht erfolgreich und müssen oder können sie weiterentwickelt werden, beginnt der Prozess von vorne.[200]

Human-Business-Design für Start-ups und neue Projekte

Die vorgestellten Ansätze, den Wandel in etablierten Unternehmen und Organisationen anzustoßen, sind auch für Start-ups oder neue Projekte geeignet. Einer der größten Unterschiede ist, dass es in den meisten Fällen weniger innere Widerstände gibt als in etablierten Umfeldern. Das erleichtert den Fokus auf die Werte und Prinzipien des Human Business von Anfang an und macht es einfacher, Unternehmen oder Organisationen von Grund auf als Human Business auszurichten und zu entwickeln. Das HIP Camp (siehe Kapitel 12) war hierfür ein gutes Beispiel.

Ebenso denkbar ist es, Startup Incubators und Accelerators von Anfang an auf Human Business auszurichten und sich so von der Konkurrenz abzuheben. Ähnliches gilt für den Aufbau von Incubators und Accelerators speziell für Projekte.

Project Incubators und Accelerators für Human Business haben den zusätzlichen Charme, dass Projekte in der Regel geringere Risiken als Start-ups haben. Sie haben eine kürzere Laufzeit, eignen sich eher für experimentelles Lernen und können schnell, das heißt iterativ und inkrementell, Ergebnisse erzielen. Zudem können sie sowohl innerhalb einer bestehenden Organisation aufgebaut werden oder als eigenständiger Hub.[201]

---

200 In Juli, T. (2016, 7). »Excite! Unfolding Organizational Potential and Performance«. In *Project Management Institute Global Congress EMEA* 2016. Barcelona: Project Management Institute, online verfügbar unter http://motivate2b.com/wp-content/uploads/2016/05/EMEA-2016-White-Paper-Excite-FINAL. pdfbeschreibe ich, wie ich diese fünf Schritte ebenso wie die Appreciative-Inquiry- und MVP-Ansätze in einem Organisationsentwicklungsprogramm für einen führenden globalen Automobilzulieferer angewendet habe. Dabei ging es weniger um eine traditionelle Organisationsentwicklung als um die Frage, wie Werke ihre organisatorischen Potenziale entfalten konnten.

201 Der damalige Geschäftsführer des globalen Automobilherstellers Daimler AG, Dietmar Zetsche, initiierte 2015 eine Führungsinitiative, die ein solches Projekt-Set-up und eine entsprechende Infrastruktur förderte.

18 Menschsein im digitalen Zeitalter

»Wenn du schnell gehen willst, dann geh allein.
Wenn du weit gehen willst, dann musst du mit anderen zusammen gehen.«
Afrikanisches Sprichwort

Kernpunkte !

- Die Frage, ob wir von der VUKA-Welt überfordert sind oder ob wir uns von ihr überfordern lassen, ist eine Frage der Perspektive und Einstellung – darüber haben wir aber die Kontrolle.
- Die Zukunft ist kein Ding, sondern ein Tun: Sie entsteht dadurch, dass wir sie »zukünften«.
- Die Digitalisierung hat dazu beigetragen, dass wir uns von einer Industriegesellschaft zur Wissens- und Kreativökonomie entwickelt haben.
- Der agile Ansatz ist ein Türöffner zur menschlichen Kreativität.
- Wenn sich die Angst vor dem Unbekannten und die Neugier auf das Neue verbinden, ist dies die Grundlage für Innovation.
- Wir müssen das Leben rückwärts verstehen. Leben müssen wir es aber vorwärts.
- Die VUKA-Welt ist der neue Normalzustand – ein Weckruf zum Leben und zur aktiven Gestaltung unsers Lebens.
- Menschsein gibt uns die Antworten auf die Fragen, die die VUKA-Welt aufwirft: Im Hier und Jetzt und gleichzeitig Innovation, Wandel, kontinuierliche Veränderung und Weiterentwicklung zu leben.
- Im digitalen Zeitalter geht es in erster Linie nicht um Technologien, sondern um uns Menschen.
- Wir Menschen selbst sind es, die wir uns die erforderliche Orientierung für die Gestaltung unserer Gegenwart und Zukunft geben.
- Echten Fortschritt, echtes Leben gibt es nur im Zusammenspiel von inneren und äußeren Gestaltungsräumen, in der gemeinsamen Zusammenarbeit und im Dialog. Es geht um die Kunst des mittleren Pfads.
- Erst wenn wir lernen und verstehen, Mensch zu sein, uns selbst spüren, lieben, annehmen und akzeptieren, können wir andere wirklich lieben. Nicht vorher.

VUKA ist der normale Zustand

Zu Beginn des Buches habe ich erklärt, warum und inwiefern die VUKA-Welt viele Menschen und Unternehmen überfordert. Der immer schneller werdende Wandel ist einfach zu viel für sie. Alte und bewährte Herangehensweisen und Glaubenssätze greifen nicht länger. Dabei sehen wir heute erst den Anfang der VUKA-Welt. Die Volatilität, die

Unsicherheit, die Komplexität und die Mehrdeutigkeit oder Ambivalenz werden eher zunehmen als abnehmen. Ein Ende der Entwicklung scheint nicht in Sicht zu sein.

Damit stellen sich zwei banale Fragen:
1. Ducken wir uns weg und versuchen wir, das Rad der Entwicklung zurückzudrehen – zurück zu einer Welt, die wir noch greifen und kontrollieren konnten?
2. Wollen wir die VUKA-Welt mit offenen Armen willkommen heißen und daraus das Beste für uns machen?

Das Buch plädiert ganz klar für das Zweite. Denn einen Weg zurück gibt es nicht. Die Menschheit und die Natur haben sich schon immer ständig gewandelt und weiterentwickelt. Warum sollte es sich gerade jetzt anders verhalten? Wenn der Wandel natürlich ist und wir nach Wegen suchen, in der heutigen Zeit mehr oder wieder Mensch zu sein, bedeutet dies gleichzeitig, dass wir den Wandel um uns herum willkommen heißen müssen. Schließlich sind wir nicht nur ein Teil unserer Umgebung, sondern wir gestalten sie aktiv mit.

Insofern ist die Frage, ob wir von der VUKA-Welt überfordert sind oder wir uns von ihr überfordern lassen, auch eine Frage der Perspektive und Einstellung – darüber haben wir aber die Kontrolle. Warum also zögern?

Willkommen in der Zukunft

Wir sollten es nicht nur bei einem möglicherweise notwendigen Wechsel unserer Perspektive oder Einstellung belassen. Sie allein können noch nicht wirklich viel bewirken. Sie werden erst dann lebendig, wenn wir etwas mit ihnen tun, wenn wir entsprechend handeln und gestalten. Der norwegische Zukunftsforscher Indset (2019) schreibt hierzu:

> »Wir müssen akzeptieren, dass die Welt ... seltsam und unvorhersehbar ist, wodurch sich zugleich Spielräume für Kreativität und unvorhersehbare Entwicklungssprünge bieten. Die Zukunft ist unbestimmt, sie ist das, was wir aus Vergangenheit und Gegenwart heraus gestalten. Sie ist kein Ding, sondern ein Tun: Sie entsteht dadurch, dass wir sie ›zukünften‹.«[202]

Versuchen wir, die Vergangenheit zu idealisieren und das Rad der Zeit zurückzudrehen, bewegen wir uns weg von unserer Kreativität. Statt mehr Mensch zu sein, negieren wir ein wesentliches Merkmal des Menschseins: die Kreativität. Mit dem Wegducken

---

202   Indset, A. (2019, 254). *Quantenwirtschaft: Was kommt nach der Digitalisierung?* Econ.

vor der Digitalisierung halten wir die Entwicklung nicht auf. Der Abstand zwischen uns und dem, was sich »da draußen« entwickelt, wird nur größer und größer. So würden wir nicht nur vergeblich versuchen, in der Vergangenheit zu leben, wir würden auch den Sinn und den Bezug zur Gegenwart verlieren. Meiner Meinung nach keine rosigen Aussichten.

Kreative Ökonomie

Es gibt Menschen, die das digitale Zeitalter in erster Linie als ein Zeitalter der Technologie und der Maschinen ansehen. Verständlich, zumal Technologie und Maschinen immer mehr Bestandteil unseres Alltags geworden sind und in der Zukunft möglicherweise einen noch größeren Raum einnehmen werden. Das digitale Zeitalter auf Technologien und Maschinen zu beschränken, ist zu einseitig und einengend.

Dank der Digitalisierung nimmt die Bedeutung von Wissen immer mehr zu. Wir leben nicht länger in einer reinen Industriegesellschaft, sondern befinden uns im Übergang zur sogenannten Wissensökonomie. Mit der Wissensökonomie schaffen wir neue Räume für unsere Kreativität. Mitunter sprechen wir deswegen nicht nur der Wissensökonomie, sondern auch der kreativen Ökonomie oder Kreativwirtschaft.[203]

> »Die Kreativwirtschaft ist eine Wirtschaft, die aus Organisationen besteht, die ständig neue Produkte und Dienstleistungen entwickeln, indem sie kontinuierlich Mehrwert schaffen und ihre Kunden begeistern. Dies kann im Gegensatz zur traditionellen Wirtschaft stehen – der Wirtschaft, die Organisationen umfasst, die nach den Prinzipien der hierarchischen Bürokratie arbeiten und sich im Falle von börsennotierten Unternehmen normalerweise auf die Maximierung des Shareholder Value konzentrieren, was sich im aktuellen Aktienkurs widerspiegelt.«[204]

---

203 Die kreative Ökonomie ist ein Teil von Megatrends wie Globalisierung, neues Lernen, Konnektivität und New Work. Siehe auch https://megatrends.fandom.com/de/wiki/Kreative_Ökonomie.

204 Eigene Übersetzung von Denning, S. et al. (2015, 26). *The Learning Consortium for the Creative Economy: 2015 Report*, online verfügbar unter: https://www.scrumalliance.org/why-scrum/learning-consortium/learning-consortium-report-2015

> »The Creative Economy is the economy comprising organizations that keep generating new products and services by continuously adding value and delighting their customers. It may be contrasted with the Traditional Economy – the economy that comprises organizations operating on principles of hierarchical bureaucracy and, in the case of public companies, usually focused on maximizing shareholder value as reflected in the current share price.«

Nicht bewahren, sondern gestalten

Der agile Ansatz, den wir in Kapitel 15 beleuchtet haben, spielt eine entscheidende Rolle in der Kreativwirtschaft. Es wäre meiner Meinung nach jedoch vermessen, ihn zu einer Religion zu erheben. Er steht im Gegensatz zur Bürokratie, die Altes und Bewährtes bewahren will. Agil ist für den Wandel und die Veränderung geschaffen. Der agile Ansatz ist ein Türöffner und Katalysator menschlicher Kreativität und des Human Business. Letztlich müssen wir selbst durch diese Tür gehen und unsere Umwelt so gestalten, wie wir es wollen.

Innovate or die

Die Angst vor dem Wandel

Was wir hinter der Tür, die die Agilität öffnet, finden, ist nicht immer bekannt. Wir müssen gewissermaßen den Sprung ins kalte und dunkle Wasser wagen. Bedenken wir, dass wir Menschen, so kreativ wir sind, gleichzeitig auch Angst vor Neuem haben, ist das doch nicht so verlockend. Aber haben wir eine Alternative? Nicht wirklich.

Es ist ein offensichtlicher Widerspruch der Natur: Auf der einen Seite sind wir neugierig und kreativ. Auf der anderen Seit zögern wir, Neues auszuprobieren, suchen Sicherheit und Geborgenheit. Das ist sozusagen eine »Laune der Natur«. Nur, in dieser Laune ist auch Magie verborgen. Sie zeigt sich erst dann, wenn wir den berühmten Sprung ins kalte Wasser wagen. Wenn Angst vor Unbekanntem und Neugier für das Neue sich verbinden, ist dies die Grundlage für Innovation.

Innovationen entwickeln sich nicht in bekannten Räumen oder werden von ihnen inspiriert. Es sind neue Ideen, Inspirationen, Umgebungen und Umstände, die uns zur Entwicklung von Innovationen bewegen. Umgekehrt bedeutet das, dass Blockadehaltungen gegenüber Neuem Innovationen im Keim ersticken. Und nicht nur Innovationen werden erstickt. Letztlich schaden wir uns selbst damit am meisten. Insofern trifft der Spruch, »Innovate or die«, innovativ sein oder sterben, ins Schwarze. Und das gilt nicht nur für Unternehmen, sondern auch und gerade für uns Menschen.[205]

Eine Blockade des Wandels ist alles andere als die Gestaltung der Gegenwart oder der Zukunft. Die Blockadehaltung ist ein Zeichen von Gefangensein in der Vergangenheit und fehlendem Realitätssinn. Wir leben dann in Erinnerungen und Gedanken, die längst vergangen sind.

---

205 Shapiro, G. (2019, X) schreibt in *Ninja Future: Secrets to Success in the New World of Innovation*: »›Innovate or Die.‹ These words are a mandate not just for business, but also for humanity.«

Nicht Opfer werden

Nicht minder gefährlich kann es sein, wenn wir den Wandel um uns herum beobachten und uns dann damit begnügen, darauf zu reagieren. Natürlich ist dies legitim. Nur hat dies nichts mit Gestalten der eigenen Umgebung zu tun. Wenn wir uns auf das Reagieren konzentrieren, darin vielleicht sogar richtig gut werden, hinken wir der Entwicklung letztlich nur hinterher. Wir passen uns an neue Umgebungen offen und schnell an. Wir lernen dazu und werden immer klüger. Letztlich werden wir aber »Opfer« von Entwicklungen, die andere gestaltet haben. Das kann für eine Weile gut gehen, aber eine echte Garantie dafür gibt es nicht.

Was heißt, den Wandel zu begrüßen?

Den Wandel zu begrüßen ist mehr als nur ein Beobachten und viel mehr, als nur darauf zu reagieren. Den Wandel zu begrüßen beginnt mit der Erkenntnis und der Wahrnehmung der Gegenwart und des Wandels um uns herum. Das ist die Grundlage für die persönliche Entscheidung, sich auf den Wandel einzulassen und bereit zu sein, ihn eigenständig zu gestalten. Oder eben den Wandel weiterhin nur zu beobachten und, wo möglich, auf ihn zu reagieren. Beides sind legitime Entscheidungen. Die Kunst ist es mitzubekommen und zu erfahren, wann sich die Gelegenheit zur Gestaltung ergibt. Wenn ich für den Wandel in Kopf und Herz offen bin, öffne ich mir selbst einen Gestaltungsraum. Wie ich gestalte, hängt von der jeweiligen Situation ab. Es kann sein, dass ich die neuen Herausforderungen mit herkömmlichen Mitteln meistern kann. Ich darf mich aber eben nicht nur darauf verlassen. Ob zum Beispiel das deutsche Bildungssystem, das seine Wurzeln im 19. Jahrhundert hat und Werkzeuge des 20. Jahrhunderts lehrt, noch die richtigen Weichen für das 21. Jahrhundert zu stellen vermag, darf bezweifelt werden.[206]

---

206 Andrae, T. (2019) schreibt hierzu, »Es reift die zu späte Erkenntnis, dass unser deutsches Bildungssystem die für das 21. Jahrhundert erforderlichen Talente kaum hervorbringen kann. Wir sehen zu wenig Förderung von Unternehmertum, kaum Willen zur Veränderung, keinen Mut zum Risiko. Unser System produziert lineare Tunneldenker, die Technologien, Produkte und Prozesse jedes Jahr um vier Prozent besser machen.«
Das System Deutschland kommt an sein Ende, siehe https://www.welt.de/debatte/kommentare/plus200046036/Innovation-Das-System-Deutschland-kommt-an-sein-Ende.html.
Auch Friedensnobelpreisträger Mohammad Yunus prangert das traditionelle Bildungssystem an, wenn er schreibt: »The education system should make students creative and encourage them to utilize their creative power to get things done: it should not be a stilted programme to train you to fall at somebody's feet and serve them for the rest of your life.« (Yunus, M. (2017, 106). »We've Jobs.« In K. Polman und S. Vasconncellos-Sharpe (Hrsg.), *Imaginal Cells: Visions of Transformation* (S. 106–109). Reboot the Future.)

Ende der Tradition

Tradition in allen Ehren. Aber Tradition allein ist kein Ersatz für Innovation. Es sei denn, wir reden von der Tradition, sich ständig neu zu erfinden, neugierig zu sein, bereit zu sein, Neues zu entdecken, Altes ggf. aufzugeben und aktiv zu gestalten. Eine solche Tradition ist sehr wohl zukunftsfähig.

Tradition kann einen sehr großen Mehrwert für die Gestaltung unserer Zukunft haben. Sie hilft, Vergangenes sowohl besser zu verstehen als auch zu würdigen.

> »Wie Søren Kierkegaard es treffend formulierte: ›Es ist wahr, was die Philosophie sagt, dass das Leben rückwärts *verstanden* werden muss. Aber darüber vergisst man den anderen Satz, dass vorwärts *gelebt* werden muss.‹«[207]

Im Heute ankommen

Lass uns ehrlich sein, die »gute, alte Zeit«, was immer sie auch gewesen sein mag, sie ist vorbei. Und sie kommt nicht wieder. Die VUKA-Welt ist der neue Normalzustand. Wir können uns dagegen wehren und sie versuchen zu leugnen. Verändern tun wir damit nichts. Dabei ist die VUKA-Welt kein Horrorszenario, sondern ein Weckruf zum Leben und zur aktiven Gestaltung unsers Lebens. Dafür müssen wir aber wissen, wer wir wirklich sind, nämlich Menschen und keine funktionierenden Ressourcen. Und wir müssen wissen, wie wir leben wollen. Menschsein ist nichts Passives, sondern aktiv. Menschsein bedeutet, im Hier und Jetzt zu leben, und gleichzeitig immer auch Innovation, Wandel, kontinuierliche Veränderung und Weiterentwicklung. Das sind genau die Antworten auf die Fragen, die die VUKA-Welt aufwirft. Keiner zwingt uns zu lernen und innovativ zu sein; genauso wenig wie zu überleben. Nur, ohne Innovationswille gibt es auch kein langfristiges Überleben.

Wir müssen die richtigen Fragen stellen

Lassen wir also die Frage hinter uns, wie die Zukunft aussehen mag. Stellen wir uns die Frage: Wie wollen wir leben? Wir – das sind nicht Unternehmen, Organisationen, Bürokratien, Rollen, Technologien oder Maschinen. Wir – das sind wir als Menschen.

Im digitalen Zeitalter geht es in erster Linie nicht um Technologie, sondern um uns Menschen. »Das Versprechen digitaler Technologie besteht darin, unser Leben besser

---

207 Indset, A. (2019, 215). *Quantenwirtschaft: Was kommt nach der Digitalisierung?* Econ.

zu machen. Doch was heißt besser? … Die Technik muss sich nach den tatsächlichen Bedürfnissen des Menschen richten«.[208]

Stellen wir also nicht Fragen an die Technik für die Technik, sondern Fragen an die Technik für uns Menschen. Zum Beispiel:

- Wie kann ich die digitale Transformation für mich als Mensch, für meine Kunden, für meine Mitarbeiter, für mein Unternehmen nachhaltig gestalten?
- Wie kann ich Digitalisierung für mehr Menschsein, für mehr Menschlichkeit im Leben einsetzen?
- Warum und wie stellt die Digitalisierung eine einzigartige Chance für mehr Menschsein dar und warum und wie profitieren nicht nur Unternehmen und die Wirtschaft, sondern auch die Gesellschaft und jeder Einzelne davon?

Ein Perspektivwechsel wie die Umformulierung der Frage, wie die Zukunft für uns aussehen mag, in die öffnende Frage, wie wir leben wollen, ist kein Patentrezept für die Lösung der Probleme unserer Zeit. Der Perpektivwechsel ist ein erster Pinselstrich auf einer großen, weißen Leinwand, die wir Leben nennen und die gestaltet werden möchte. Von uns. Das ist eine große Kunst. Und die lässt sich nun einmal nicht planen oder vorhersagen. Aber sie setzt voraus, dass wir die vielen Werkzeuge, die wir heute schon haben, einsetzen und uns als Künstler versuchen.

VUKA neu definiert   **!**

VUKA, oder im Englischen VUCA, muss nicht immer das Synonym für den unkontrollierbaren Wandel unserer Zeit sein. VUCA lässt sich auch ganz anders interpretieren und kann zu einer Überlebensstrategie werden. Ändern wir einfach die Bedeutung der Buchstaben VUCA ab.[209] Und zwar

- von Volatility (Volatilität), Uncertainty (Unsicherheit), Complexity (Komplexität) und Ambivalence (Mehrdeutigkeit)
- zu Vision (Vision), Understanding (Verstehen), Clarity (Klarheit) und Agility (Agilität).

Im Einzelnen bedeuten die Begriffe:

Vision: Wenn man das Gefühl hat, dass sich alles ändert, dann braucht es eines: eine klare Vision, an der man sich orientieren kann. Definiere also eine Vision und halte sie dir und anderen Projektbeteiligten immer wieder vor Augen.

Understanding: Um Entscheidungen zu treffen, sind Informationen notwendig. Stelle daher die Wissensvermittlung zwischen allen Beteiligten sicher.

Clarity: Gib eine klare Richtung vor und versuche, Prozesse so einfach wie möglich zu gestalten.

Agility: Stelle die Zusammenarbeit und Kommunikation zwischen allen Projektbeteiligten sicher. Das geht am besten, wenn man agil arbeitet und sich zum Beispiel jeden Morgen im täglichen Team-Meeting austauscht.

---

208 Precht, R. D. (2018, 198). *Jäger, Hirten, Kritiker: Eine Utopie für die digitale Gesellschaft*. Wilhelm Goldman.
209 https://www.microtool.de/wissen-online/was-bedeutet-vuka/

Der mittlere Weg

Es liegt mir fern, nur das Positive am digitalen Zeitalter zu sehen und nur lobende Worte dafür zu finden. Natürlich sehe ich die Risiken und echten Gefahren, die mit der Digitalisierung einhergehen. Nur, wo es Risiken gibt, gibt es auch Chancen. Diese gilt es zu suchen und zu nutzen. Risiken dürfen nicht ignoriert werden. Wir müssen sie entdecken, erkennen und alles daran setzen, sie zu minimieren. Gestaltung bedeutet, dass man sich sowohl der Risiken als auch der Chancen bewusst ist und sie entsprechend berücksichtigt. Wer nur Risiken sieht, ist genauso blind wie der, der eine rosarote Brille aufhat und nur Chancen sieht.

Beispiel Vernetzung: Menschen und Wirtschaftsgefüge sind heute vernetzter denn je. Vernetzung ist eine gute Sache, sie hilft, uns Menschen miteinander zu verbinden und in Austausch zu treten. Technik kann dabei helfen. Ein echter Ersatz für eine physische Zusammenkunft von Menschen ist sie nicht und kann es auch nie sein. Online zu sein kann klasse sein. Eine echte Alternative zu persönlichen Erlebnissen und Erfahrung ist das aber nicht. Im Umkehrschluss das Online-Sein zu verteufeln wäre aber zu kurz gegriffen. Wer das eine oder das andere in seinen Extremen entweder verteufelt oder vergöttert, verkennt die Vielseitigkeit der Realität.

> »Wer den Mittleren Weg wählt, glaubt gerade nicht, dass die Wahrheit ›irgendwo in der Mitte liegt‹, wie es die Redensart besagt, als diffuser Kompromiss zwischen den Extremen. Vielmehr erkennt er, dass beide Extrempositionen falsch sind und man der Wahrheit näherkommt, indem man die scheinbar unvereinbaren Positionen miteinander verbindet.«[210]

So müssen wir auch das Gestalten von Leben und Arbeiten verstehen. Sie sind nicht als zwei getrennte Teile unseres Daseins zu sehen, sondern bilden ein Ganzes. Es ist wichtig und wertvoll, sich seiner persönlichen Lebensgestaltung bewusst zu werden und sie auszufüllen. Genauso wichtig ist es, diese Einsichten in die äußere Welt zu tragen und die äußeren Kreativ- und Gestaltungsräume für Unternehmen und Arbeiten zu entdecken und gemeinsam mit anderen zu gestalten. Das verbindende Element zwischen inneren und äußeren Kreativ- und Gestaltungsräumen sind wir Menschen. Nichts mehr und nichts weniger. Damit sind wir Menschen es selbst, die wir uns die erforderliche Orientierung für die Gestaltung unserer Gegenwart und Zukunft geben können.

---

210 Indset, A. (2019, 83). *Quantenwirtschaft: Was kommt nach der Digitalisierung?* Econ.
Analog sagt das 24. Prinzip buddhistischer Psychologie: »Der Mittlere Weg verläuft zwischen den Gegensätzen. Bleib in der Mitte, und du wirst dich wohlfühlen, wo immer du bist.« Zitiert in Kornfield, J. (2008, 516–517). *Das weise Herz: Die universellen Prinzipien buddhistischer Psychologie.* Arkana.

Die Zukunft ist weiblich

Unsere eigene Menschlichkeit ist der Kompass, den wir für die Reise im digitalen Zeitalter benötigen. Dabei geht es weniger darum, dass wir Wagemut und Heldentum an den Tag legen. Noch weniger ist es das Hervorheben männlicher Tapferkeit, Kraft und Ausdauer im Gegensatz zu weiblichen Qualitäten. Wer das glaubt, wird auf der Reise nicht sehr weit kommen und untergehen.

> »Schon Mahatma Gandhi stellte fest: ›Die Frau das schwächere Geschlecht zu nennen ist eine Verleumdung, es ist die Ungerechtigkeit des Mannes gegenüber der Frau. Wenn unter Stärke brutale Stärke verstanden wird, dann ist die Frau tatsächlich weniger grob als der Mann. Wenn unter Stärke moralische Kraft verstanden wird, dann ist die Frau unermesslich überlegen. Hat sie nicht größere Intuition, ist sie nicht aufopfernder, hat sie nicht größere Ausdauer und größeren Mut? Ohne sie könnte der Mann nicht sein. Wenn Gewaltfreiheit das Gesetz unseres Seins ist, ist die Zukunft mit der Frau.‹
>
> In seinem Buch *Unleash the Power of the Female Brain*[211] erklärt der amerikanische Psychiater und Prominentenarzt Daniel Amen, inwiefern Frauen für die Erfordernisse der heutigen Welt neurologisch besser verdrahtet sind. Amen führt fünf Stärken von Frauen auf, die sie in besonderer Weise als Führungskräfte qualifizieren: Empathie, Zusammenarbeit, Intuition, Selbstkontrolle und Verantwortungsbewusstsein.«[212]

Das Weibliche ist von Natur aus verbindend, unbeschränkt und offen. Demnach bleibt an sich nur noch der Schluss, dass die Zukunft weiblich sein muss. Aber ist das wirklich so?

Die Ausführungen von Gandhi, Amen und Indset so zu verstehen, dass die Wirtschaft und Gesellschaft weiblicher werden müssten oder die Zukunft weiblich sei, kann schnell missverstanden werden, weil viele von uns immer in schwarz-weiß und Männer vs. Frauen denken. Denn, wenn die Zukunft weiblich wäre, was würde das z. B. für die Männer bedeuten? Wären sie die großen Verlierer? Nein. Denn die Aussage »die Zukunft ist weiblich« weist »lediglich« auf die besonderen Eigenschaften weiblicher Führungskräfte hin, die wir in der VUKA-Welt mehr denn je brauchen können.

Spätestens seit der industriellen Revolution sind wir als Einzelne, als Unternehmen und Gesellschaft auf ein »Höher, schneller, weiter!« getrimmt. Wir nehmen kaum noch wahr, dass die dahinter liegenden Glaubenssätze solche sind, die uns an unsere Gren-

---

211 Amen, D. G. (2013). *Unleash the Power of the Female Brain: Supercharging Yours for Better Health, Energy, Mood, Focus, and Sex.* Harmony.

212 Zitiert in Indset, A. (2019, 110 f.). *Quantenwirtschaft: Was kommt nach der Digitalisierung?* Econ.

zen bringen. Was wir jetzt brauchen, ist Innehalten, Reflexion; weniger das eine oder das andere Extrem, sondern das Verbindende und Offene. Dies sind aber nun einmal weibliche Werte. Insofern ist die Aussage »Die Zukunft ist weiblich« durchaus zutreffend; aber auch nur dann, wenn wir alle, Männer wie Frauen, gemeinsam die Zukunft gestalten. Insofern dürfen wir die Aussage »Die Zukunft ist weiblich« so provozierend sie ist, nicht als ausgrenzend missverstehen.[213] Vielleicht wäre es besser zu formulieren: Die Zukunft ist menschlich.

Die Zukunft ist menschlich

Ein universelles Symbol für das menschliche Leben sind Yin und Yang, das Zeichen vom Einklang weiblicher und männlicher Energie. Es gibt Zeiten für das Yang, der männlichen Energie; Zeiten, um aktiv zu werden und voranzuschreiten. Es gibt andere Zeit für das Yin, die weibliche Energie; Zeiten, anderen die Initiative zu überlassen, Informationen zu sammeln und auf Signale zu achten. Es ist die Kunst des bewussten Geschehenlassens, einer gezielten Empfangsbereitschaft, während man gelassen den Gang des Geschehens abwartet, bereit ist anzunehmen, was sich einem zeigt. Echten Fortschritt, echtes Leben gibt es nur im Zusammenspiel von Yin und Yang, in der Zusammenarbeit, im Dialog. Das erinnert an die Kunst des mittleren Pfads und ist ein Aufruf zur Menschlichkeit, die die weibliche und männliche Energie und deren Kräfte verbindet und eint.

Shapiro (2019)[214] listet eine Reihe von Fähigkeiten auf, die wir für die aktive Gestaltung im digitalen Zeitalter benötigen:

- Mitgefühl
- Kooperationsbereitschaft
- Neugier
- Vernetzung
- Bestimmtheit
- Entscheidungsfreude
- Mut
- Engagement

Von Passivität keine Spur, ebenso wenig von hektischem Aktionismus. Den mittleren Weg zu finden – darin besteht die Kunst. Jeder von uns hat das Talent für diese Kunst. Wir müssen es nur nutzen und leben.

---

213 Wenn dich die Aussage »die Zukunft ist weiblich« anspricht, werde Mitglied in der LinkedIn-Gruppe #The-FutureIsFemale (https://www.linkedin.com/groups/8943691/) und diskutiere mit.
214 Shapiro, G. (2019). *Ninja Future: Secrets to Success in the New World of Innovation*. HarperCollins.

Führung für morgen

Immer wieder habe ich in diesem Buch die Frage gestellt, wo wir am besten mit der Umsetzung beginnen könnten. Die Antwort war in dem meisten Fällen die gleiche: mit uns selbst. Wandel bedarf nicht einer Entscheidung, die von irgendeinem Menschen ganz oben in der Hierarchie einer Organisation getroffen und dann nach unten getragen wird. Führung hat nichts mit einer Rolle oder einer Hierarchieebene zu tun. Führung kann und sollte von jedem und jeder praktiziert werden, der oder die die eigene Zukunft gestalten will. Vielleicht ist es deswegen treffender, wenn wir statt von »Führung« von »Verantwortung« sprechen.

Wenn es in einem Flugzeug zu einem plötzlichen Druckabfall kommt und die Sauerstoffmasken von der Decke fallen, müssen wir uns zunächst immer erst um uns selbst kümmern. Das gilt selbst dann, wenn neben uns unser eigenes kleines Kind oder eine andere hilfebedürftige Person sitzt. Es mag ja gut gemeint sein, zunächst der anderen Person helfen zu wollen. Nur nützt das nicht wirklich viel, wenn wir dabei vergessen, uns selbst zu helfen, wenn uns die Luft ausgeht und wir sterben.

Das christliche Gebot der Nächstenliebe besagt, dass wir den Nächsten lieben sollen wie uns selbst. Die goldene Regel ruft uns auf, den Nächsten und den Planeten so zu behandeln wie wir selbst behandelt werden möchten. Beide Maximen bedeuten nichts anderes, als dass wir zunächst bei uns selbst anfangen müssen, uns zu kennen, anzuerkennen, zu helfen und zu lieben, bevor wir unsere Liebe, Hilfe und Unterstützung mit jemand anderem teilen können. »Das ist nicht Egoismus, sondern Ausdruck von Selbst-Mitgefühl.«[215]

Erst wenn wir lernen und verstehen, Mensch zu sein, uns selbst spüren, lieben, annehmen und akzeptieren, können wir andere wirklich lieben. Nicht vorher. Deswegen verlangt Führung von morgen von uns, dass wir authentisch sind und entsprechend agieren.

Das bedeutet nichts anderes, als dass das Abenteuer des Menschseins im digitalen Zeitalter mit uns selbst beginnt. Wenn wir lossegeln wollen, müssen wir erkennen, dass wir der Skipper auf unserem eigenen Boot sind. Wir müssen uns von anderen abnabeln und ggf. losreißen, um loszusegeln. Das ist nicht egozentrisch. Es ist Eigenverantwortung. Wir müssen erkennen, dass wir selbst das Steuer in der Hand haben. Das verlangt, dass wir wissen, wohin wir segeln wollen. Die Versuchung, anderen das Ruder zu überlassen und mitzuschwimmen, ist groß. Aber damit geben wir auch die

---

215 Neff, K. (2012). *Selbstmitgefühl: Wie wir uns mit unseren Schwächen versöhnen und uns selbst der beste Freund werden.* Random House, www.self-compassion.org.

eigenen Gestaltungsmöglichkeiten auf. Möglicherweise segeln wir dann in die falsche Richtung.

Der Kompass, den wir für die Navigation benötigen, findet sich in uns. Wie in Teil 2 des Buches dargestellt, ist der Kompass unser Menschsein mit seiner Energie und seinen unermesslichen Potenzialen. Wir müssen lediglich lernen, Zugriff darauf zu bekommen. Dabei können wir alle Fertigkeiten, die wir gelernt haben, anwenden. Allein sind wir dabei nicht. Denn auf der einen Seite haben wir unser Selbst und unsere Fähigkeiten. Und auf der anderen Seite müssen wir uns bewusst sein, dass wir die Reise dann auch mit unseren Mitmenschen machen und gestalten. Dirk Gemein, Glücks-Coach und Meditationslehrer, sagt dazu: »Mensch sein kann ich nur, wenn ich mindestens zu zweit bin.«

Die Eigenverantwortung, den Wandel im digitalen Zeitalter zu gestalten, schließt andere nicht aus. Das Gegenteil ist der Fall. Menschsein bedeutet nicht »ich, ich, ich«. Das Leben ist ein Tanz – es bedarf mindestens zweier Tänzer. Zunächst sind das du und dein Leben. Du kannst den Tanz deines Lebens genießen, ihn gestalten und leben. Noch mehr Spaß und Freude macht es, wenn du weitere Mitmenschen zum Tanz einlädst. Oder umgekehrt, dich zu einem Tanz mit anderen einladen lässt. Es ist ein Wandel vom Ich zum Wir.

Wenn wir mehr Menschlichkeit in unser Leben und unsere Umgebung bringen wollen, müssen wir mit und bei uns anfangen – aus Selbstliebe und Eigenverantwortung. Als Vorbild inspirieren wir Nachahmer oder ziehen solche an. Oder wir finden Rollenmodelle und Vorbilder, denen wir folgen und die uns unterstützen können. Erinnern wir uns noch einmal an Sivers, der 2010 in seinem TED-Vortrag erklärte: »Wenn Sie wirklich eine Bewegung starten wollen, haben Sie die Courage zu folgen und anderen zu zeigen, wie man folgt. Und wenn Sie einen einsamen Verrückten finden, der etwas Tolles macht, haben Sie den Mut, der Erste zu sein, der aufsteht und mitmacht.«[216]

Individuelle Kreativität ist klasse, eröffnet Gestaltungsräume und lädt uns ein, sie zu betreten. Tun wir dies gemeinsam mit anderen, sei es, dass wir sie inspirieren oder wir uns inspirieren lassen, vermehren wir unsere Kreativität exponentiell. Denn gemeinsame Kreativität ist weitaus mehr als die Summe der kreativen Gestaltungskraft der Einzelnen. Aus einzelnem Gestalten wird gemeinsames Gestalten.

---

216 Sivers, D. (2010). »How to Start a Movement.« *TED2010*, online verfügbar unter: https://www.ted.com/talks/derek_sivers_how_to_start_a_movement.

Ist Menschsein im digitalen Zeitalter möglich?

Kommen wir abschließend noch einmal zur einer zentralen Frage des Buches: Ist, wenn wir all die Punkte, die wir im Buch angesprochen haben, in Betracht ziehen, Menschsein im digitalen Zeitalter möglich? Und kann Human Business mit dazu beitragen? Meine Antworten lauten:

*   Ja, natürlich!
*   Ja, was denn sonst!?
*   Ja, gerade jetzt!
*   Ja, endlich!

Literaturverzeichnis

Amen, Daniel G. *Unleash the Power of the Female Brain: Supercharging Yours for Better Health, Energy, Mood, Focus, and Sex*. Harmony, 2013.

Andrae, Thomas. »Das System Deutschland Kommt an Sein Ende.« *Welt Online*, 9. Nov. 2019, online verfügbar unter: https://www.welt.de/debatte/kommentare/plus200046036/Innovation-Das-System-Deutschland-kommt-an-sein-Ende.html.

Armstrong, Karen. *Twelve Steps to a Compassionate Life*. Anchor Books, 2011.

Baron-Reid, Colette. *Weisheitskarten für Lebensentscheidungen. Das Anleitungsbuch*. Knaur, 2016.

Bennis, Warren. *On Becoming a Leader*. Hutchinson, 1989.

Berger, Warren. *A More Beautiful Question: The Power of Inquiry to Spark Breakthrough Ideas*. Bloomsbury, 2014.

Berger, Warren. *Die Kunst des Klugen Fragens*. Piper, 2014.

Brandt, Mathias. *Chronische Depressionen in Europa*. 2017, online verfügbar unter: https://de.statista.com/infografik/8873/verbreitung-chronischer-depressionen-in-europa/.

Braungart, Michael und William McDonough. *Cradle to Cradle: Einfach intelligent produzieren*. Piper, 2014.

Cameron, Julia. *Der Weg des Künstlers: ein spiritueller Pfad zur Aktivierung unserer Kreativität*. Knaur, 2009.

Clemens, Tobias et al. *Social Entrepreneurship: Let Happiness Happen*. 2015, online verfügbar unter: http://motivate2b.com/wp-content/uploads/2019/09/SocialEntrepreneurship.Let-Happiness-Happen-2014.pdf.

Deloitte University EMEA. *European Workforce Survey: Voice of the Workforce in Europe. Understanding the Expectations of the Labour Force to Keep Abreast of Demographic and Technological Change*, 2018.

Deloitte. *2018 Deloitte Millennial Survey. Millennials Disappointed in Business, Unprepared for Industry 4.0*, 2018.

DeMarco, Tom und Timothy Lister. *Peopleware: Productive Projects and Teams*. Dorset House Publishing Company, 1999.

DeMarco, Tom. *Slack: Getting Past Burnout, Busywork, and the Myth of Total Efficiency*. Random House, 2001.

Denning, Stephen. »Six Common Mistakes That Salesforce.com Didn't Make.« *Forbes*, 2011, online verfügbar unter: http://www.forbes.com/sites/stevedenning/2011/04/18/six-common-mistakes-that-salesforce-com-didnt-make/.

Denning, Stephen. *Most High-Performance Teams Are Self-Organizing Teams*. 2009, online verfügbar unter.

Denning, Stephen. *The Age of Agile: How Smart Companies Are Transforming the Way Work Gets Done*. American Management Association, 2018.

Denning, Stephen. *The Conventional Wisdom on High-Performance Teams Is Wrong*. 2009, online verfügbar unter.

Denning, Stephen. *The Leader's Guide to Radical Management: Re-Inventing the Workplace for the 21st Century*. Jossey-Bass, 2010.

Denning, Stephen. *The Leader's Guide to Storytelling: Mastering the Art and Discipline of Business Narrative*. Jossey-Bass, 2005.

Denning, Steve et al. *The Learning Consortium for the Creative Economy: 2015 Report*. 2015, online verfügbar unter: https://motivate2b.com/wp-content/uploads/2016/07/Learning-Consortium-for-the-Creative-Economy-Report-2015.pdf.

Denning, Steve. »Explaining Agile.« *Forbes*, 8 Sept. 2016, online verfügbar unter: https://www.forbes.com/sites/stevedenning/2016/09/08/explaining-agile/#41434799301b.

Denning, Steve. »The Five Biggest Challenges Facing Agile.« *Forbes*, 8 Sept. 2019, online verfügbar unter: https://www.forbes.com/sites/stevedenning/2019/09/08/the-five-biggest-challenges-facing-agile/#763338997b04.

Denning, Steve. »Understanding The Agile Mindset.« *Forbes*, 2019, online verfügbar unter: https://www.forbes.com/sites/stevedenning/2019/08/13/understanding-the-agile-mindset/#6cbe8c065c17.

DeWolf, Melissa. »Infants Learn to Walk by Learning to Fall.« *Psychology in Action*, 2012, online verfügbar unter: https://www.psychologyinaction.org/psychology-in-action-1/2012/11/22/infants-learn-to-walk-by-learning-to-fall.

DIE ZEIT. *Fragen Zur Arbeitswelt*. 2018.

Eggertsson, Thráinn. *Economic Behavior and Institutions*. Cambridge University Press, 1990.

Elsberg, Marc. *BLACKOUT – morgen ist es zu spät*. Blanvalet, 2013.

Erhard, Ludwig. *Die Prinzipien der deutschen Wirtschaftspolitik*, 2015, online verfügbar unter: https://www.ludwig-erhard.de/erhard-aktuell/standpunkt/die-prinzipien-der-deutschen-wirtschaftspolitik/.

Erhard, Ludwig. *Wohlstand für alle*. Anaconda, 2009.

Erica Volini et al. *The Social Enterprise at Work: Paradox as a Path Forward. 2020 Deloitte Global Human Capital Trends*. 2020.

Frankl, Viktor E. *... trotzdem Ja zum Leben sagen: Ein Psychologe erlebt das Konzentrationslager*. Kösel, 2018.

Friedman, Thomas L. *Thank You for Being Late: An Optimist's Guide to Thriving in the Age of Accelerations*. Picador, 2015.

Fung, Brian. »Google's Tensions with Employees Reach a Breaking Point.« *CNN Business*, 2019, online verfügbar unter: https://edition.cnn.com/2019/11/26/tech/google-employee-tensions/index.html.

Gallup. *Die Arbeitswelt von morgen. Agilität*. 2018, online verfügbar unter: https://www.gallup.com/workplace/241691/arbeitswelt-morgen-ausgabe-zum-thema-agilitat.aspx.

Gallup. *Die Arbeitswelt von morgen. Vertrauen*. 2018, online verfügbar unter: https://www.gallup.com/workplace/246110/future-work-trust-download-deutsch.aspx.

Gallup. *Gallup Great Workplace Award*. 2019, online verfügbar unter: https://www.gallup.com/workplace/244322/gallup-workplace-award-winners.aspx.

Gallup. *State of the Global Workplace*. 2017.

Gallup. *Three Requirements of a Diverse and Inclusive Culture — and Why They Matter for Your Organization*. 2018.

Gates, Bill. »Der Kontinent, der am wenigsten zum Klimawandel beiträgt, spürt Folgen als Erster.« *Welt*, 18 Sept. 2019, online verfügbar unter: https://www.welt.de/politik/ausland/plus200539810/Bill-Gates-Sorge-wegen-des-Klimawandels-Lob-fuer-Greta-Thunberg.html?wtrid=onsite.onsitesearch.

Greenleaf, Robert K. et al. *Servant Leadership: A Journey into the Nature of Ultimate Power & Greatness*. Paulist Press, 2007.

Gründling, Kristian. *Die stille Revolution*. 2018.

Hagel, John et al. *2016 Shift Index: The Paradox of Flows: Can Hope Flow from Fear?* 2016, online verfügbar unter: https://www2.deloitte.com/us/en/insights/topics/strategy/shift-index.html?icid=dcom_promo_featured%7Cus;en.

Harari, Yuval Noah. *Eine Kurze Geschichte der Menschheit*. C. H. Beck, 2015.

Harari, Yuval Noah. *Homo Deus: Eine Geschichte von morgen*. C. H. Beck, 2018.

Harter, Jim und Ryan Pendell. *10 Gallup Reports to Share With Your Leaders in 2019*. 2019, online verfügbar unter: https://www.gallup.com/workplace/245786/gallup-reports-share-leaders-2019.aspx.

Heer, Dain. *Sei du selbst und verändere die Welt*. Scorpio, 2014.

Horx, Matthias. *Die Zukunft nach Corona. Wie eine Krise die Gesellschaft, unser Denken und unser Handeln verändert*. Econ, 2020.

Hyatt, Michael. *Your Best Year Ever*. Baker Books, 2018, online verfügbar unter: https://bestyearever.me.

Indset, Anders. *Quantenwirtschaft: Was Kommt nach der Digitalisierung?* Econ, 2019.

Juli, Thomas und Frank French. »Project Management and Zen.« *NASA Project Management Challenge 2012*, NASA, 2012, S. 69.

Juli, Thomas. »Excite! Unfolding Organizational Potential and Performance.« *Project Management Institute Global Congress EMEA*, Project Management Institute, 2016, online verfügbar unter: http://motivate2b.com/wp-content/uploads/2016/05/EMEA-2016-White-Paper-Excite-FINAL.pdf.

Juli, Thomas. »Open Up – Openly Teach Anyone Willing to Learn, What You Do at Work.« *Corporate Bold: What Every Corporate Professional Must Know!*, hg. von Hussain Noordin, iUniverse, 2011.

Juli, Thomas. »The Power and Illusion of Self-Organizing Teams.« *2012 PMI Global Congress Proceedings*, Project Management Institute, 2012.

Juli, Thomas. *A Rational Choice Model of Trade Policies: Incorporating Institutional Economics into Traditional Game Theory*. ewp-it/9410005, 1994.

Juli, Thomas. *Leadership Principles for Project Success*. CRC Press, 2011.

Juli, Thomas. *The Logic of Social Interactions in Foreign Policy: The 1994–1996 US-Chinese Negotiations on Intellectual Property Rights*. University of Miami, 1997, online verfügbar unter: https://motivate2b.com/wp-content/uploads/2020/08/Logic-of-Social-Interactions-in-Foreign-Policy-December-1997-by-Thomas-Juli-all-rights-reserved.pdf.

Kahnemann, Daniel. *Schnelles Denken, langsames Denken*. Siedler, 2012.

Kahnemann, David und Amos Tversky (Hrsg.). *Choices, Values, and Frames*. Cambridge University Press, 2000.

Kielburger, Craig. »Young at Heart.« *Imaginal Cells: Visions of Transformation*, hg. von Kim Polman und Stephen Vasconcellos-Sharpe, Reboot the Future, 2017, S. 110–15.

Kim, W. Chan und Renée A. Mauborgne. *Blue Ocean Strategy, Expanded Edition: How to Create Uncontested Market Space and Make the Competition Irrelevant*. Harvard Business School Publishing Corporation, 2015.

Kim, W. Chan und Renée Mauborgne. *Blue Ocean Shift: Jenseits des Wettbewerbs*. Vahlen, 2018.

Knieps, Franz und Holger Pfaff (Hrsg.). *Digitale Arbeit – Digitale Gesundheit*. Medizinisch Wissenschaftliche Verlagsgesellschaft, 2017, online verfügbar unter: https://www.bkk-dachverband.de/fileadmin/publikationen/gesundheitsreport_2017/BKK_Report_2017_gesamt_final.pdf.

Kornfield, Jack. *Das weise Herz: Die universellen Prinzipien buddhistischer Psychologie*. Arkana, 2008.

Lakhiani, Vishin. *The Buddha and the Badass: The Secret Spiritual Art of Succeeding at Work*. Rodale, 2020.

Laloux, Frederic. *Reinventing Organizations: A Guide to Creating Organizations by the Next Stage of Human Consciousness*. Nelson Parker, 2014.

Lesser, Marc. *Know Yourself, Forget Yourself: Five Truths to Transform Your Work, Relationships, and Everyday Life*. New World Library, 2013.

Lesser, Marc. *Less: Accomplishing More By Doing Less*. New World Library, 2009.

Lesser, Marc. *Z. B. A. Zen of Business Administration: How Zen Practice Can Transform Your Work and Your Life*. New World Library, 2005.

Levy, Steven. »Jeff Bezos Owns the Web in More Ways Than You Think.« *Wired*, 13. Nov. 2011.

Lipton, Bruce H. *Intelligente Zellen – wie Erfahrungen unsere Gene steuern*. Koha, 2016.

Lipton, Bruce H. *The Biology of Belief: Unleashing the Power of Consciousness, Matter & Miracles*. Hay House, 2015.

McDowell, Tiffany et al. »Are You Having Fun Yet?« *Deloitte.Insights*, Januar 2019, S. 133–43.

Neff, Kristin. *Selbstmitgefühl: Wie wir uns mit unseren Schwächen versöhnen und uns selbst der beste Freund werden*. Random House, 2012, online verfügbar unter: www.self-compassion.org.

Neller, Marc. »Deutschland – Land der Depressiven?« *Welt Online*, 21 Okt. 2018, online verfügbar unter: https://www.welt.de/wirtschaft/article182415686/Depression-Darum-erkranken-so-viele-Deutsche-daran.html.

Nelson, Richard R. und Sidney G. Winter. *An Evolutionary Theory of Economic Change*. Harvard University Press, 1982.

North, Douglass C. *Institutions, Institutional Change and Economic Performance*. Cambridge University Press, 1990.

O'Boyle, Ed und Jim Harter. »39 Organizations Create Exceptional Workplaces.« *Gallup Workplace*, 2018, online verfügbar unter: https://www.gallup.com/workplace/236117/organizations-create-exceptional-workplaces.aspx.

Osterwalder, Alexander und Yves Pigneur. *Business Model Generation*. John Wiley & Sons, 2010.

Patton, George S. und Rick Atkinson. *War as I Knew It*. Mariner Books, 1995, online verfügbar unter: http://en.wikiquote.org/wiki/George_Patton.

Pellerin, Charles J. *How NASA Builds Teams: Mission Critical Soft Skills for Scientists, Engineers, and Project Teams*. John Wiley & Sons, 2009.

Perlas, Nicanor. *Der »Schmetterlings-Effekt« und die gesellschaftliche Umgestaltung*. 2005, online verfügbar unter: https://www.sozialimpulse.de/fileadmin/pdf/Schmetterlingseffekt.pdf.

Peters, Thomas J. »The Wow Project.« *FastCompany*, 2007.

Podubrin, Evelyn. *So Lernen Babys Laufen*. 2017, online verfügbar unter: https://freie-bewegungsentwicklung.de/so-lernen-babys-laufen/.

Polman, Kim, and Stephen Vasconncellos-Sharpe. *Imaginal Cells: Visions of Transformation*. Reboot the Future, 2017.

Polman, Paul. »If We Want To Go Far.« *Imaginal Cells: Visions of Transformation*, hg. von Kim Polman und Stephen Vasconncellos-Sharpe, Reboot the Future, 2017, S. 100–05.

Precht, Richard David. *Jäger, Hirten, Kritiker: Eine Utopie für die digitale Gesellschaft*. Wilhelm Goldman Verlag, 2018.

Radtke, Rainer. *Statistiken zu Depressionen und Burn-out-Syndrom*. 11. Sept. 2019, online verfügbar unter: https://de.statista.com/themen/161/burnout-syndrom/.

Renjen, Punit. »Industry 4.0: Are You Ready?« *Deloitte Review*, Januar, Nr. 22, 2018, S. 9–11.

Scharmer, C. Otto. *The Essential of Theory U: Core Principles and Applications*. Berret-Koehler Publishers, 2018.

Scharmer, C. Otto. *Theory U: Leading from the Future as It Emerges*. Berrett-Koehler, 2009.

Scharmer, Claus Otto und Katrin Kaufer. *Leading from the Emerging Future: From Ego-System to Eco-System Economies*. Berret-Koehler Publishers, 2013.

Scharmer, Claus Otto. *Theorie U: Von der Zukunft her führen: Presencing als soziale Technik*. Carl Auer, 2011.

Scharmer, Otto C. »Education Is the Kindling of a Flame: How to Reinvent the 21st-Century University.« *Huffington Post*, 1. Mai 2018, online verfügbar unter: https://www.huffpost.com/entry/education-is-the-kindling-of-a-flame-how-to-reinvent_b_5a4ffec5e4b0ee59d41c0a9f.

Schein, Edgar H. *Humble Inquiry: The Gentle Art of Asking Instead of Telling*. Berret-Koehler Publishers, 2013.

Schein, Edgar H. *Organizational Culture and Leadership*. Jossey-Bass, 1985.

Schein, Edgar H. und Peter A. Schein. *Humble Consulting – Die Kunst des vorurteilslosen Beratens*. Carl Auer, 2017.

Schein, Edgar H. und Peter A. Schein. *Humble Leadership: The Power of Relationships, Openness, and Trust*. Berret-Koehler Publishers, 2018.

Schein, Edgar H. und Peter Schein. *Organisationskultur und Leadership*. Vahlen, 2018.

Schmaltz, Annette. »Spieltrieb – darum sind wir Spielernaturen.« *W wie Wissen (ARD)*, ARD, 2020, online verfügbar unter: https://www.daserste.de/information/wissen-kultur/w-wie-wissen/spiel-130.html.

Schwab, Klaus. *Das Davos Manifest 2020: Die universelle Aufgabe eines Unternehmens in der vierten industriellen Revolution*. 2020, online verfügbar unter https://es.weforum.org/agenda/2020/01/das-davos-manifest-2020-die-universelle-aufgabe-eines-unternehmens-in-der-vierten-industriellen-revolution/.

Schwab, Klaus. *Die Vierte Industrielle Revolution*. Pantheon, 2016.

Schwab, Klaus. *Die Zukunft der Vierten Industriellen Revolution: Wie wir den digitalen Wandel gemeinsam gestalten*. Deutsche Verlags-Anstalt, 2019.

Schwab, Klaus. *Shaping the Fourth Industrial Revolution*. World Economic Forum, 2018.

Seidman, Dov. *How: Why How We Do Anything Means Everything*. John Wiley & Sons, 2011.

Senge, Peter M. *Die fünfte Disziplin: Kunst und Praxis der lernenden Organisation*. Schäffer-Poeschl, 2017.

Senge, Peter M. et al. *Presence: An Exploration of Profound Change in People, Organizations, and Society*. Crown Business, 2005.

Senge, Peter M. et al. *Presence: Human Purpose and the Field of the Future*. Doubleday, 2004.

Senge, Peter M. et al. *The Necessary Revolution: Working Together to Create a Sustainable World*. 2008.

Senge, Peter M. *The Fifth Discipline: The Art and Practice of the Learning Organization*. Currency Doubleday, 1990.

Shapiro, Gary. *Ninja Future: Secrets to Success in the New World of Innovation*. HarperCollins, 2019.

Sheridan, Richard. *Chief Joy Officer: How Great Leaders Elevate Human Energy and Eliminate Fear*. Portfolio/Penguin, 2018.

Sheridan, Richard. *Joy, Inc.: How We Built a Workplace People Love*. Portfolio/Penguin, 2015.

Sinek, Simon. *Start with Why: How Great Leaders Inspire Everyone to Take Action*. Portfolio/Penguin, 2009.

Sisodia, Raj and Michael J. Gelb. *The Healing Organization: Awakening the Conscience of Business to Help Save the World*. HarperCollins Leadership, 2019.

Sivers, Derek. »How to Start a Movement.« *TED2010*, 2010, online verfügbar unter: https://www.ted.com/talks/derek_sivers_how_to_start_a_movement.

Sobel, Andrew und Jerold Panas. *Power Questions: Build Relationships, Win New Business, and Influence Others*. John Wiley & Sons, 2012.

Statista. *Depression und Burn-out-Syndrom*. 2019, online verfügbar unter: https://de.statista.com/statistik/studie/id/18103/dokument/depression-und-burn-out-syndrom--statista-dossier/.

Stevens, Peter und Maria Matarelli. *Personal Agility: Double Your Impact. Perform With Precision*. Saat Network, 2019, online verfügbar unter: https://saat-network.ch/pbk.

Strelecky, John. *Auszeit im Café am Rande der Welt: Eine Wiederbegegnung mit dem eigenen Selbst*. dtv, 2019.

Strelecky, John. *Das Café am Rande der Welt: Eine Erzählung über den Sinn des Lebens.* dtv, 2015.

Strelecky, John. *Folge dem Rat deines Herzens und du wirst bei dir selbst ankommen.* dtv, 2019.

Strelecky, John. *Safari des Lebens.* dtv, 2010.

Strelecky, John. *The Big Five for Life: Was wirklich zählt im Leben.* dtv, 2009.

Strelecky, John. *Wiedersehen im Café am Rande der Welt: Eine inspirierende Reise zum eigenen Selbst.* dtv, 2016.

Taylor, Frederick Winslow. *The Principles of Scientific Management.* Harper & Brothers, 1911.

Technische Universität Dresden. *Generative Lernaktivitäten.* 2018, online verfügbar unter: https://tu-dresden.de/mn/psychologie/ipep/lehrlern/forschung/forschungsschwerpunkte/generative-lernaktivitaeten.

Teller, Astro. »The Unexpected Benefit of Celebrating Failure.« *TED2016*, 2016, online verfügbar unter: https://www.ted.com/talks/astro_teller_the_unexpected_benefit_of_celebrating_failure.

Thaler, Richard H. *Misbehaving: The Making of Behavioral Economics.* W. W. Norto, 2016.

The Agile Manifesto. 2001, online verfügbar unter: http://agilemanifesto.org.

Volini, Erica et al. »From Employee Experience to Human Experience: Putting Meaning Back into Work. 2019 Deloitte Global Human Capital Trends.« *Deloitte.Insights*, 2019, online verfügbar unter: https://www2.deloitte.com/us/en/insights/focus/human-capital-trends/2019/workforce-engagement-employee-experience.html.

Waitzkin, Josh. *The Art of Learning: An Inner Journey to Optimal Performance.* Free Press, 2008.

Weichs, Barbara. »Laufen lernen: Die ersten freien Schritte.« *Baby Und Familie*, 2019, online verfügbar unter: https://www.baby-und-familie.de/Entwicklung/Laufen-lernen-Die-ersten-freien-Schritte-113389.html.

Wigert, Ben und Sangeeta Agrawal. *Employee Burnout, Part 1: The 5 Main Causes.* 2018, https://www.gallup.com/workplace/237059/employee-burnout-part-main-causes.aspx.

Yunus, Muhammad. »We've Jobs.« *Imaginal Cells: Visions of Transformation*, hg. von Kim Polman und Stephen Vasconncellos-Sharpe, Reboot the Future, 2017, S. 106–109.

Weiterführende Literatur

Achor, Shawn. *The Happiness Advantage: The Seven Principles of Positive Psychology That Fuel Success and Performance at Work*. Random House, 2010.

Adkins, Lyssa. *Coaching Agile Teams: A Companion for ScrumMasters, Agile Coaches, and Project Managers in Transition*. Addison-Wesley Professional, 2010.

Appelo, Jurgen. *Management 3.0: Leading Agile Developers, Developing Agile Leaders*. Addison Wesley, 2011.

Appelo, Jurgen. *Managing for Happiness: Games, Tools, and Practices to Motivate Any Team*. John Wiley & Sons, 2016.

Baker, Bud. »The Human Touch: Don't Let Technology Completely Take Over.« *PM Network*, März 2010, S. 24–25.

Banerjee, Abhijit und Esther Duflo. *Poor Economics: Plädoyer für ein neues Verständnis von Armut*. Knaus, 2012, online verfügbar unter: www.pooreconomics.com.

Berger, Jonah. *Contagious: Why Things Catch On*. Simon and Schuster, 2013, online verfügbar unter: http://jonahberger.com/books/contagious/.

Bernstein, Gabrielle. *May Cause Miracles: A 6-Week Kick-Start to Unlimited Happiness*. Hay House, 2013.

Bhidé, Amar. »Where Innovation Creates Value.« *McKinsey Quarterly*, Februar 2009.

Bisoux, Tricia. »What Makes Leaders GREAT.« *BizEd*, September/Oktober 2005, S. 40–45.

Blanchard, Kenneth H. et al. *Empowerment Takes More Than a Minute*. Berret-Koehler Publishers, 1998.

Blanchard, Kenneth H. et al. *High Five! The Magic of Working Together*. HarperCollins, 2001.

Blanton, Brad. *Radical Honesty: How to Transform Your Life By Telling the Truth*. Sparrowhawk Publications, 2005.

Bonsen, Matthias zur. *Leading with Life: Lebendigkeit im Unternehmen freisetzen und nutzen*. Gabler Verlag, 2010, online verfügbar unter: www.leadingwithlife.com.

Bornstein, David und Susan Davis. *Social Entrepreneurship: What Everyone Needs To Know*. Oxford University Press, 2010.

Boyd, Bob. *The Self-Organizing Agile Team's Scope of Power and Authority*. 2011, online verfügbar unter: http://implementingagile.blogspot.de/2011/10/self-organizing-agile-teams-scope-of.html.

Bragdon, Joseph H. *Companies That Mimic Life: Leaders of the Emerging Corporate Renaissance*. Taylor and Francis, 2016.

Bregman, Rutger. *Im Grunde gut: Eine neue Geschichte der Menschheit*. Rowohlt, 2020.

Burg, Bob und John David Mann. *It's Not About You: A Little Story About What Matters Most in Business*. Penguin Group, 2011.

Burnett, Bill und Dave Evans. *Mach, was du willst: Design Thinking fürs Leben*. Econ, 2016.

Chesbrough, Henry W. und Andrew R. Garman. »So öffnen sich Unternehmen.« *Harvard Business Manager*, Februar 2010, S. 71–79.

Clark, Dorie und Christie Smith. »Help Your Employees Be Themselves at Work.« *Harvard Business Review*, Nr. 10, 2014, online verfügbar unter: https://hbr.org/2013/10/be-yourself-but-carefully.

Cohn, Mike und Ken Schwaber. »The Need for Agile Project Management.« *Agile Times*, Bd. 1, Januar 2003.

Cohn, Mike. *The Role of Leaders on a Self-Organizing Team*. 2010, online verfügbar unter: http://www.mountaingoatsoftware.com/blog/the-role-of-leaders-on-a-self-organizing-team.

Collins, Jim und Jerry I. Porras. *Built to Last: Successful Habits of Visionary Companies*. HarperCollins, 1994.

Collins, Jim. *Good To Great*. Random House, 2001.

Covey, Stephen R. *Der 8. Weg: Mit Effektivität zu wahrer Größe*. Gabal, 2006.

Covey, Stephen R. *Principle Centered Leadership*. Fireside, 1991.

Covey, Stephen R. *The 7 Habits of Highly Effective People: Powerful Lessons in Personal Change*. Free Press, 1989.

Crowe, Andy. *Alpha Project Managers: What the Top 2 % Know That Everyone Else Does Not*. Velociteach, 2006.

Daugherty, Paul R. und H. James Wilson. *Human + Machine: Künstliche Intelligenz und die Zukunft der Arbeit*. 2018.

Dean, Derek. »A CEO's Guide to Reenergizing the Senior Team.« *McKinsey Quarterly*, September 2009.

Dohmen, Andreas. *Wie digital wollen wir leben? Die wichtigste Entscheidung für unsere Zukunft*. 2019.

Drucker, Peter F. *Management*. Harper & Row, 1974.

Drucker, Peter F. *The Effective Executive: The Definitive Guide to Getting the Right Things Done*. Harper Paperbacks, 2006.

Drucker, Peter F. *The Essential Drucker: The Best of Sixty Years of Peter Drucker's Essential Writings on Management*. Collins Business Essentials, 2008.

Felber, Christian. *Gemeinwohl-Ökonomie: Eine demokratische Alternative wächst*. Deuticke, 2012.

Frank, Malcom, et al. *What To Do When Machines Do Everything*. Wiley, 2017.

Gadeib, Andera. *Die Zukunft ist menschlich: Manifest für einen intelligenten Umgang mit dem digitalen Wandel in unserer Gesellschaft*. Gabal, 2019.

Gardini, Marco et al. »Finding the Right Place to Start Change.« *McKinsey Quarterly*, November 2011.

Gladwell, Malcom. *The Tipping Point: How Little Things Can Make a Big Difference*. Black Bay Books/Little, Brown and Company, 2007.

Godfrey, Richard L. et al. *The Seven Laws of Learning: Why Great Leaders Are Also Great Teachers*. Bonneville, 2011.

Goetz, Stefan. *Change Leader inside: Für Menschen, die eine neue Wirtschaftskultur leben*. tao.de in J. Kamphausen, 2014, online verfügbar unter: www.stefan-goetz.com.

Goleman, Daniel et al. *The New Leaders: Transforming the Art of Leadership*. Harvard Business School Press, 2002.

Goleman, Daniel und Peter M. Senge. *Working with Presence: A Leading with Emotional Intelligence Conversation with Peter Senge*. Macmillan Audio, 2007.

Gowing, Nik und Chris Langdon. *Thinking the Unthinkable. A New Imperative For Leadership In The Digital Age*. 2016.

Grunwald, Armin. *Der unterlegene Mensch: Die Zukunft der Menschheit im Angesicht von Algorithmen, künstlicher Intelligenz und Robotern*. riva, 2018.

Gutsche, Jeremy. *Exploiting Chaos: 150 Ways to Spark Innovation During Times of Change*. Gotham Books, 2009.

Hamel, Gary, and Michele Zanini. *Humanocracy: Creating Organizations as Amazing as the People Inside Them*. Harvard Business Review Press, 2020.

Handy, Charles. *The Second Curve: Thoughts on Reinventing Society*. Random House, 2015.

Hanh, Thich Nhat. *Das Wunder des bewussten Atmens*. Theseu, 2000.

Hansen, Jens. *Zukunft Digitalisierung: Der Wettlauf zum Weltbetriebssystem: Warum wir neue Visionen für Wirtschaft, Staat und Sicherheit brauchen*. 2017.

Hohensee, Thomas. *Gelassenheit beginnt im Kopf: So entwickeln Sie einen entspannten Lebensstil*. Knaur Taschenbuch, 2007.

Hsieh, Tony. *Delivering Happiness: Wie konsequente Kunden- und Mitarbeiterorientierung einzigartige Unternehmen schaffen*. Vahlen, 2016.

Hüther, Gerald, et al. *Education For Future. Bildung für ein gelingendes Leben*. Goldmann, 2020.

Immelt, Jeffrey R. et al. »Wie General Electric sich radikal erneuert.« *Harvard Business Manager*, Februar 2010, S. 80–91.

Indset, Anders. *Wildes Wissen: Klarer denken als die Revolution erlaubt*. Campus, 2019.

Ismail, Salim et al. *Exponentielle Organisationen. Das Konstruktionsprinzip für die Transformation von Unternehmen im Informationszeitalter*. Vahlen, 2017.

Jäger, Williges und Paul J. Kothes. *Zen@work: Manager und Meditation*. J. Kamphausen, 2009.

Jánszky, Sven Gábor und Lothar Abicht. *2030: Wie viel Mensch verträgt die Zukunft?* 2b AHEAD Publishing, 2018.

Katzenbach, Jon R. *Teams at the Top: Unleashing the Potential of Both Teams and Individual Leaders*. Harvard Business School Press, 1997.

Kawasaki, Guy. *Reality Check: The Irreverent Guide to Outsmarting, Outmanaging, and Outmarketing Your Competition*. Portfolio/Penguin, 2011.

Kawasaki, Guy. *Rules for Revolutionaries: The Capitalist Manifesto for Creating and Marketing New Products and Services*. HarperCollins, 1999.

Keese, Christoph. *Silicon Germany: Wie wir die digitale Transformation schaffen*. Albrecht Knaus, 2016.

Keese, Christoph. *Silicon Valley: Was aus dem mächtigsten Tal der Welt auf uns zukommt*. Albrecht Knaus, 2014.

Kelley, Thomas. *The Art of Innovation*. Doubleday, 2000.

Kirkpatrick, Doug et al. *From Hierarchy to High Performance: Unleashing the Hidden Super-powers of Ordinary People to Realize Extraordinary*. Jetlaunch, 2018.

Knoche, Inga und Nico Lüdemann. *Der Mensch in der digitalen Transformation: Grundlagen- und Arbeitsbuch*. 2017.

Kothes, Paul J. *Dein Job ist es, frei zu sein: Zen und die Kunst des Managements*. 2. Aufl., J. Kamphausen, 2005.

Küstenmacher, Werner Tiki. *Du hast es in der Hand: Fünf einfache Rituale für ein glückliche- res Leben*. Gräfe und Unzer, 2012.

Laloux, Frederic. *Reinventing Organizations: Ein Leitfaden zur Gestaltung sinnstiftender Formen der Zusammenarbeit*. Vahlen, 2015.

Lotzmann, Natalie. »›Es gelingt nur gemeinsam‹ in einer VUKA-Welt.« *Zukunft Personal*, 2019.

Neidhardt, Harald. *Moonshots for Europe*. Futur/io Institute, 2019.

Nida-Rümelin, Julian und Nathalie Weidenfeld. *Digitaler Humanismus: Eine Ethik für das Zeitalter der künstlichen Intelligenz*. Piper, 2018.

Oberleiter, Evelyn et al. *Sustainable Companies: Wie Sie den Aufbruch zum Unternehmen der Zukunft wirksam gestalten – ein Leitfaden*. oekom, 2016.

Owen, Harisson. *Wave Rider: Leadership for High Performance in a Self-Organizing World*. Berret-Koehler Publishers, 2008.

Owen, Harrison. *The Power of Spirit: How Organizations Transform*. Berrett-Koehler, 2000.

Peters, Thomas J. *Thriving on Chaos*. Alfred A. Knopf, 1987.

Peters, Tom. *The Little Big Things: 163 Wege zur Spitzenleistung*. Gabal, 2011.

Pollice, Gary. »Leadership in an (Almost) Agile World.« *The Rational Edge*, 2009, online verfügbar unter: http://www.ibm.com/developerworks/rational/library/edge/09/mar09/ pollice/index.html.

Raitner, Marcus. *Manifest für menschliche Führung: Sechs Thesen für neue Führung im Zeital- ter der Digitalisierung*. Independently published, 2019.

Rebhorn, Daniel. *Digitalismus: Die Utopie einer neuen Gesellschaftsform in Zeiten der Digita- lisierung*. 2019.

Ries, Eric. *The Lean Startup: How Today's Entrepreneurs Use Continuous Innovation to Create Radically Successful Businesses*. Crown Business, 2011.

Rifkens, Jeremy. *Der Globale Green New Deal*. Campus, 2019.

Rump, Jutta und Frank Schabel. »Wie Projektarbeit Unternehmen verändert.« *Harvard Business Manager*, Februar 2010, S. 16–19.

Salzberg, Sharon. *Real Happiness at Work: Meditations for Accomplishment, Achievement, and Peace*. Workman Publishing, 2013.

Sull, Donald. »Competing through Organizational Agility.« *McKinsey Quarterly*, Dezember 2009.

Tabaka, Jean. »Getting New Agile Teams into Flow.« www.stickyminds.com, 2007, online verfügbar unter: http://www.stickyminds.com/pop_print.asp?ObjectId=13035&ObjectT ype=COL.

Takeuchi, Hirotaka und Ikujiro Nonaka. »The New New Product Development Game.« *Harvard Business Review*, Januar-Februar 1986, S. 2–11.

Tapscott, Don und Alex Tapscott. *Blockchain Revolution: How the Technology Behind Bitcoin Is Changing Money, Business and the World*. Penguin Random House UK, 2016.

Thomas Hohensee. *Glücklich wie ein Buddha: Sechs Strategien, alle Lebenslagen zu meistern*. dtv, 2012.

Thompson, L. D. *Was die Seele sieht. Wege zum inneren Frieden*. Amra, 2012.

Tolle, Eckart. *Eine neue Erde: Bewusstseinssprung anstelle von Selbstzerstörung*. Arkana, 2015.

Tolle, Eckart. *Jetzt! Die Kraft der Gegenwart*. J. Kamphausen, 2010.

Tolle, Eckart. *Leben im Jetzt: Das Praxisbuch*. Goldmann, 2014.

Toumanova, Veronica. *Why Tango: Essays on Learning, Dancing and Living Tango Argentino*. 2015.

Volkens, Bettina et al. *Digital Human: Der Mensch im Mittelpunkt der Digitalisierung*. Campus, 2017.

Wahlers, Gerhard (Hrsg.). *The Digital Future*. 2018, online verfügbar unter: www.kas.de/internationalreports.

Yunus, Muhammad. *Social Business: Von der Vision zur Tat*. Hanser, 2010.

Stichwortverzeichnis

Der Autor

Dr. Thomas Juli ist Human Business Architect, Co-Creator und Coach für agile Projekt- und Unternehmenstransformation mit mehr als 25 Jahren Erfahrung in verschiedenen Branchen und Unternehmen. Er ist Gründer, Geschäftsführer und Kurator von Motivate2B, einem Kollektiv für Führungskräfte, Teams und ganze Organisationen mit dem gemeinsamen Ziel, die Wirtschaft und ihre Unternehmen menschlicher und nachhaltiger zu gestalten.

Er ist regelmäßiger Speaker auf Konferenzen weltweit (u.a. NASA Project Management Challenge, Project Management Institute Global Congress, Equality Lounge beim World Economic Forum, Corporate Social Responsibility Forum). Sein erstes Buch »Leadership Principles for Project Success« erschien 2011 bei CRC Press, New York.

Er hält einen Doktortitel in Internationalen Studien von der University of Miami, USA, sowie einen M.A. in Ökonomie von der Washington University in St. Louis, USA, wo er Schüler von Wirtschafts-Nobelpreisträger Douglass C. North war.

In seiner Freizeit liebt er Outdoor-Aktivitäten wie Laufen, Bergwandern und Klettern, Skifahren und Snowboarden. Er hält einen 2. Dan (schwarzen Gürtel) in Taekwondo, praktiziert Vinyasa Yoga und tanzt leidenschaftlich gerne Tango Argentino.

Weitere Informationen über Thomas Juli gibt es unter www.motivate2b.com.